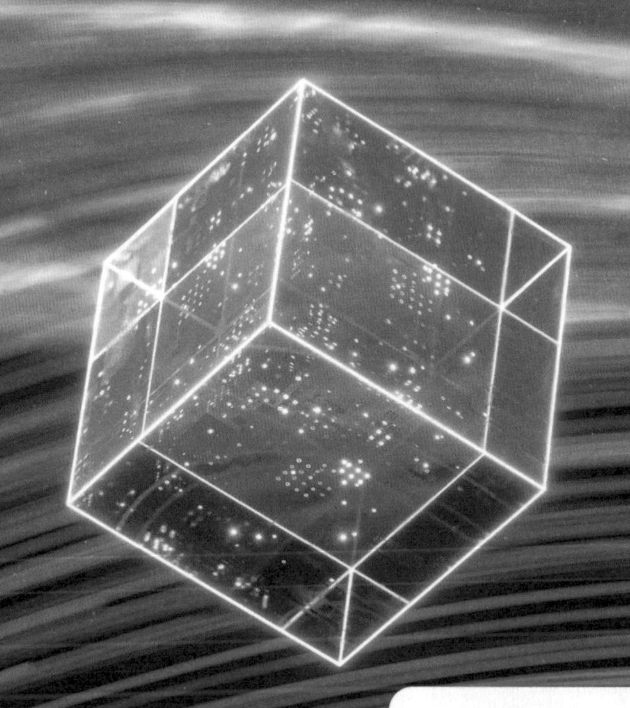

After Effects 影视特效与动画设计实战应用

董明秀 / 主编

清華大学出版社
北京

内 容 简 介

本书是专为影视动画后期制作人员编写的全实例型图书，所有的案例都是作者多年设计工作的积累。本书的最大特点是实例的实用性强，理论与实践结合紧密，通过精选常用、实用的影视动画案例进行技术剖析和操作详解，真正做到学有所用，学有所得。

全书按照由浅入深的写作方法，分别讲解了常见基础动画制作、经典自然动画效果制作、炫动文字特效动画制作、界面动效设计、网红主题演绎动画设计、自媒体流行动画设计、游戏与动漫主题动画设计、节日与主题类动画设计、创意影视片头视频设计、超现实合成类动画设计和商业包装主题视频设计等内容。

本书除了包含系统化的案例讲解之外，还附加了诸多技巧、提示等实用知识点，以帮助读者更好地理解每项难点操作的来龙去脉。另外，随书附送全部案例的教学视频、效果文件和素材文件，并额外赠送了课后练习、PPT 电子教案等丰富的学习资料，扫描书中二维码及封底“文泉云盘”二维码，即可手机在线观看学习并下载学习资料。

本书内容全面、实例丰富、讲解透彻，可作为影视后期制作人员的参考手册，还可以作为高等院校动画专业以及相关培训机构的教学实训用书。

图书在版编目（CIP）数据

After Effects影视特效与动画设计实战应用 / 董明秀主编. —北京：清华大学出版社，2023.1（2024.11 重印）
ISBN 978-7-302-62067-9

Ⅰ.①A…　Ⅱ.①董…　Ⅲ.①图像处理软件—教材　Ⅳ.①TP391.413

中国版本图书馆CIP数据核字（2022）第195104号

责任编辑：贾旭龙　贾小红
封面设计：长沙鑫途文化传媒
版式设计：文森时代
责任校对：马军令
责任印制：沈　露

出版发行：清华大学出版社
网　　址：https://www.tup.com.cn, https://www.wqxuetang.com
地　　址：北京清华大学学研大厦A座　　**邮　　编**：100084
社 总 机：010-83470000　　**邮　　购**：010-62786544
投稿与读者服务：010-62776969，c-service@tup.tsinghua.edu.cn
质 量 反 馈：010-62772015，zhiliang@tup.tsinghua.edu.cn
印 装 者：三河市龙大印装有限公司
经　　销：全国新华书店
开　　本：203mm×260mm　　**印　　张**：16.75　　**字　　数**：456千字
版　　次：2023年3月第1版　　**印　　次**：2024年11月第4次印刷
定　　价：89.80元

产品编号：093970-01

前言

PREFACE

1. 软件介绍

Adobe After Effects 简称 AE，是 Adobe 公司推出的一款图形视频处理软件，涵盖动画制作、视频特效、后期调色、视频剪辑、视觉设计等多方面的功能，广泛应用于影视媒体及视觉创意等相关行业。

2. 本书主要特色

零基础入门。全书从基础内容开始，按照由浅入深的写作方法，全面详细地讲解了影视后期动画的制作技法。

与流行元素紧密结合。针对当前流行的抖音和快手等自媒体，详细讲解了网红主题和自媒体流行动画的制作方法。另外，从自然特效、文字特效到游戏与动漫主题表现，再到创意影视片头和商业包装动画表现，全面系统地讲解了 After Effects 在影视动画实战中的应用技巧。

完善的配套资源。本书附赠高清多媒体教学视频、同步的素材和效果源文件，涵盖所有案例，另外部分章节还配有课后练习，扫码即可随时观看、阅读下载。让读者感受面对面的教学氛围，轻松掌握书中内容并能够举一反三！

3. 本书主要内容

第 1 章主要讲解常见基础动画制作。基础类动画的讲解重点在于让读者通过对 AE 的基础功能的认识、了解及使用，快速达到入门的水平。

第 2 章主要讲解经典自然动画效果制作。通过动画的形式来表现自然的特征，通过自然元素，如雨、雪等来表现自然特征，让读者掌握大部分自然特效类动画的制作方法。

第 3 章主要讲解炫动文字特效动画制作。文字动画的设计在 AE 动画设计中是重点内容，在各类动画的表现中都十分常见，读者通过对本章的学习可以掌握大部分特效文字动画的制作。

第 4 章主要讲解界面动效设计。本章通过一些实例，如电池能量动画设计、均衡器调节动画设计、动感音乐播放界面设计、科技手表动画设计、抽奖大转盘动画设计等，使读者掌握大部分 UI 动效设计中所用到的知识。

第 5 章主要讲解网红主题演绎动画设计。网红类主题是近年来兴起的一股互联网风潮，通过拍摄短视频等形式表达视频动画的个性主题，在动画中包含了许多有趣的效果，如视频元素、自然特效、粒子效果等，读者通过对本章的学习可以掌握网红主题演绎动画设计。

第 6 章主要讲解自媒体流行动画设计。自媒体主要通过文字和视频动画表达自己的主题，读者通过对本章的学习可以掌握自媒体流行动画设计的相关知识。

第 7 章主要讲解游戏与动漫主题动画设计。本章列举了如海盗大战游戏动画、战略游戏片头设计等实例，使读者掌握游戏与动漫主题动画设计的知识。

第 8 章主要讲解节日与主题类动画设计。本章列举了如可爱宠物主题动画设计、生日庆祝动画设计、夏日乐园动画设计等案例，通过对本章的学习，读者可以掌握节日与主题类动画设计。

第 9 章主要讲解创意影视片头视频设计。本章列举了如沙漠主题开场动画设计、美味料理片头视频设计、电影开映视频设计，通过对本章的学习，读者将能够掌握有关创意影视片头视频设计的相关知识。

第 10 章主要讲解超现实合成类动画设计。本章通过列举如制作芯片电流动画、浪漫时刻动画设计、足球运动动画设计、高性能竞速动画设计等实例完美表现出超现实合成类动画设计。

第 11 章主要讲解商业包装主题视频设计。本章通过列举商品促销动画设计、人工智能视频设计、汽车展示视频设计等实例，详细讲解了商业包装主题视频设计的知识。

本书由董明秀主编，参与编写的人员还有崔鹏、郭庆改，王世迪、吕保成、王红启、王翠花、夏红军、王巧伶、王香、石珍珍等，在此感谢所有创作人员对本书付出的艰辛和汗水。当然，在创作的过程中，由于时间仓促，不足之处在所难免，恳请广大读者批评指正。如果在学习过程中发现问题，或有更好的建议，可扫描封底文泉云盘二维码获取作者联系方式，与我们交流、沟通。

编者

2023 年 1 月

目录

CATALOG

第1章 常见基础动画制作

内容摘要

本章主要讲解基础动画制作，通过对 AE 的基础功能的认识、了解及使用，使读者达到入门的水平。本章讲解了如何制作 DJ 频谱效果、如何制作游戏转场、如何制作板书画效果等，读者通过学习与制作这些基础类动画实例，可以为以后制作更高级的动画打下扎实基础。

教学目标

- 学习制作 DJ 频谱效果
- 学会制作游戏转场效果
- 了解制作跳跳球破碎动画的方法
- 掌握制作板书画效果的方法
- 学习制作翻页动画
- 学会制作耀眼光效动画
- 掌握制作科幻掉落字动画的方法

1.1 制作 DJ 频谱效果

实例解析

本例主要讲解制作 DJ 频谱效果的方法。本例中的频谱会跟随 DJ 界面而跳动，整个动画效果与界面融为一体，如图 1.1 所示。

图 1.1　动画流程画面

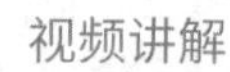

知识点

“摆动”功能

操作步骤

1 执行菜单栏中的“合成”|“新建合成”命令，打开“合成设置”对话框，设置“合成名称”为“音乐频谱”，“宽度”为 720，“高度”为 405，“帧速率”为 25，并设置“持续时间”为 0:00:05:00，“背景颜色”为黑色，完成后单击“确定”按钮，如图 1.2 所示。

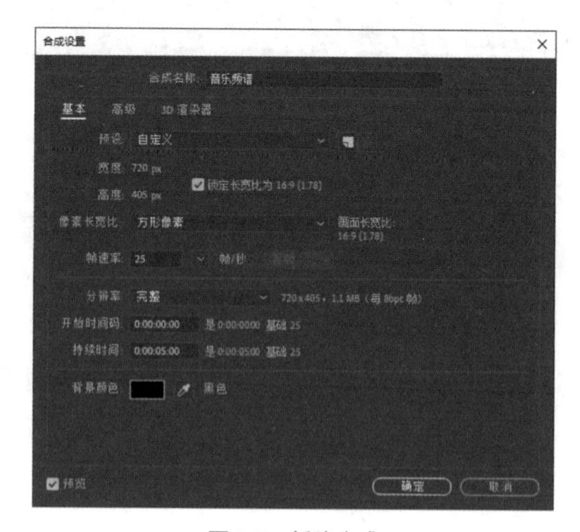

图 1.2　新建合成

2 执行菜单栏中的“文件”|“导入”|“文件”命令，打开“导入文件”对话框，选择“工程文件 \ 第 1 章 \ 制作 DJ 频谱效果 \ 背景 .jpg”素材，单击“导入”按钮，如图 1.3 所示。

3 将导入的素材拖入时间线面板中，如图 1.4 所示。

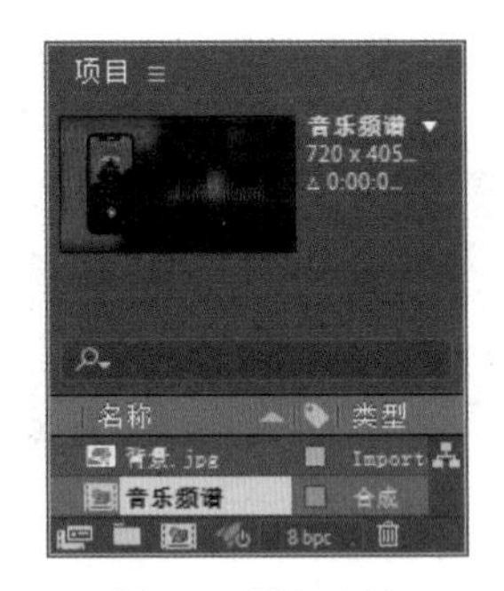

图 1.3　导入素材

图 1.4　添加素材

4 选择工具箱中的“横排文字工具”，在图像中添加文字，如图 1.5 所示。

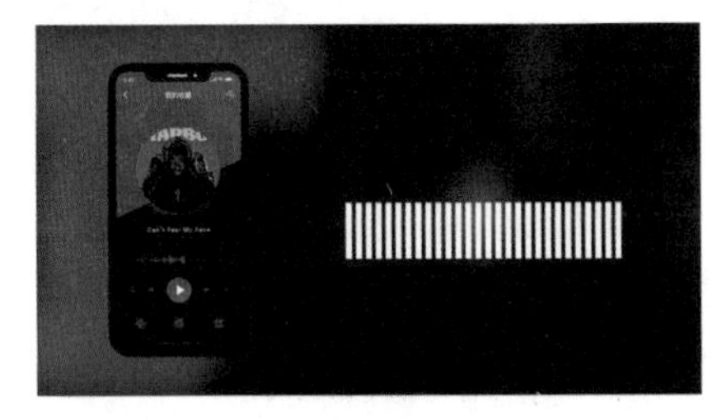

图 1.5　添加文字

5 在工具箱中选择“矩形工具”，在文字位置绘制一个蒙版，如图 1.6 所示。

6 展开 IIIIIIIIIIIIII 层，单击“文本”右侧“动画”后方的按钮，从菜单中选择“缩放”选项，单击“缩放”左侧的“约束比例”按钮，取消约束，设置“缩放”的值为（100.0,50.0%）；单击“动画制作工具 1”右侧“添加”后方的按钮，从菜单中选择“选择器”|“摆动”选项，如图 1.7 所示。

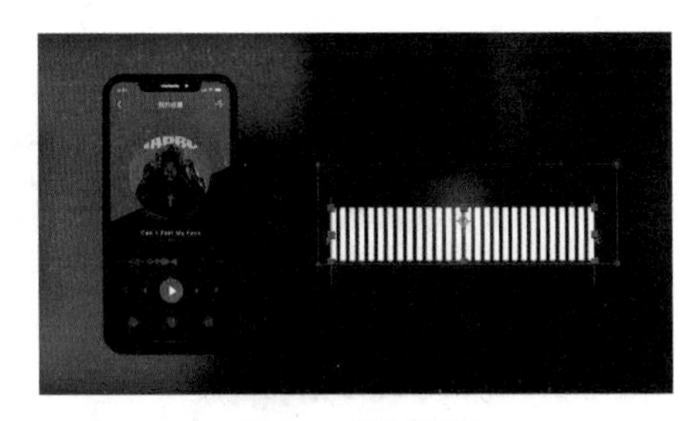

图 1.6　绘制蒙版

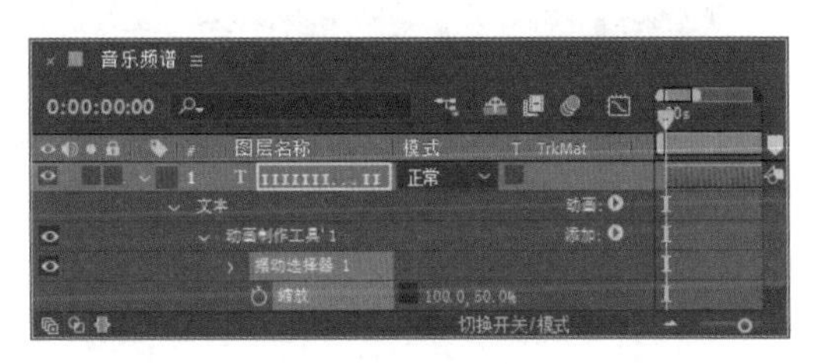

图 1.7　设置参数

7 在时间线面板中，选中“文字”图层，在“效果和预设”面板中展开“生成”特效组，然后双击“梯度渐变”特效。

8 在“效果控件”面板中，修改“梯度渐变”特效的参数，设置“渐变起点”为（500.0,148.0），“起始颜色”为黑色，“渐变终点”为（500.0,260.0），“结束颜色”为红色（R:132,G:0,B:0），如图 1.8 所示。

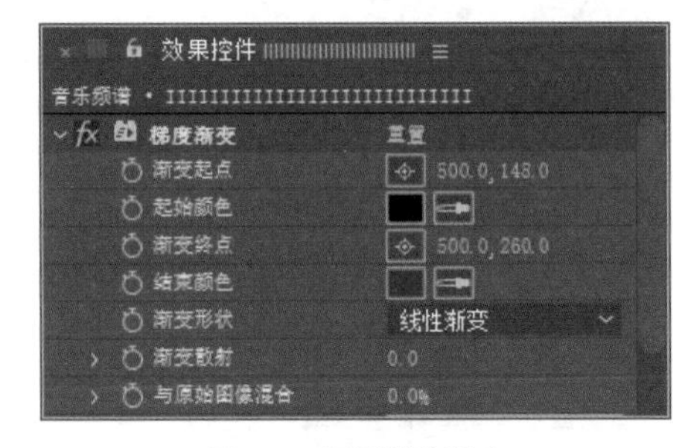

图 1.8　设置梯度渐变

9 在时间线面板中，选中 IIIIIIIIIIIIII 图层，将其图层模式更改为“相加”，如图 1.9 所示。

10 这样就完成了最终整体效果的制作。按小键盘上的 0 键即可在合成窗口中预览效果。

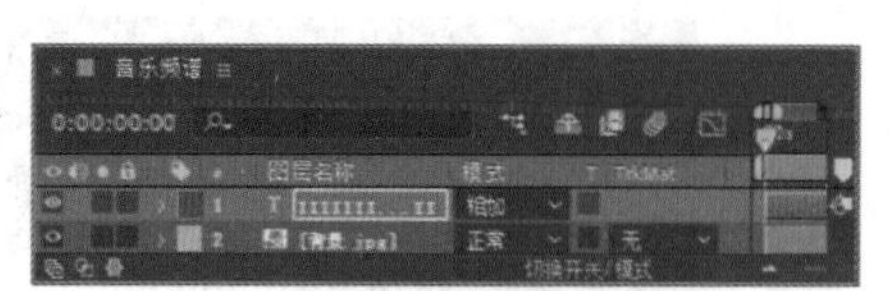

图 1.9　设置图层模式

1.2　制作游戏转场效果

实例解析

本例主要讲解制作游戏转场效果的方法。制作游戏转场要体现出游戏画面之间的和谐感，本例利用简单的效果控件即可制作出漂亮和谐的过渡转场效果，如图 1.10 所示。

图 1.10　动画流程画面

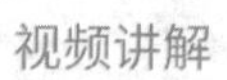

知识点

CC Glass Wipe（CC 玻璃擦除）

操作步骤

1 执行菜单栏中的“合成”|“新建合成”命令，打开“合成设置”对话框，设置“合成名称”为“转场动画”，“宽度”为 720，“高度”为 405，“帧速率”为 25，并设置“持续时间”为 0:00:05:00，“背景颜色”为黑色，完成之后单击“确定”按钮，如图 1.11 所示。

2 执行菜单栏中的“文件”|“导入”|“文件”命令，打开“导入文件”对话框，选择“工程文件 \ 第 1 章 \ 制作游戏转场效果 \ 图像 .jpg、图像 2.jpg”素材，单击“导入”按钮，如图 1.12 所示。

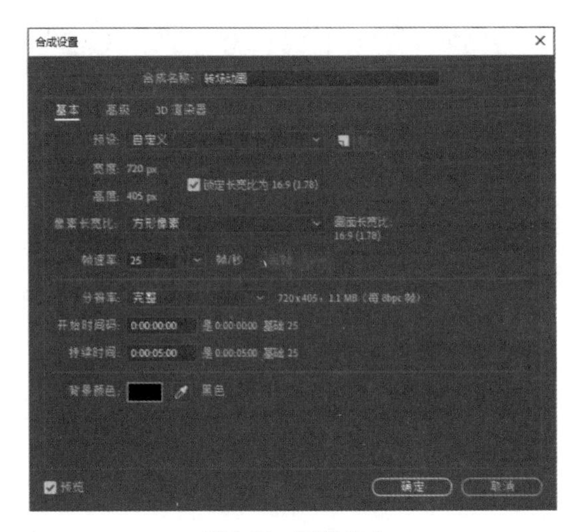

图 1.11　新建合成

图 1.12　导入素材

3 将导入的素材拖入时间线面板中，如图 1.13 所示。

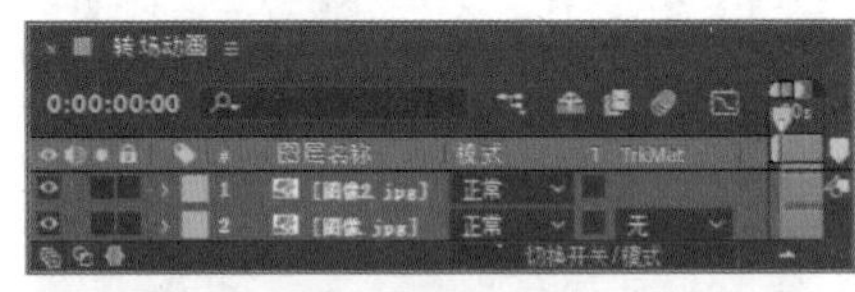

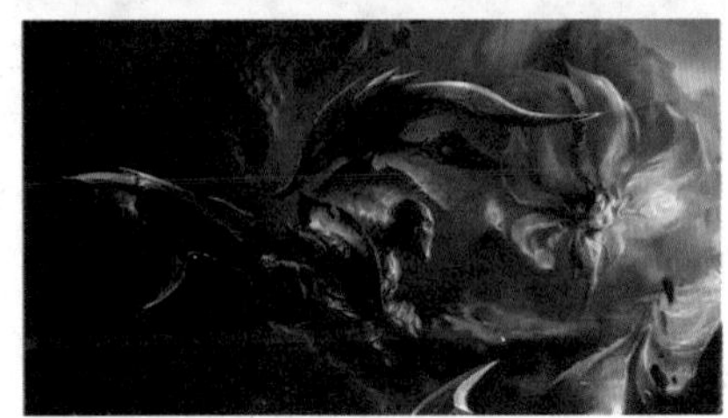

图 1.13　添加素材

4 选中“图像 2.jpg”层，添加 CC Glass Wipe（CC 玻璃擦除）特效。在“效果和预设”面板中展开“过渡”特效组，然后双击 CC Glass Wipe（CC 玻璃擦除）特效。

5 在“效果控件”面板中，修改 CC Glass Wipe（CC 玻璃擦除）特效的参数。从 Layer to Reveal（显示层）下拉菜单中选择“图像.jpg”选项，从 Gradient Layer（渐变层）下拉菜单中选择“图像 2.jpg”选项，设置 Softness（柔和度）的值为 25.00，Displacement Amount（偏移量）的值为 15.0；将时间调整到 0:00:00:00 的位置，设置 Completion（转换完成）的值为 0.0%，单击 Completion（转换完成）左侧码表，在当前位置设置关键帧，如图 1.14 所示。

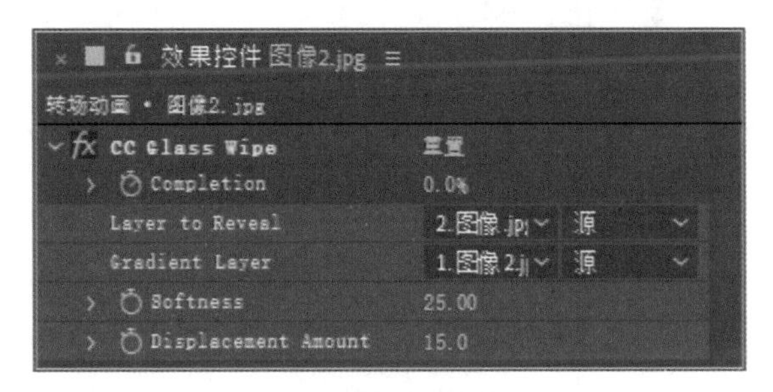

图 1.14　设置参数

6 将时间调整到 0:00:02:00 的位置，设置 Completion（转换完成）的值为 100.0%，系统将自动添加关键帧，如图 1.15 所示。

图 1.15　更改数值

7 这样就完成了最终整体效果的制作，按小键盘上的 0 键即可在合成窗口中预览动画效果。

1.3 制作跳跳球破碎动画

实例解析

本例主要讲解制作跳跳球破碎动画的方法。跳跳球本身具有弹力，通过为其添加“破碎”效果控件可以表现出跳跳球接触地面后产生的漂亮的破碎动画效果，如图 1.16 所示。

图 1.16　动画流程画面

知识点

“破碎”效果

操作步骤

1 执行菜单栏中的“合成”|“新建合成”命令，打开“合成设置”对话框，设置“合成名称”为“破碎效果”，“宽度”为 720，“高度”为 405，“帧速率”为 25，并设置“持续时间”为 0:00:05:00，“背景颜色”为黑色，完成后单击“确定”按钮，如图 1.17 所示。

2 执行菜单栏中的“文件”|“导入”|“文件”命令，打开“导入文件”对话框，选择“工程文件\第 1 章\制作跳跳球破碎动画\背景 .jpg、球 .psd”素材，单击“导入”按钮，如图 1.18 所示。

3 将导入的素材拖入时间线面板中，并在画面中等比缩小，再将“球 .psd”层置于上方，如图 1.19 所示。

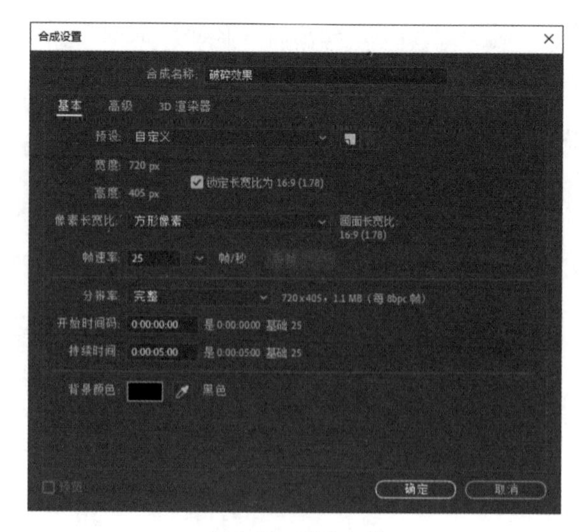

图 1.17　新建合成

图 1.18 导入素材

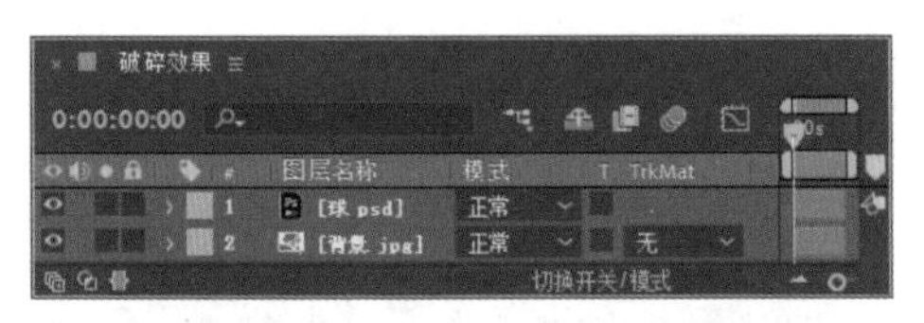

图 1.19 添加素材

4 选中“球 .psd”图层，在“效果和预设”面板中展开“模拟”特效组，然后双击“碎片”特效。

5 在“效果控件”面板中，修改“碎片”特效的参数。在“视图”下拉菜单中选择“已渲染”选项，展开“形状”选项组，从“图案”下拉菜单中选择“玻璃”选项，设置“重复”的值为 80.00，“凸出深度”的值为 0.01，如图 1.20 所示。

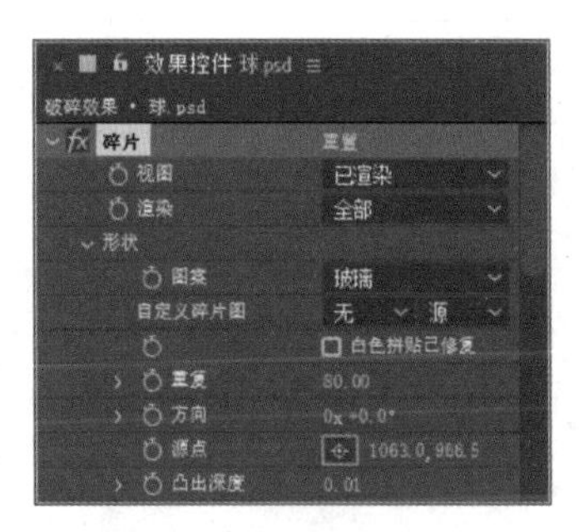

图 1.20 设置碎片特效

6 这样就完成了最终整体效果的制作，按小键盘上的 0 键即可在合成窗口中预览动画效果。

1.4 制作板书画效果

实例解析

本例主要讲解制作板书画效果的方法，利用简单的涂写特效可使静态的板面有动态的书写效果，且非常自然，如图 1.21 所示。

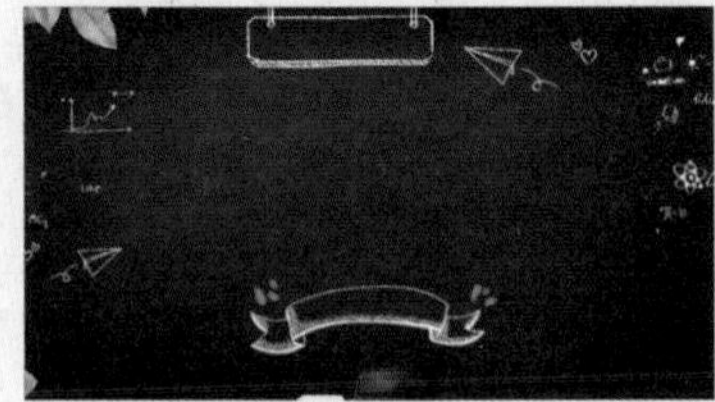

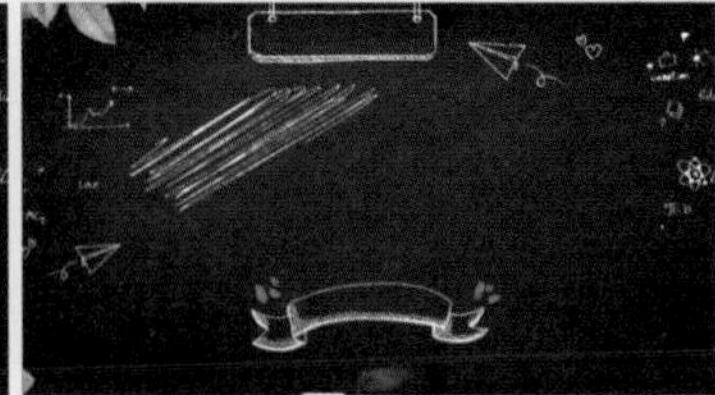

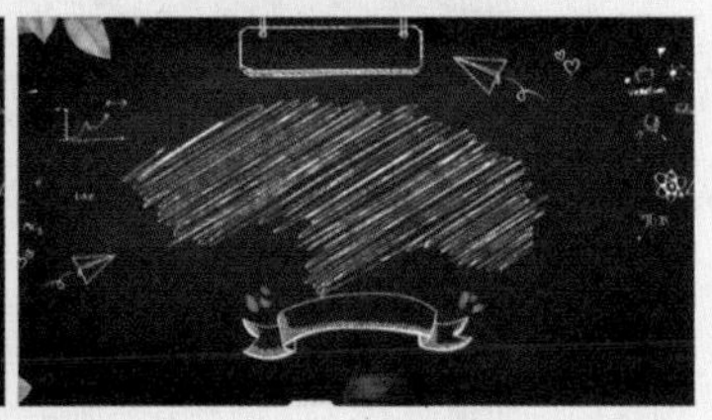

图 1.21 动画流程画面

视频讲解

知识点

“涂写”效果

操作步骤

1 执行菜单栏中的“合成”|“新建合成”命令，打开“合成设置”对话框，设置“合成名称”为“涂写动画”，“宽度”为720，“高度”为405，“帧速率”为25，并设置“持续时间”为0:00:05:00，如图1.22所示。

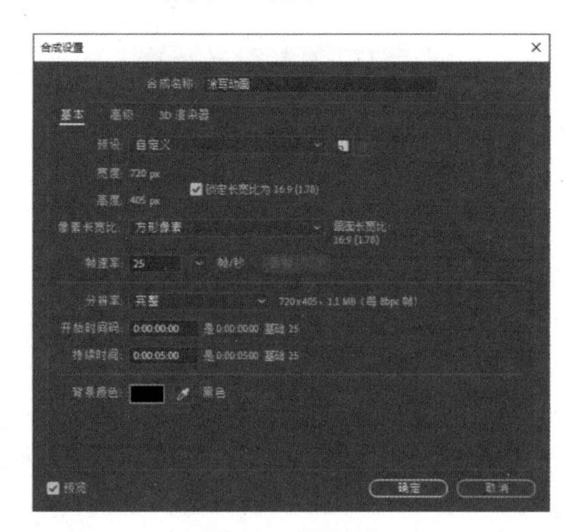

图1.22 新建合成

2 执行菜单栏中的“文件”|“导入”|“文件”命令，打开“导入文件”对话框，选择“工程文件\第1章\制作板书画效果\背景.jpg”素材，单击“导入”按钮，如图1.23所示。

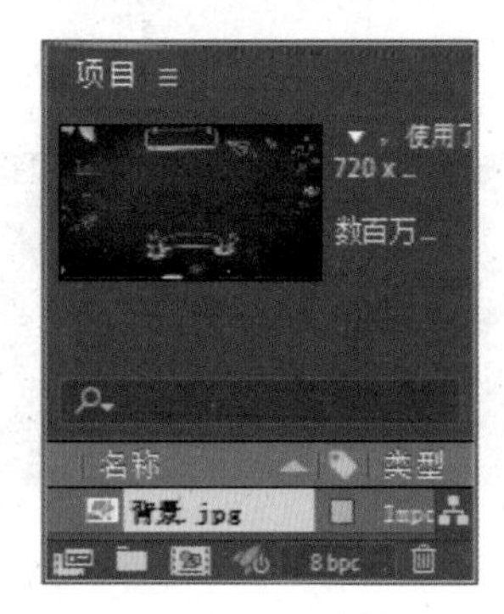

图1.23 导入素材

3 在“项目”面板中选择“背景.jpg”素材，将其拖动到“涂写动画”合成的时间线面板中，如图1.24所示。

图1.24 添加素材

4 执行菜单栏中的“图层”|“新建”|“纯色”命令，打开“纯色设置”对话框，设置“名称”为“粉笔”，“颜色”为白色，如图1.25所示。

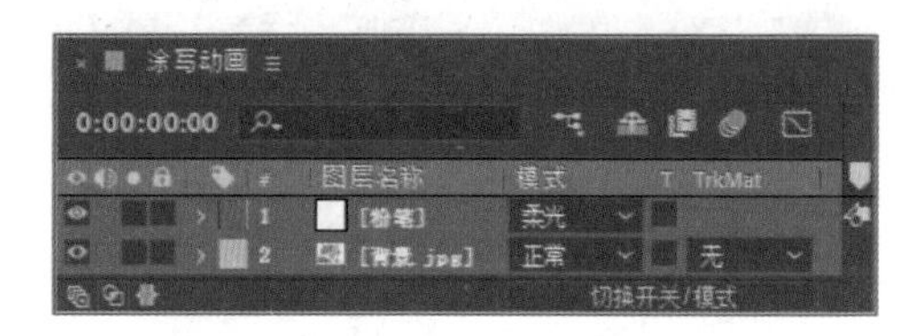

图1.25 新建图层

5 在工具箱中选择“钢笔工具”，在图像中沿内部空白区域绘制一个路径，如图1.26所示。

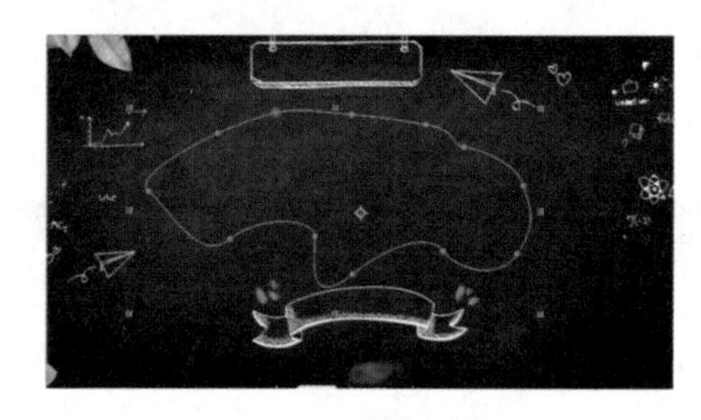

图1.26 绘制路径

6 在“效果和预设”面板中展开“生成”特效组，然后双击“涂写”特效。

7 在“效果控件”面板中，修改“涂写”特效的参数，从“蒙版”下拉菜单中选择“蒙版1”选项，设置“描边宽度”的值为1.0。

8 展开“描边选项”选项组，将“曲度变化”更改为15%，将“间距”值更改为7.0，将“路径重叠变化”更改为20.0，将时间调整到0:00:00:00的位置，单击“结束”左侧码表，在当前位置添加关键帧，如图1.27所示。

9 将时间调整到0:00:04:24的位置，将“结束”更改为100.0%，系统将自动添加关键帧，如图1.28所示。

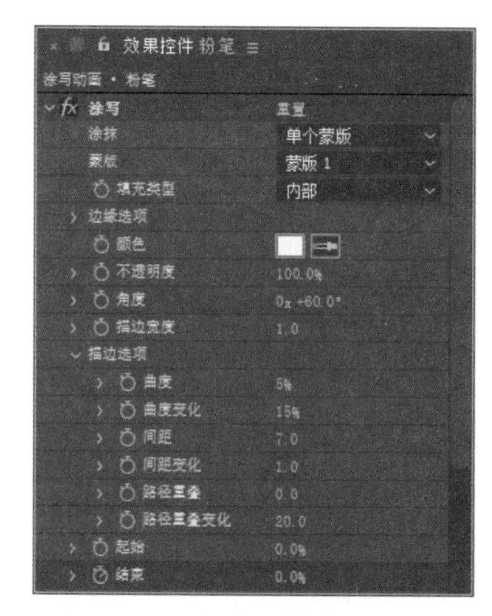

图 1.27　设置参数

图 1.28　更改数值

10 在“效果和预设”面板中展开“风格化”特效组，然后双击“毛边”特效。

11 在“效果控件”面板中，修改“毛边”特效的参数，将“边界”值更改为0.20，将“复杂度”更改为1，如图1.29所示。

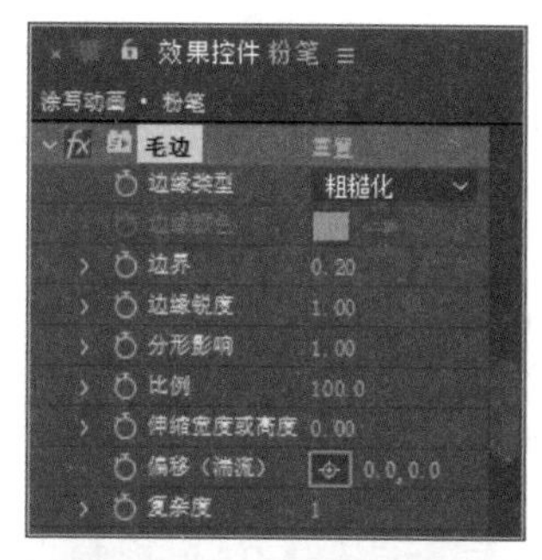

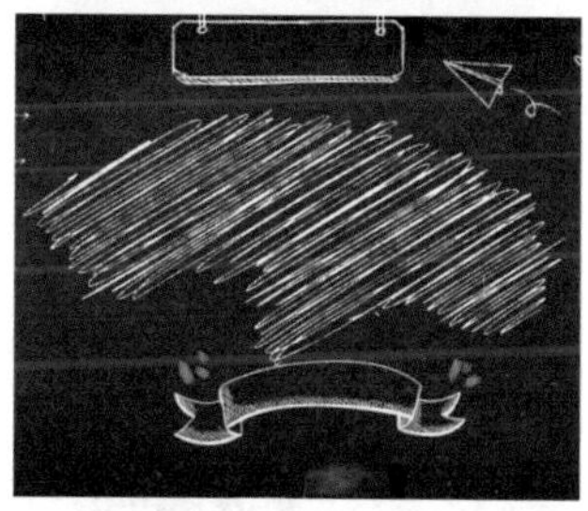

图 1.29　设置毛边

12 这样就完成了最终整体效果的制作，按小键盘上的0键即可在合成窗口中预览效果。

1.5　制作翻页动画

实例解析

本例主要讲解制作翻页动画的方法。翻页动画仅通过添加简单的效果控件即可完成，在制作过程中需要注意参数的设置，动画流程如图1.30所示。

图 1.30　动画流程画面

知识点

CC Page Turn（CC 翻页）

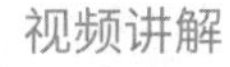

操作步骤

1 执行菜单栏中的“文件”|“导入”|“文件”命令，打开“导入文件”对话框，选择“工程文件\第 1 章\制作翻页动画\封面 .psd”素材，单击“导入”按钮。

2 在导入的对话框中选择“导入种类”为“合成”，选择“可编辑的图层样式”单选按钮，完成之后单击“确定”按钮，如图 1.31 所示。

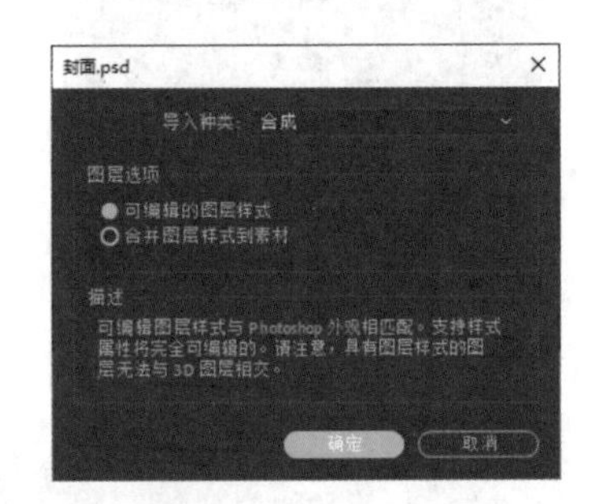

图 1.31 设置导入选项

3 双击“翻页”合成，在弹出的时间线面板中选中“封面”图层，如图 1.32 所示。

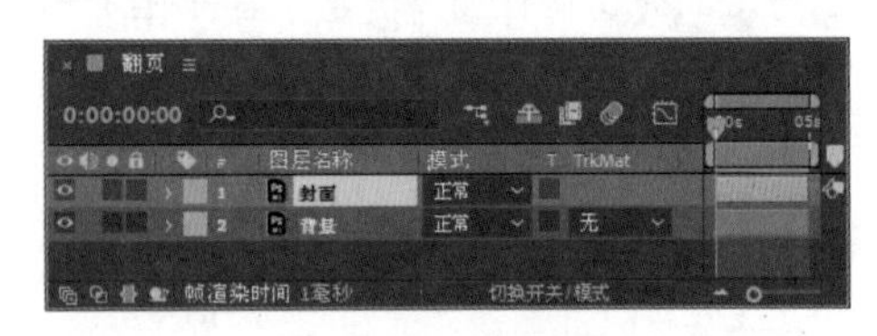

图 1.32 选择图层

4 在时间线面板中，将时间调整到 0:00:00:00 的位置，选中“封面”图层，在“效果和预设”面板中展开“扭曲”特效组，然后双击 CC Page Turn（CC 翻页）特效。

5 在“效果控件”面板中，修改 CC Page Turn（CC 翻页）特效的参数，设置 Controls（控制）为 Bottom Right Corner（右底角），Fold Position（折叠位置）为（605.0,112.0），单击其左侧码表，在当前位置添加关键帧，并设置 Back Opacity（折回透明度）为 100.0，如图 1.33 所示。

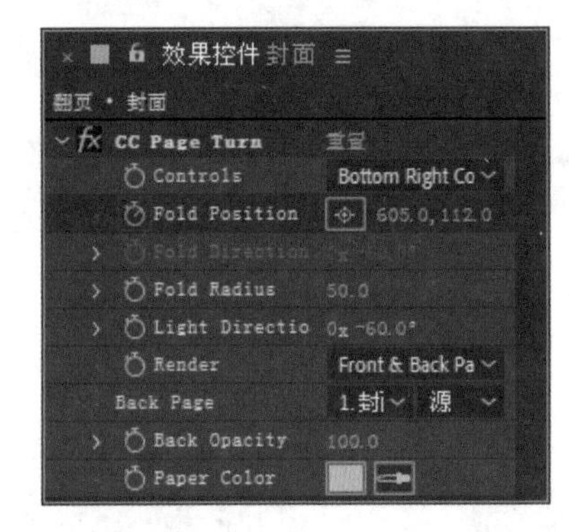

图 1.33 设置 CC Page Turn（CC 翻页）

6 在时间线面板中，将时间调整到 0:00:02:00 的位置，设置 Fold Position（折叠位置）为（-129.0,302.0），系统将自动添加关键帧，如图 1.34 所示。

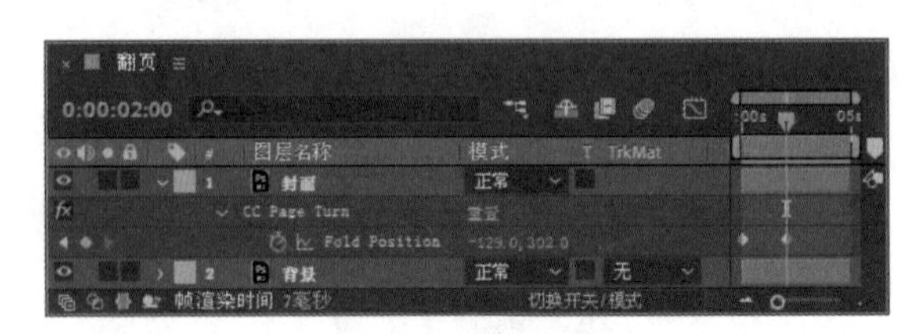

图 1.34 更改数值

7 这样就完成了最终整体效果制作，按小键盘上的 0 键即可在合成窗口中预览动画效果。

1.6 制作耀眼光效动画

实例解析

本例主要讲解制作耀眼光效动画的方法。光效在影视后期制作中十分常见，本例制作的是一种非常简单的光效，但整体效果非常漂亮，如图 1.35 所示。

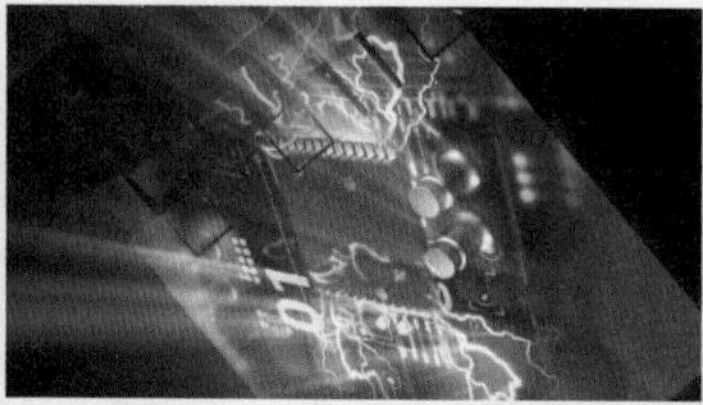

图 1.35 动画流程画面

知识点

Shine（光）

操作步骤

1 执行菜单栏中的“合成”|“新建合成”命令，打开“合成设置”对话框，设置“合成名称”为“光效”，“宽度”为 720，“高度”为 405，“帧速率”为 25，并设置“持续时间”为 0:00:05:00，如图 1.36 所示。

2 执行菜单栏中的“文件”|“导入”|“文件”命令，打开“导入文件”对话框，选择“工程文件 \ 第 1 章 \ 制作耀眼光效动画 \ 魔法 .jpg”素材，单击“导入”按钮，如图 1.37 所示。

3 在“项目”面板中选择“魔法 .jpg”素材，将其拖动到“光效”合成的时间线面板中，如图 1.38 所示。

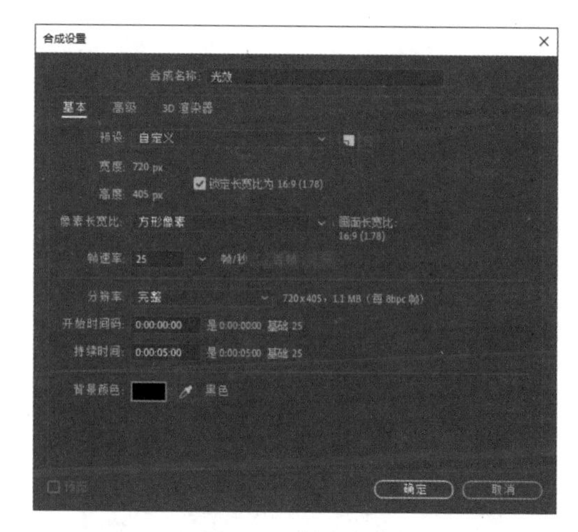

图 1.36 新建合成

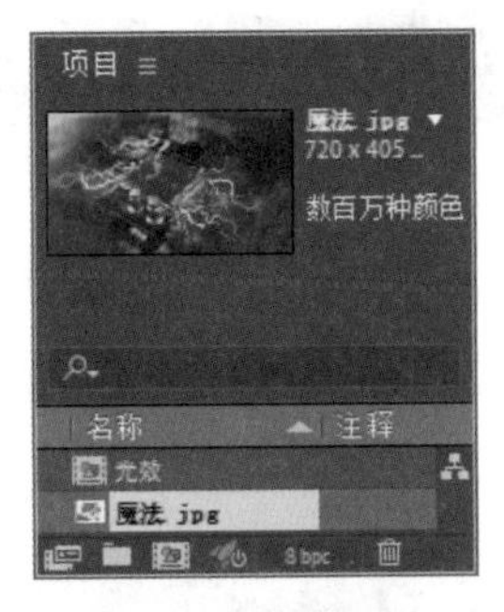

图 1.37　导入素材

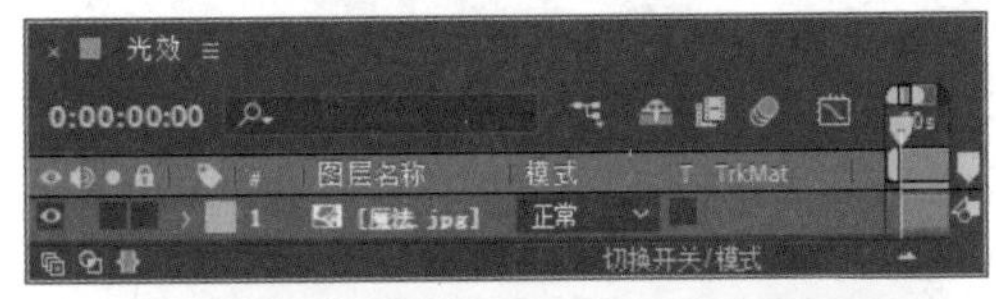

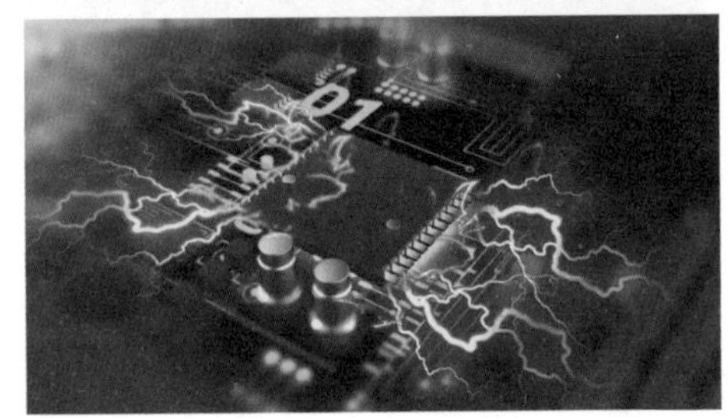

图 1.38　添加素材

4 在时间线面板中，将时间调整到 0:00:00:08 的位置，选中“魔法.jpg”图层，在“效果和预设”面板中展开“过渡”特效组，然后双击“卡片擦除”特效。

5 在“效果控件”面板中，修改“卡片擦除”特效的参数，设置“过渡完成”的值为 30%，“过渡宽度”的值为 100%，分别单击“过渡完成”和“过渡宽度”左侧码表，在当前位置设置关键帧，如图 1.39 所示。

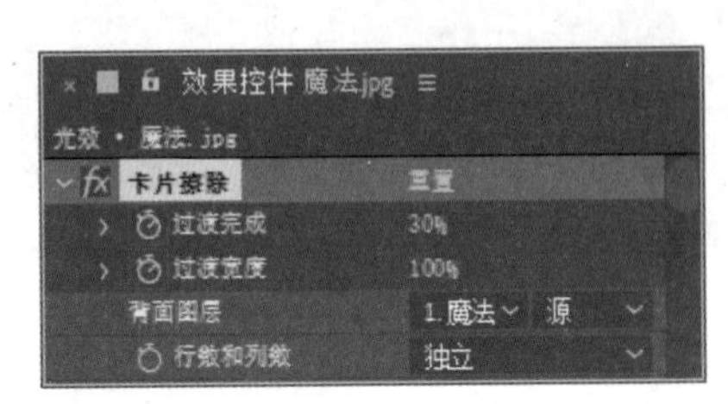

图 1.39　设置卡片擦除

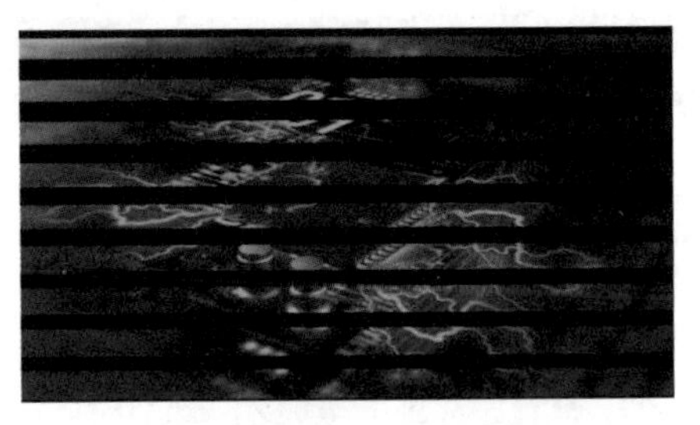

图 1.39　设置卡片擦除（续）

6 将时间调整到 0:00:01:20 的位置，设置“过渡完成”的值为 100%，“过渡宽度”的值为 0%，系统会自动设置关键帧，如图 1.40 所示。

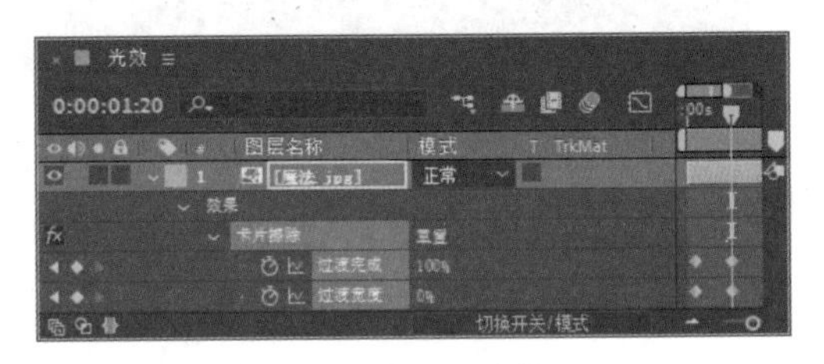

图 1.40　设置参数

7 在“效果控件”面板中，从“翻转轴”下拉菜单中选择“随机”选项，从“翻转方向”下拉菜单中选择“正向”选项。

8 展开“摄像机位置”选项组，将时间调整到 0:00:00:00 的位置，设置“Z 轴旋转”的值为 1x+0.0°，单击“Z 轴旋转”左侧码表，在当前位置设置关键帧，如图 1.41 所示。

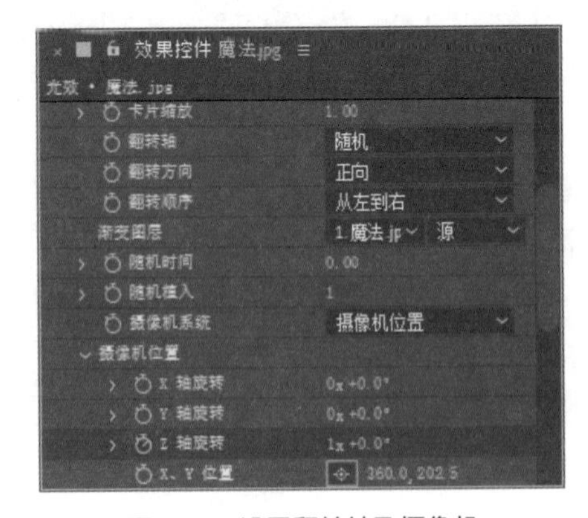

图 1.41　设置翻转轴及摄像机

9 将时间调整到 0:00:01:22 的位置，设置

"Z 轴旋转"的值为 0x+0.0°，系统将自动添加关键帧，如图 1.42 所示。

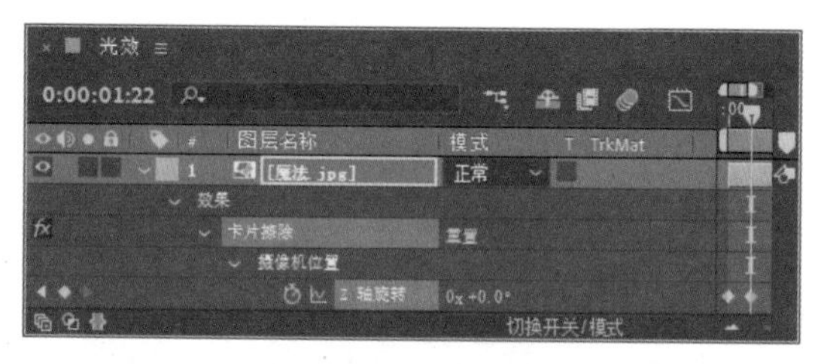

图 1.42 调整参数

10 选择"魔法.jpg"图层，在"效果和预设"面板中展开 Trapcode 特效组，双击 Shine（光）特效。

11 在"效果控件"面板中，修改 Shine（光）特效的参数。展开 Pre-Process（预处理）选项组，将时间调整到 0:00:00:00 的位置，设置 Source Point（源点）的值为（-24.0,286.0），单击 Source Point（源点）左侧码表，在当前位置设置关键帧，如图 1.43 所示。

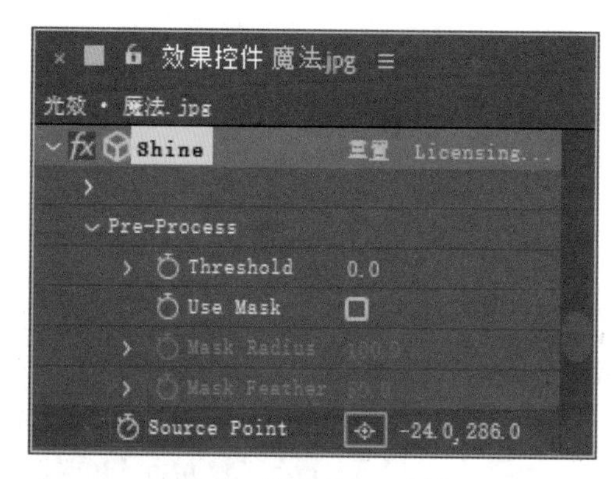

图 1.43 设置 Shine（光）

12 将时间调整到 0:00:00:13 的位置，设置 Source Point（源点）的值为（546.0,406.0），系统会自动设置关键帧。

13 将时间调整到 0:00:01:06 的位置，设置 Source Point（源点）的值为（613.0,336.0）。

14 将时间调整到 0:00:01:20 的位置，设置 Source Point（源点）的值为（505.0,646.0），如图 1.44 所示。

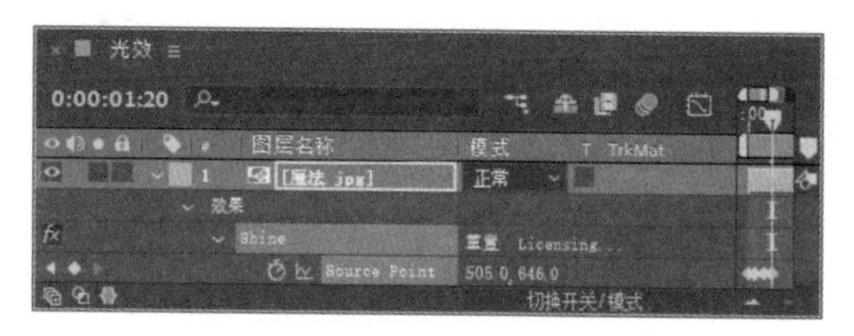

图 1.44 调整参数

15 展开 Shimmer（闪烁）选项组，设置 Amount（数量）的值为 180.0，Boost Light（光线亮度）的值为 6.5，如图 1.45 所示。

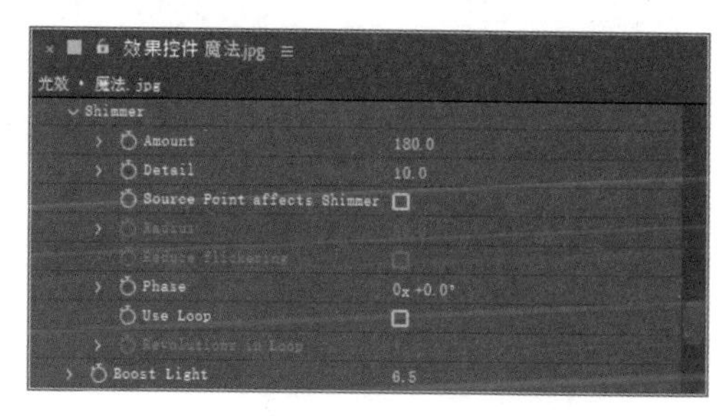

图 1.45 设置 Shimmer（闪烁）

16 在时间线面板中，将时间调整到 0:00:01:00 的位置，展开 Colorize（着色）选项组，设置 Highlights（高光）为白色，单击 Highlights（高光）左侧码表，在当前位置设置关键帧。

17 将时间调整到 0:00:01:22 的位置，设置 Highlights（高光）为深蓝色（R:0,G:15,B:83），系统会自动设置关键帧，如图 1.46 所示。

图 1.46 设置 Colorize（着色）

18 这样就完成了最终整体效果的制作，按小键盘上的 0 键即可在合成窗口中预览动画效果。

1.7　制作科幻掉落字动画

实例解析

本例主要讲解制作科幻掉落字动画的方法，文字掉落效果非常自然，配合科技化的背景，整体呈现一种十分科幻的视觉效果，如图 1.47 所示。

图 1.47　动画流程画面

视频讲解

知识点

1. 粒子运动场
2. 发光
3. 残影

操作步骤

1 执行菜单栏中的“合成”|“新建合成”命令，打开“合成设置”对话框，设置“合成名称”为“掉落字”，“宽度”为 720，“高度”为 405，“帧速率”为 25，并设置“持续时间”为 0:00:05:00，如图 1.48 所示。

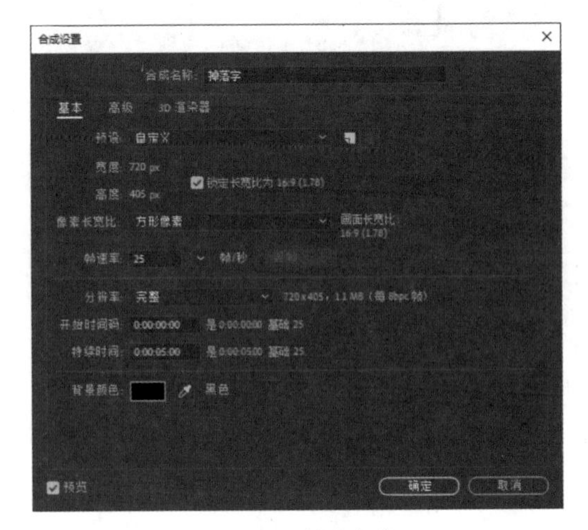

图 1.48　新建合成

2 执行菜单栏中的“文件”|“导入”|“文件”命令，打开“导入文件”对话框，选择“工程文件\第 1 章\制作科幻掉落字动画\背景.jpg”素材，单击“导入”按钮，如图 1.49 所示。

3 在“项目”面板中选择“背景.jpg”素材，将其拖动到“掉落字”合成的时间线面板中，如图 1.50 所示。

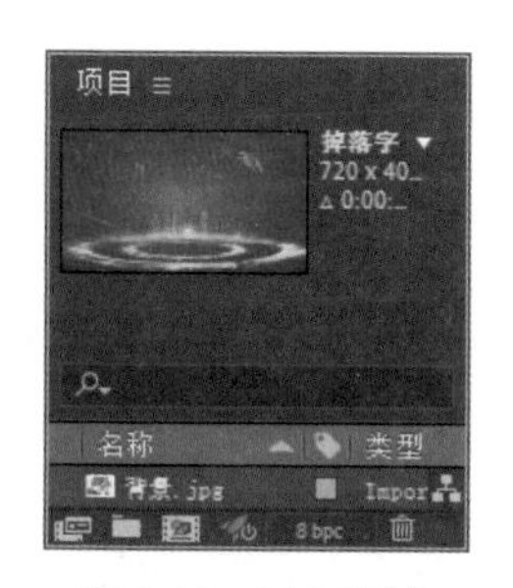

图 1.49 导入素材

图 1.50 添加素材

4 执行菜单栏中的“图层”|“新建”|“纯色”命令，在弹出的对话框中将“名称”更改为“文字”，将“颜色”更改为黑色，完成之后单击“确定”按钮。

5 选中“文字”图层，在“效果和预设”面板中展开“模拟”特效组，然后双击“粒子运动场”特效。

6 在“效果控件”面板中，修改“粒子运动场”特效的参数。展开“发射”选项组，设置“位置”的值为（360.0,10.0），“圆筒半径”的值为300.00，“每秒粒子数”的值为70.00，“方向”的值为0x+180.0°，“随机扩散方向”的值为20.00，“颜色”为蓝色（R:0,G:168,B:255），“字体大小”的值为13.00，如图1.51所示。

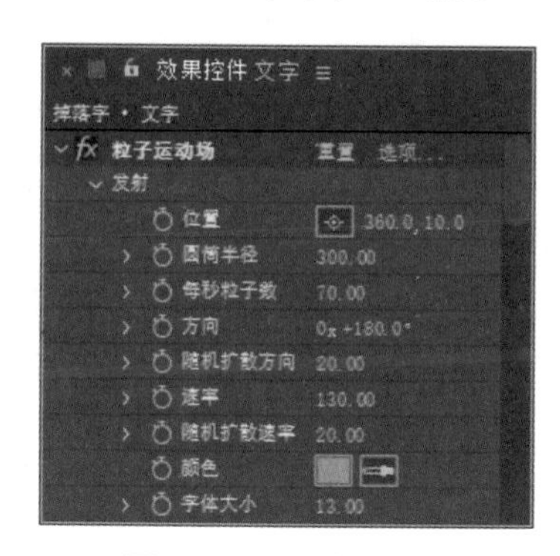

图 1.51 设置发射参数

7 单击“粒子运动场”名称右侧的“选项”文字，打开“粒子运动场”对话框，单击“编辑发射文字”按钮，打开“编辑发射文字”对话框，在对话框文字输入区输入任意数字与字母，单击两次“确定”按钮，完成文字编辑，如图1.52所示。

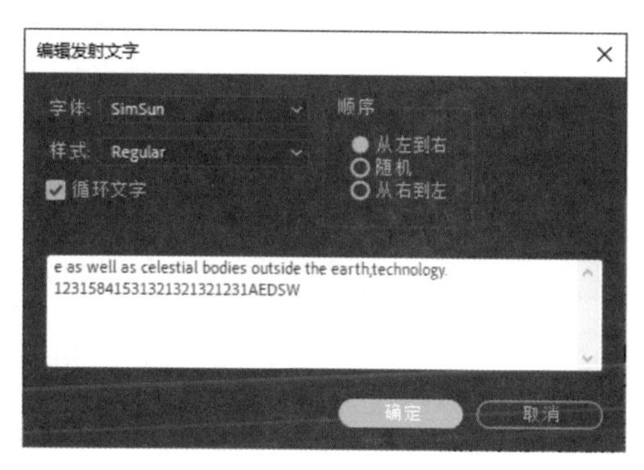

图 1.52 设置编辑文字

8 在“效果和预设”面板中展开“风格化”特效组，然后双击“发光”特效。

9 在“效果控件”面板中，修改“发光”特效的参数，设置“发光阈值”的值为50.0%，“发光半径”的值为200.0，“发光强度”的值为2.0，如图1.53所示。

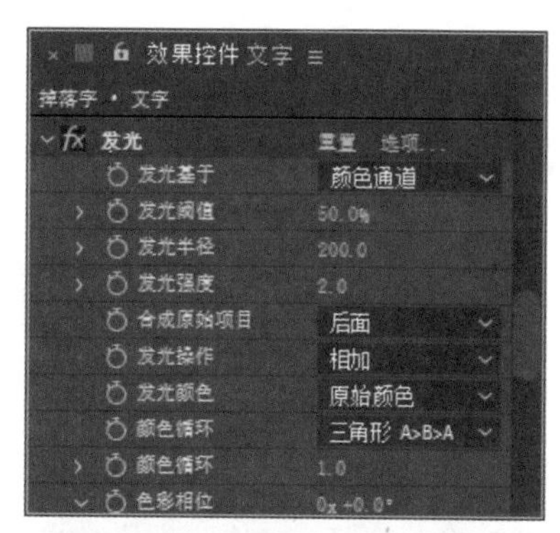

图 1.53 设置发光

10 在“效果和预设”面板中展开“时间”特效组，双击“残影”特效。

11 在“效果控件”面板中，修改“残影”特效的参数，设置“残影时间（秒）”的值为-0.05.0，“残影数量”的值为10，“衰减”的值为0.80，如图1.54所示。

12 这样就完成了最终整体效果制作，按小键盘上的0键即可在合成窗口中预览动画效果。

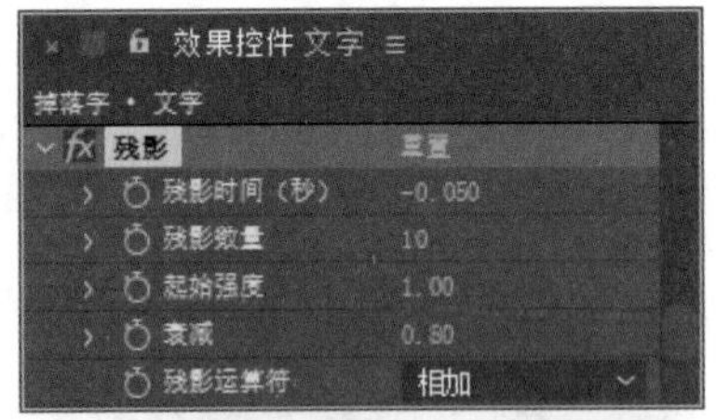

图1.54　设置残影

第 2 章

经典自然动画效果制作

内容摘要

本章主要讲解经典自然动画效果制作，经典自然动画的制作重点是如何通过动画的形式来表现自然的特征，通过自然元素，如雨景、雪景等来表现自然特征，在动画的设计过程中通常遵循自然运动的规律，如自然的水滴下落、窗外水滴的滑动以及云雾缭绕等都是自然特征。本章列举了街头雨景动画、浪漫雪景动画、窗外水滴动画等实例，读者通过对这些实例的学习可以掌握大部分自然特效类动画的制作。

教学目标

- 学会制作街头雨景动画
- 学习制作浪漫雪景动画
- 了解制作窗外水滴动画的方法
- 掌握制作雨林丁达尔效应动画的技巧
- 学会制作云雾缭绕美景动画
- 学习制作海底美景动画

2.1 制作街头雨景动画

实例解析

本例主要讲解制作街头雨景动画的方法。雨景动画是一种十分常见的动画效果，本例通过选用简单的街道背景图像，同时利用下雨效果控件即可制作出雨景效果，如图 2.1 所示。

图 2.1　动画流程画面

知识点

CC Rainfall（CC 下雨）

操作步骤

1 执行菜单栏中的“合成”|“新建合成”命令，打开“合成设置”对话框，设置“合成名称”为“下雨”，“宽度”为 720，“高度”为 405，“帧速率”为 25，并设置“持续时间”为 0:00:05:00，如图 2.2 所示。

2 执行菜单栏中的“文件”|“导入”|“文件”命令，打开“导入文件”对话框，选择“工程文件\第 2 章\制作街头雨景动画\背景.jpg”素材，单击“导入”按钮，如图 2.3 所示。

3 在“项目”面板中选择“背景.jpg”素材，将其拖动到“下雨”合成的时间线面板中，如图 2.4 所示。

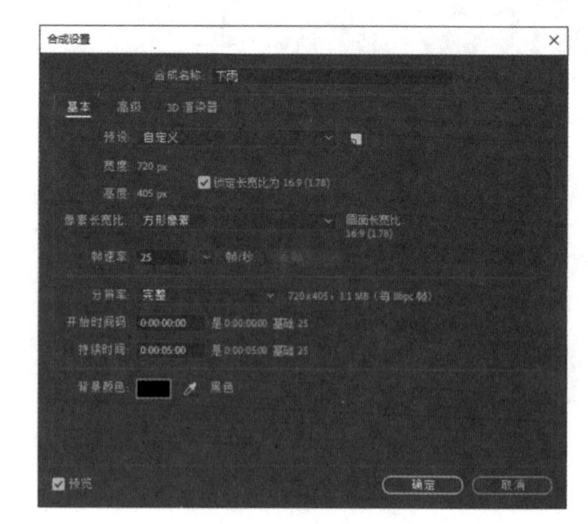

图 2.2　新建合成

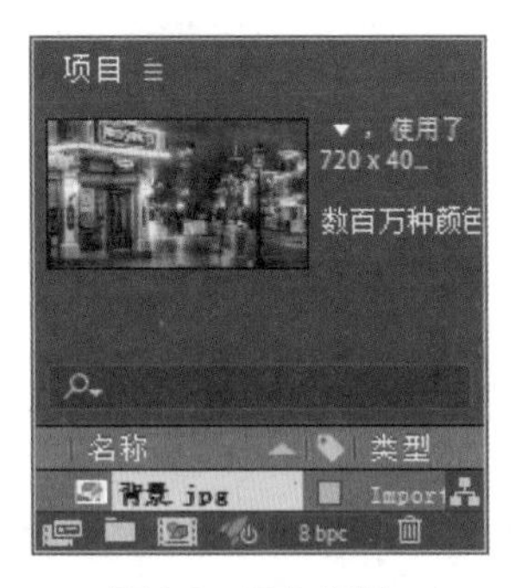

图 2.3 导入素材

图 2.4 添加素材

图 2.5 设置 CC Rainfall（CC 下雨）

图 2.6 绘制蒙版

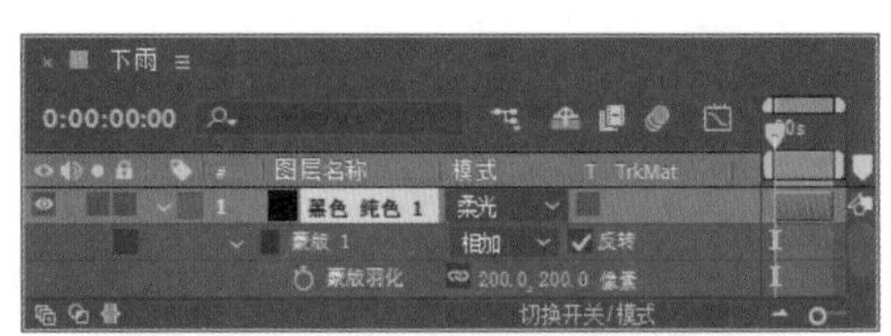

图 2.7 设置图层模式

4 在时间线面板中，选中“背景.jpg”图层，在“效果和预设”面板中展开“模拟”特效组，然后双击 CC Rainfall（CC 下雨）特效。

5 在“效果控件”面板中，修改 CC Rainfall（CC 下雨）特效的参数，设置 Speed（速度）为 2000，Wind（风）为 300.0，如图 2.5 所示。

6 执行菜单栏中的“图层”|“新建”|“纯色”命令。

7 选择工具箱中的“椭圆工具”，绘制一个椭圆蒙版，如图 2.6 所示。

8 按 F 键打开“蒙版羽化”，将数值更改为（200.0,200.0），将“模式”更改为“柔光”，选中“反转”复选框，如图 2.7 所示。

9 这样就完成了最终整体效果制作，按小键盘上的 0 键即可在合成窗口中预览动画效果。

2.2 制作浪漫雪景动画

实例解析

本例主要讲解制作浪漫雪景动画的方法。雪景是一种十分常见的自然景观，本案例的整个制作过程比较简单，需要注意的地方主要是参数的设置，动画流程如图 2.8 所示。

图 2.8 动画流程画面

知识点

CC Snowfall（CC 下雪）

操作步骤

1 执行菜单栏中的“合成”|“新建合成”命令，打开“合成设置”对话框，设置“合成名称”为“下雪”，“宽度”为 720，“高度”为 405，“帧速率”为 25，并设置“持续时间”为 0:00:05:00，如图 2.9 所示。

2 执行菜单栏中的“文件”|“导入”|“文件”命令，打开“导入文件”对话框，选择“工程文件\第 2 章\制作浪漫雪景动画\雪天 .jpg”素材，单击“导入”按钮，如图 2.10 所示。

3 在“项目”面板中选择“雪天 .jpg”素材，将其拖动到“下雪”合成的时间线面板中，如图 2.11 所示。

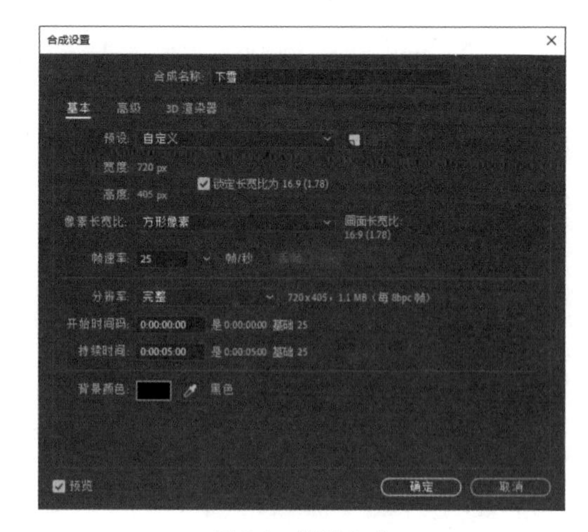

图 2.9 新建合成

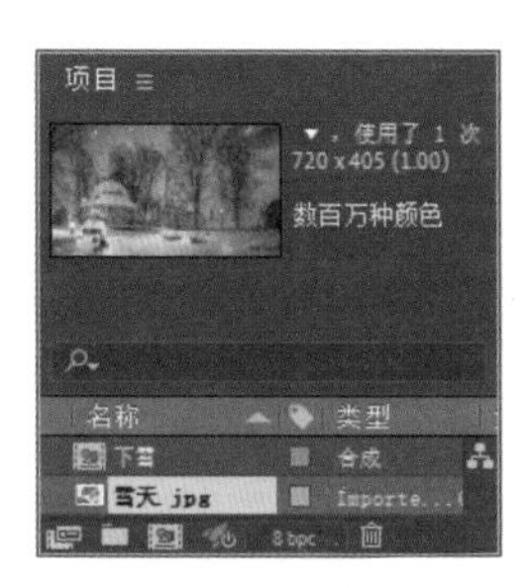

图 2.10 导入素材

图 2.11 添加素材

4 在时间线面板中，选中“雪天.jpg”图层，在“效果和预设”面板中展开“模拟”特效组，然后双击 CC Snowfall（CC 下雪）特效。

5 在“效果控件”面板中，修改 CC Snowfall（CC 下雪）特效的参数，设置 Size（大小）为 3.00，Wind（风）为 50.0，Opacity（不透明度）为 100.0，如图 2.12 所示。

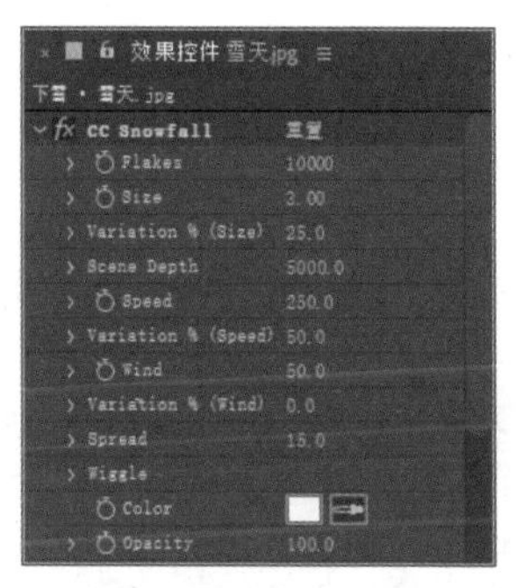

图 2.12 设置 CC Snowfall（CC 下雪）

6 这样就完成了最终整体效果制作，按小键盘上的 0 键即可在合成窗口中预览动画效果。

2.3 制作窗外水滴动画

实例解析

本例主要讲解制作窗外水滴动画的方法。本例中的动画效果十分自然，通过为夜雨背景图像添加效果控件即可完成水滴动画的制作，如图 2.13 所示。

图 2.13 动画流程画面

视频讲解

知识点

CC Mr. Mercury（CC 水银）

操作步骤

1 执行菜单栏中的“合成”|“新建合成”命令，打开“合成设置”对话框，设置“合成名称”为“水滴动画”，“宽度”为720，“高度”为405，“帧速率”为25，并设置“持续时间”为0:00:05:00，“背景颜色”为黑色，完成后单击“确定”按钮，如图2.14所示。

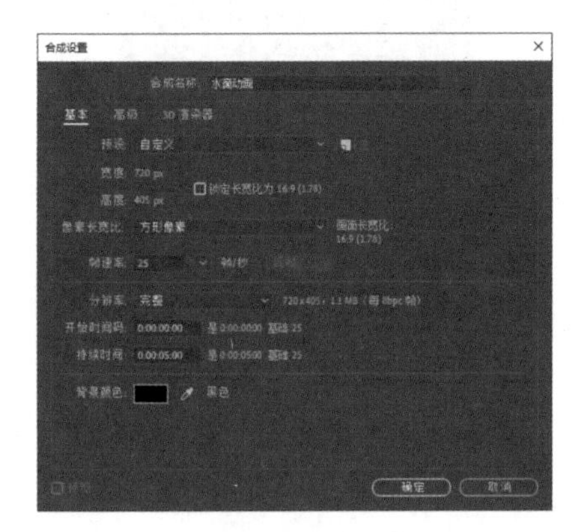

图 2.14　新建合成

2 执行菜单栏中的“文件”|“导入”|“文件”命令，打开“导入文件”对话框，选择“工程文件\第2章\制作窗外水滴动画\雨夜.jpg”素材，单击“导入”按钮，如图2.15所示。

图 2.15　导入素材

3 在“项目”面板中，选中“雨夜.jpg”合成，将其拖至时间轴面板中。

4 选中“雨夜.jpg”图层，按Ctrl+D组合键复制一个“雨夜.jpg”图层，如图2.16所示。

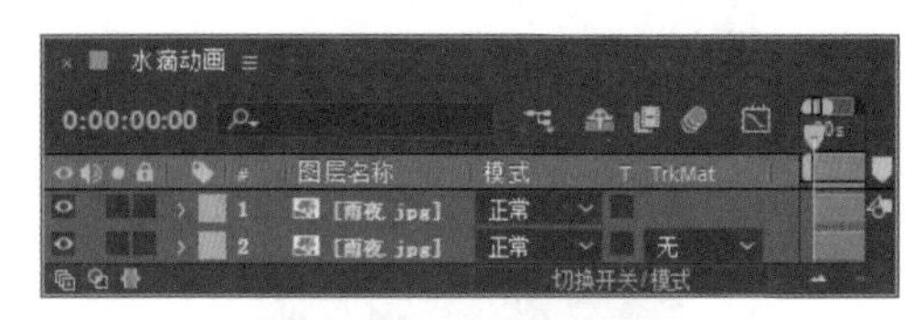

图 2.16　添加素材图像

5 在时间轴面板中，选中上方“雨夜.jpg”图层，在“效果和预设”面板中展开“模拟”特效组，然后双击CC Mr. Mercury（CC水银）特效。

6 在“效果控件”面板中，修改CC Mr. Mercury（CC水银）特效的参数，设置Radius X（半径X）为200.0，Radius Y（半径Y）为80.0，Producer（生产者）为（360.0,0.0），Velocity（速度）为0，Birty Rate（出生速率）为2.0，Longevity(sec)（寿命）为2.0，Gravity（重力）为0.2，Resistance（抵抗）为0.00，选择Animation（动画）为Direction（方向），Influence Map（影响贴图）为Blob out（滴出），Blob Birth Size（水银滴出生大小）为0.10，Blob Death Size（水银滴死亡大小）为0.20，如图2.17所示。

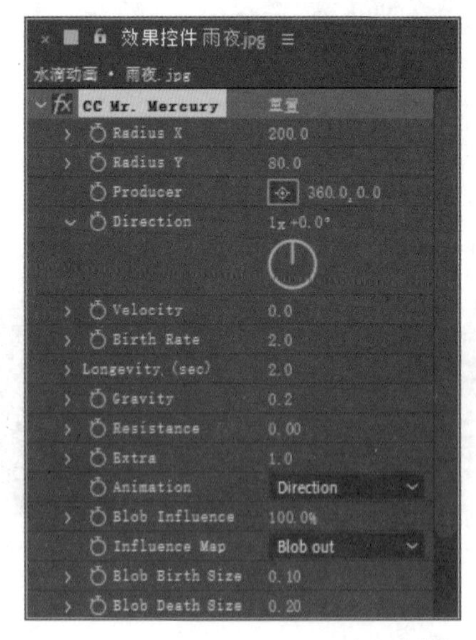

图 2.17　设置 CC Mr. Mercury（CC 水银）

7 在时间轴面板中，将时间向后调整，即可观察到水滴效果，并且可以根据实际效果再次调整参数，如图 2.18 所示。

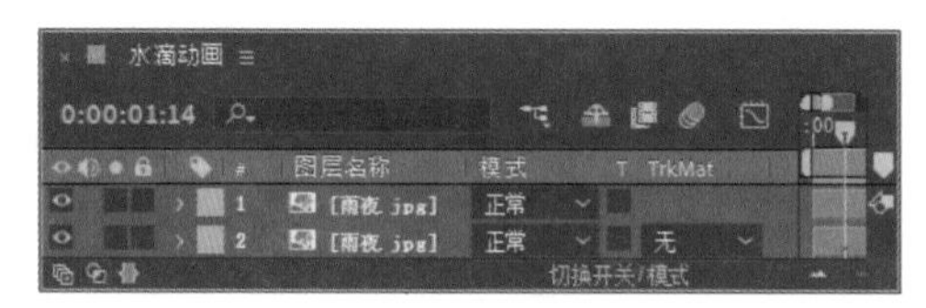

图 2.18 水滴效果

8 这样就完成了最终整体效果的制作，按小键盘上的 0 键即可在合成窗口中预览动画效果。

2.4 制作雨林丁达尔效应动画

实例解析

本例主要讲解制作雨林丁达尔效应动画的方法。本例中的动画效果与背景图像完美融合，以自然的光线表现丁达尔效应，最终的动画效果非常真实，如图 2.19 所示。

图 2.19 动画流程画面

知识点

Shine（光）

视频讲解

操作步骤

1 执行菜单栏中的“合成”|“新建合成”命令，打开“合成设置”对话框，设置“合成名称”为“丁达尔效应”，“宽度”为720，“高度”为405，“帧速率”为25，设置“持续时间”为0:00:05:00，“背景颜色”为黑色，完成之后单击“确定”按钮，如图2.20所示。

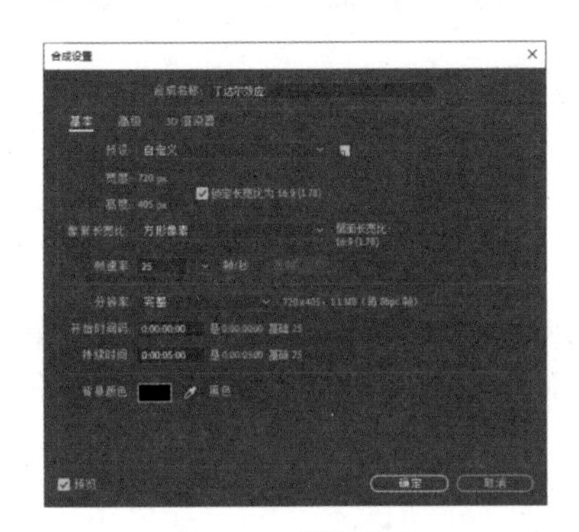

图2.20 新建合成

2 执行菜单栏中的“文件”|“导入”|“文件”命令，打开“导入文件”对话框，选择“工程文件\第2章\制作雨林丁达尔效应动画\雨林.jpg”素材，单击“导入”按钮，如图2.21所示。

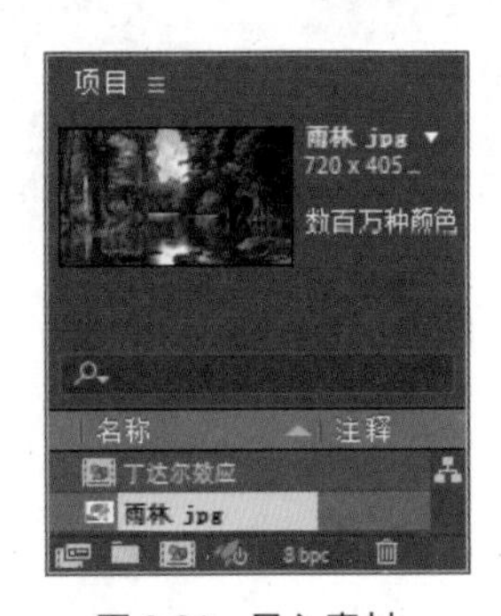

图2.21 导入素材

3 在“项目”面板中，选中“雨林.jpg”合成，将其拖至时间轴面板中。

4 选中“雨林.jpg”图层，按Ctrl+D组合键复制一个图层，并将复制生成的图层名称更改为“光线”，如图2.22所示。

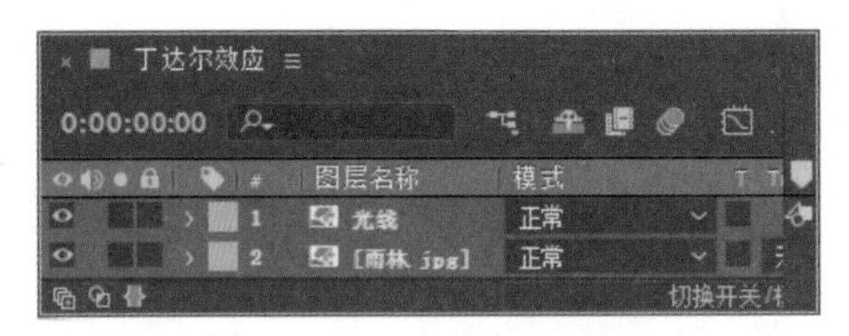

图2.22 添加素材图像

5 在时间轴面板中，将时间调整到0:00:00:00的位置，选中“光线”图层，在“效果和预设”面板中展开RG Trapcode（常用滤镜）特效组，然后双击Shine（光）特效。

6 在“效果控件”面板中，修改Shine（光）特效的参数，设置Source Point（源点）为（160.0,-230.0），单击其左侧码表，在当前位置添加关键帧，设置Ray Length（光线长度）为6.0，如图2.23所示。

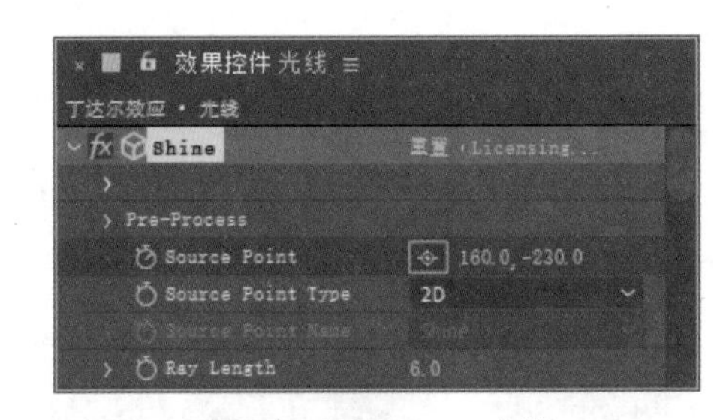

图2.23 设置Shine（光）

7 展开Shimmer（闪烁）选项组，将Detail（细节）更改为5.0，如图2.24所示。

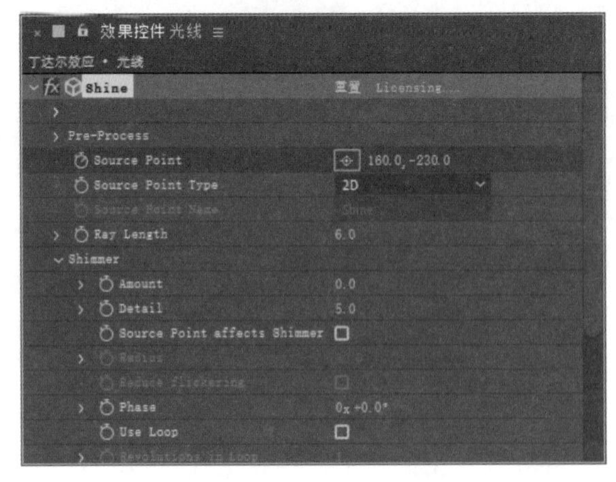

图2.24 设置Shimmer（闪烁）

8 设置 Boost Light（光线亮度）为 2.0，将时间调整到 0:00:04:24 的位置，设置 Source Point（源点）的值为（555.0,-255.0），系统将自动添加关键帧，如图 2.25 所示。

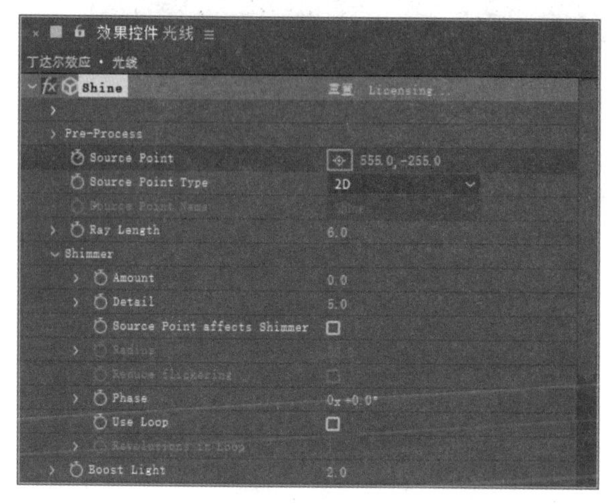

图 2.25　设置参数

9 执行菜单栏中的“图层”|“新建”|“调整图层”命令，如图 2.26 所示。

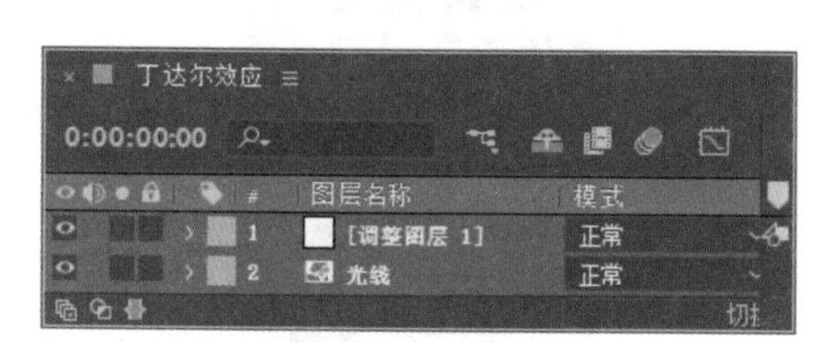

图 2.26　新建调整图层

10 在时间轴面板中，选中“调整图层 1”图层，在“效果和预设”面板中展开“颜色校正”特效组，然后双击“曲线”特效。

11 在“效果控件”面板中，修改“曲线”特效的参数，如图 2.27 所示。

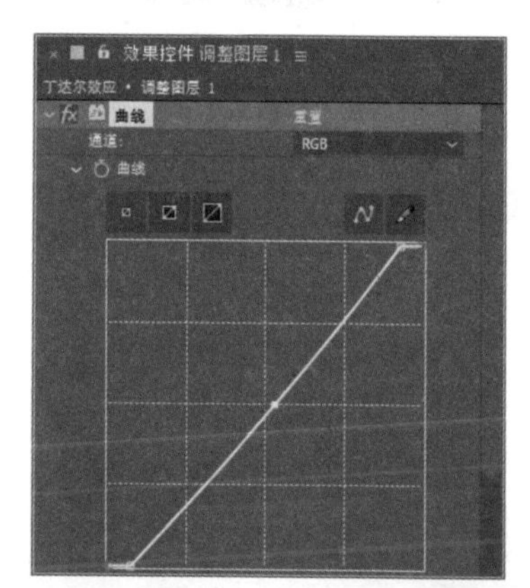

图 2.27　调整曲线

12 这样就完成了最终整体效果的制作，按小键盘上的 0 键即可在合成窗口中预览动画效果。

2.5　制作云雾缭绕美景动画

实例解析

本例主要讲解制作云雾缭绕美景动画的方法。本例选用自然美景作为背景图像，通过添加“湍流杂色”特效制作出云雾缭绕的动画效果，如图 2.28 所示。

图 2.28　动画流程画面

知识点

湍流杂色

视频讲解

操作步骤

2.5.1　制作云雾效果

1 执行菜单栏中的“合成”|“新建合成”命令，打开“合成设置”对话框，设置“合成名称”为“云雾”，“宽度”为720，“高度”为405，“帧速率”为25，并设置“持续时间”为0:00:05:00，“背景颜色”为黑色，完成后单击“确定”按钮，如图2.29所示。

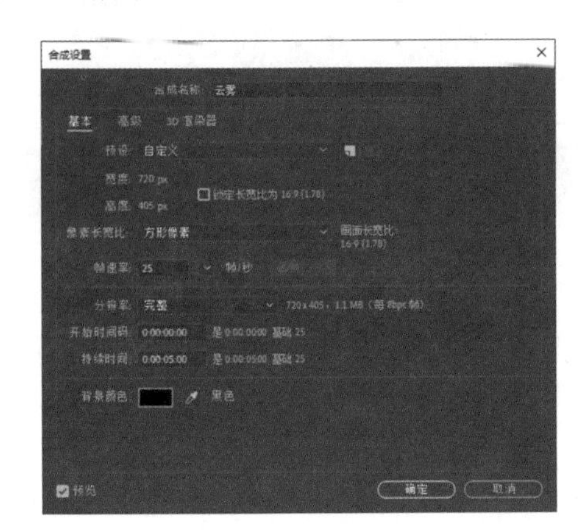

图 2.29　新建合成

2 执行菜单栏中的“文件”|“导入”|“文件”命令，打开“导入文件”对话框，选择“工程文件\第2章\制作云雾缭绕美景动画\背景.jpg”素材，单击“导入”按钮，如图2.30所示。

图 2.30　导入素材

3 在“项目”面板中，选中“背景.jpg”合成，将其拖至时间轴面板中，如图2.31所示。

图 2.31　添加素材图像

4 执行菜单栏中的“图层”|“新建”|“纯色”命令，在弹出的对话框中将“名称”更改为“云雾”，将“颜色”更改为黑色，完成之后单击“确

定”按钮，如图 2.32 所示。

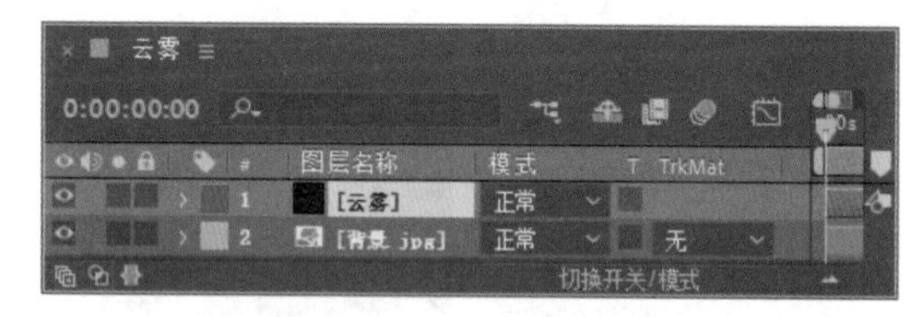

图 2.32 新建纯色图层

5 在时间轴面板中，选中“云雾”图层，将时间调整到0:00:00:00的位置，在“效果和预设”面板中展开“杂色和颗粒”特效组，然后双击“湍流杂色”特效。

6 在“效果控件”面板中，修改“湍流杂色”特效的参数，设置“分形类型”为“小凹凸”，“杂色类型”为“柔和线性”，“对比度”为150.0，“亮度”为30.0，如图 2.33 所示。

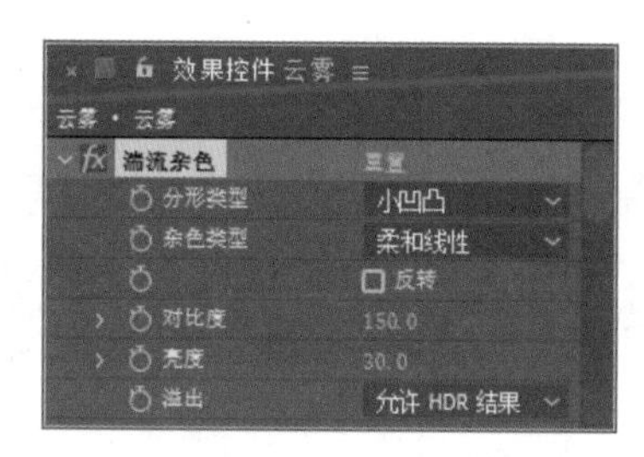

图 2.33 设置湍流杂色参数

7 展开“变换”选项，将“偏移（湍流）”更改为（864.0,960.0），并单击左侧码表。将“不透明度”更改为80.0%，如图 2.34 所示。

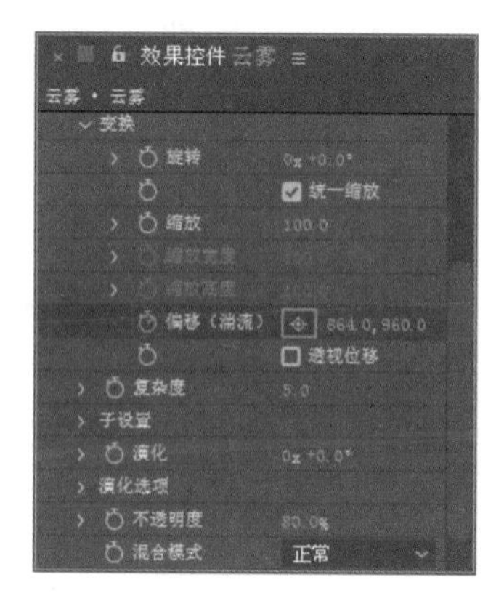

图 2.34 设置变换参数

8 将时间调整到0:00:04:24的位置，在时间轴面板中选中“云雾”图层，将其图层模式更改为“屏幕”，再将“偏移（湍流）”数值更改为（294.0,960.0），系统将自动添加关键帧，如图 2.35 所示。

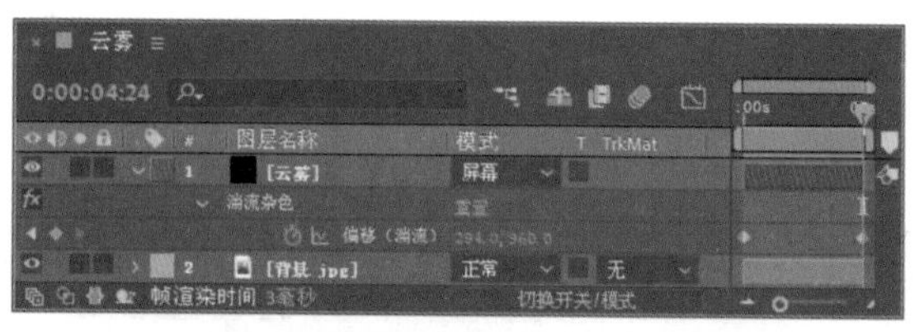

图 2.35 更改数值

2.5.2 对美景效果进行调色

1 执行菜单栏中的“图层”|“新建”|“调整图层”命令，新建一个“调整图层 1”图层。

2 在时间轴面板中，选中“调整图层 1”图层，在“效果和预设”面板中展开“颜色校正”特效组，然后双击“曲线”特效。

3 在“效果控件”面板中，修改“曲线”特效的参数，选择RGB通道，调整曲线，如图 2.36 所示。

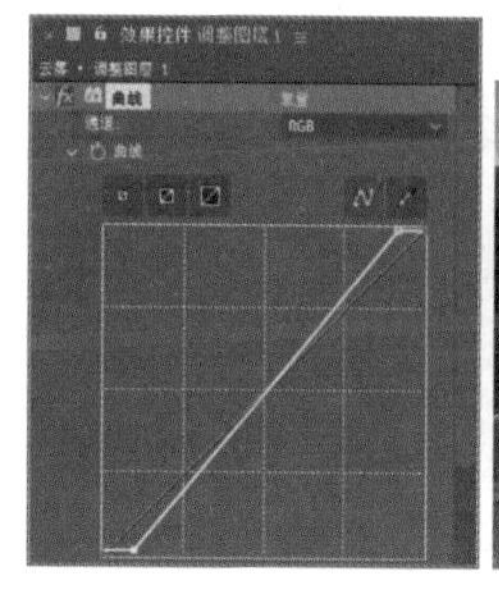

图 2.36 调整 RGB 通道曲线

4 在“效果控件”面板中，修改“曲线”特效的参数，选择“绿色”通道，调整曲线，如图2.37所示。

5 这样就完成了最终整体效果的制作，按小键盘上的0键即可在合成窗口中预览动画效果。

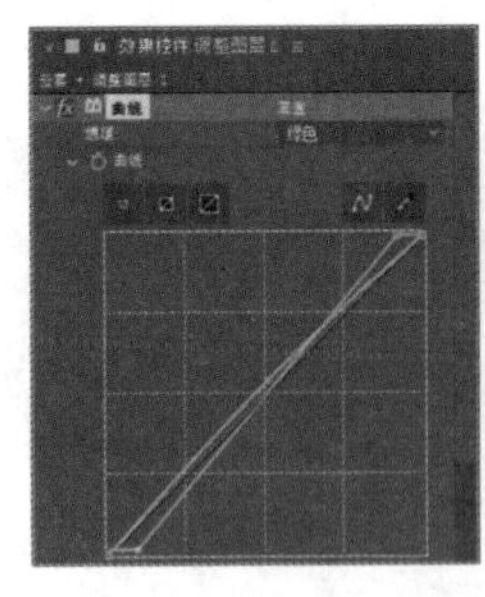

图 2.37　调整绿色通道曲线

2.6　制作海底美景动画

实例解析

本例主要讲解制作海底美景动画的方法，在制作过程中，通过添加泡泡上升的动画表现出海底美景视觉效果，如图 2.38 所示。

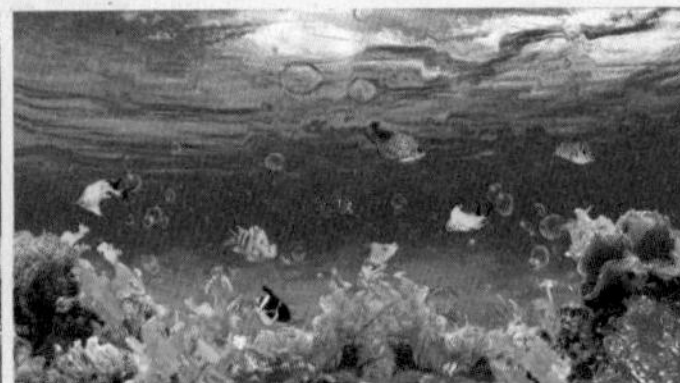
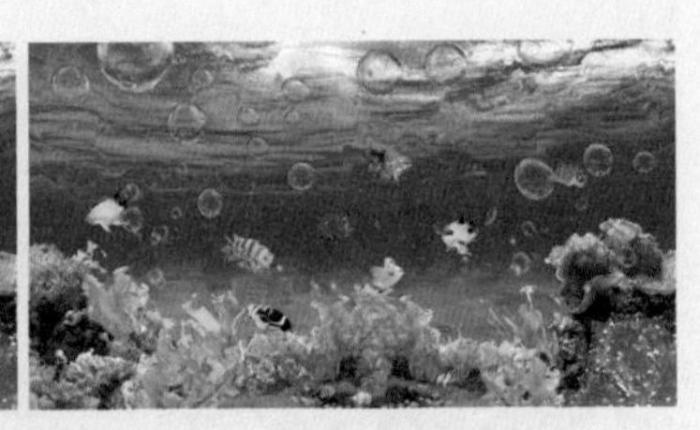

图 2.38　动画流程画面

知识点

1. 泡沫
2. 置换图

视频讲解

操作步骤

2.6.1　制作主视觉动画

1 执行菜单栏中的“合成”|“新建合成”命令，打开“合成设置”对话框，设置“合成名称”为“泡泡动画”，“宽度”为720，“高度”为405，“帧速率”为25，并设置“持续时间”为0:00:05:00，如图 2.39 所示。

2 执行菜单栏中的“文件”|“导入”|“文件”命令，打开“导入文件”对话框，选择“工程文件\第 2 章\制作海底美景动画\海底 .jpg”素材，单击“导入”按钮，如图 2.40 所示。

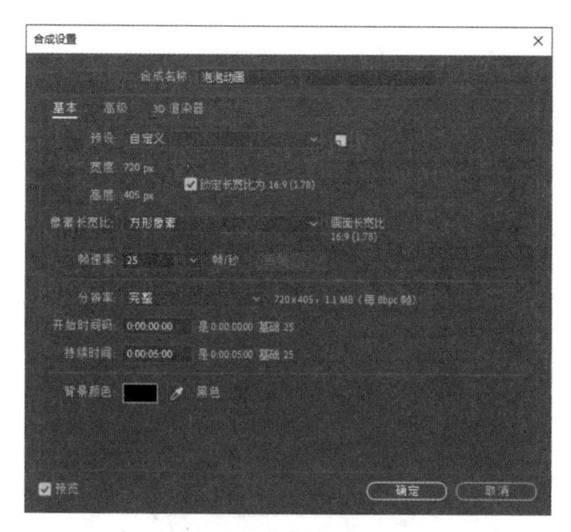

图 2.39　新建合成

图 2.40　导入素材

3 选择“海底.jpg”图层，按 Ctrl+D 组合键复制出另一个图层，将该图层名称更改为“海底2.jpg”。

4 为“海底 2.jpg”图层添加“泡沫”特效。在“效果和预设”面板中展开“模拟”特效组，然后双击“泡沫”特效。

5 在“效果控件”面板中，修改“泡沫”特效的参数。从“视图”下拉菜单中选择“已渲染”，展开“制作者”选项组，设置“产生点”的值为（345.0,580.0），“产生 X 大小”的值为 0.450，“产生 Y 大小”的值为 0.450，“产生速率”的值为 2.000。

6 展开“气泡”选项组，设置“大小”的值为 1.000，“大小差异”的值为 0.650，“寿命”的值为 170.000，“汽泡增长速度”的值为 0.010，如图 2.41 所示。

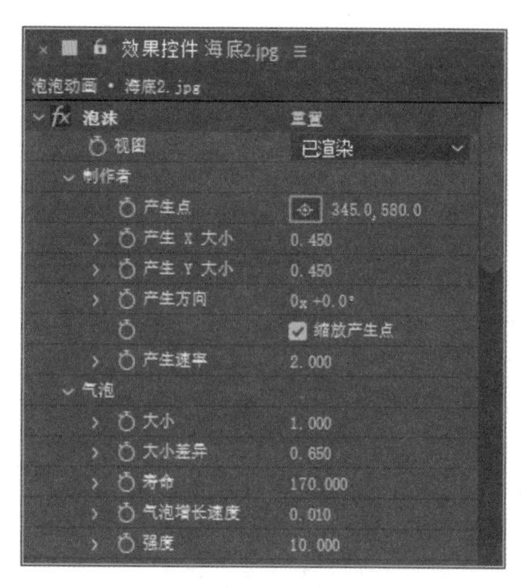

图 2.41　设置气泡

7 展开“物理学”选项组，设置“初始速度”的值为 2.000，“摇摆量”为 0.070。

8 展开“正在渲染”选项组，从“气泡纹理”下拉菜单中选择“水滴珠”，设置“反射强度”的值为 1.000，“反射融合”的值为 1.000，如图 2.42 所示。

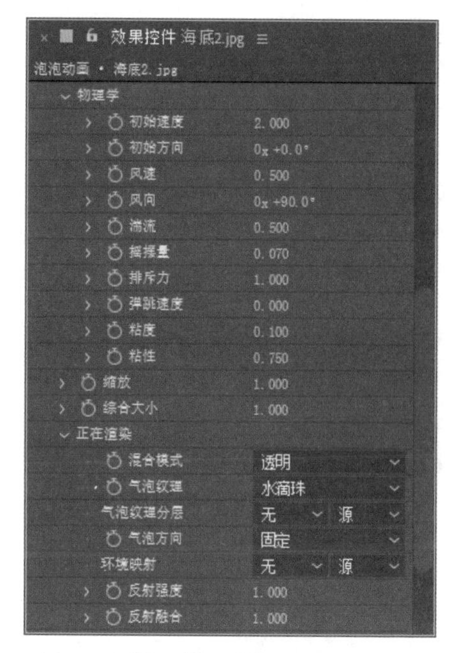

图 2.42　设置“物理学”及“正在渲染”

图 2.42　设置“物理学”及“正在渲染”（续）

2.6.2　添加动画细节

1 执行菜单栏中的“合成”|“新建合成”命令，打开“合成设置”对话框，设置“合成名称”为“置换图”，“宽度”为 720，“高度”为 405，“帧速率”为 25，并设置“持续时间”为 0:00:20:00，“背景颜色”为黑色，完成之后单击“确定”按钮。

2 执行菜单栏中的“图层”|“新建”|“纯色”命令，在弹出的对话框中将“名称”更改为“噪波”，将“颜色”更改为黑色，完成之后单击“确定”按钮。

3 在时间线面板中，选中“噪波”图层，在“效果和预设”面板中展开“杂色和颗粒”特效组，然后双击“分形杂色”特效。

4 选中“噪波”图层，按 S 键展开“缩放”属性，单击“缩放”左侧的“约束比例”按钮取消约束，设置“缩放”为（200.0,209.0%），如图 2.43 所示。

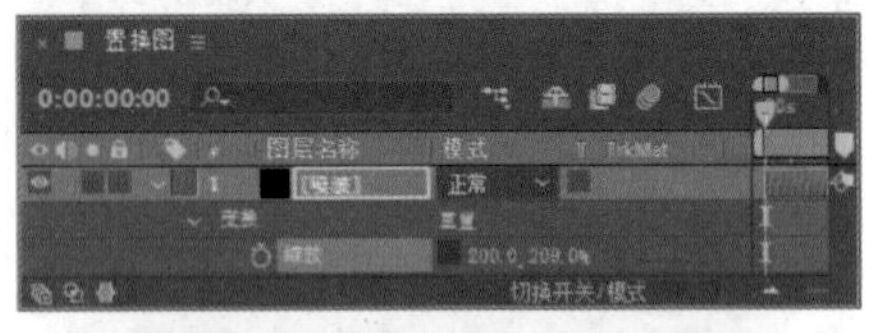

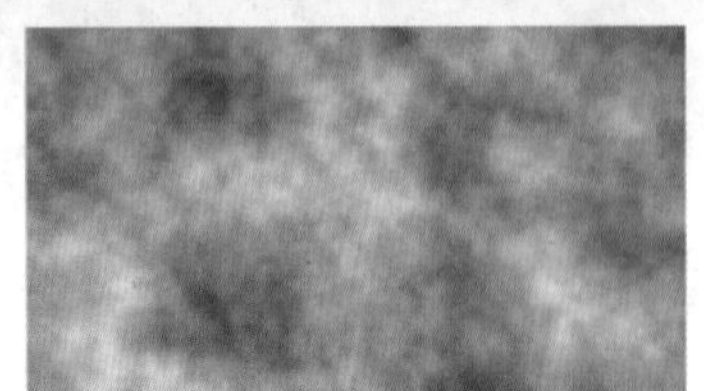

图 2.43　设置“缩放”

5 在“效果控件”面板中，修改“分形杂色”特效的参数，设置“对比度”的值为 448.0，“亮度”的值为 22.0。展开“变换”选项组，设置“缩放”的值为 40.0，如图 2.44 所示。

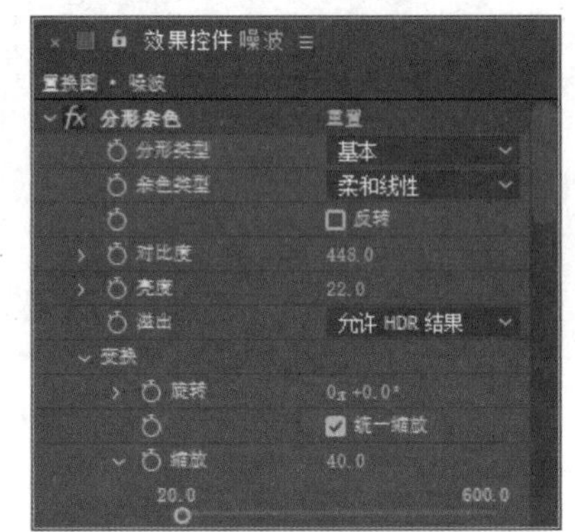

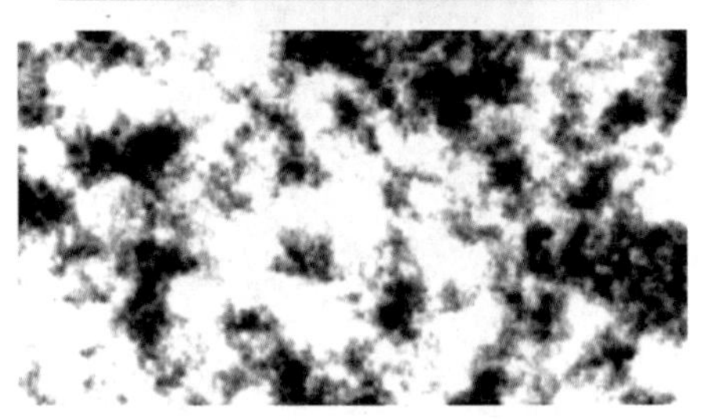

图 2.44　设置“分形杂色”及其效果

6 在“效果和预设”面板中展开“颜色校正”特效组，然后双击“色阶”特效。

7 在“效果控件”面板中，修改“色阶”特效的参数，设置“输入黑色”的值为 95.0，“灰度系数”的值为 0.28，如图 2.45 所示。

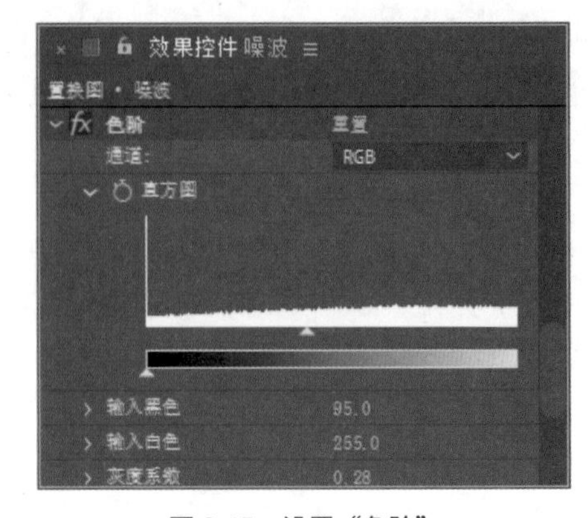

图 2.45　设置“色阶”

8 在时间线面板中，选中“噪波”图层，将时间调整到0:00:00:00的位置，按P键展开“位置”属性，设置“位置”数值为（2.0,288.0），单击“位置”左侧码表，在当前位置设置关键帧。

9 将时间调整到0:00:18:24的位置，设置“位置”的数值为（718.0,288.0），系统将自动添加关键帧，如图2.46所示。

图2.46　设置参数

10 执行菜单栏中的“图层”|“新建”|“调整图层”命令，创建一个调节层。

11 选中“调整图层1”图层，在工具箱中选择“矩形工具”，在合成窗口中拖动，可绘制一个矩形蒙版区域，如图2.47所示。

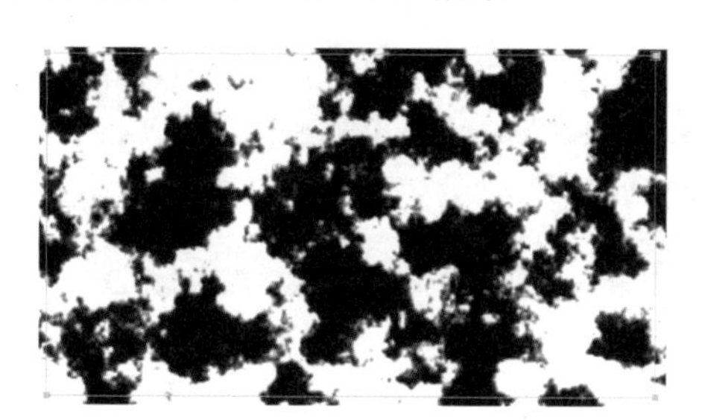

图2.47　绘制蒙版

12 按F键展开“蒙版羽化”属性，设置“蒙版羽化”的数值为（15.0,15.0），如图2.48所示。

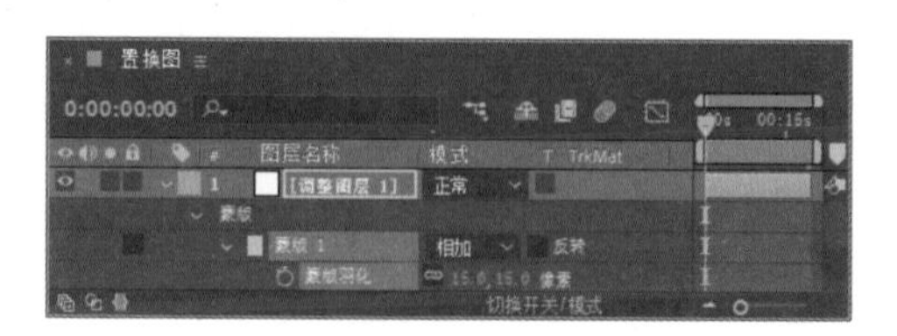

图2.48　设置“蒙版羽化”

13 在时间线面板中，设置“噪波”图层的“轨道蒙版”为“Alpha遮罩‘调整图层1’”，如图2.49所示。

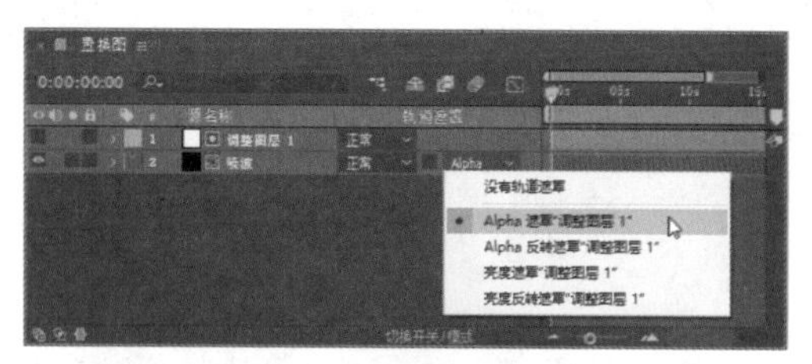

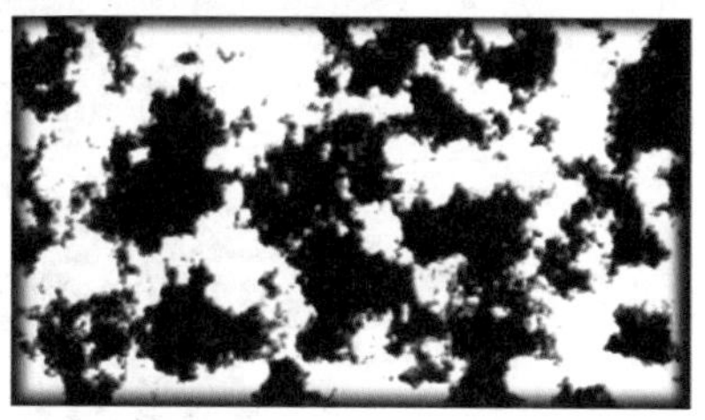

图2.49　设置轨道遮罩

14 打开“泡泡动画”合成，在“项目”面板中，选择“置换图”合成，将其拖动到“泡泡动画”合成的时间线面板中，并放置在底层，如图2.50所示。

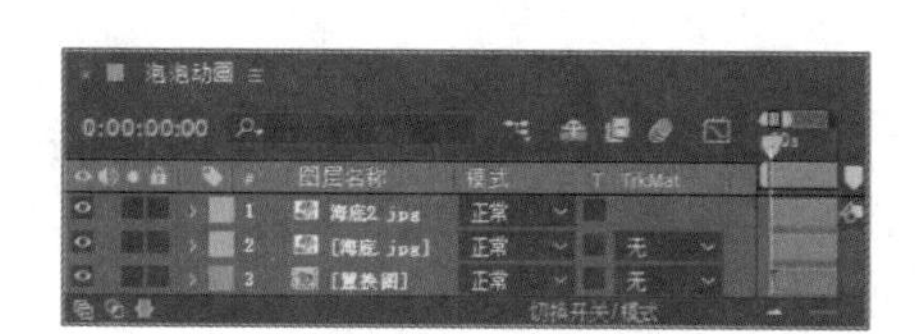

图2.50　添加合成

15 选中“海底.jpg”图层，在“效果和预设”面板中展开“扭曲”特效组，然后双击“置换图”特效。

16 在“效果控件”面板中，修改“置换图”特效的参数，从“置换图层”下拉菜单中选择“3.置换图”，如图2.51所示。

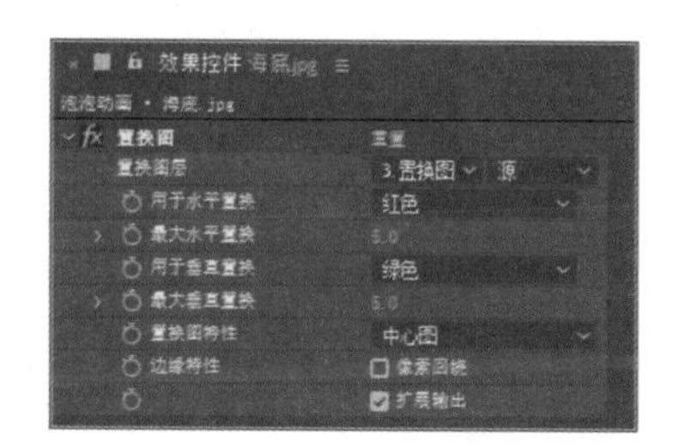

图2.51　设置置换图

17 这样就完成了最终整体效果的制作，按小键盘上的0键即可在合成窗口中预览动画效果。

第3章 炫动文字特效动画制作

内容摘要

本章主要讲解炫动文字特效动画制作，文字动画的设计是AE动画设计中的重点部分，不仅如此，其在各类动画的表现中都十分常见，表现形式多种多样。本章列举了制作空间运动文字、质感光效字、耀眼扫光字、惊悚滴血字、录入文字、碰撞文字等多种文字特效，通过对本章的学习，读者可以掌握大部分文字特效动画的制作方法。

教学目标

- 学习制作空间运动文字
- 学会制作质感光效字
- 掌握制作耀眼扫光字技巧
- 学习制作惊悚滴血字
- 学习制作录入文字效果
- 了解制作碰撞文字动画知识

3.1 制作空间运动文字

实例解析

本例主要讲解制作空间运动文字的方法，这种类型的文字具有非常强的空间感，其制作过程比较简单，通过对摄像机的应用即可制作出逼真的空间感，如图 3.1 所示。

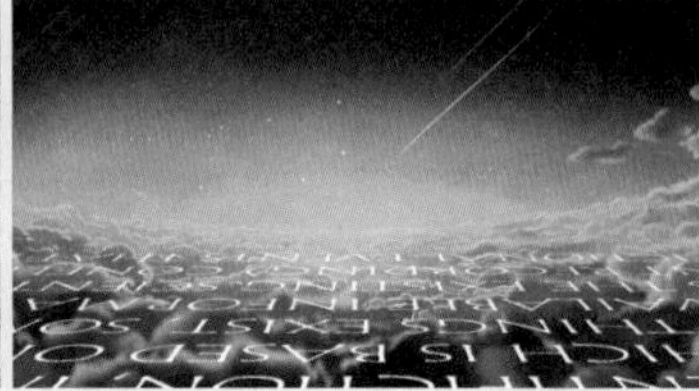

图 3.1　动画流程画面

知识点

摄像机

视频讲解

操作步骤

1 执行菜单栏中的“合成”|“新建合成”命令，打开“合成设置”对话框，设置“合成名称”为“滚动字”，“宽度”为 720，“高度”为 405，“帧速率”为 25，并设置“持续时间”为 0:00:05:00，如图 3.2 所示。

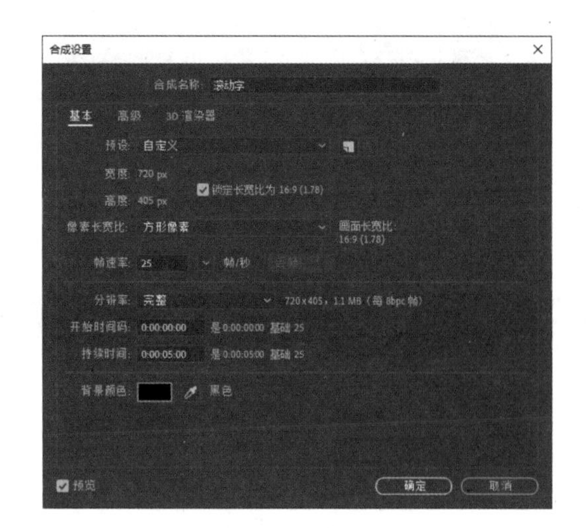

图 3.2　新建合成

2 执行菜单栏中的“文件”|“导入”|“文件”命令，打开“导入文件”对话框，选择“工程文件\第 3 章\制作空间运动文字\背景 .jpg”素材，单击“导入”按钮，如图 3.3 所示。

3 在“项目”面板中选择“背景 .jpg”素材，将其拖动到“滚动字”合成的时间轴面板中，如图 3.4 所示。

图 3.3　导入素材

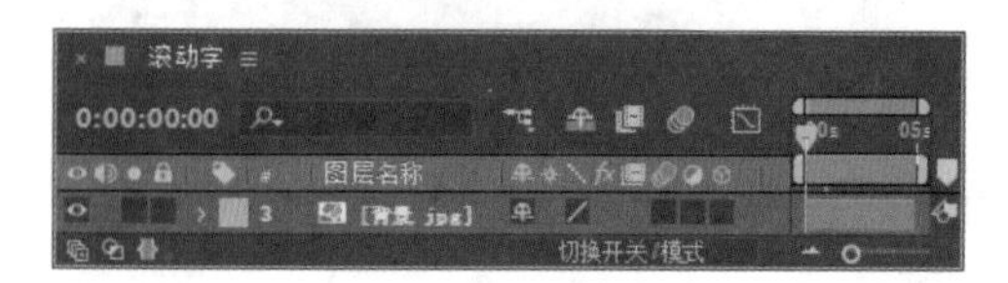

图 3.4　添加素材

4 选择工具箱中的“横排文字工具”，在图像中添加文字，如图 3.5 所示。

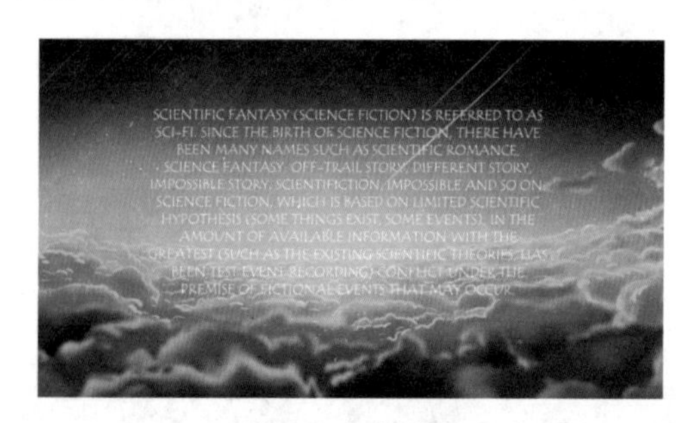

图 3.5　添加文字

5 在时间轴面板中，选中文字图层，打开其 3D 图层，按 R 键打开“旋转”，将“方向”更改为（264.0° ,0.0° ,0.0°），如图 3.6 所示。

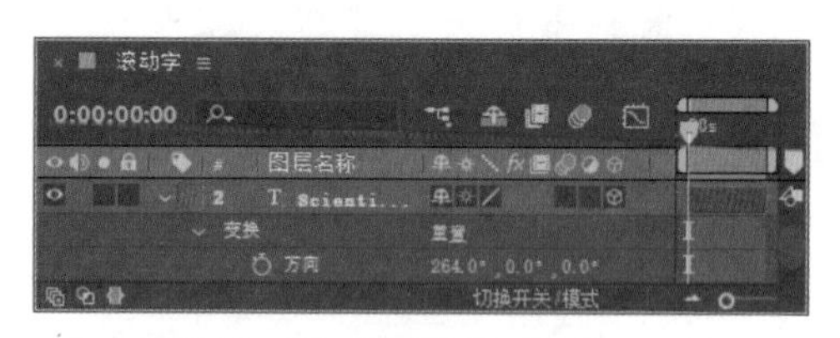

图 3.6　旋转文字

6 执行菜单栏中的“图层”|“新建”|“摄像机”命令。

7 在时间轴面板中，将时间调整到 0:00:00:00 的位置，按 P 键打开“位置”属性，单击其左侧码表，在当前位置添加关键帧；将时间调整到 0:00:04:24 的位置，将其数值调整为（360.0,202.5,2000.0），系统将自动添加关键帧，如图 3.7 所示。

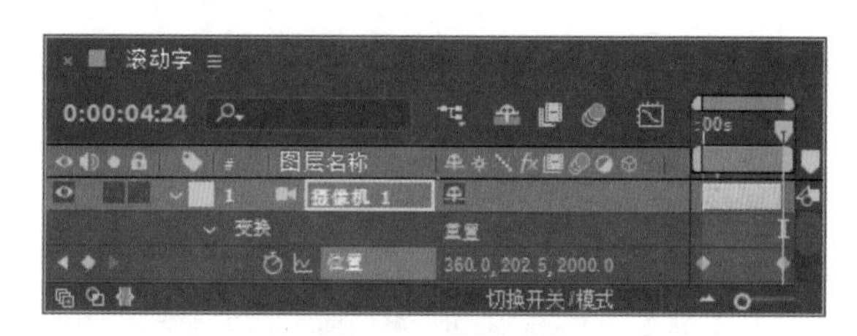

图 3.7　更改数值

8 这样就完成了最终整体效果的制作，按小键盘上的 0 键即可在合成窗口中预览动画效果。

3.2　制作质感光效字

实例解析

本例主要讲解制作质感光效字的方法，质感光效字的视觉效果非常出色，比较适合应用在质感背景图像上，如图 3.8 所示。

图 3.8 动画流程画面

视频讲解

知识点

轨道遮罩

操作步骤

1 执行菜单栏中的“合成”|“新建合成”命令，打开“合成设置”对话框，设置“合成名称”为“扫光字”，“宽度”为720，“高度”为405，“帧速率”为25，并设置“持续时间”为0:00:05:00，如图3.9所示。

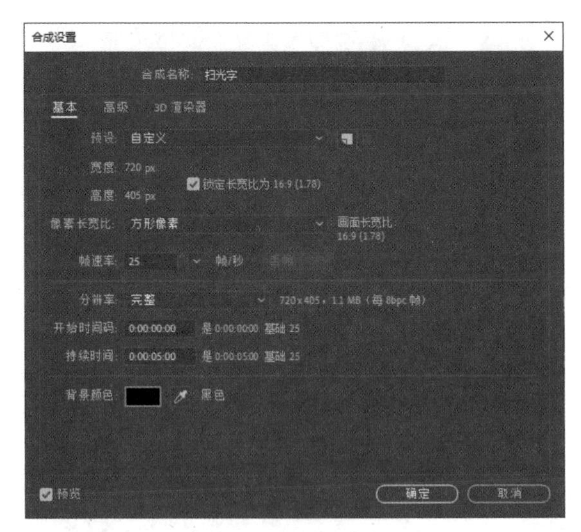

图 3.9 新建合成

2 执行菜单栏中的“文件”|“导入”|“文件”命令，打开“导入文件”对话框，选择“工程文件\第 3 章\制作质感光效字\赛车 .jpg”素材，单击“导入”按钮，如图3.10所示。

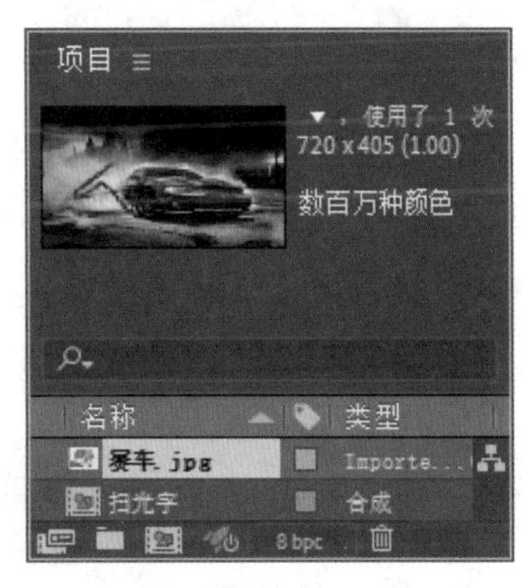

图 3.10 导入素材

3 在“项目”面板中选择“赛车”素材，将其拖动到“扫光字”合成的时间轴面板中，如图3.11所示。

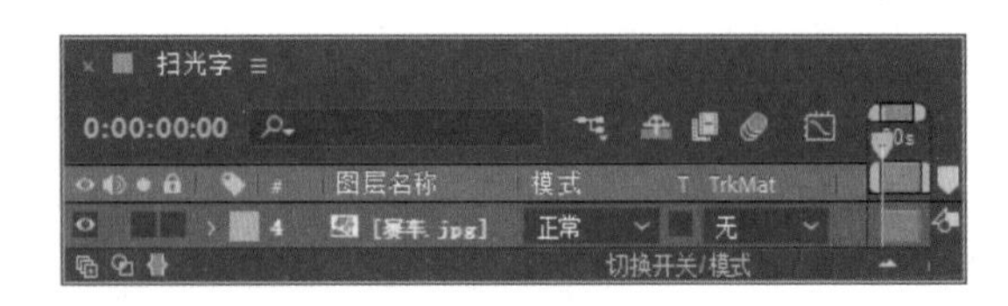

图 3.11 添加素材

4 选择工具箱中的“横排文字工具” ，在图像中添加文字，如图3.12所示。

5 选择文字层，在“效果和预设”面板中展开“扭曲”特效组，然后双击“变换”特效。

6 在“效果控件”面板中，将“倾斜

轴”的值更改为0x+90.0°，将“倾斜”值更改为30.0，如图3.13所示。

图3.12　添加文字

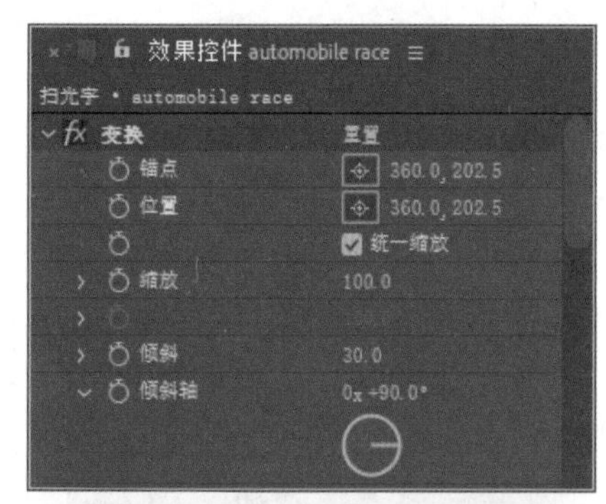

图3.13　倾斜变形

提示　将文字变形之后需要注意适当更改文字位置。

7 选中文字层，在“效果和预设”面板中展开“生成”特效组，然后双击“梯度渐变”特效。

8 在“效果控件”面板中，修改“梯度渐变”特效的参数，设置“渐变起点”的值为（262.0,42.0），“起始颜色”为绿色（R:0,G:167,B:90），“渐变终点”的值为（262.0,70.0），“结束颜色”为深绿色（R:0,G:62,B:34），如图3.14所示。

图3.14　添加渐变

9 执行菜单栏中的“图层”|“新建”|“纯色”命令，打开“纯色设置”对话框，设置“名称”为“光”，“颜色”为白色。

10 选中“光”图层，在工具箱中选择“钢笔工具”，绘制一个长方形路径，如图3.15所示。

图3.15　绘制路径

11 按F键打开“蒙版羽化”属性，设置“蒙版羽化”的值为（5.0,5.0），如图3.16所示。

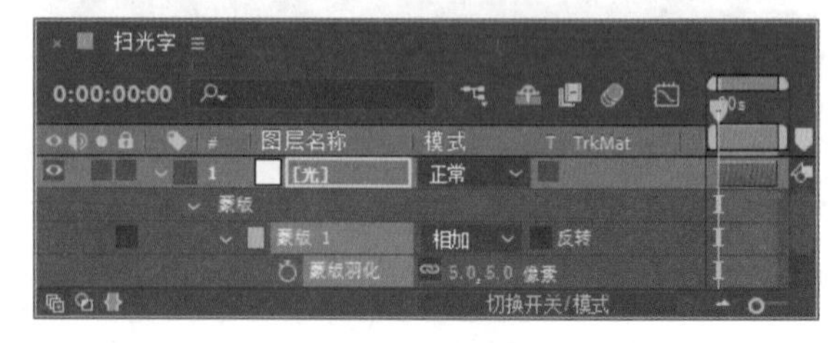

图3.16　添加羽化

12 在时间轴面板中，选中“光”图层，将其图层模式更改为“叠加”，再将时间调整到0:00:00:00的位置，按P键打开“位置”，单击“位置”左侧码表，在当前位置添加关键帧。

13 将时间调整到0:00:01:15的位置，在视图中将高光图像向右侧拖动，系统将自动添加关键帧，如图3.17所示。

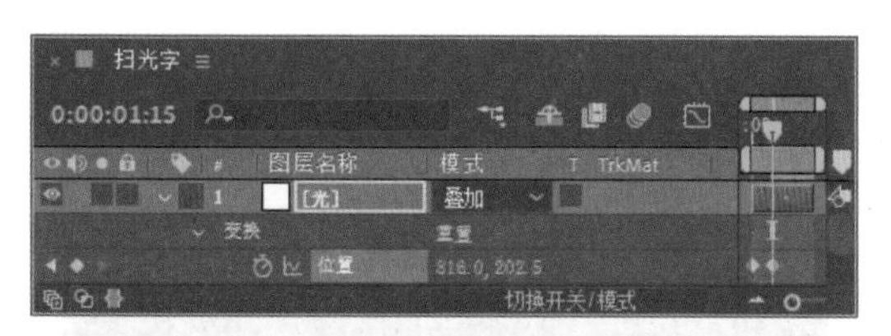

图3.17 添加关键帧

14 在时间轴面板中，将“光”图层拖动到文字层下方，设置“光”图层的“轨道遮罩”为“Alpha遮罩‘automobile race’”，如图3.18所示。

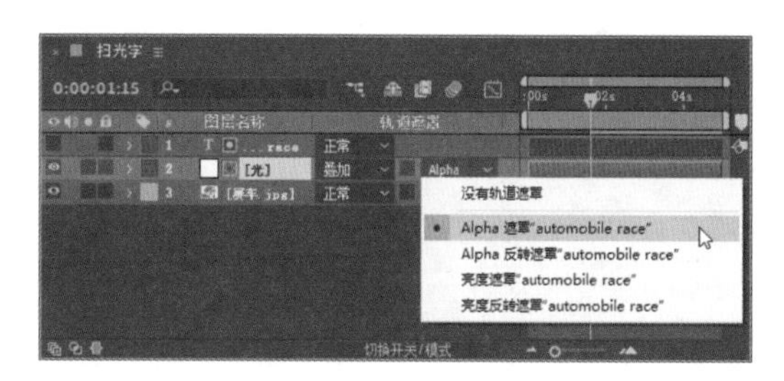

图3.18 设置蒙版

15 选中文字图层，按Ctrl+D组合键复制出另一个新的文字图层，将其拖动到“光”图层下面并显示，如图3.19所示。

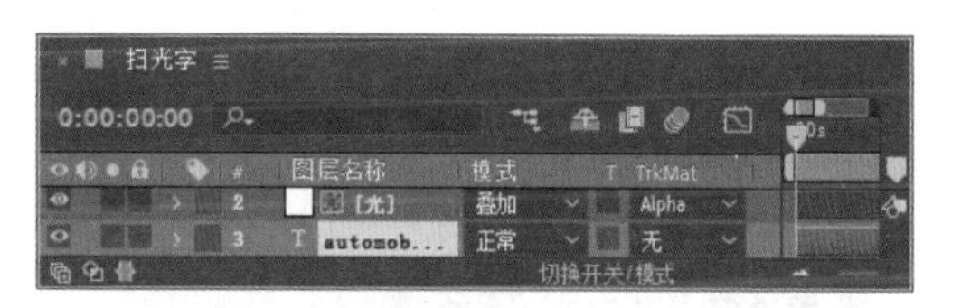

图3.19 复制图层

16 这样就完成了最终整体效果的制作，按小键盘上的0键即可在合成窗口中预览动画效果。

3.3 制作耀眼扫光字

实例解析

本例主要讲解制作耀眼扫光字的方法，扫光字在文字动画中的应用非常广泛，它在很大程度上能表现出图像的主题，使整个图文融合为一体，如图3.20所示。

图3.20 动画流程画面

知识点

Shine（光）

视频讲解

操作步骤

1 执行菜单栏中的“合成”|“新建合成”命令，打开“合成设置”对话框，设置“合成名称”为“扫光字”，“宽度”为720，“高度”为405，“帧速率”为25，并设置“持续时间”为0:00:03:00，如图3.21所示。

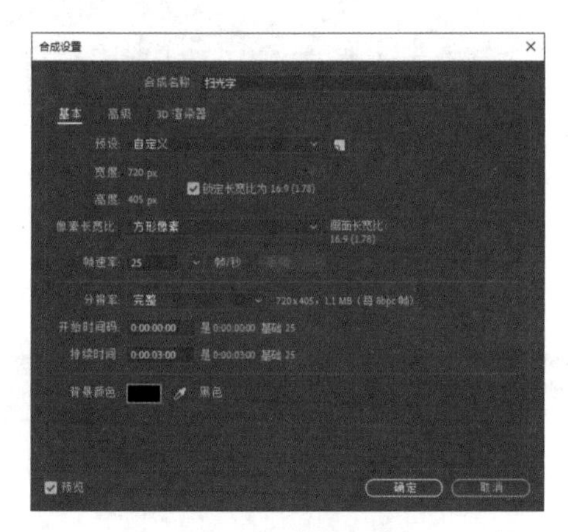

图3.21 新建合成

2 执行菜单栏中的“文件”|“导入”|“文件”命令，打开“导入文件”对话框，选择“工程文件\第3章\制作耀眼扫光字\背景.jpg”素材，单击“导入”按钮，如图3.22所示。

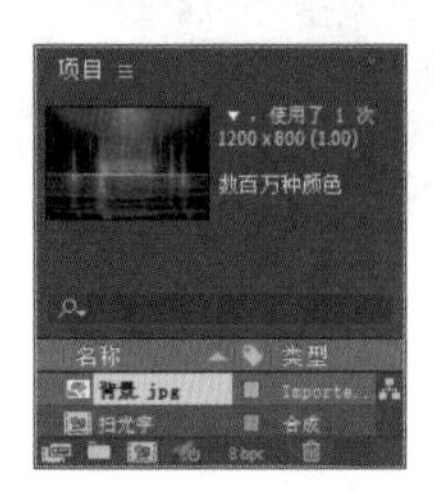

图3.22 导入素材

3 在“项目”面板中选择“背景”素材，将其拖动到“扫光字”合成的时间轴面板中，在图像中将其适当缩小，如图3.23所示。

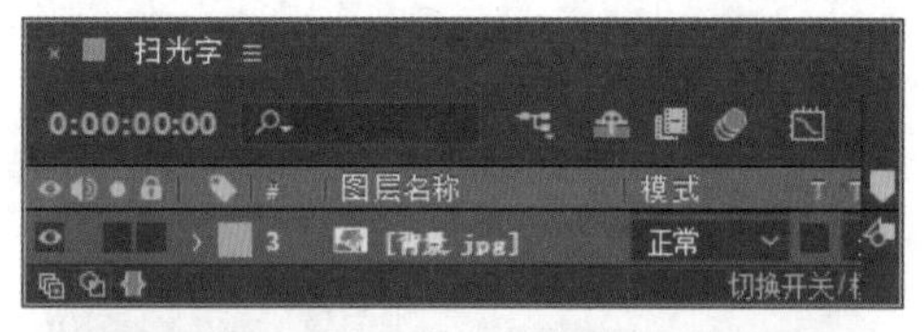

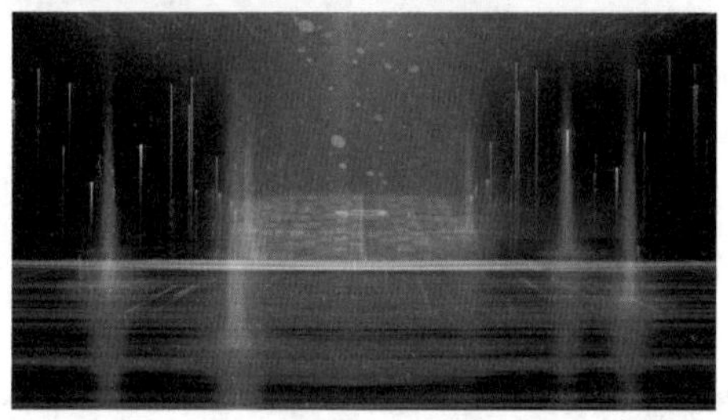

图3.23 添加素材

4 选择工具箱中的“横排文字工具”，在图像中添加文字，如图3.24所示。

图3.24 添加文字

5 按Ctrl+D组合键复制文字图层，如图3.25所示。

6 选择生成的文字图层 science 2，执行菜

单栏中的“图层”|“变换”|“垂直翻转”命令，将文字翻转，在图像中将其向下垂直移动，如图 3.26 所示。

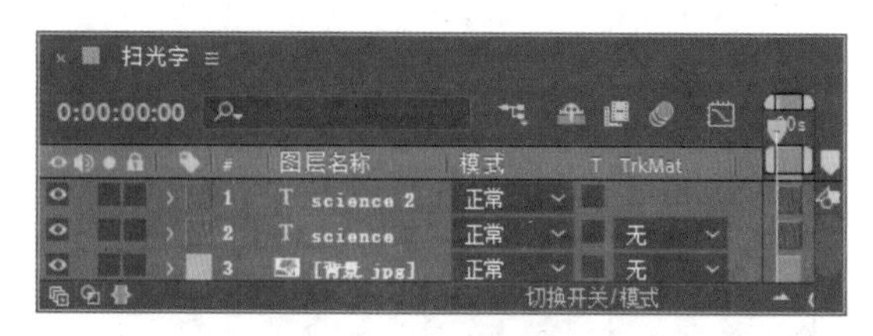

图 3.25 复制文字图层

图 3.26 变换文字

7 选择工具箱中的“矩形工具”，在 science 2 图层中的文字位置绘制一个蒙版路径，如图 3.27 所示。

图 3.27 绘制蒙版路径

8 按 F 键打开“蒙版羽化”属性，将其数值更改为（25.0,25.0），如图 3.28 所示。

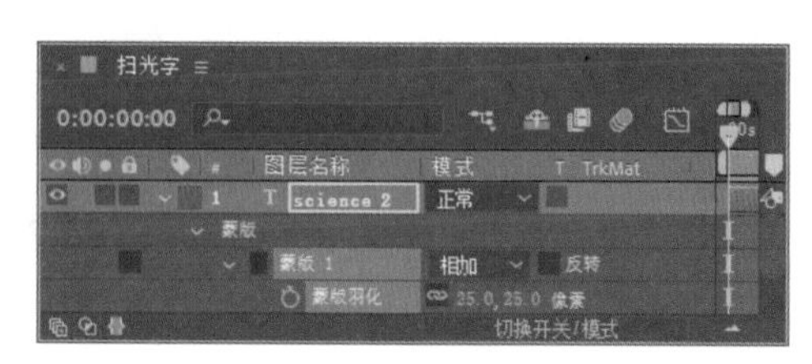

图 3.28 设置蒙版羽化

图 3.28 设置蒙版羽化（续）

9 选中 science 图层，在“效果和预设”面板中展开 Trapcode 特效组，双击 Shine（光）特效。

10 在“效果控件”面板中，修改 Shine（光）特效的参数，设置 Ray Light（光线长度）的值为 4.0，Boost Light（光线亮度）的值为 2.0。

11 展开 Colorize（着色）选项，将 Colorize（着色）更改为 One Color（单色），将 Color（颜色）更改为青色（R:0,G:233,B:255），将时间调整到 0：00：00：00 的位置，设置 Source Point（源点）的值为（548.0,225.0），单击 Source Point（源点）左侧码表，在当前位置设置关键帧，如图 3.29 所示。

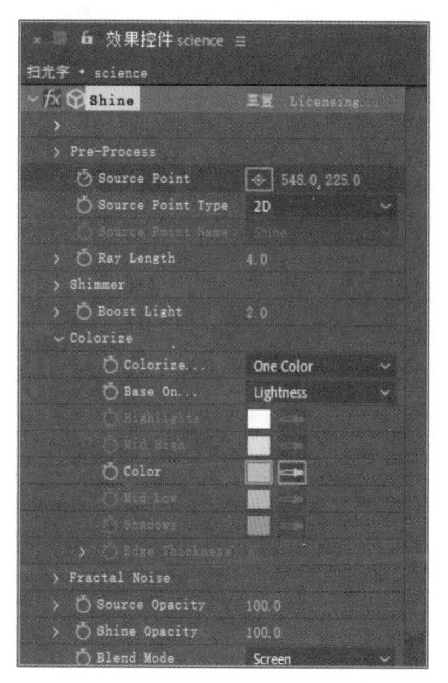

图 3.29 设置 Shine（光）参数

12 将时间调整到0:00:02:24的位置，设置Source Point（源点）的值为（175.0,225.0），系统将自动添加关键帧，如图3.30所示。

13 这样就完成了最终整体效果的制作，按小键盘上的0键即可在合成窗口中预览动画效果。

图3.30 添加关键帧

3.4 制作惊悚滴血字

实例解析

本例主要讲解制作惊悚滴血字效果的方法，此类效果常用于惊悚类的主题图像中，通过滴血动画表现出很强的视觉冲击力，如图3.31所示。

图3.31 动画流程画面

知识点

“毛边”效果

操作步骤

1 执行菜单栏中的“合成”|“新建合成”命令，打开“合成设置”对话框，设置“合成名称”为“滴血字”，“宽度”为720，“高度”为405，“帧速率”为25，并设置“持续时间”为0:00:05:00，“背景颜色”为黑色，完成之后单击“确定”按钮，如图3.32所示。

2 执行菜单栏中的“文件”|“导入”|“文件”命令，打开“导入文件”对话框，选择“工程文件\第3章\制作惊悚滴血字\背景.jpg”素材，单击“导入”按钮，如图3.33所示。

3 选择工具箱中的“横排文字工具”，在图像中添加文字，如图3.34所示。

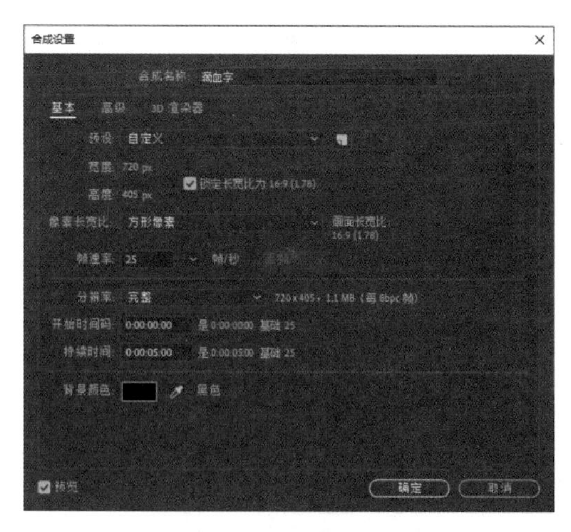

图 3.32　新建合成

图 3.33　导入素材

图 3.34　添加文字

4 在时间轴面板中，选中 dropblood 图层，在“效果和预设”面板中展开“风格化”特效组，然后双击“毛边”特效。

5 在“效果控件”面板中，修改“毛边”特效的参数，设置“边缘类型”为“颜色粗糙化”，如图 3.35 所示。

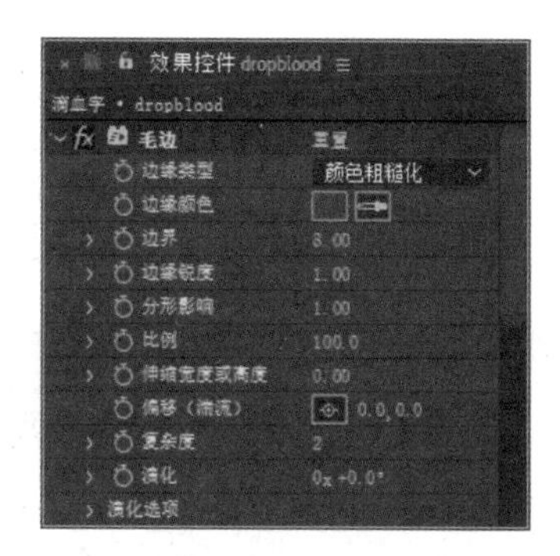

图 3.35　设置毛边

6 在“效果和预设”面板中展开“扭曲”特效组，然后双击“液化”特效。

7 在“效果控件”面板中，修改“液化”特效的参数，单击“变形工具”按钮，展开“变形工具选项”选项组，设置“画笔大小”的值为 10，“画笔压力”的值为 100，如图 3.36 所示。

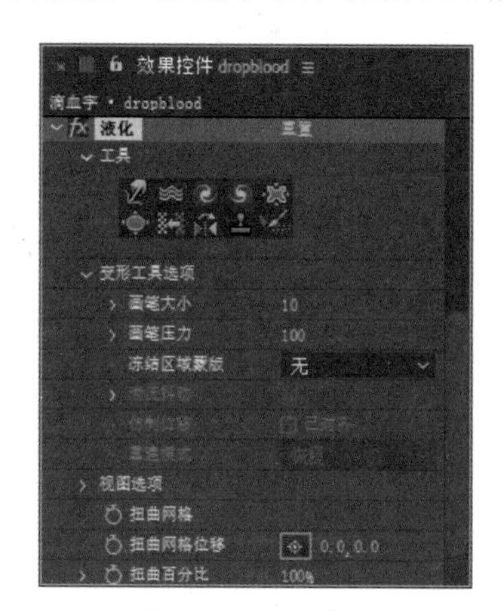

图 3.36　设置液化

8 在合成窗口的文字中拖动鼠标，使文字产生变形效果，如图 3.37 所示。

图 3.37　将文字变形

9 在时间轴面板中，将时间调整到0:00:00:00的位置，在“效果控件”面板中，将“扭曲百分比”更改为0%，并单击其左侧码表，在当前位置添加关键帧，如图3.38所示。

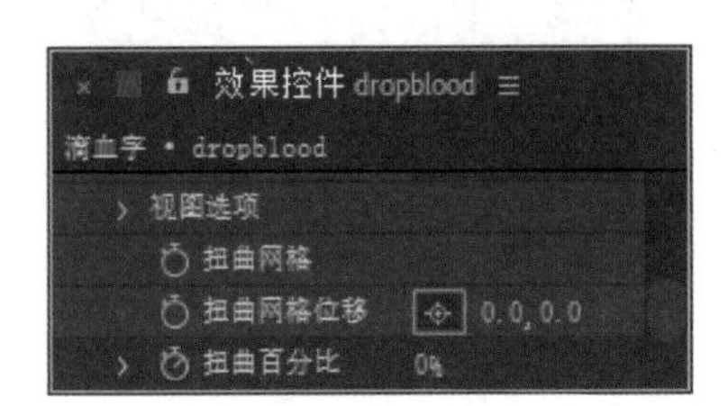

图3.38　添加关键帧

10 在时间轴面板中，将时间调整到0:00:02:00的位置，将“扭曲百分比”更改为100%，系统将自动添加关键帧，如图3.39所示。

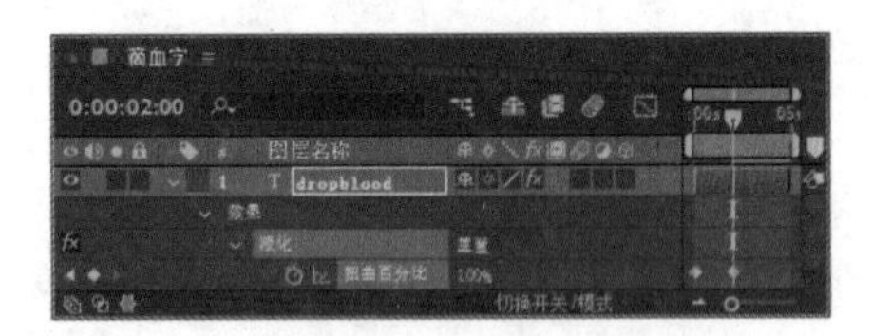

图3.39　更改数值

11 这样就完成了最终整体效果的制作，按小键盘上的0键即可在合成窗口中预览动画效果。

3.5　制作录入文字效果

实例解析

本例主要讲解制作录入文字效果的方法。录入文字是一种非常经典的文字动画，通过应用简单的动效命令即可直接制作出来，如图3.40所示。

图3.40　动画流程画面

知识点

字符位移

操作步骤

1 执行菜单栏中的“合成”|“新建合成”命令，打开“合成设置”对话框，设置“合成名称”为“录入文字”，“宽度”为720，“高度”为405，“帧速率”为25，并设置“持续时间”为0:00:05:00，如图3.41所示。

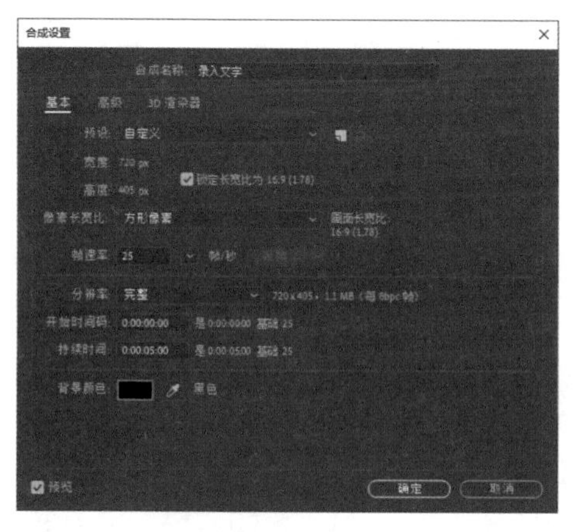

图 3.41 新建合成

2 执行菜单栏中的“文件”|“导入”|“文件”命令，打开“导入文件”对话框，选择“工程文件\第 3 章\制作录入文字效果\背景 .jpg”素材，单击“导入”按钮，如图 3.42 所示。

图 3.42 导入素材

3 在“项目”面板中选择“背景 .jpg”素材，将其拖动到“录入文字”合成的时间线面板中，如图 3.43 所示。

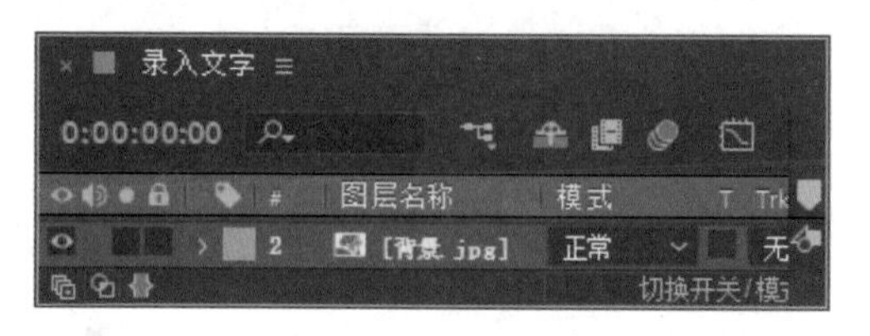

图 3.43 添加素材

4 选择工具箱中的“竖排文字工具”，在图像中添加文字，如图 3.44 所示。

图 3.44 添加文字

5 将时间调整到 0:00:00:00 的位置，展开文字图层，单击“文本”右侧的动画:按钮，从菜单中选择“字符位移”选项，设置“字符位移”的值为 20。

6 单击“动画制作工具 1”右侧的添加:按钮，从菜单中选择“属性”|“不透明度”选项，设置“不透明度”的值为 0%。展开“范围选择器 1”选项，设置“起始”的值为 0%，单击“起始”左侧码表，在当前位置设置关键帧，如图 3.45 所示。

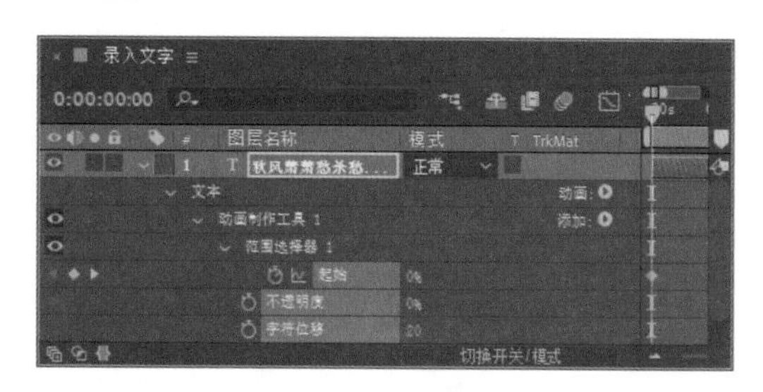

图 3.45 设置关键帧

7 将时间调整到 0:00:02:00 的位置，设置“起始”的值为 100%，系统将自动添加关键帧，如图 3.46 所示。

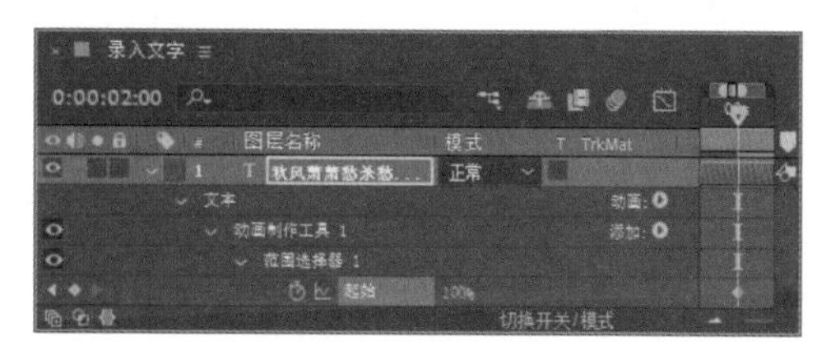

图 3.46 更改数值

8 这样就完成了最终整体效果的制作，按小键盘上的 0 键即可在合成窗口中预览动画效果。

3.6 制作碰撞文字动画

实例解析

本例主要讲解制作碰撞文字动画的方法。碰撞文字在文字动画中十分常见，即为文字制作运动动画表现出的碰撞效果，如图 3.47 所示。

图 3.47 动画流程画面

知识点

CC Scatterize（CC 散射）

操作步骤

1 执行菜单栏中的“合成”|“新建合成”命令，打开“合成设置”对话框，设置“合成名称”为“背景”，“宽度”为 720，“高度”为 405，“帧速率”为 25，并设置“持续时间”为 0:00:03:00，如图 3.48 所示。

2 执行菜单栏中的“文件”|“导入”|“文件”命令，打开“导入文件”对话框，选择“工程文件 \ 第 3 章 \ 制作碰撞文字动画 \ 背景 .jpg”素材，单击“导入”按钮，如图 3.49 所示。

3 在“项目”面板中选择“背景 .jpg”素材，将其拖动到“背景”合成的时间线面板中，如图 3.50 所示。

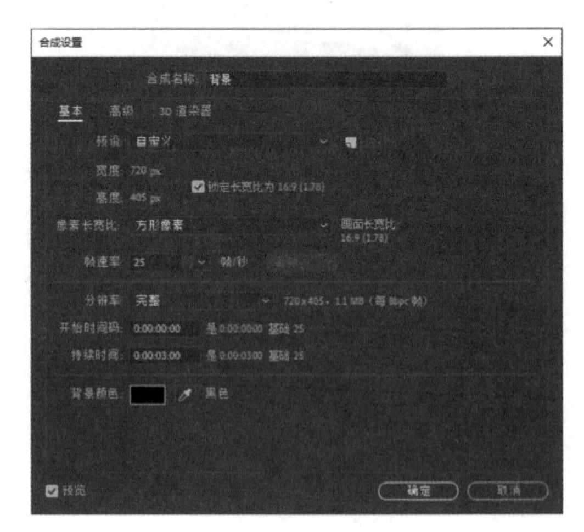

图 3.48 新建合成

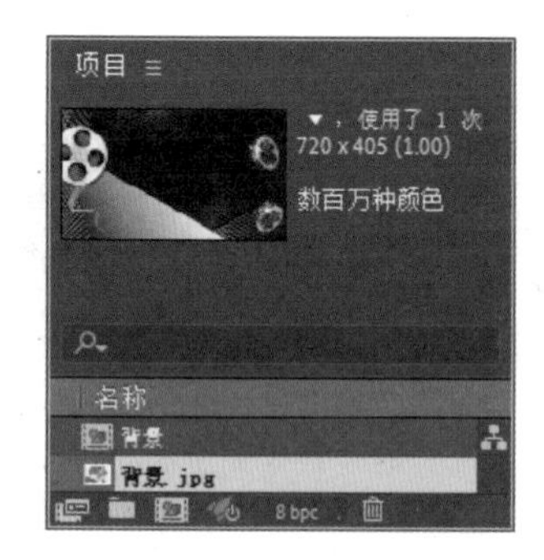

图 3.49　导入素材

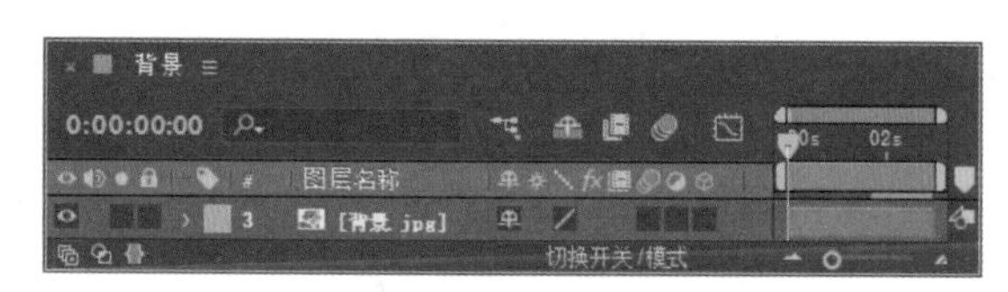

图 3.50　添加素材

4 执行菜单栏中的“图层”|“新建”|“文本”命令，输入文字，再按 Ctrl+D 组合键复制出一个新的文字图层，如图 3.51 所示。

图 3.51　复制文字图层

5 选中 TRANSFORMERS 图层，在“效果和预设”面板中展开“模拟”特效组，然后双击 CC Scatterize（CC 散射）特效。

6 在“效果控件”面板中，从 Transfer Mode（转换模式）下拉菜单中选择 Alpha Add（通道相加）选项，将时间调整到 0:00:01:01 的位置，单击 Scatter（散射）左侧码表，在当前位置设置关键帧，如图 3.52 所示。

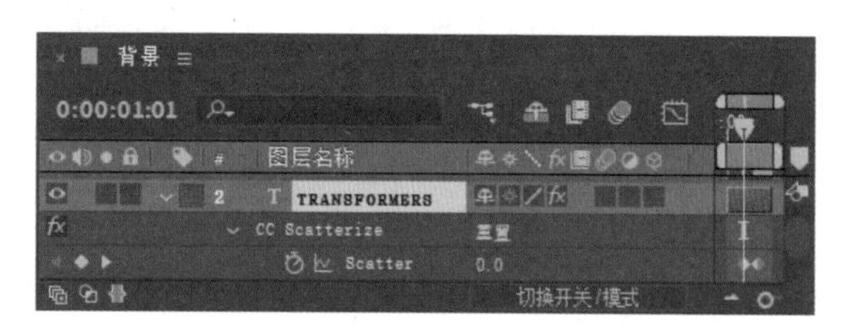

图 3.52　为 Scatter（散射）添加关键帧

7 将时间调整到 0:00:02:01 的位置，设置 Scatter（散射）的值为 167.0，系统会自动设置关键帧，如图 3.53 所示。

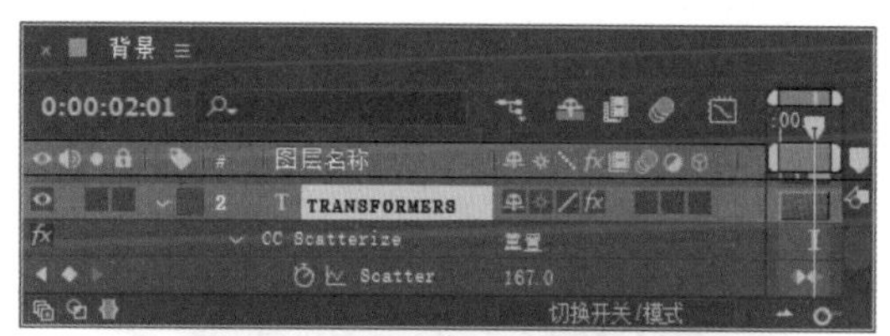

图 3.53　设置散射效果

8 选中 TRANSFORMERS 图层，将时间调整到 0:00:01:00 的位置，按 T 键打开“不透明度”属性，设置“不透明度”的值为 0%，单击“不透明度”左侧码表，在当前位置设置关键帧。

9 将时间调整到 0:00:01:01 的位置，设置“不透明度”的值为 100%。

10 将时间调整到 0:00:01:11 的位置，单击“不透明度”左侧的“在当前时间添加或移除关键帧”按钮，在当前位置添加延时帧。

11 将时间调整到 0:00:01:18 的位置，设置“不透明度”的值为 0%，如图 3.54 所示。

图 3.54 设置不透明度

图 3.55 设置渐变效果（续）

12 选中 TRANSFORMERS 2 图层，在“效果和预设”面板中展开“生成”特效组，然后双击“梯度渐变”特效。

13 在“效果控件”面板中，修改“梯度渐变”特效的参数，设置“渐变起点”的值为(360.0,195.0)，“起始颜色”为黄色（R:255,G:219,B:123），“渐变终点”的值为（360.0,154.0），如图 3.55 所示。

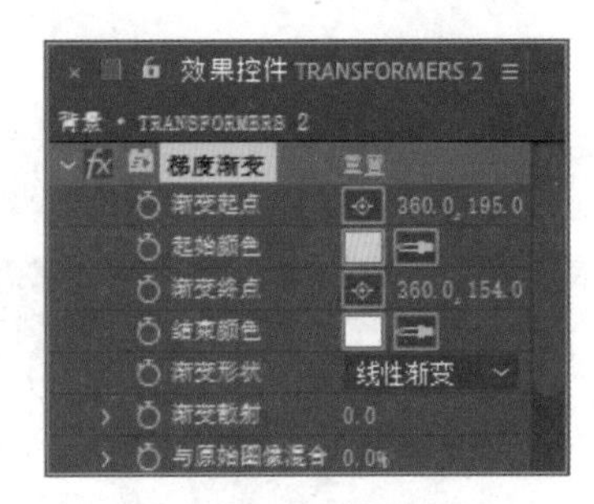

图 3.55 设置渐变效果

14 选中 TRANSFORMERS 2 图层，将时间调整到 0:00:00:00 的位置，设置“缩放”的值为（80000.0,80000.0%），单击“缩放”左侧码表，在当前位置设置关键帧。

15 将时间调整到 0:00:01:01 的位置，设置“缩放”的值为（100.0,100.0%），系统会自动设置关键帧，如图 3.56 所示。

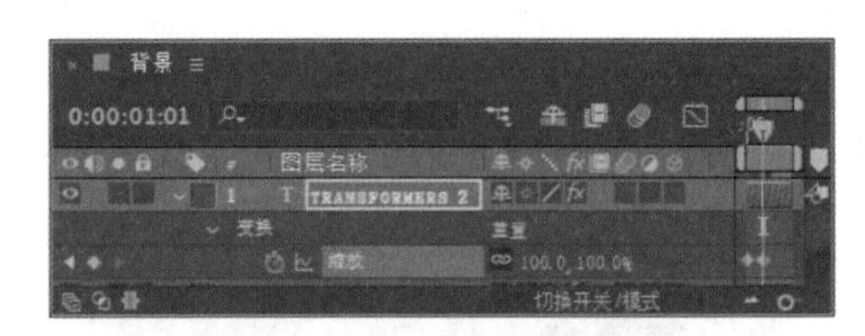

图 3.56 设置缩放效果

16 这样就完成了碰撞动画的整体制作，按小键盘上的 0 键即可在合成窗口中预览动画效果。

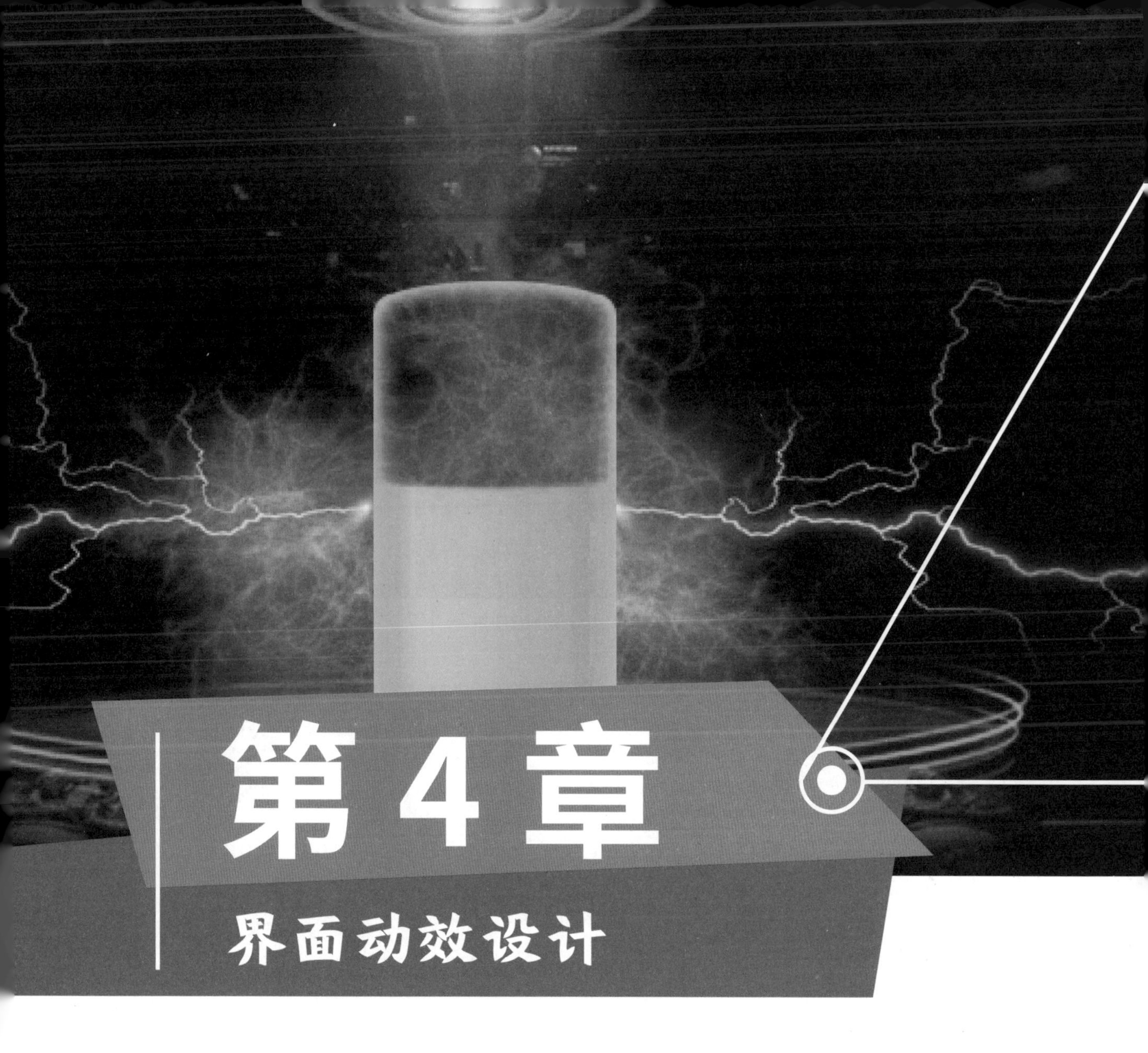

第 4 章

界面动效设计

内容摘要

本章主要讲解未来前沿界面动效设计。通过美观、有趣的 UI 动效可以让使用者与设备之间的交互更加直观、顺畅，体验感更好。本章通过讲解电池能量动效设计、均衡器调节动效设计、动感音乐播放界面设计、科技手表动效设计、抽奖大转盘动效设计等实例，使读者掌握大部分 UI 动效设计中所用到的知识。

教学目标

- 学习电池能量动效设计
- 学会均衡器调节动效设计
- 了解动感音乐播放界面设计的方法
- 掌握科技手表动效设计的技巧
- 学会抽奖大转盘动效设计
- 学会击碎盾牌图标动效设计
- 了解音乐切换动效设计的方法

4.1 电池能量动效设计

实例解析

本例主要讲解电池能量动效设计。本例选取电池电量图像作为主视觉素材，利用蒙版及关键帧制作美观的电量动画效果，如图 4. 1 所示。

图 4.1 动画流程画面

视频讲解

知识点

1. 蒙版路径
2. 运动模糊

操作步骤

1 执行菜单栏中的“文件”|“导入”|“文件”命令，打开“导入文件”对话框，选择“工程文件 \ 第 4 章 \ 电池能量动画设计 \ 电池 .psd”素材，单击“导入”按钮，如图 4.2 所示。

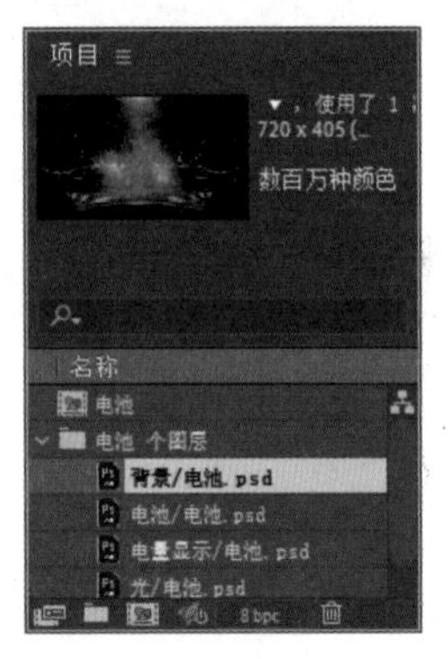

图 4.2 导入文件

提示 可按 Ctrl+I 组合键快速导入素材。

2 双击“电池”合成，将其打开。

3 选中工具箱中的“矩形工具”，选中“电量显示”图层，在图像底部绘制一个矩形路径蒙版，如图 4.3 所示。

4 选择工具箱中的“转换顶点工具”，单击矩形蒙版右上角的锚点，如图 4.4 所示。

5 选择工具箱中的“选取工具”，拖动矩形蒙版路径，调整蒙版路径形状，如图 4.5 所示。

6 将时间调整到 0:00:00:00 的位置，展开“蒙版”|“蒙版 1”，单击“蒙版路径”左侧码表，在当前位置添加关键帧。

7 将时间调整到 0:00:01:00 的位置，调整蒙版路径，系统将自动添加关键帧，如图 4.6 所示。

图 4.3　绘制矩形蒙版

图 4.4　单击锚点

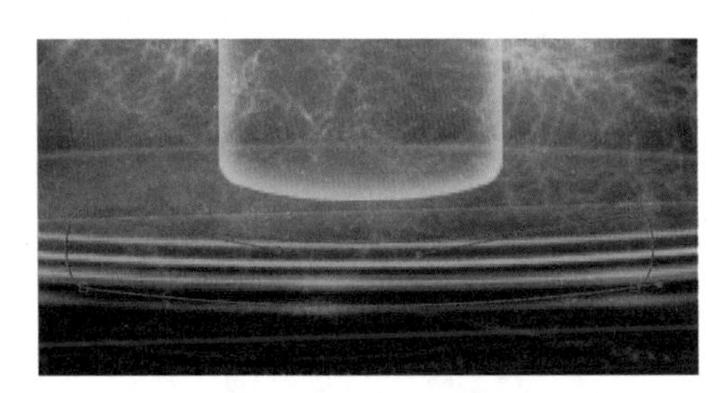

图 4.5　调整蒙版路径形状

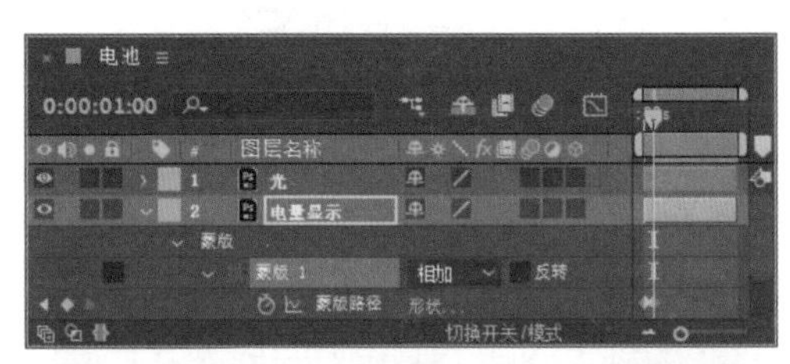

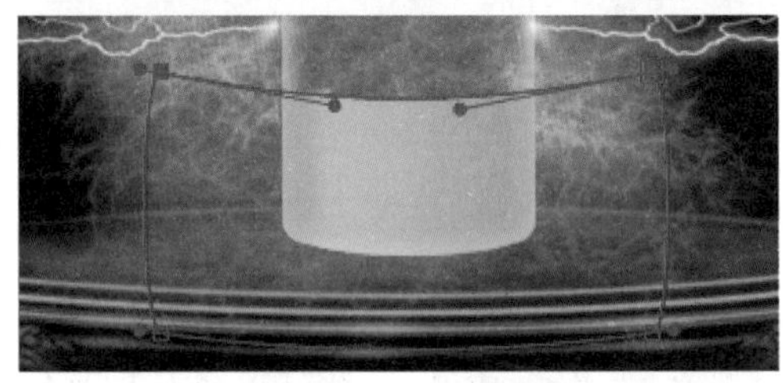

图 4.6　调整蒙版路径

8 将时间调整到 0:00:01:12 的位置，调整蒙版路径，系统将自动添加关键帧，如图 4.7 所示。

9 将时间调整到 0:00:02:00 的位置，调整蒙版路径，系统将自动添加关键帧，如图 4.8 所示。

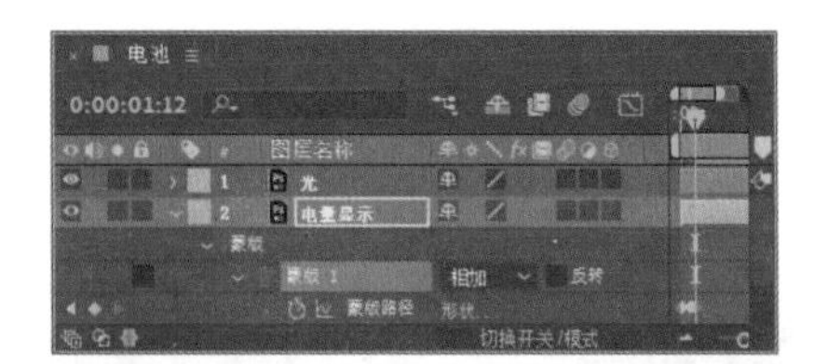

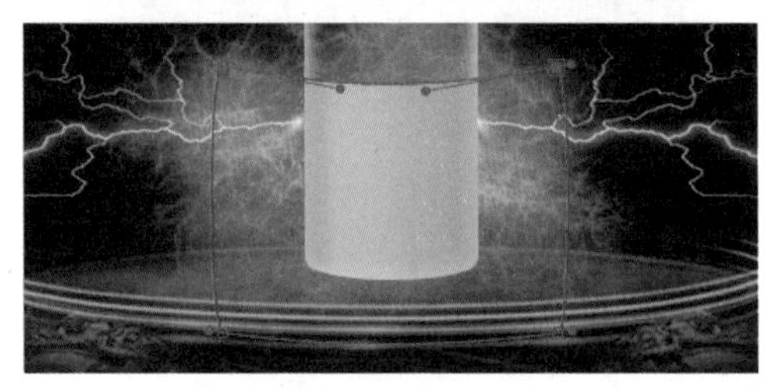

图 4.7　再次调整蒙版路径

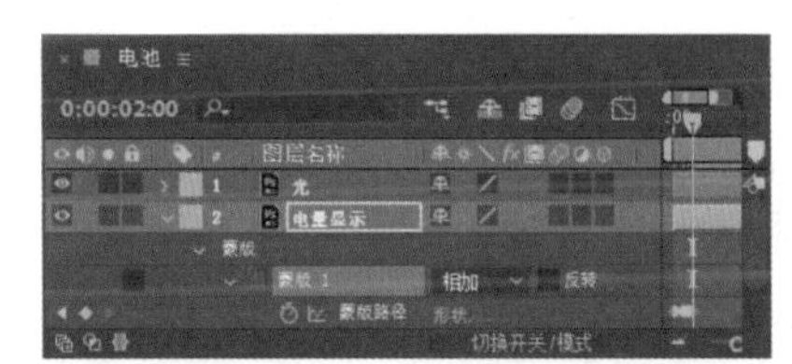

图 4.8　完成对蒙版路径的调整

10 在时间轴面板中，选中“电量显示”图层，单击“运动模糊”图标，打开图层运动模糊，如图 4.9 所示。

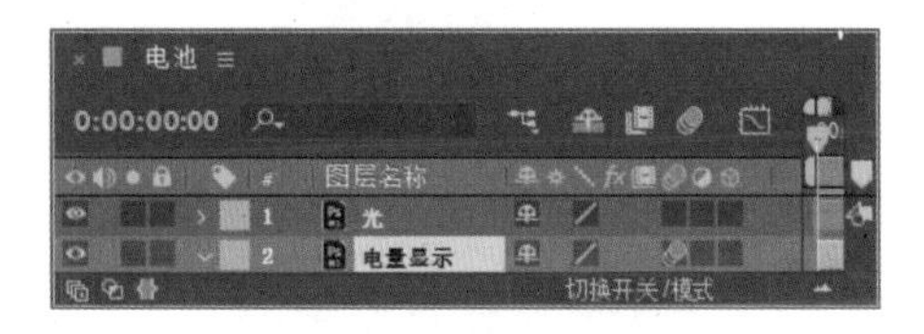

图 4.9　开启运动模糊

11 这样就完成了最终整体效果的制作，按小键盘上的 0 键即可在合成窗口中预览动画效果。

4.2 均衡器调节动效设计

实例解析

本例主要讲解均衡器调节动效设计。本例的设计过程比较简单，通过制作滑块效果，并与颜色调节提示效果相结合，使整个动画十分协调自然，如图 4.10 所示。

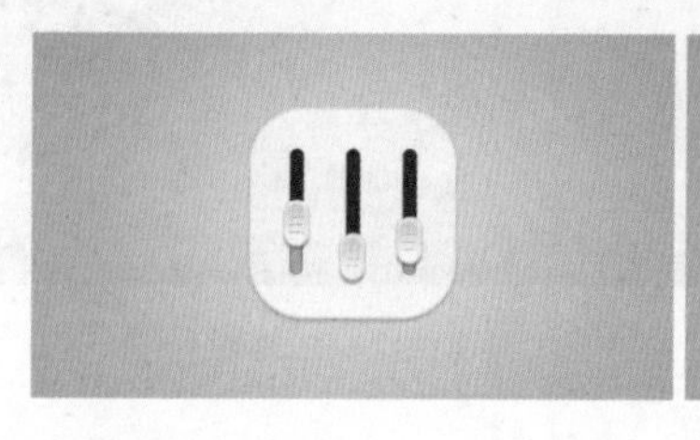
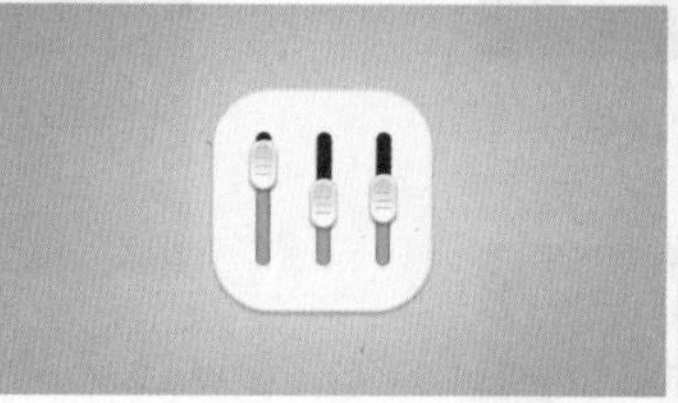
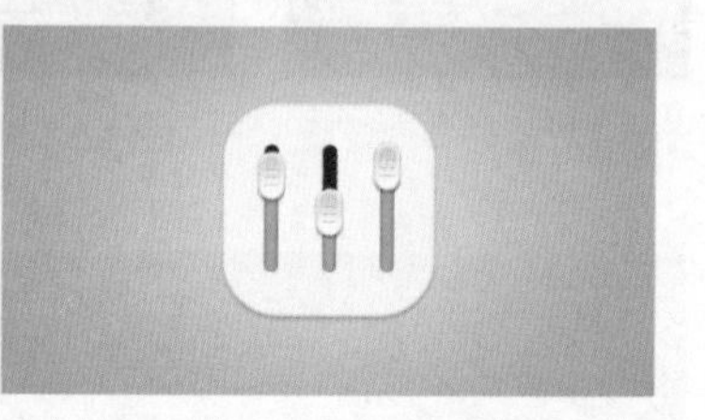

图 4.10 动画流程画面

知识点

视频讲解

1. 蒙版路径
2. 缓动

操作步骤

1 执行菜单栏中的“文件”|“导入”|“文件”命令，打开“导入文件”对话框，选择“工程文件\第 4 章\均衡器调节动画设计\均衡器 .psd”素材，单击“导入”按钮，如图 4.11 所示。

图 4.11 导入文件

2 双击“均衡器”合成，在打开的合成中再双击“滑动”合成，选中“滑块”图层，适当移动位置，如图 4.12 所示。

3 选中工具箱中的“矩形工具”■，选中“滑动槽”图层，绘制一个路径蒙版，如图 4.13 所示。

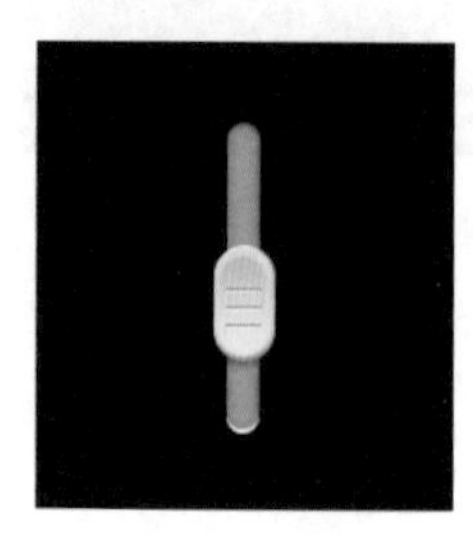

图 4.12 移动图像位置

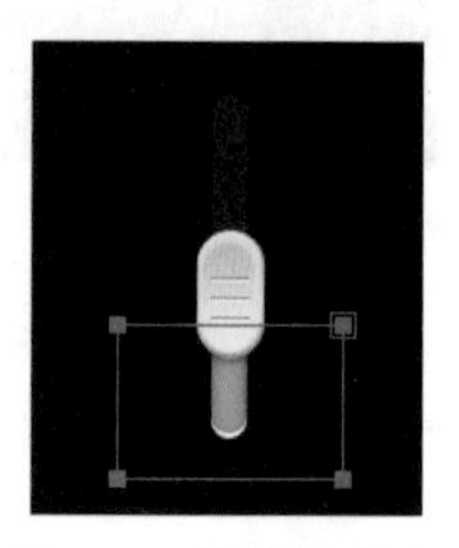

图 4.13 绘制路径蒙版

4 将时间调整到 0:00:00:00 的位置，展开“蒙版”|“蒙版 1”，单击“蒙版路径”左侧码表

，在当前位置添加关键帧，如图 4.14 所示。

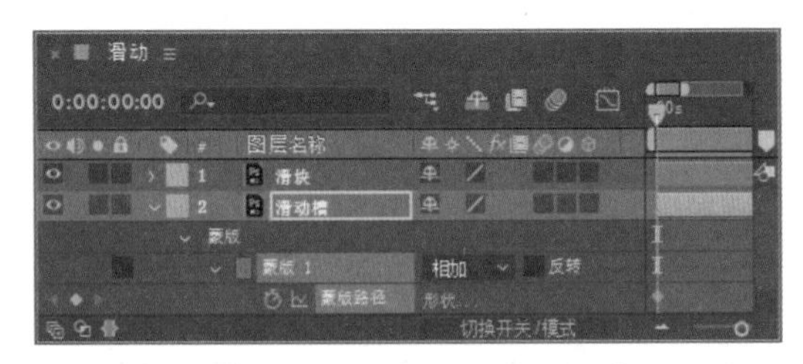

图 4.14　添加关键帧

5 将时间调整到 0:00:02:00 的位置，调整蒙版路径，系统将自动添加关键帧，如图 4.15 所示。

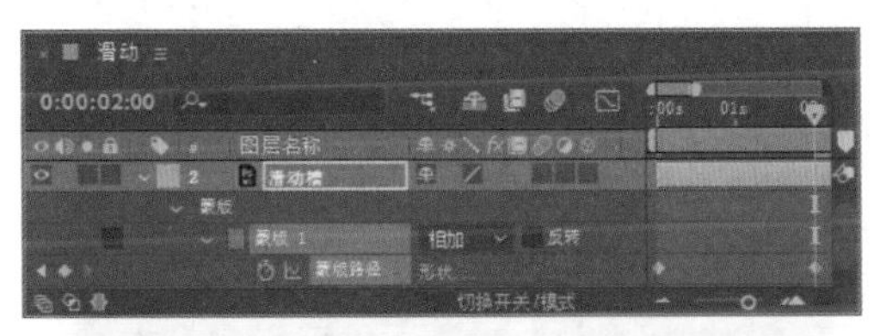

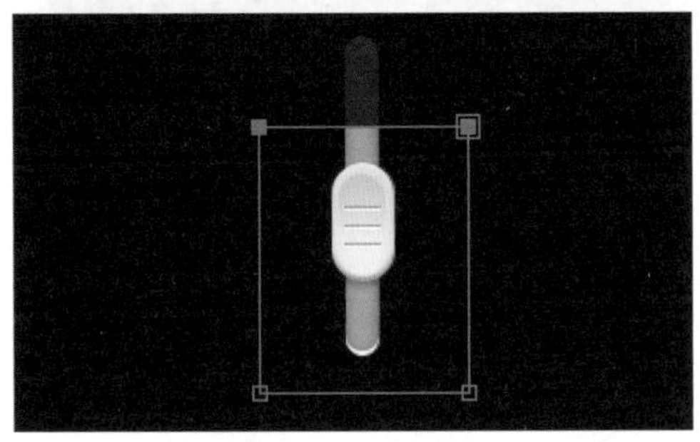

图 4.15　调整蒙版路径

6 在时间轴面板中，选中“滑块”图层，将时间调整到 0:00:00:00 的位置，按 P 键打开“位置”，单击“位置”左侧码表，在当前位置添加关键帧。

7 将时间调整到 0:00:02:00 的位置，在图像中将滑块向上方移动，系统将自动添加关键帧，如图 4.16 所示。

8 在“均衡器”合成中，双击“滑动 2”合成，将其打开，以同样的方法分别在 0:00:01:00 的位置、0:00:03:00 的位置，依次为“滑动槽”及“滑块”制作动画效果，如图 4.17 所示。

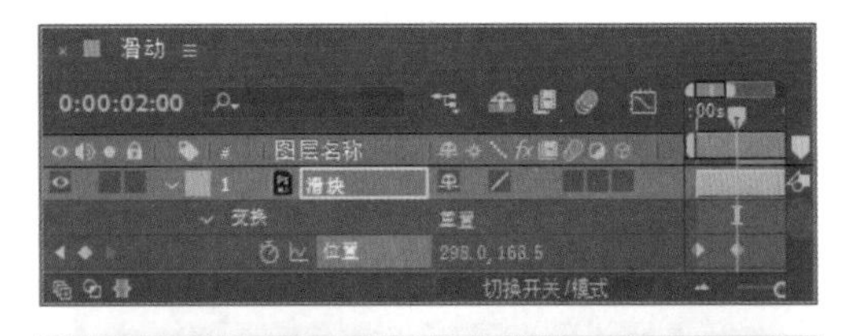

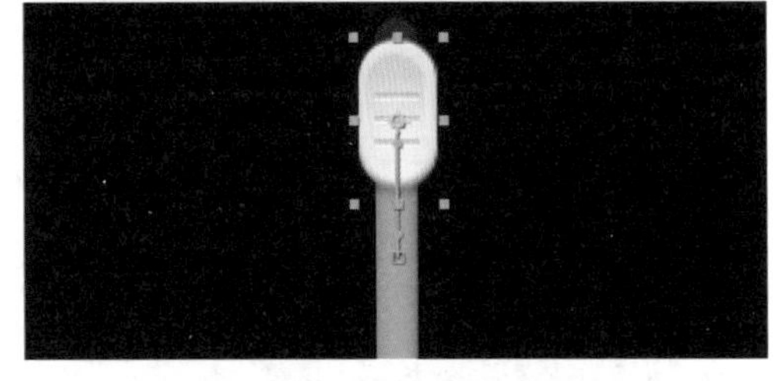

图 4.16　拖动滑块图像

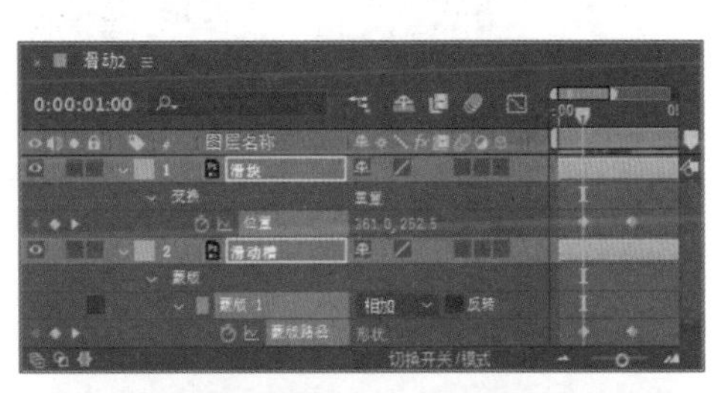

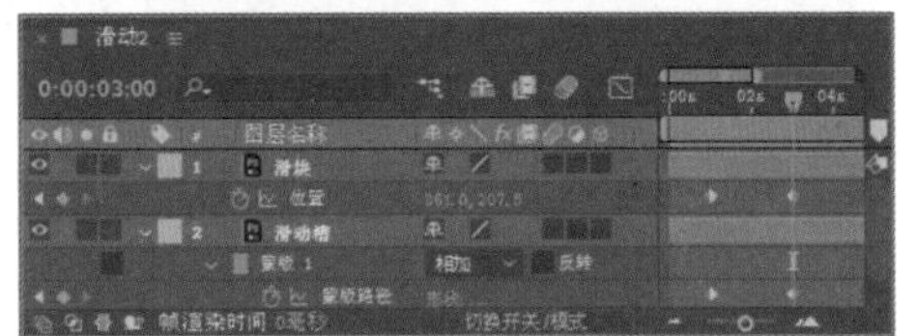

图 4.17　制作动画效果

9 在“滑动”合成中，同时选中所有动画关键帧，执行菜单栏中的“动画”|“关键帧辅助”|“缓动”命令，如图 4.18 所示。

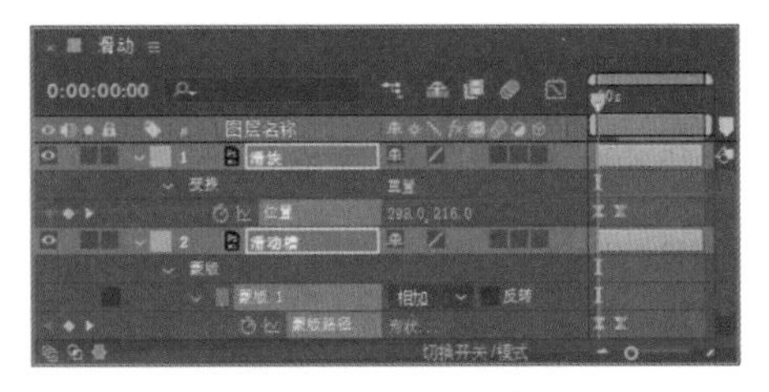

图 4.18　添加缓动效果

10 这样就完成了最终整体效果的制作，按小键盘上的 0 键即可在合成窗口中预览动画效果。

4.3 动感音乐播放界面设计

实例解析

本例主要讲解动感音乐播放界面的设计方法。本例主要以音乐播放效果为制作重点，使原本静止的音乐播放控件动起来，给人一种动感的视觉效果，如图 4.19 所示。

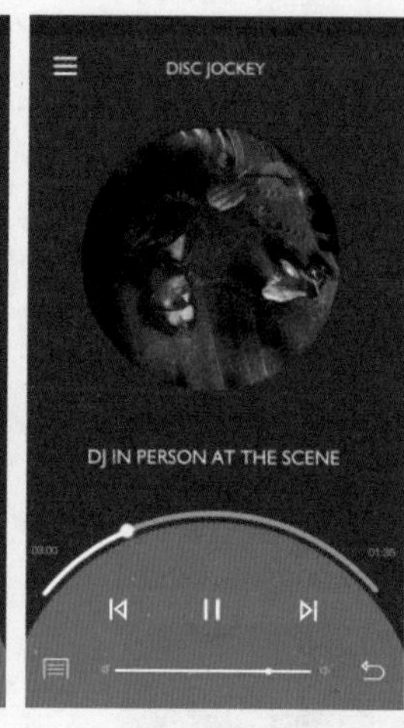

图 4.19　动画流程画面

知识点

视频讲解

1. 旋转表达式
2. 发光

操作步骤

1 执行菜单栏中的“文件”|“导入”|“文件”命令，打开“导入文件”对话框，选择“工程文件 \ 第 4 章 \ 动感音乐播放界面设计 \ 音乐播放界面 .psd”素材，单击“导入”按钮，如图 4.20 所示。

2 在时间轴面板中，选中“唱片”图层，将时间调整到 0:00:00:00 的位置，按 R 键打开“旋转”，按住 Alt 键单击“旋转”左侧码表，输入 time*30，为当前图层添加表达式，如图 4.21 所示。

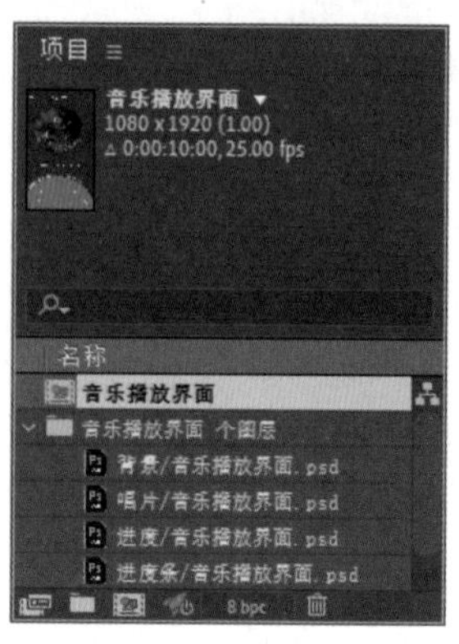

图 4.20　导入文件

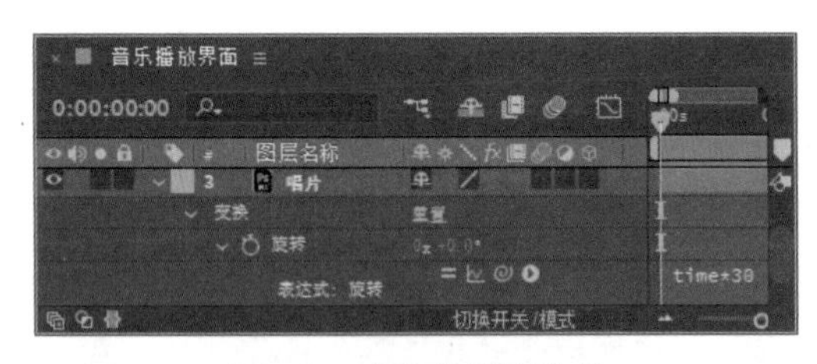

图 4.21 添加旋转表达式

3 选中工具箱中的“矩形工具”，选中“进度”图层，在图像左侧位置绘制一个蒙版路径，如图 4.22 所示。

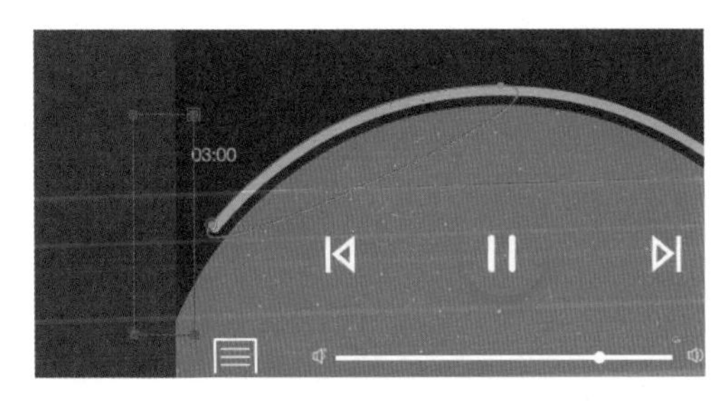

图 4.22 绘制蒙版路径

4 将时间调整到 0:00:00:00 的位置，展开“蒙版”|“蒙版 1”，单击“蒙版路径”左侧码表，在当前位置添加关键帧。

5 将时间调整到 0:00:09:24 的位置，调整蒙版路径，系统将自动添加关键帧。

6 选中工具箱中的“椭圆工具”，按住 Shift+Ctrl 组合键，在进度起始位置绘制一个正圆，设置“填充”为白色，“描边”为无，将生成一个“形状图层 1”图层，效果如图 4.23 所示。

图 4.23 绘制正圆

7 在时间轴面板中，选中“形状图层 1”图层，在“效果和预设”面板中展开“风格化”特效组，然后双击“发光”特效。

8 在“效果控件”面板中，修改“发光”特效的参数，设置“颜色 B”为白色，如图 4.24 所示。

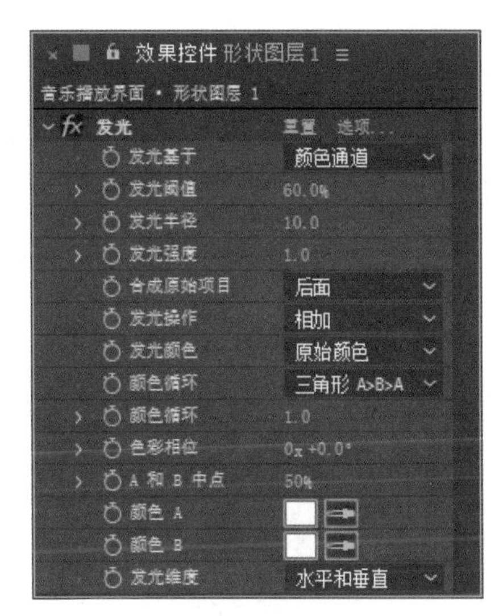

图 4.24 设置发光

9 在时间轴面板中，选中“形状图层 1”图层，将时间调整到 0:00:00:00 的位置，按 P 键打开“位置”，单击“位置”左侧码表，在当前位置添加关键帧。

10 将时间调整到 0:00:05:00 的位置，拖动正圆，同时调整运动轨迹，系统将自动添加关键帧，如图 4.25 所示。

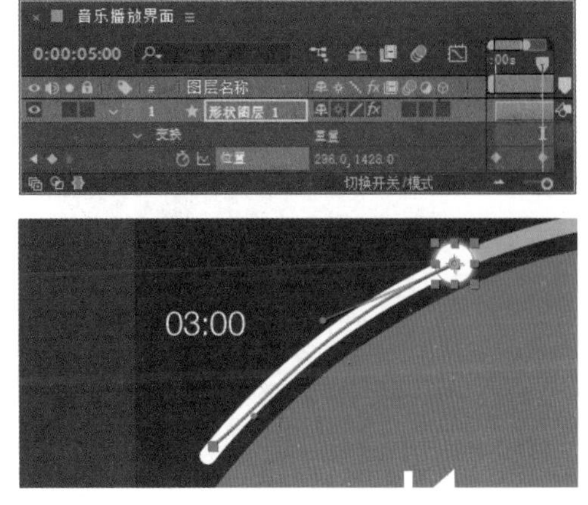

图 4.25 添加关键帧 1

11 将时间调整到 0:00:09:24 的位置，再次拖动正圆，同时调整运动轨迹，系统将自动添加关键帧，如图 4.26 所示。

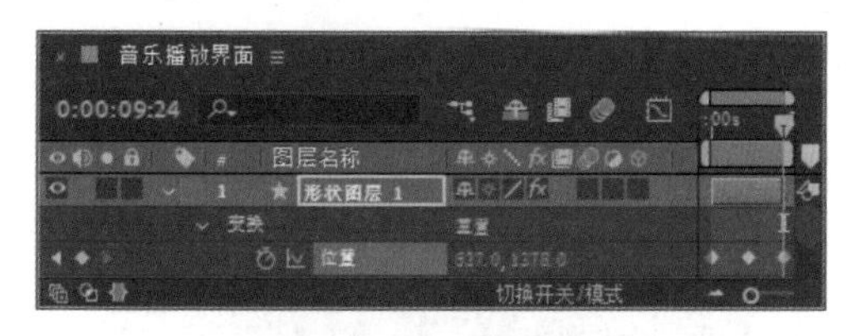

图 4.26　添加关键帧 2

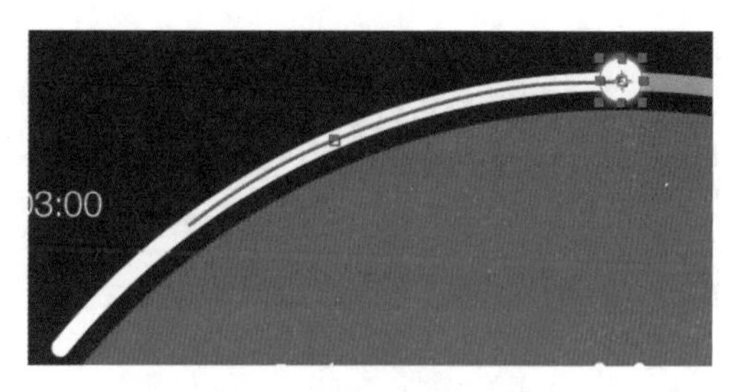

图 4.26　添加关键帧 2（续）

12 这样就完成了最终整体效果的制作，按小键盘上的 0 键即可在合成窗口中预览动画效果。

4.4　科技手表动效设计

实例解析

本例主要讲解科技手表动效设计。本例中的手表动画制作比较简单，分别为时针、分针及秒针添加旋转关键帧即可，如图 4.27 所示。

图 4.27　动画流程画面

知识点

1. 旋转
2. 位置

视频讲解

操作步骤

1 执行菜单栏中的“文件”|“导入”|“文件”命令，打开“导入文件”对话框，选择“工程文件\第 4 章\科技手表动画设计\手表 .psd”素材，单击“导入”按钮，如图 4.28 所示。

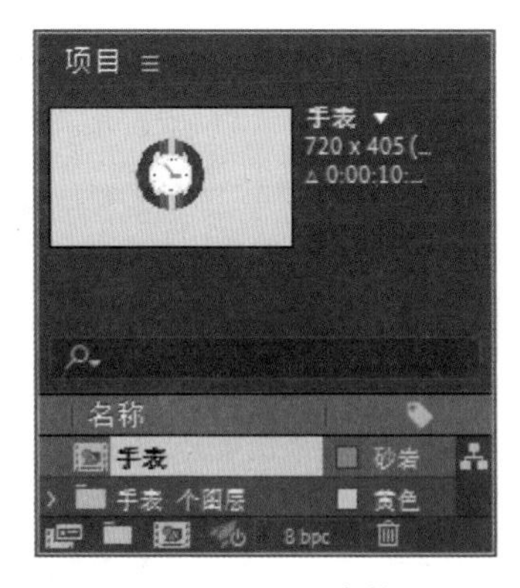

图 4.28 导入文件

2 双击“手表”合成，将其打开，选中“时针”图层，选择工具箱中的“向后平移锚点工具”，在图像中将中心点移至旋转中心轴位置。以同样的方法分别选中“分针”及“秒针”图层，更改其旋转中心轴位置，如图 4.29 所示。

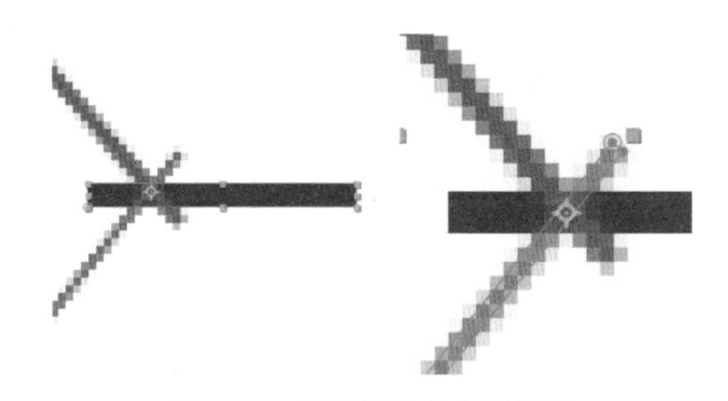

图 4.29 更改旋转中心轴位置

3 在时间轴面板中，选中“时针”图层，将时间调整到 0:00:00:00 的位置，按 R 键打开“旋转”，按住 Alt 键单击“旋转”左侧码表，输入 time*5，为当前图层添加表达式，如图 4.30 所示。

图 4.30 添加旋转表达式

4 选中“分针”图层，按 R 键打开“旋转”，按住 Alt 键单击“旋转”左侧码表，输入 time*10；选中“秒针”图层，按 R 键打开“旋转”，按住 Alt 键单击“旋转”左侧码表，输入 time*30，为当前图层添加表达式，如图 4.31 所示。

图 4.31 再次添加旋转表达式

5 这样就完成了最终整体效果的制作，按小键盘上的 0 键即可在合成窗口中预览动画效果。

4.5 抽奖大转盘动效设计

实例解析

本例主要讲解抽奖大转盘动效设计。本例的设计比较简单，为转盘指针做出旋转动画，并为转盘边缘的发光灯做出发光效果即可，如图 4.32 所示。

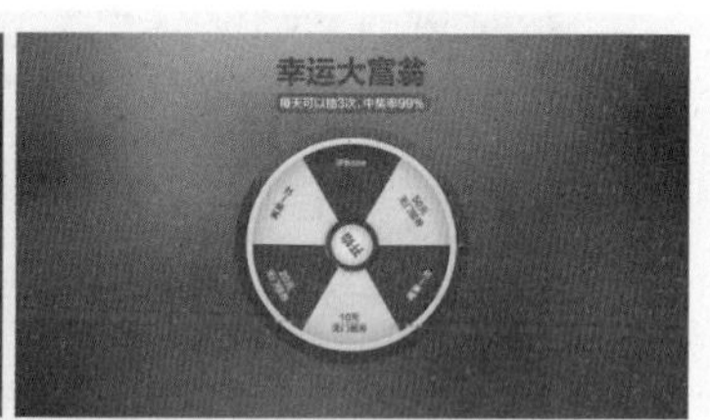

图 4.32 动画流程画面

视频讲解

知识点

1. 旋转
2. 图表编辑器

操作步骤

1 执行菜单栏中的"文件"|"导入"|"文件"命令，打开"导入文件"对话框，选择"工程文件\第 4 章\抽奖大转盘动画设计\抽奖大转盘 .psd"素材，单击"导入"按钮，如图 4.33 所示。

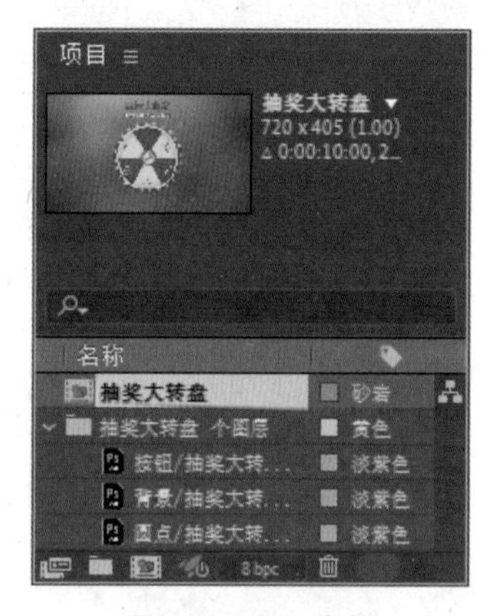

图 4.33 导入文件

2 选中"按钮"图层，选择工具箱中的"向后平移锚点工具"，在图像中将中心点移至图像旋转中心点位置，如图 4.34 所示。

3 在时间轴面板中，选中"按钮"图层，将时间调整到 0:00:00:00 的位置，按 R 键打开"旋转"，单击其左侧码表，在当前位置添加关键帧，将数值更改为 0。

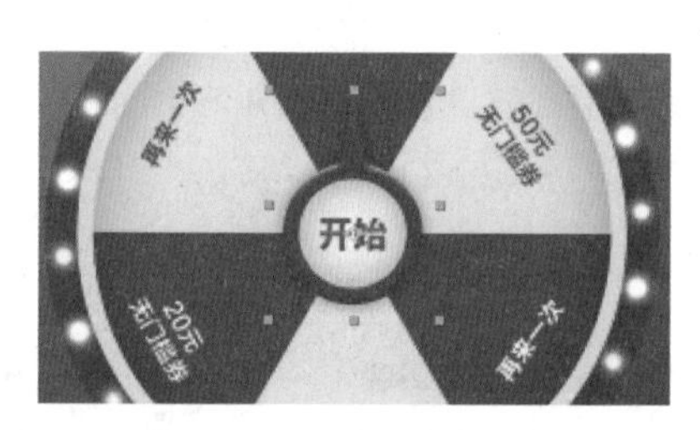

图 4.34 更改图像中心点

4 将时间调整到 0:00:09:24 的位置，将数值更改为 10x+0.0°，系统将自动添加关键帧，如图 4.35 所示。

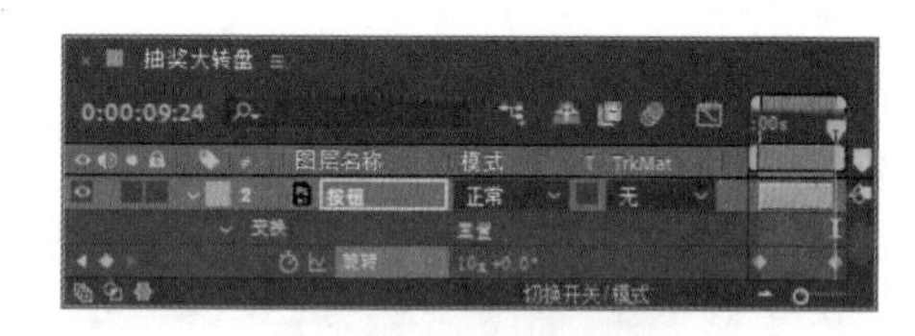

图 4.35 添加关键帧

5 在时间轴面板中，选中"按钮"图层，单击"图表编辑器"按钮，拖动曲线，调整动画速度，如图 4.36 所示。

6 在时间轴面板中，将时间调整到 0:00:00:00 的位置，选中"圆点"图层，按 T 键打开"不透明度"，单击"不透明度"左侧码表，在当前位置添加关键帧。

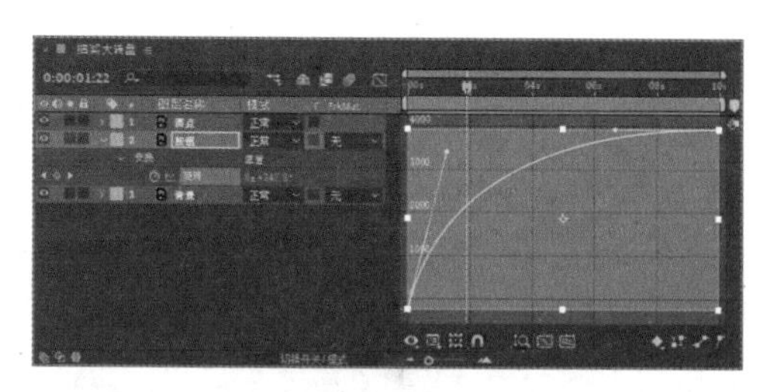

图 4.36 调整动画速度

7 将时间调整到0:00:00:10的位置，将“不透明度”数值更改为0%，系统将自动添加关键帧，制作不透明度动画，如图 4.37 所示。

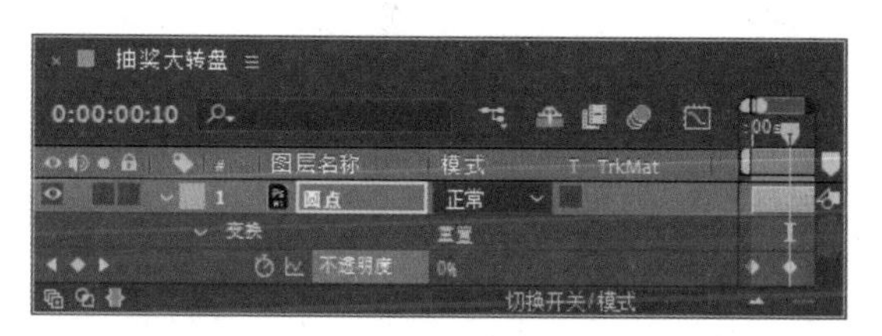

图 4.37 制作不透明度动画

8 将时间调整到 0:00:00:20 的位置，将“不透明度”数值更改为 100%；将时间调整到 0:00:01:05 的位置，将数值更改为 0%；将时间调整到 0:00:01:15 的位置，将数值更改为 100%；将时间调整到 0:00:02:00 的位置，将数值更改为 0%。

9 以同样方法每增加 10 帧，更改其不透明度数值，系统将自动添加关键帧，如图 4.38 所示。

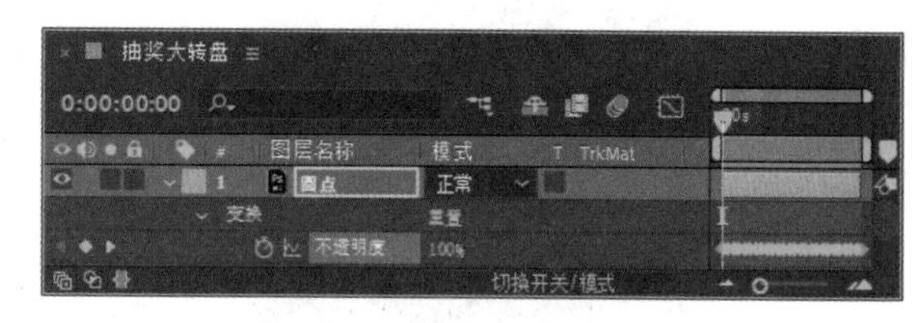

图 4.38 更改数值

10 这样就完成了最终整体效果的制作，按小键盘上的 0 键即可在合成窗口中预览动画效果。

4.6 击碎盾牌图标动效设计

实例解析

本例主要讲解击碎盾牌图标动效设计。本例中图像的质感十分出色，为其添加裂痕及爆炸效果可表现出盾牌被击碎的动画效果，如图 4.39 所示。

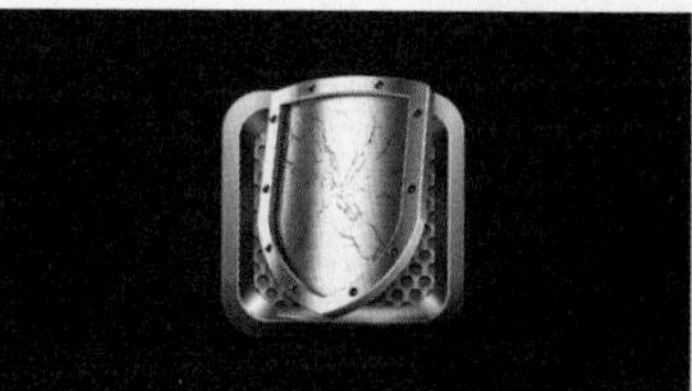

图 4.39 动画流程画面

知识点

1. 不透明度
2. 碎片

视频讲解

操作步骤

1 执行菜单栏中的"文件"|"导入"|"文件"命令，打开"导入文件"对话框，选择"工程文件\第4章\击碎盾牌图标动画设计\盾牌图标.psd"素材，单击"导入"按钮，如图4.40所示。

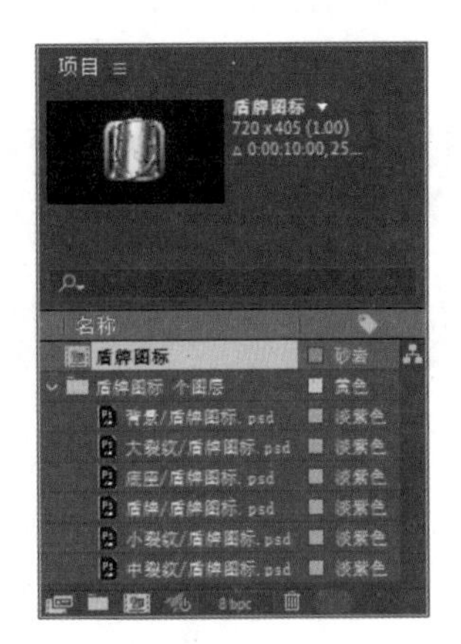

图4.40 导入文件

2 双击"盾牌图标"合成，将其打开，在时间轴面板中，同时选中"小裂纹""中裂纹""大裂纹"图层，将时间调整到0:00:00:00的位置，按T键打开"不透明度"，单击"不透明度"左侧码表，在当前位置添加关键帧，将数值更改为0%，如图4.41所示。

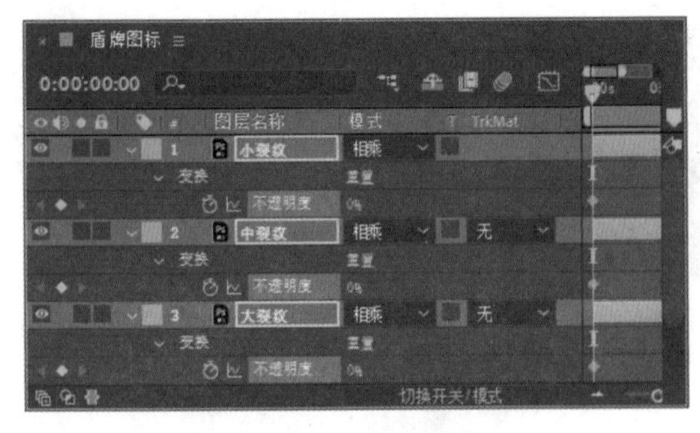

图4.41 添加关键帧

3 将时间调整到0:00:02:00的位置，选中"小裂纹"图层，将"不透明度"更改为100%；将时间调整到0:00:04:00的位置，选中"中裂纹"图层，将"不透明度"更改为100%；将时间调整到0:00:05:00的位置，选中"大裂纹"图层，将"不透明度"更改为100%，系统将自动添加关键帧，如图4.42所示。

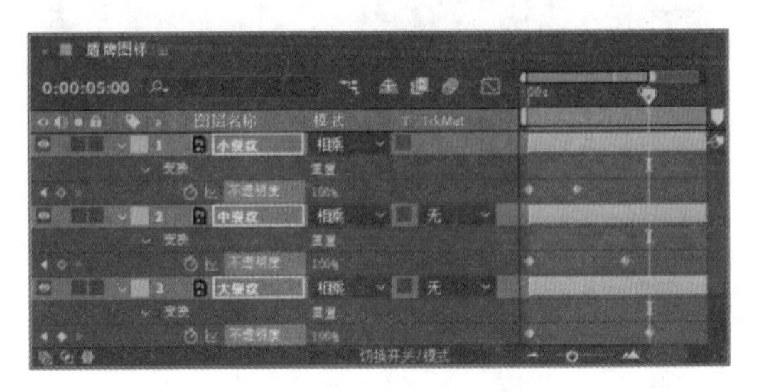

图4.42 更改不透明度

4 在时间轴面板中，同时选中除"底座"及"背景"之外的所有图层，单击鼠标右键，在弹出的菜单中选择"预合成"选项，在弹出的对话框中将"新合成名称"更改为"盾牌"。

5 在时间轴面板中，选中"盾牌"图层，按Ctrl+D组合键复制一个图层，将图层名称更改为"盾牌2"，如图4.43所示，并将"盾牌2"图层暂时隐藏。

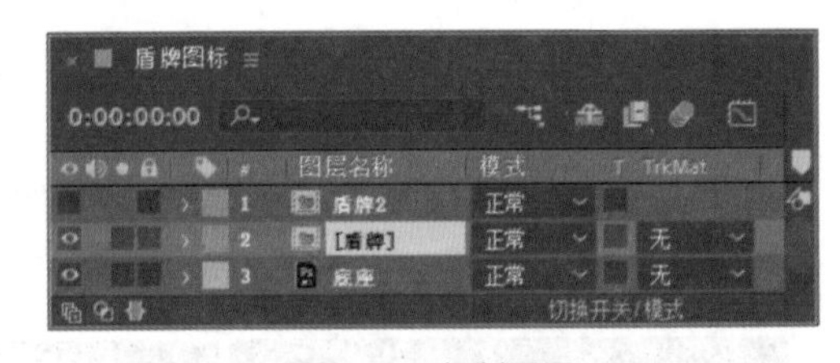

图4.43 复制图层

6 在时间轴面板中，选中"盾牌"图层，在"效果和预设"面板中展开"模拟"特效组，然后双击"碎片"特效。

7 在"效果控件"面板中，修改"碎片"特效的参数，设置"视图"为"已渲染"，如图4.44所示。

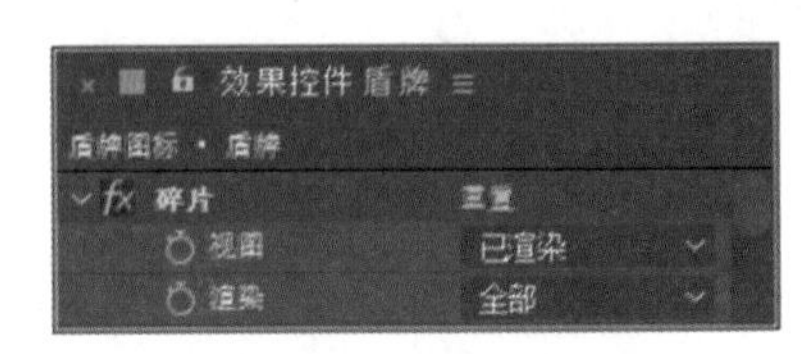

图4.44 设置视图

8 展开“形状”选项，将“图案”更改为“玻璃”，设置“凸出深度”为 0.10，如图 4.45 所示。

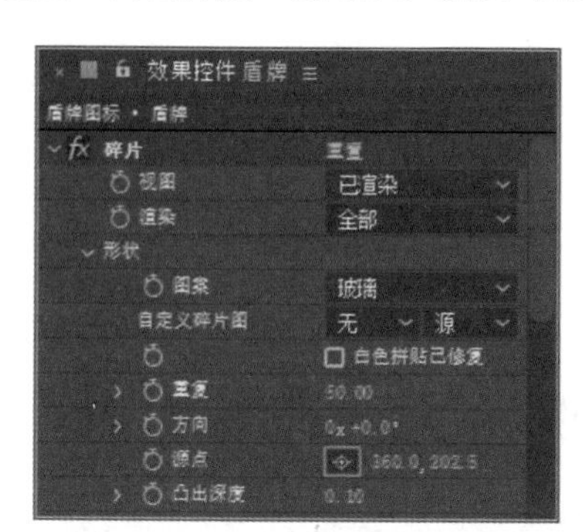

图 4.45　设置形状

9 展开“作用力 1”选项，将“强度”值更改为 6.00；展开“作用力 2”选项，将“强度”值更改为 6.00，如图 4.46 所示。

10 在时间轴面板中，选中“盾牌 2”图层，将其显示，然后将时间调整到 0:00:05:00 的位置，按 Alt+] 组合键设置动画结束点。

11 选中“盾牌”图层，按 [键设置动画入点，如图 4.47 所示。

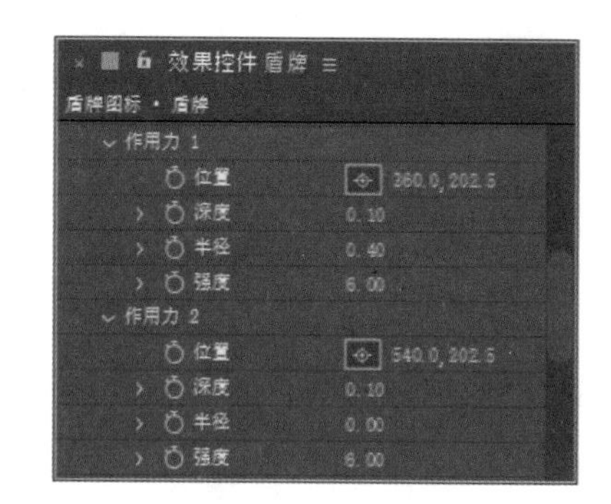

图 4.46　设置作用力

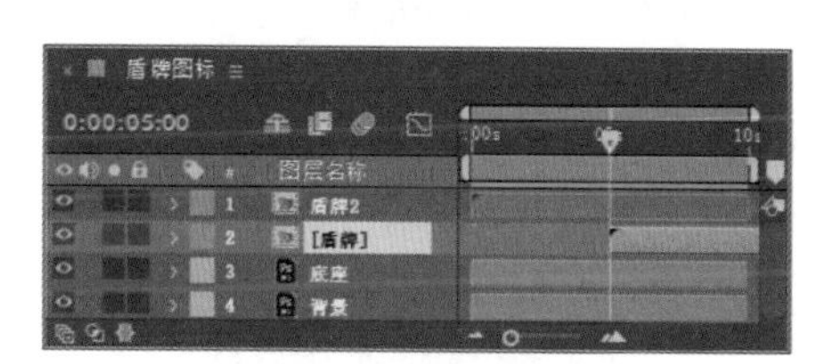

图 4.47　设置动画入点

12 这样就完成了最终整体效果的制作，按小键盘上的 0 键即可在合成窗口中预览动画效果。

4.7　音乐切换动效设计

实例解析

本例主要讲解音乐切换动效设计。本例的制作重点在于音乐界面中的切换效果，通过调节图像位置及高斯模糊效果可以完成整个切换动画效果设计，如图 4.48 所示。

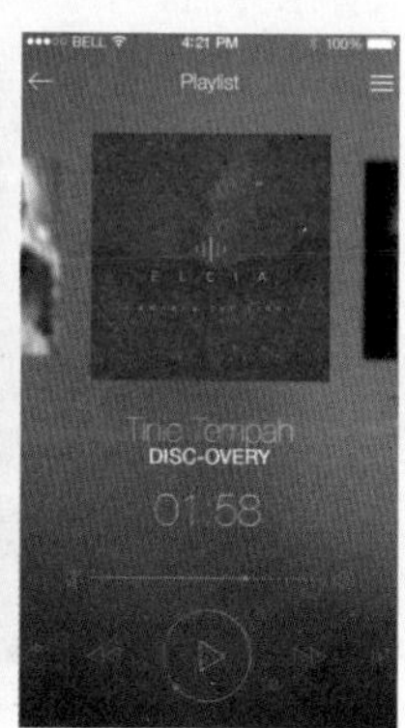

图 4.48　动画流程画面

知识点

1. 高斯模糊
2. 位置

视频讲解

操作步骤

4.7.1 制作主题效果

1 执行菜单栏中的“文件”|“导入”|“文件”命令，打开“导入文件”对话框，选择“工程文件\第4章\音乐切换动画设计\音乐界面.psd”素材，单击“导入”按钮，如图4.49所示。

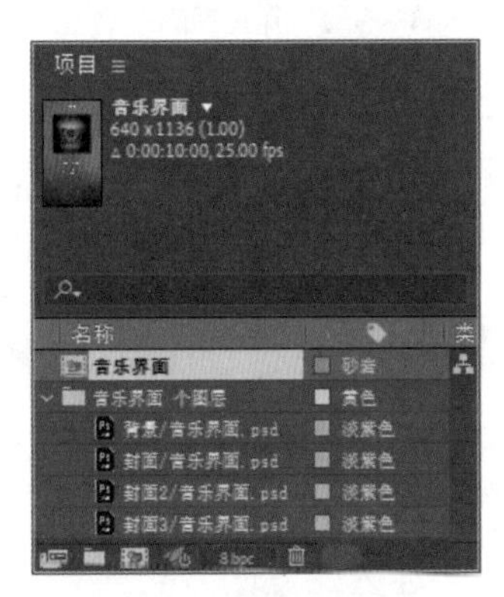

图4.49 导入文件

2 双击“音乐界面”合成，在时间轴面板中，选中“封面3”图层，在视图中将其移至靠左侧位置，按S键打开“缩放”，将数值更改为（80.0,80.0%），如图4.50所示。

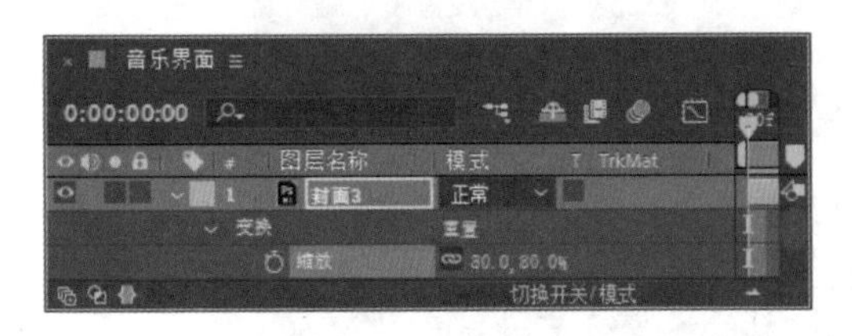

图4.50 缩小图像

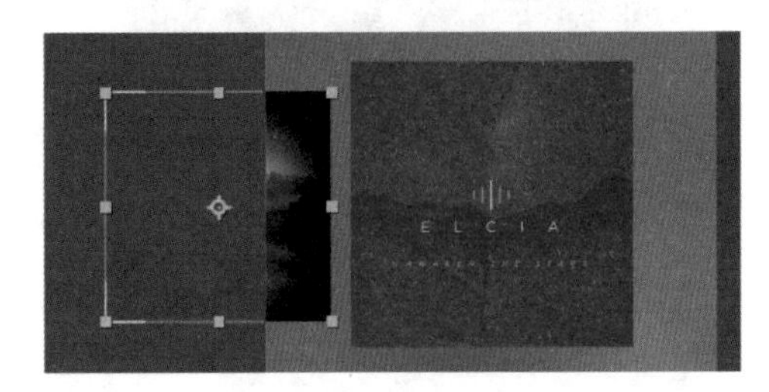

图4.50 缩小图像（续）

3 以同样的方法为“封面2”图层中的图像添加缩小效果，如图4.51所示。

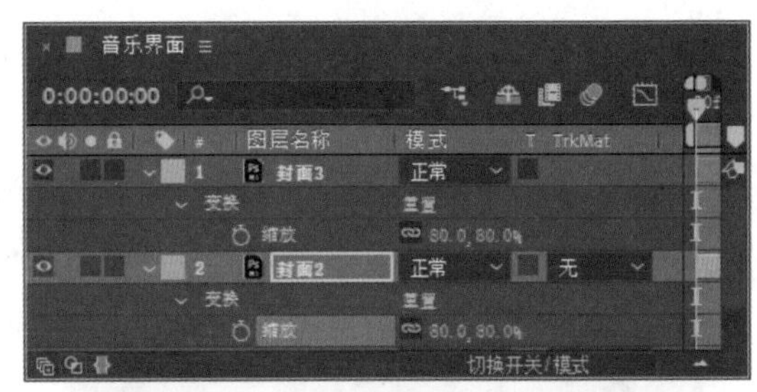

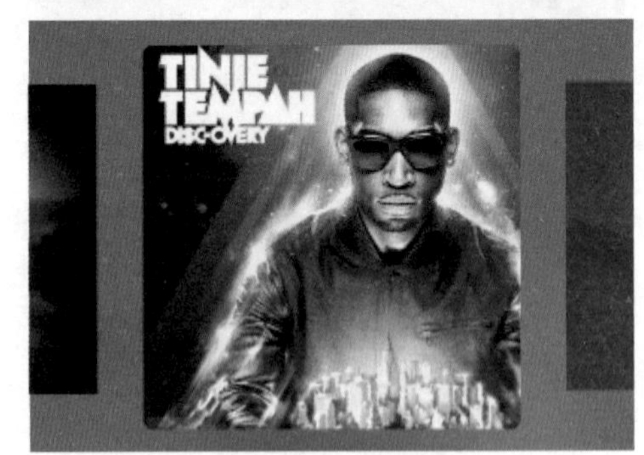

图4.51 缩小效果

4 在时间轴面板中，选中“封面3”图层，在“效果和预设”面板中展开“模糊和锐化”特效组，然后双击“高斯模糊”特效。

5 在“效果控件”面板中，修改“高斯模糊”特效的参数，设置“模糊度”为20.0，如图4.52所示。

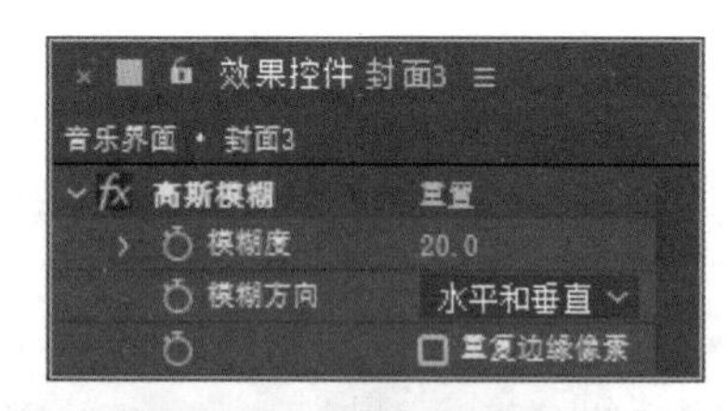

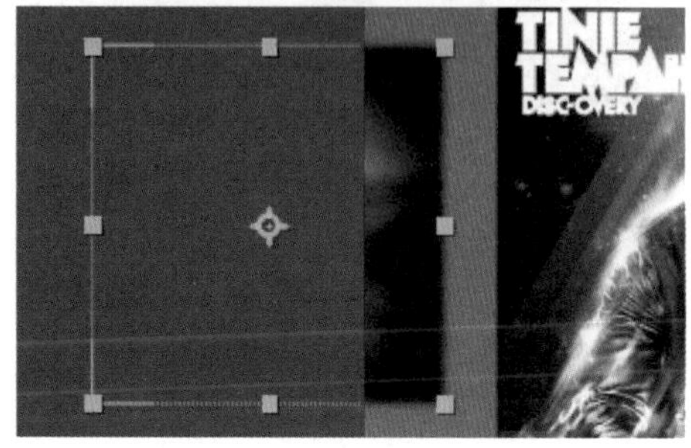

图 4.52 添加高斯模糊

6 在时间轴面板中，选中“封面 3”图层，在“效果控件”面板中，选中“高斯模糊”，按Ctrl+C 组合键将其复制；选中“封面 2”图层，在“效果控件”面板中，按 Ctrl+V 组合键将其粘贴，如图 4.53 所示。

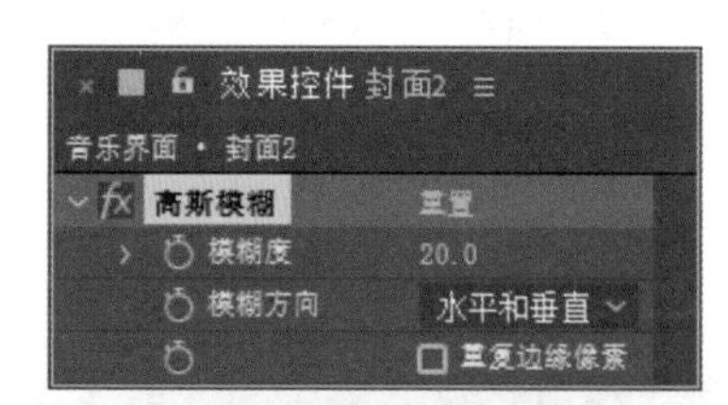

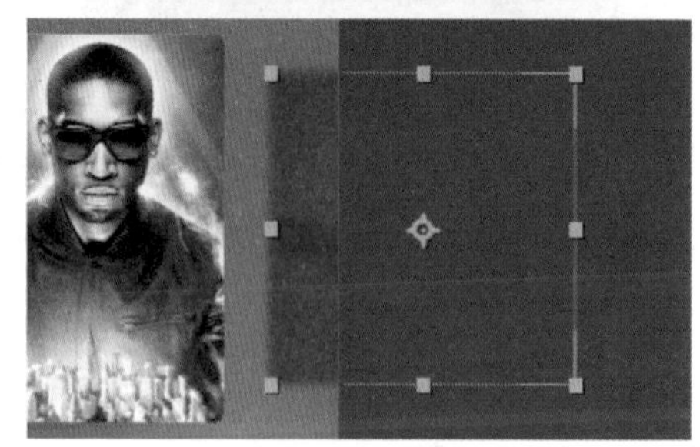

图 4.53 复制并粘贴高斯模糊效果

7 在时间轴面板中，选中“封面”图层，将时间调整到 0:00:00:00 的位置，按 S 键打开“缩放”，单击“缩放”左侧码表，在当前位置添加关键帧。

8 将时间调整到 0:00:01:00 的位置，将“缩放”数值更改为（80.0,80.0%），系统将自动添加关键帧，如图 4.54 所示。

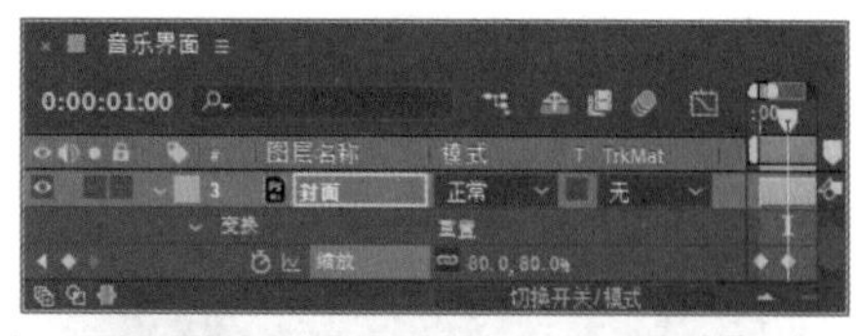

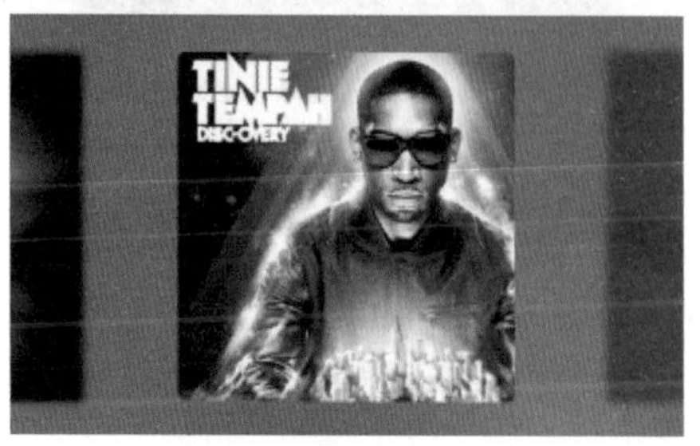

图 4.54 添加缩放效果

9 在时间轴面板中，选中“封面”图层，将时间调整到 0:00:00:00 的位置，按 P 键打开“位置”，单击“位置”左侧码表，在当前位置添加关键帧。

10 将时间调整到 0:00:01:00 的位置，在视图中将其向左侧平移，系统将自动添加关键帧，如图 4.55 所示。

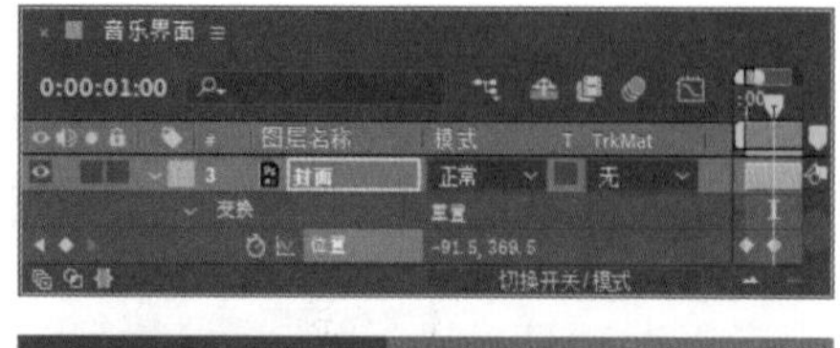

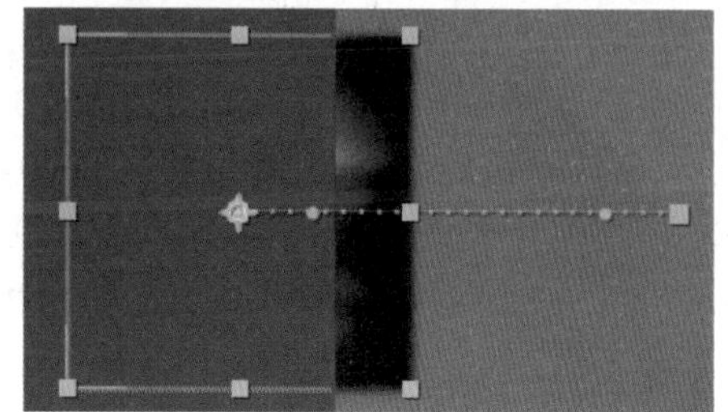

图 4.55 平移图像

11 在时间轴面板中，选中"封面"图层，在"效果控件"面板中，按Ctrl+V组合键将第6步复制的高斯模糊粘贴过来。

12 将时间调整到0:00:00:00的位置，单击"模糊度"左侧码表，在当前位置添加关键帧，如图4.56所示。

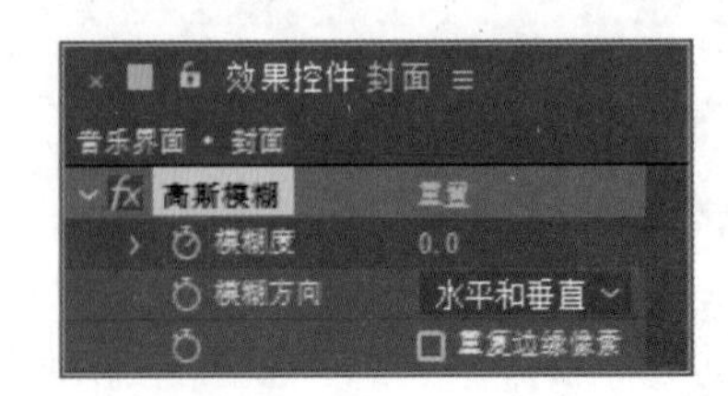

图4.56 添加关键帧

13 将时间调整到0:00:01:00的位置，将"模糊度"更改为20.0，系统将自动添加关键帧，如图4.57所示。

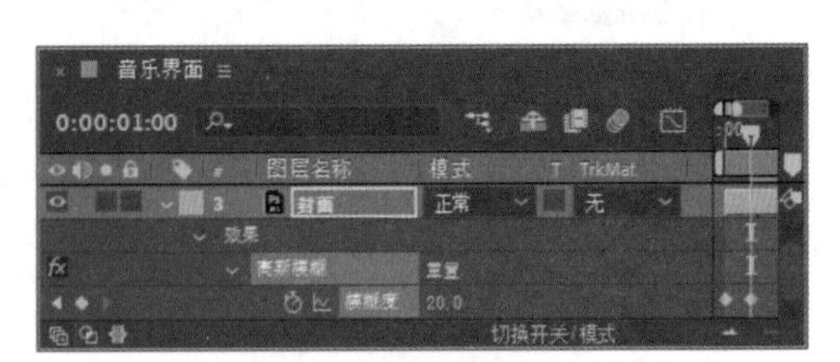

图4.57 更改数值

4.7.2 调整过渡动画

1 在时间轴面板中，选中"封面2"图层，将时间调整到0:00:00:05的位置，按P键打开"位置"，单击"位置"左侧码表，在当前位置添加关键帧，如图4.58所示。

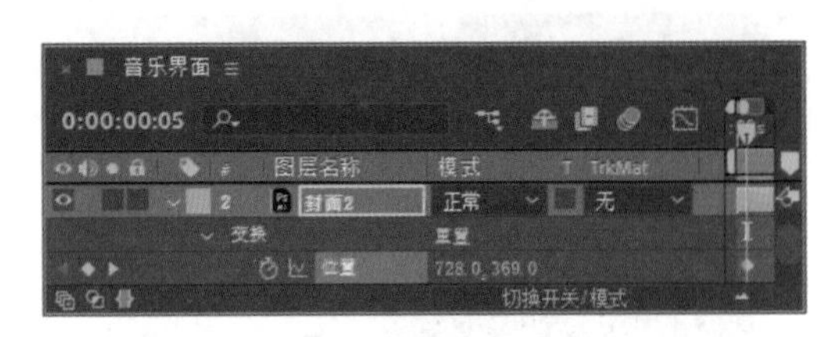

图4.58 添加关键帧

2 将时间调整到0:00:01:05的位置，在视图中将其向左侧平移，系统将自动添加关键帧，如图4.59所示。

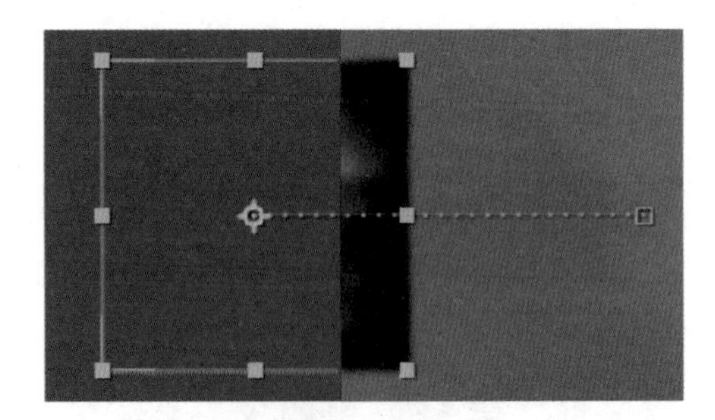

图4.59 拖动图像

3 在时间轴面板中，选中"封面2"图层，将时间调整到0:00:00:05的位置，按S键打开"缩放"，单击"缩放"左侧码表，将"缩放"更改为（80.0,80.0%）在当前位置添加关键帧，如图4.60所示。

图4.60 添加缩放关键帧

4 将时间调整到0:00:01:05的位置，将"缩放"更改为（100.0,100.0%），系统将自动添加关键帧，如图4.61所示。

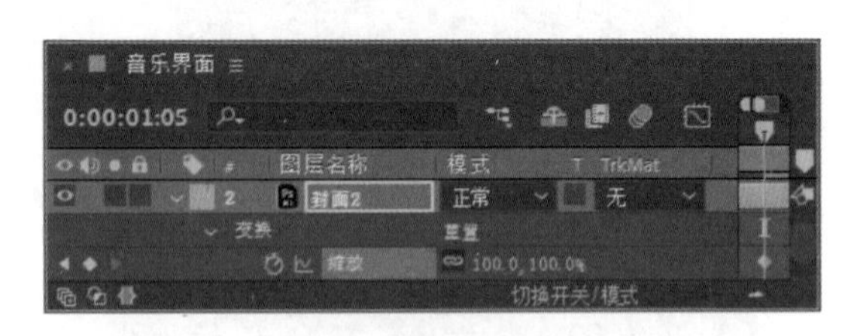

图4.61 更改缩放数值

5 在时间轴面板中，选中"封面2"图层，将时间调整到0:00:00:05的位置，单击"模糊度"左侧码表，在当前位置添加关键帧，如图4.62所示。

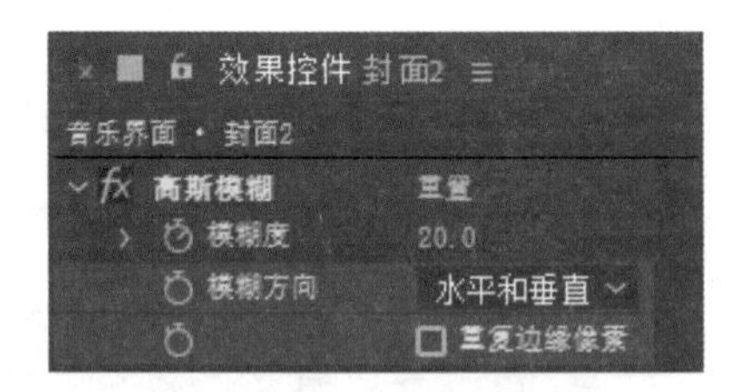

图 4.62　添加关键帧

6 将时间调整到 0:00:01:05 的位置，将“模糊度”更改为 0.0，系统将自动添加关键帧，如图 4.63 所示。

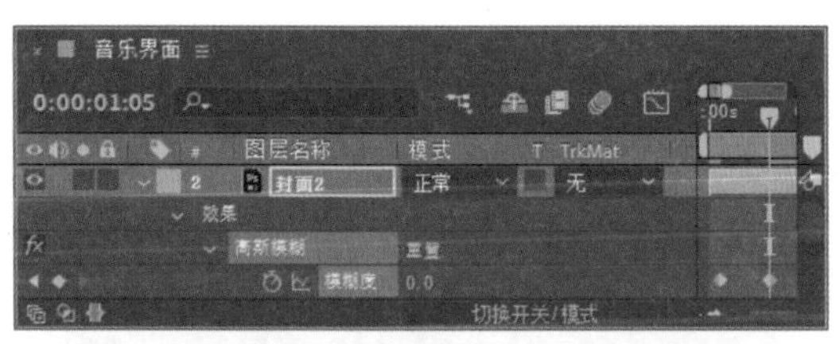

图 4.63　更改模糊度

7 在时间轴面板中，选中“封面 3”图层，按 Ctrl+D 组合键复制一个“封面 4”图层，单击“封面 4”图层前方的图标，将其暂时隐藏，如图 4.64 所示。

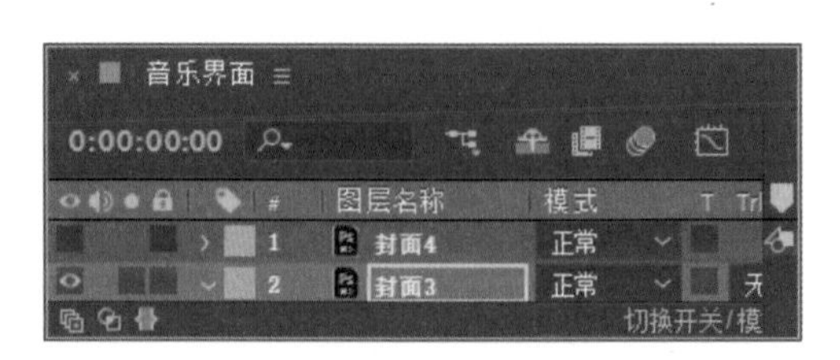

图 4.64　复制图层

8 在时间轴面板中，选中“封面 3”图层，将时间调整到 0:00:00:05 的位置，按 P 键打开“位置”，单击“位置”左侧码表，在当前位置添加关键帧，如图 4.65 所示。

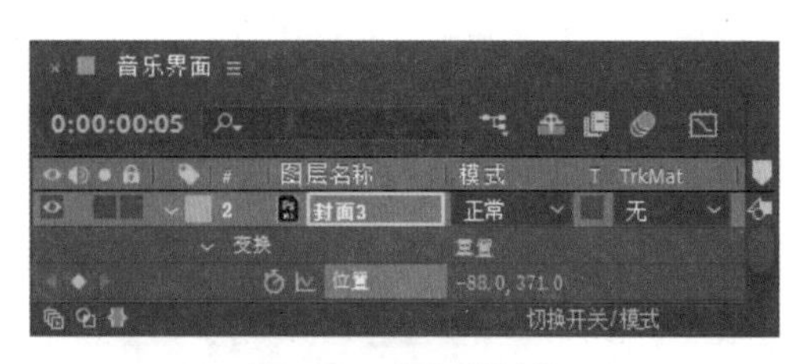

图 4.65　添加关键帧

9 将时间调整到 0:00:01:05 的位置，在视图中将其向左侧拖动，系统将自动添加关键帧，如图 4.66 所示。

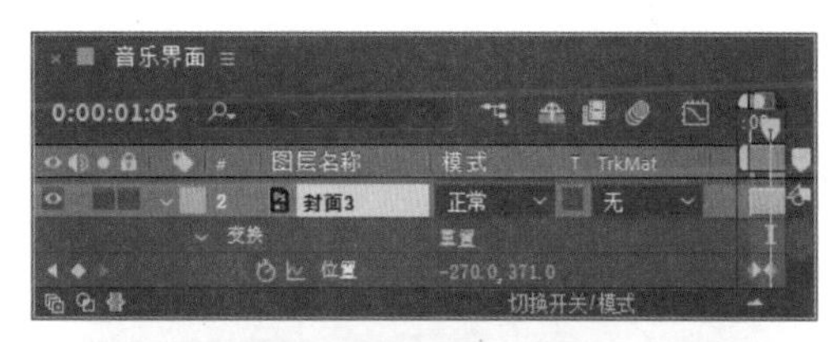

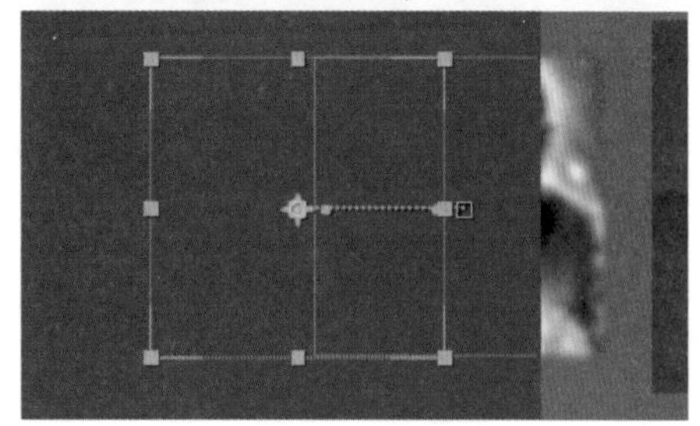

图 4.66　拖动图像

10 在时间轴面板中，选中“封面 4”图层，在视图中将其移至右侧位置，如图 4.67 所示。

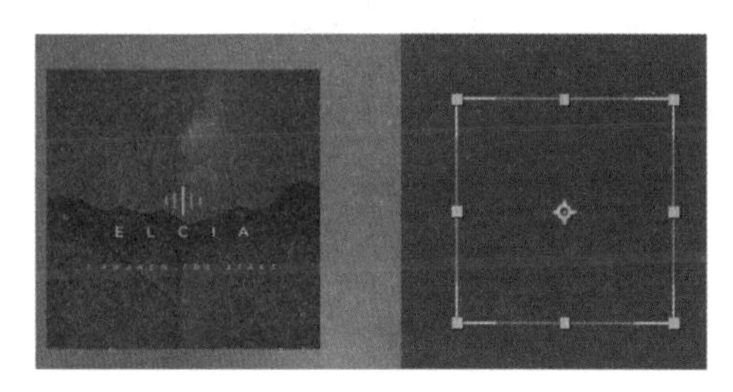

图 4.67　移动图像

11 在时间轴面板中，选中“封面 4”图层，将时间调整到0:00:01:00的位置，按P键打开“位置”，单击“位置”左侧码表，在当前位置添加关键帧。

12 将时间调整到0:00:01:05的位置，在视图中将其向左侧平移，系统将自动添加关键帧，如图4.68所示。

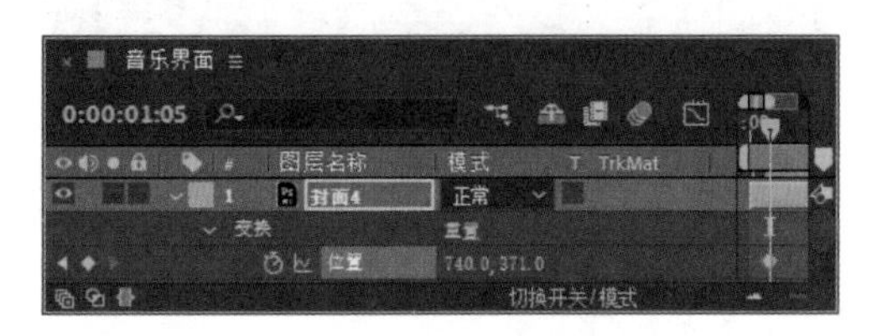

图4.68　移动图像

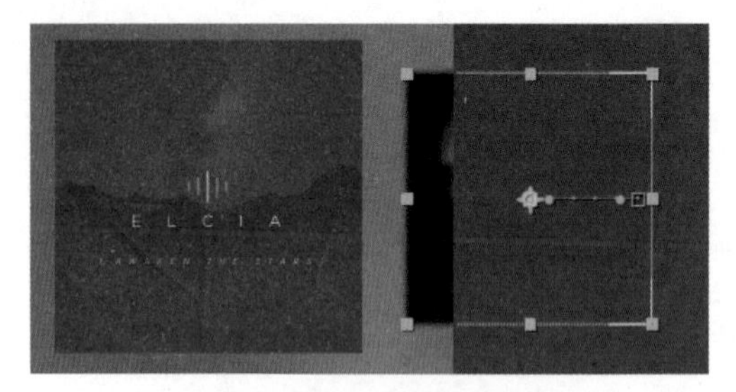

图4.68　移动图像（续）

13 这样就完成了最终整体效果的制作，按小键盘上的0键即可在合成窗口中预览动画效果。

第5章

网红主题演绎动画设计

内容摘要

本章主要讲解网红主题演绎动画设计，网红类主题是近年来兴起的一股互联网风潮，通过拍摄短视频等形式表达视频动画的个性主题，读者通过对本章的学习可以掌握网红主题演绎动画的设计和制作方法。

教学目标

- 学会关注特效动画设计
- 了解人气主播动画特效设计的技巧
- 学会钢琴主播粒子特效设计的技巧
- 掌握美食视频动画元素设计的方法
- 学习主播风景自然特效设计的方法

5.1 关注特效动画设计

实例解析

本例主要讲解关注特效动画设计。通过为一张短视频类的界面添加关注动画效果，可使整个界面更具互动性，如图 5.1 所示。

图 5.1　动画流程画面

视频讲解

知识点

1. 不透明度
2. 位置

操作步骤

5.1.1　制作基础动画

1 执行菜单栏中的“文件”|“导入”|“文件”命令，打开“导入文件”对话框，选择“工程文件\第 5 章\关注特效动画设计\界面 .psd”素材，单击“导入”按钮，如图 5.2 所示。

图 5.2　导入文件

2 在“项目”面板中，双击“界面”合成，在时间轴面板中，选中“心形”图层，按 Ctrl+D 组合键复制出“心形 2”及“心形 3”两个新图层，如图 5.3 所示。

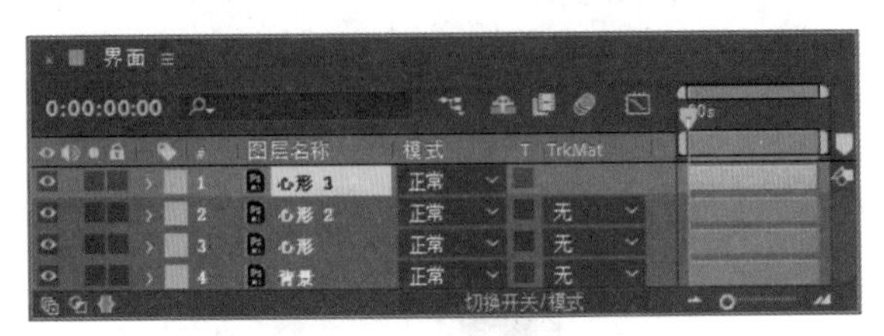

图 5.3 复制图层

3 在时间轴面板中，将时间调整到 0:00:00:00 的位置，选中“心形”图层，按 T 键打开“不透明度”，单击“不透明度”左侧码表，在当前位置添加关键帧。

4 按 S 键打开“缩放”，单击“缩放”左侧码表，将其数值更改为（0.0,0.0%），在当前位置添加关键帧，如图 5.4 所示。

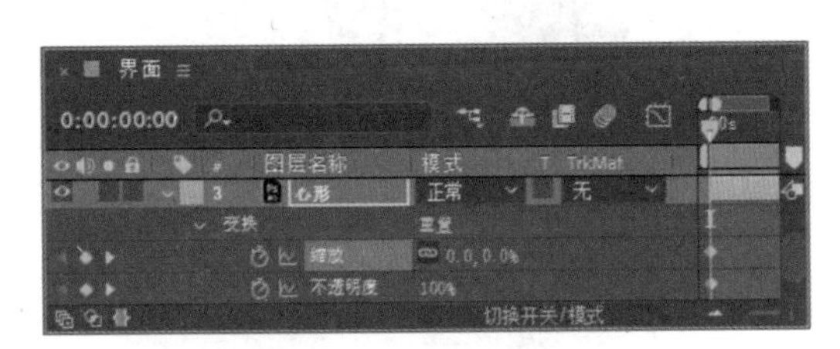

图 5.4 添加关键帧

5 将时间调整到 0:00:01:00 的位置，将“缩放”更改为（200.0,200.0%），将“不透明度”更改为 0%，系统将自动添加关键帧，如图 5.5 所示。

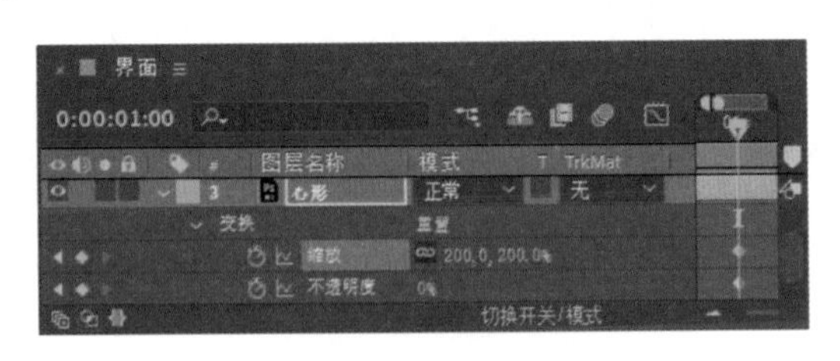

图 5.5 更改数值

6 在时间轴面板中，选中“心形 3”图层，在“效果和预设”面板中展开“生成”特效组，然后双击“填充”特效。

7 将时间调整到 0:00:00:00 的位置，在“效果控件”面板中，修改“填充”特效的参数，设置“颜色”为白色，单击“颜色”左侧码表，在当前位置添加关键帧，如图 5.6 所示。

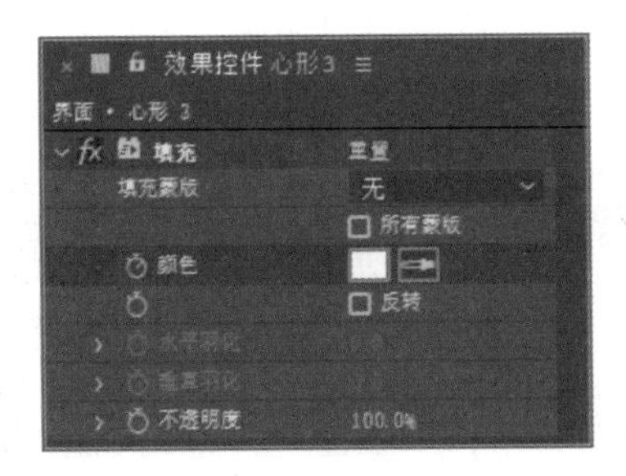

图 5.6 设置填充

8 在时间轴面板中，将时间调整到 0:00:00:05 的位置，将“颜色”更改为红色（R:255, G:0,B:0），如图 5.7 所示。

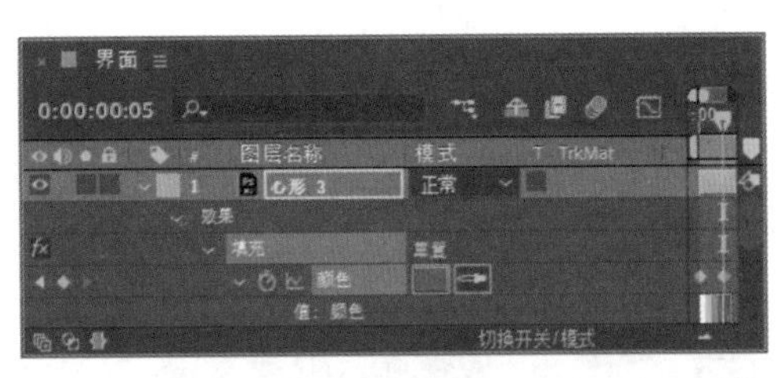

图 5.7 更改颜色

9 在时间轴面板中，选中“心形 3”图层，将时间调整到 0:00:00:00 的位置，按 S 键打开“缩放”，单击“缩放”左侧码表，在当前位置添加关键帧。

10 将时间调整到 0:00:00:10 的位置，将数值更改为（300.0,300.0%），系统将自动添加关键帧，如图 5.8 所示。

图 5.8 更改数值

11 在时间轴面板中，将时间调整到0:00:00:00的位置，选中“心形3”图层，按T键打开“不透明度”，单击“不透明度”左侧码表，在当前位置添加关键帧。

12 将时间调整到0:00:00:10的位置，将“不透明度”数值更改为0%，系统将自动添加关键帧，如图5.9所示。

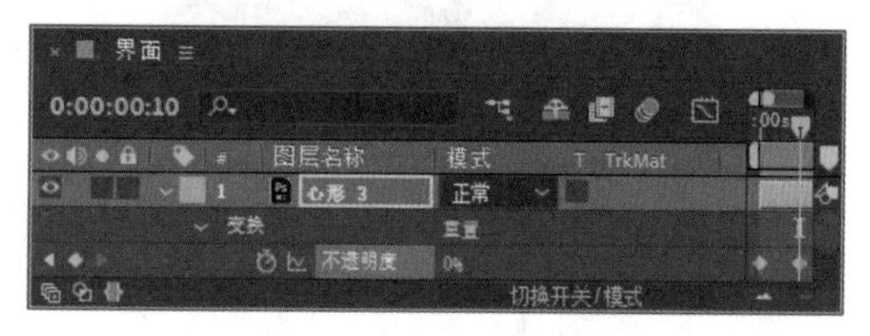

图5.9 制作不透明度动画

5.1.2 调整点赞效果

1 在时间轴面板中，选中“心形3”图层，将时间调整到0:00:00:00的位置，按P键打开“位置”，单击“位置”左侧码表，在当前位置添加关键帧，如图5.10所示。

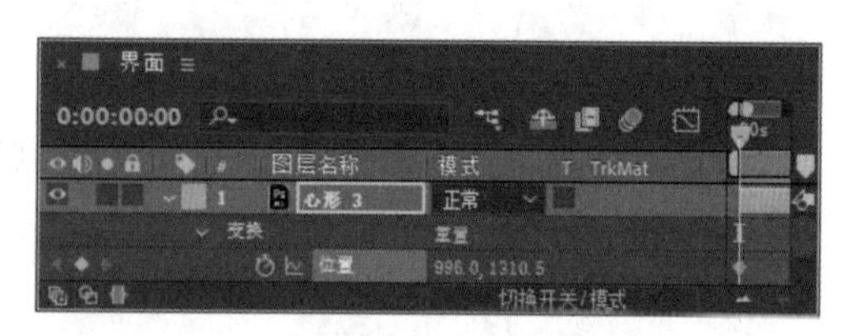

图5.10 添加关键帧

2 将时间调整到0:00:00:10的位置，在视图中将“心形3”向左上角移动，系统将自动添加关键帧，如图5.11所示。

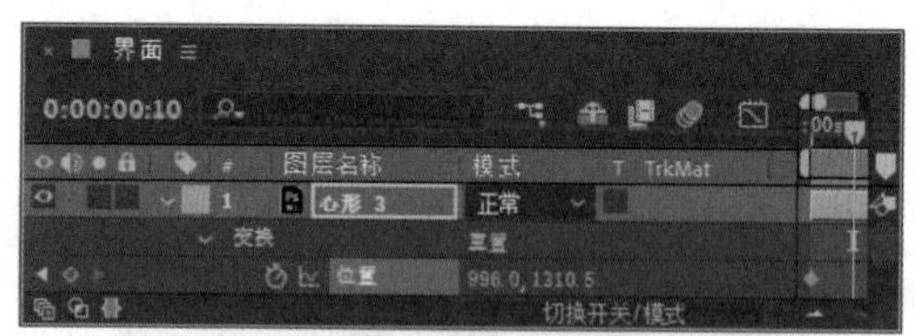

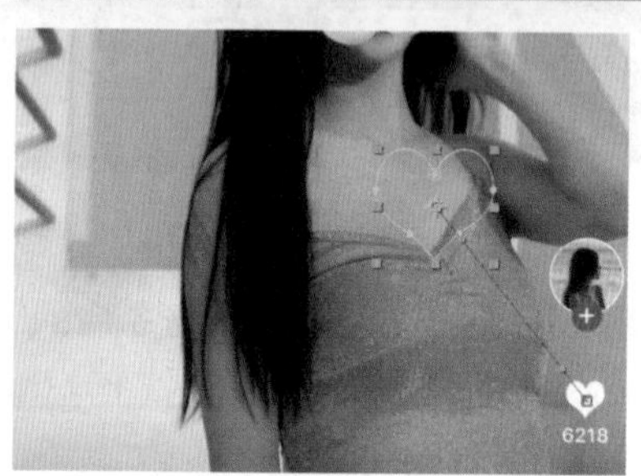

图5.11 移动图像

3 调整“心形3”的运动轨迹，如图5.12所示。

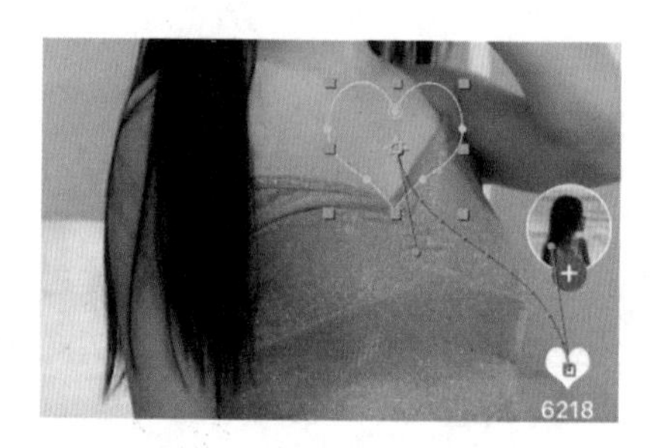

图5.12 调整运动轨迹

4 这样就完成了最终整体效果的制作，按小键盘上的0键即可在合成窗口中预览动画效果。

5.2 美食视频动画元素设计

实例解析

本例主要讲解美食视频动画元素设计。本例中的动画元素是一张笑脸，通过绘制图形并为其添加位置动画即可表现出有趣的动画效果，使整个美食视频更加吸引人，如图5.13所示。

图 5.13 动画流程画面

知识点

1. 线性擦除
2. 位置
3. 表达式

操作步骤

5.2.1 绘制笑脸元素

1 执行菜单栏中的“合成”|“新建合成”命令，打开“合成设置”对话框，设置“合成名称”为“笑脸”，设置“宽度”为500，“高度”为500，“帧速率”为25，并设置“持续时间”为0:00:05:00，“背景颜色”为深灰色（R:113,G:113,B:113），完成后单击“确定”按钮，如图5.14所示。

2 执行菜单栏中的“文件”|“导入”|“文件”命令，打开“导入文件”对话框，选择“工程文件\第5章\美食视频动画元素设计\背景.jpg”素材，单击“导入”按钮，如图5.15所示。

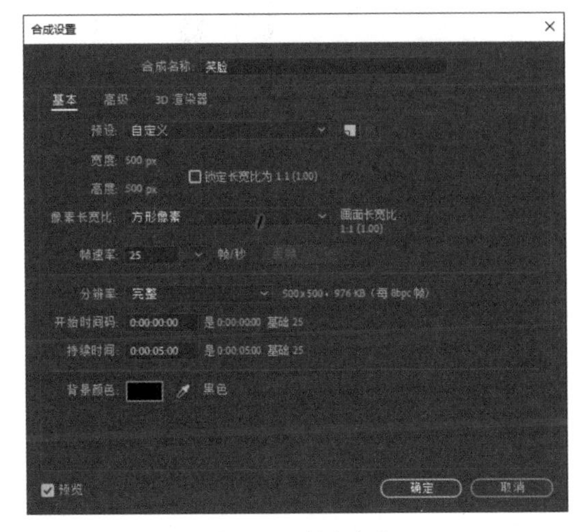

图 5.14 新建合成

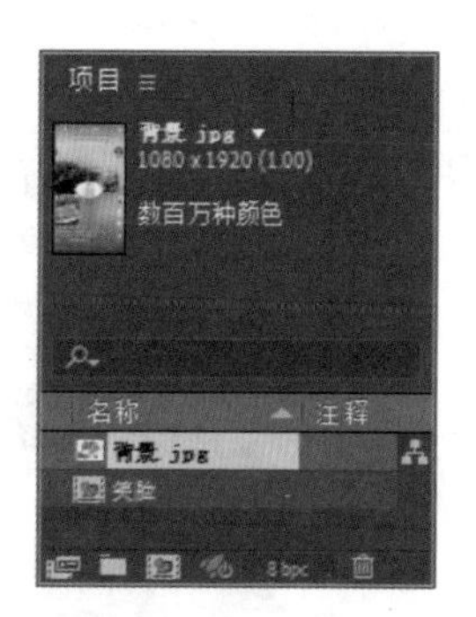
图 5.15　导入素材

3 选中工具箱中的“椭圆工具”，绘制一个圆形，设置“填充”为白色，“描边”为深黄色（R:54,G:40,B:27），“描边宽度”为3，如图 5.16 所示，将生成一个“形状图层 1”图层。

4 选中工具箱中的“钢笔工具”，在圆形中绘制一个心形，设置“填充”为红色（R:244,G:55,B:55），“描边”为无，如图 5.17 所示。

图 5.16　绘制图形

图 5.17　绘制心形

5 在时间轴面板中，选中“形状图层 1”图层，按 Ctrl+D 组合键复制出一个图层，然后分别将这两个图层重新命名为“眼皮”“眼球”，如图 5.18 所示。

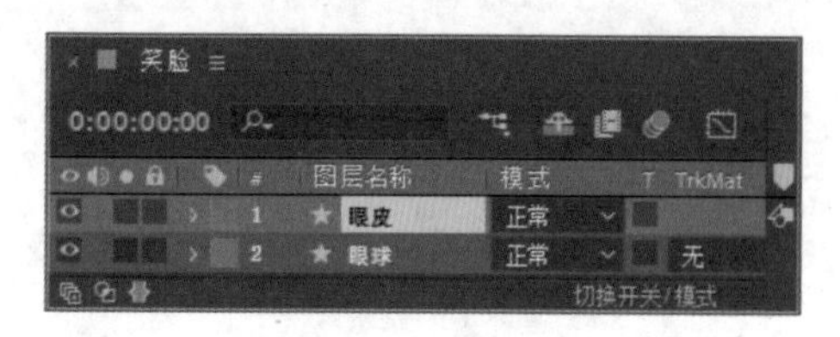
图 5.18　复制图层

6 选中“眼皮”图层，将其展开，将“形状 1”删除，再将“椭圆 1”中的“填充 1”更改为橙色（R:239,G:166,B:37），将“描边”更改为无，如图 5.19 所示。

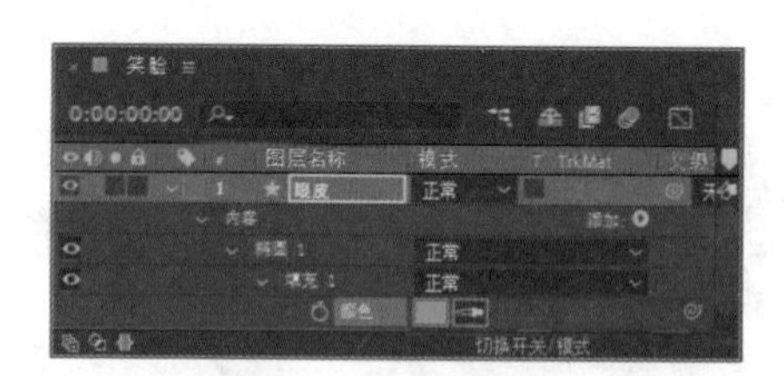
图 5.19　删除图形

7 在时间轴面板中，将时间调整到 0:00:00:15 的位置，选中“眼皮”图层，在“效果和预设”面板中展开“过渡”特效组，然后双击“线性擦除”特效。

8 在“效果控件”面板中，修改“线性擦除”特效的参数，设置“过渡完成”为 50%，单击其左侧码表，在当前位置添加关键帧，将“擦除角度”设置为 0x+180.0°，如图 5.20 所示。

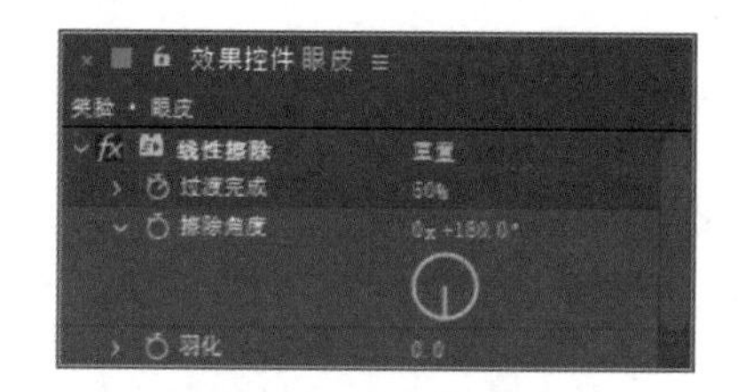
图 5.20　设置线性擦除

9 在时间轴面板中，将时间调整到 0:00:01:00 的位置，将“过渡完成”更改为 40%；将时间调整到 0:00:01:08 的位置，将“过渡完成”更改为50%，系统将自动添加关键帧，如图5.21 所示。

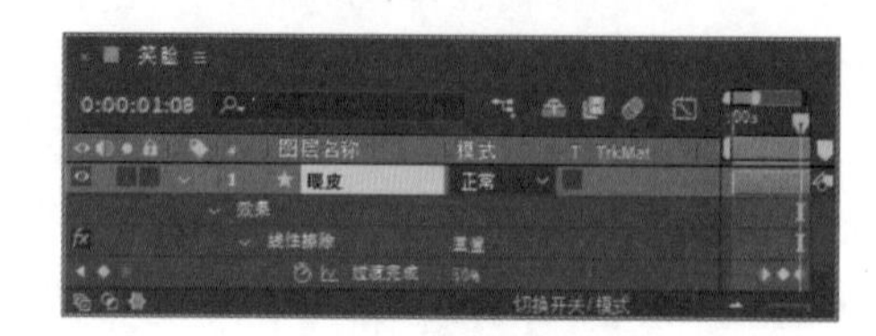
图 5.21　更改数值

10 在时间轴面板中，选中“眼皮”图层，按 Ctrl+D 组合键复制出一个“眼皮 2”图层，如图 5.22 所示。

图 5.22 复制图层

11 在“效果控件”面板中，将时间调整到 0:00:00:15 的位置，将“过渡完成”更改为 70%，将“擦除角度”更改为 0x+0.0°，如图 5.23 所示。

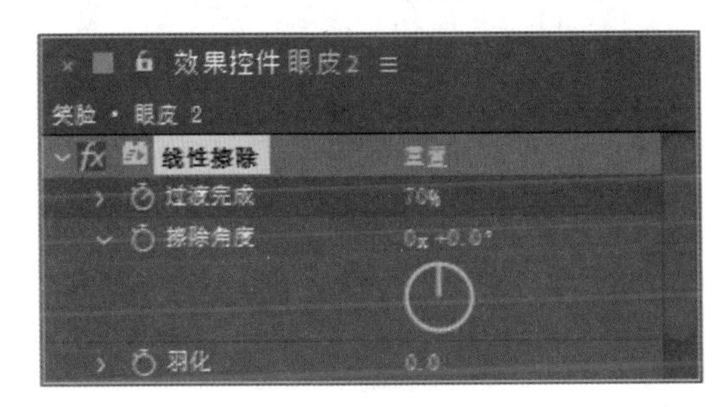

图 5.23 更改线性擦除数值

12 在时间轴面板中，将时间调整到 0:00:01:00 的位置，将“过渡完成”更改为 60%；将时间调整到 0:00:01:08 的位置，将“过渡完成”更改为 70%，系统将自动添加关键帧，如图 5.24 所示。

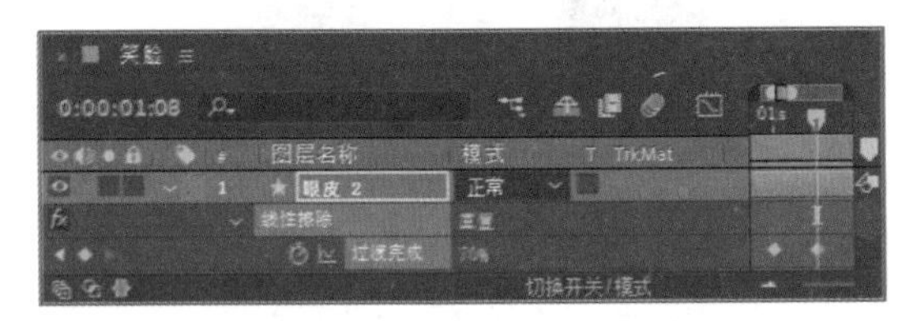

图 5.24 更改数值

13 在时间轴面板中，同时选中所有图层，单击鼠标右键，在弹出的菜单中选择“预合成”选项，在弹出的对话框中将“新合成”名称更改为“左眼睛”。

14 在时间轴面板中，选中“左眼睛”图层，按 Ctrl+D 组合键复制出一个图层，将复制生成的图层名称更改为“右眼睛”，如图 5.25 所示。

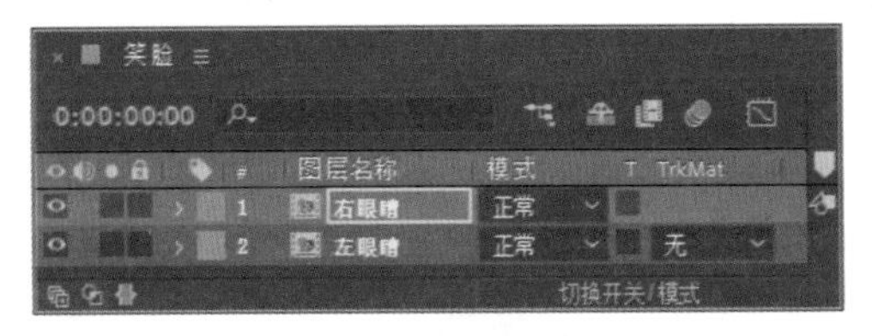

图 5.25 复制图层

15 在时间轴面板中，选中“右眼睛”合成，按 S 键打开“缩放”，单击约束比例按钮，取消约束比例，将“缩放”更改为（-100.0,100.0%），在视图中再将两只眼睛水平对齐，对图像进行变换，如图 5.26 所示。

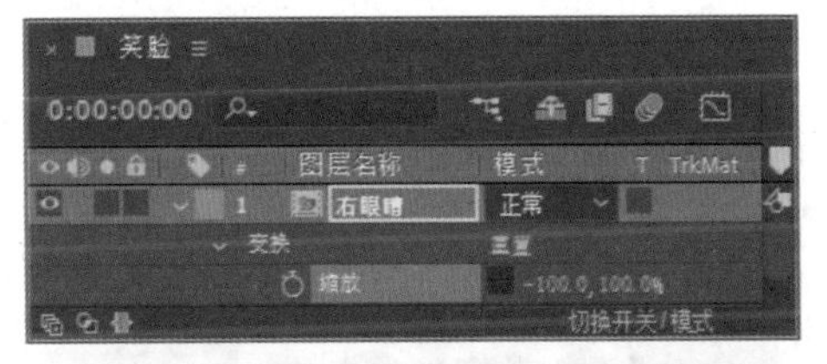

图 5.26 对图像进行变换

16 选中工具箱中的“钢笔工具”，绘制一个卡通眉毛图形，设置“填充”为深黄色（R:54,G:40,B:27），“描边”为无，如图 5.27 所示，将生成一个“形状图层 1”图层。

图 5.27 绘制图形

17 在时间轴面板中，选中“形状图层 1”

图层，按Ctrl+D组合键复制一个图层，将复制生成的图层名称更改为“形状图层2”。

18 在时间轴面板中，选中“形状图层2”合成，按S键打开“缩放”，单击约束比例按钮，取消约束比例，将“缩放”更改为（-100.0,100.0%），再将两只眉毛水平对齐，对图像进行变换，如图5.28所示。

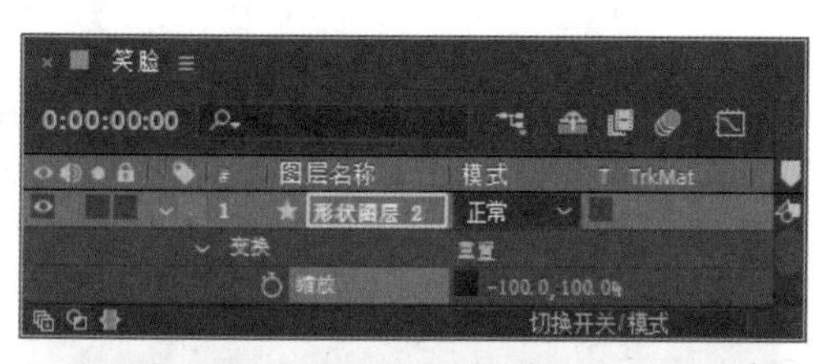

图5.28　将图形进行变换

19 选中工具箱中的“钢笔工具”，绘制其他装饰图形，如图5.29所示。

图5.29　绘制装饰图形

5.2.2　与视频图像合成

1 执行菜单栏中的“合成”|“新建合成”命令，打开“合成设置”对话框，设置“合成名称”为“美食视频”，设置“宽度”为1080，“高度”为1920，“帧速率”为25，并设置“持续时间”为0:00:05:00，“背景颜色”为黑色，完成后单击“确定”按钮，如图5.30所示。

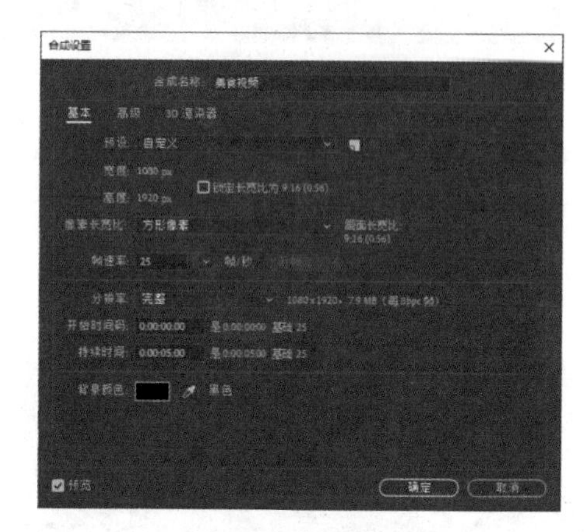

图5.30　新建合成

2 在“项目”面板中，选中“背景.jpg”素材及“笑脸”合成，将其拖至时间轴面板中，在视图中适当调整笑脸图像的位置，如图5.31所示。

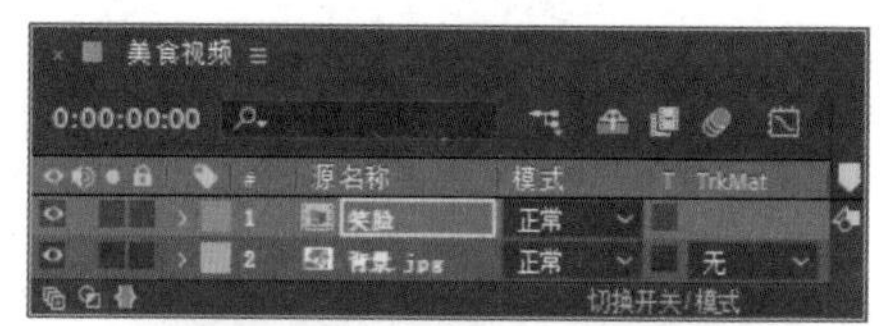

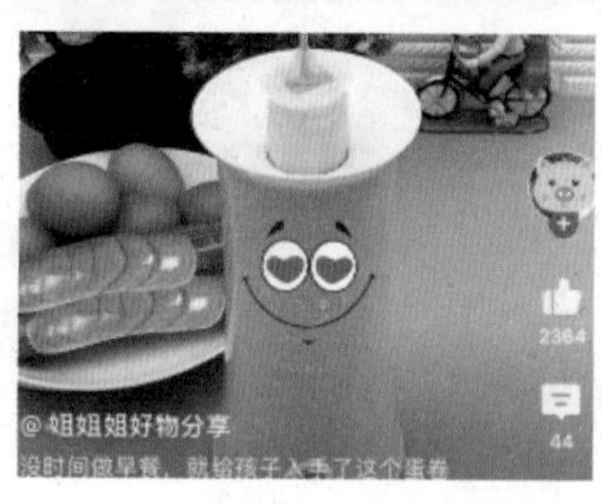

图5.31　添加素材并调整位置

3 在时间轴面板中，选中“笑脸”合成，将时间调整到0:00:00:00的位置，按P键打开“位置”，单击“位置”左侧码表，在当前位置添加关键帧。

4 将时间调整到0:00:00:05的位置，在视图中将笑脸向下方稍微移动，系统将自动添加关键帧，如图5.32所示。

图 5.32 制作位置动画

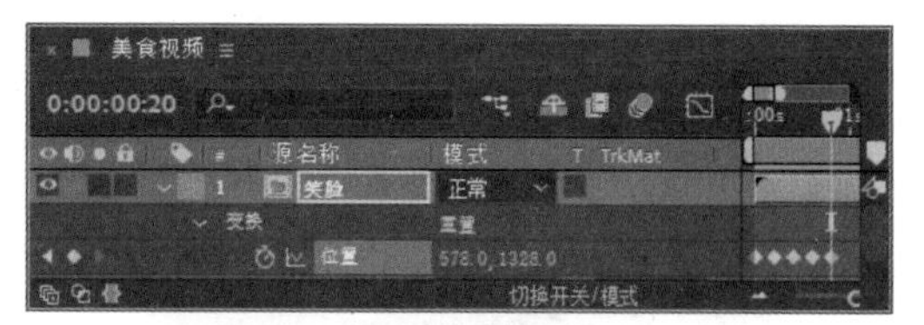

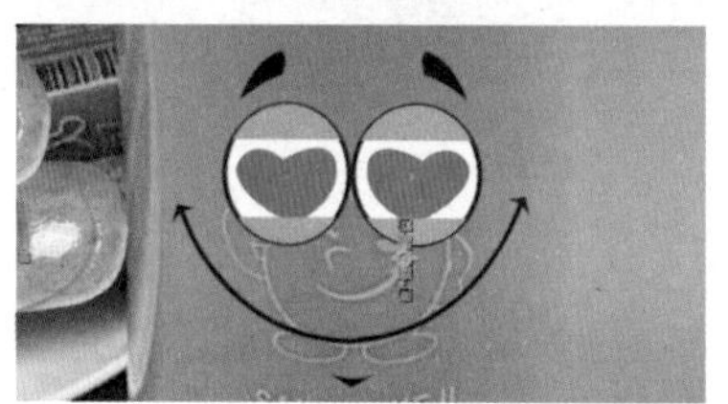

图 5.33 多次移动图像

5 将时间调整到 0:00:00:10 的位置，在视图中将其向上方稍微移动；将时间调整到 0:00:00:15 的位置，将其向下方稍微移动；将时间调整到 0:00:00:20 的位置，再次将其向上方稍微移动，系统将自动添加关键帧，如图 5.33 所示。

6 按住 Alt 键并单击“位置”左侧码表，输入 wiggle(1,7)，为当前图层添加表达式，如图 5.34 所示。

图 5.34 添加表达式

7 这样就完成了最终整体效果的制作，按小键盘上的 0 键即可在合成窗口中预览动画效果。

5.3 人气主播动画特效设计

实例解析

本例主要讲解人气主播动画特效设计。本例中的动画主要以文字的缩放效果呈现，其制作过程比较简单，整体效果十分自然流畅，如图 5.35 所示。

图 5.35 动画流程画面

知识点

1. 梯度渐变
2. 缓动

视频讲解

操作步骤

5.3.1 制作变色动画

1 执行菜单栏中的“文件”|“导入”|“文件”命令，打开“导入文件”对话框，选择“工程文件\第5章\人气主播动画特效设计\直播应用界面.psd”素材，单击“导入”按钮，如图5.36所示。

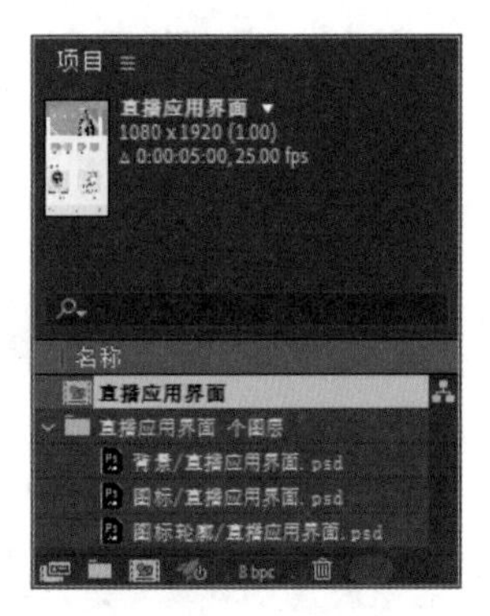

图5.36 导入文件

2 在“项目”面板中，双击“直播应用界面”合成，将其打开。

3 在时间轴面板中，选中“图标”图层，将时间调整到0:00:00:05的位置，按S键打开“缩放”，单击“缩放”左侧码表，在当前位置添加关键帧，将数值更改为（0.0,0.0%）。

4 将时间调整到0:00:00:15的位置，将数值更改为（120.0,120.0%）；将时间调整到0:00:00:20的位置，将数值更改为（100.0,100.0%），系统将自动添加关键帧，如图5.37所示。

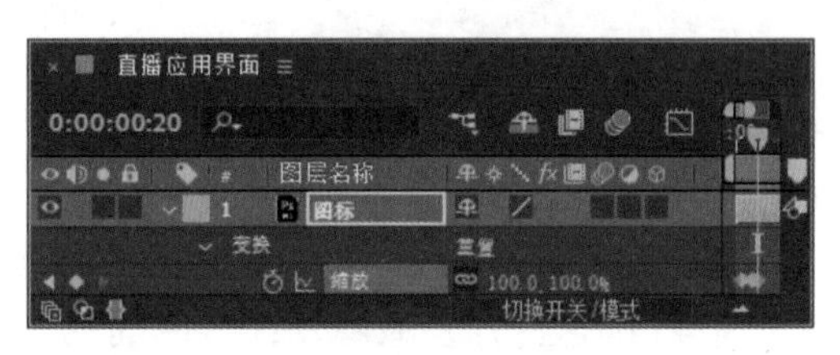

图5.37 添加缩放效果

5 选中工具箱中的“钢笔工具”，在图像中模特眼镜的位置绘制一个图形，如图5.38所示，将生成一个“形状图层1”图层。

图5.38 绘制图形

6 在时间轴面板中，将时间调整到0:00:00:05的位置，选中“形状图层1”图层，在“效果和预设”面板中展开“生成”特效组，然后双击“梯度渐变”特效。

7 在“效果控件”面板中，修改“梯度渐变”特效的参数，设置“渐变起点”为（235.0,1325.0），“起始颜色”为紫色（R:112,G:0,B:144），单击“起始颜色”左侧码表，在当前位置添加关键帧，设置“渐变终点”为（215.0,1376.0），“结束颜色”为白色，“渐变形状”为“线性渐变”，如图5.39所示。

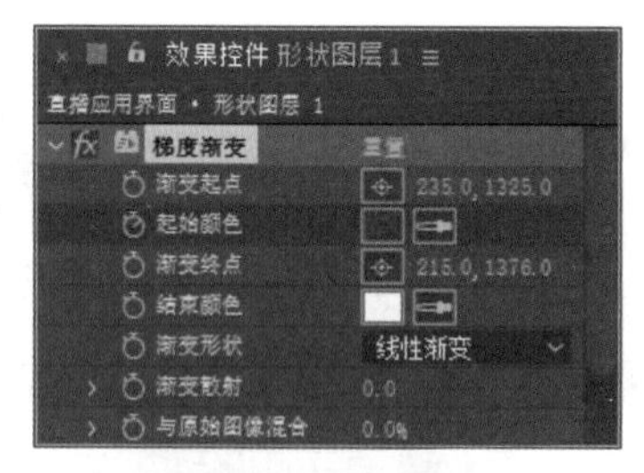

图 5.39　添加梯度渐变

8 将时间调整到 0:00:00:15 的位置，将“起始颜色”更改为红色（R:210,G:5,B:69）；将时间调整到 0:00:01:00 的位置，将“起始颜色”更改为蓝色（R:5,G:202,B:250），系统将自动添加关键帧，如图 5.40 所示。

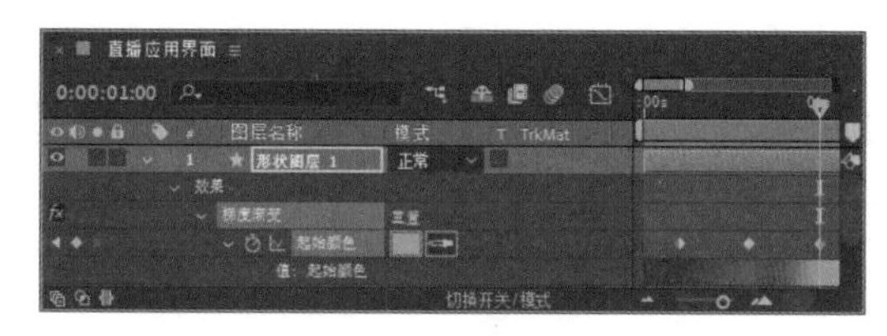

图 5.40　更改颜色

9 在时间轴面板中，选中“形状图层 1”图层，将其图层模式更改为“柔光”，如图 5.41 所示。

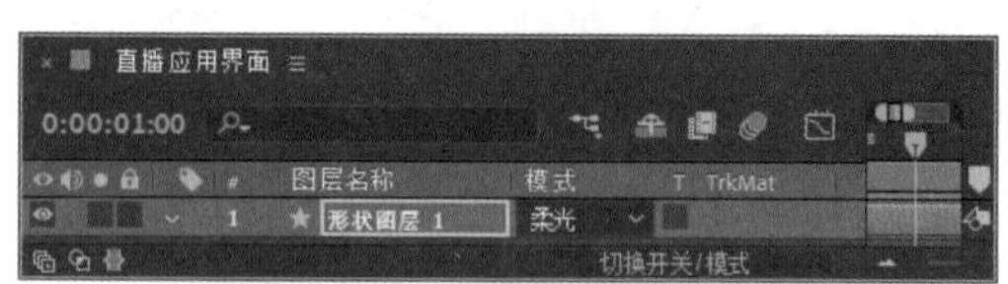

图 5.41　更改图层模式

10 在时间轴面板中，选中“形状图层 1”图层，按 Ctrl+D 组合键复制出一个图层，将复制生成的图层名称更改为“形状图层 2”。

11 在时间轴面板中，选中“形状图层 2”图层，按 S 键打开“缩放”，单击约束比例，取消约束比例，将“缩放”更改为（-100.0,100.0%），再将图像移至右眼镜位置，如图 5.42 所示。

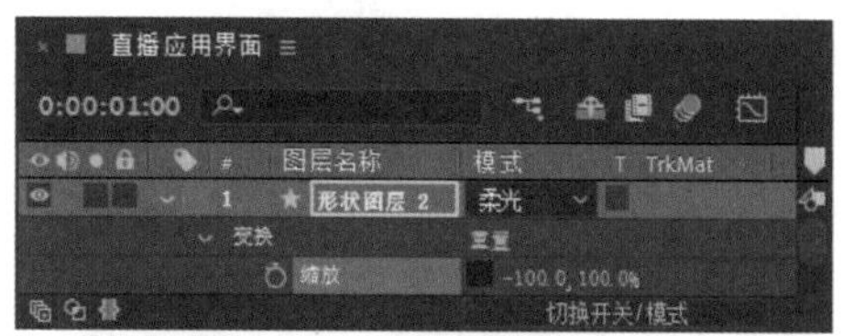

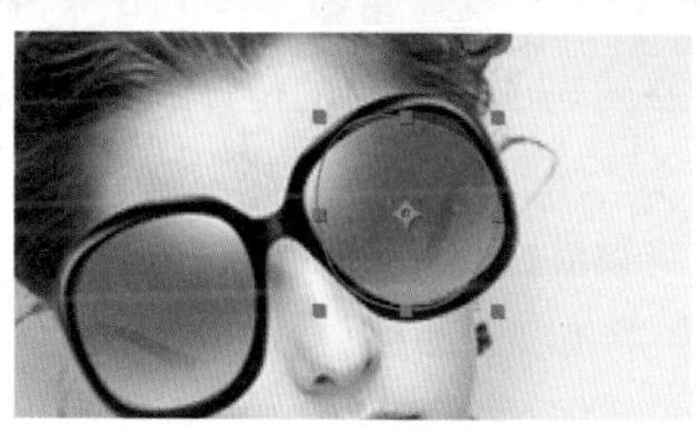

图 5.42　复制变换图形

12 选中“形状图层 2”图层，选择工具箱中的“旋转工具”，将其适当旋转，如图 5.43 所示。

13 选中图形锚点，对图形形状进行调整，如图 5.44 所示。

图 5.43　旋转图形　　图 5.44　调整锚点

5.3.2 制作文字动画

1 选择工具箱中的“横排文字工具”，在图像中添加文字，如图 5.45 所示。

2 选中工具箱中的“向后平移锚点工具”，将文字控制点移至左下角位置，如图 5.46 所示。

图 5.45　添加文字　　图 5.46　移动控制点

3 在时间轴面板中，选中 HELLO 图层，将时间调整到 0:00:01:00 的位置，按 S 键打开“缩放”，单击“缩放”左侧码表，在当前位置添加关键帧，将数值更改为（0.0,0.0%）。

4 将时间调整到 0:00:01:15 的位置，将数值更改为（120.0,120.0%）；将时间调整到 0:00:01:20 的位置，将数值更改为（100.0,100.0%），系统将自动添加关键帧，如图 5.47 所示。

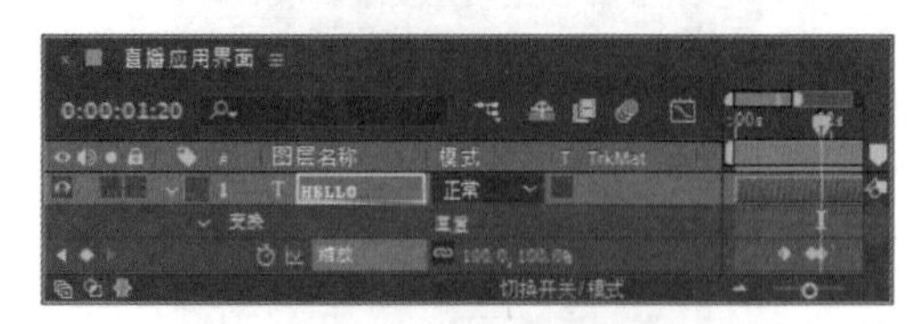

图 5.47　制作缩放动画

5 选中所有 HELLO 图层关键帧，执行菜单栏中的“动画”|“关键帧辅助”|“缓动”命令，如图 5.48 所示。

图 5.48　添加缓动效果

6 这样就完成了最终整体效果的制作，按小键盘上的 0 键即可在合成窗口中预览动画效果。

5.4　主播风景自然特效设计

实例解析

本例主要讲解主播风景自然特效设计，设计重点是通过绘制图形制作彩虹效果，为主播风景界面添加彩虹，整体的制作过程比较简单，如图 5.49 所示。

图 5.49　动画流程画面

知识点

渐变

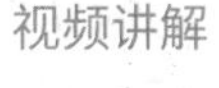

视频讲解

操作步骤

5.4.1 制作彩虹元素

1 执行菜单栏中的“合成”|“新建合成”命令，打开“合成设置”对话框，设置“合成名称”为“彩虹”，设置“宽度”为 800，“高度”为 800，“帧速率”为 25，并设置“持续时间”为 0:00:05:00，“背景颜色”为黑色，之后单击“确定”按钮，如图 5.50 所示。

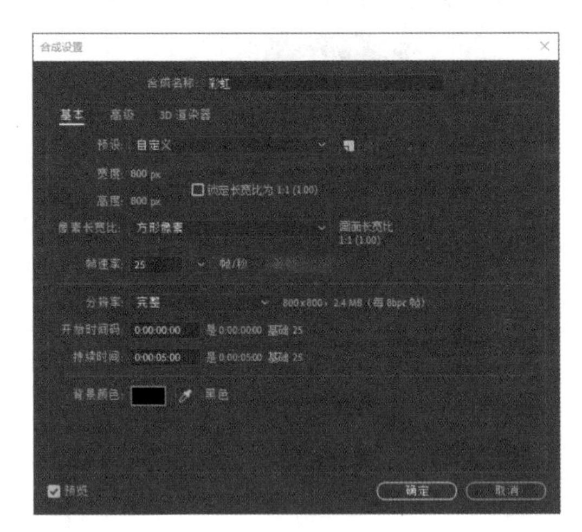

图 5.50 新建合成

2 执行菜单栏中的“文件”|“导入”|“文件”命令，打开“导入文件”对话框，选择“工程文件\第 5 章\主播风景自然特效设计\背景.jpg”素材，单击“导入”按钮，如图 5.51 所示。

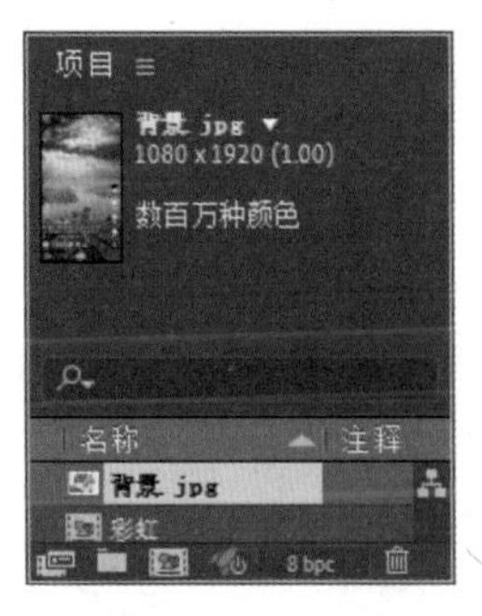

图 5.51 导入素材

3 选中工具箱中的“椭圆工具”，按住 Shift+Ctrl 组合键绘制一个正圆，单击“填充”，在弹出的对话框中单击“径向渐变”图标，再单击“填充”后方图标，在弹出的“渐变编辑器”中编辑渐变，使其呈彩虹颜色，然后设置“描边”为无，如图 5.52 所示，将生成一个“形状图层 1”图层。

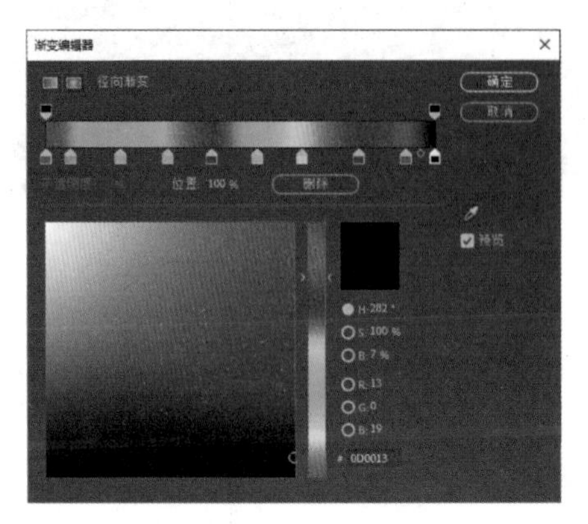

图 5.52 绘制彩虹图像

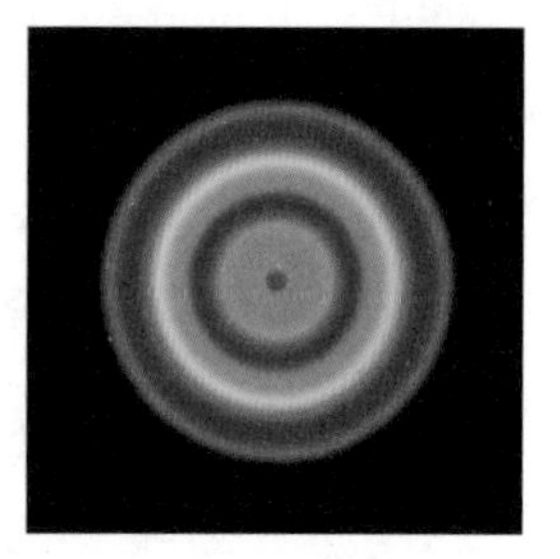

图 5.52 绘制彩虹图像（续）

5.4.2 制作动态效果

1 执行菜单栏中的“合成”|“新建合成”命令，打开“合成设置”对话框，设置“合成名称”为“彩虹效果”，“宽度”为 1080，“高度”为 1920，“帧速率”为 25，并设置“持续时间”为 0:00:05:00，“背景颜色”为黑色，然后单击“确定”按钮，如图 5.53 所示。

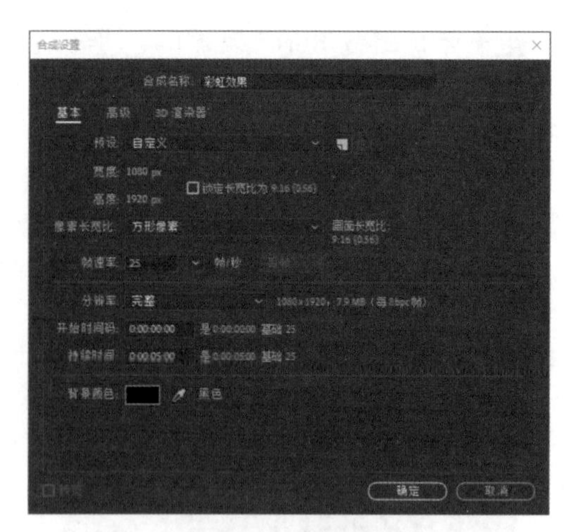

图 5.53 新建合成

2 在“项目”面板中，选中“背景.jpg”素材及“彩虹”合成，将其拖至时间轴面板中，在视图中将其放在适当位置，如图 5.54 所示。

3 选中工具箱中的“钢笔工具”，选中“彩虹”合成，在图像中绘制一个蒙版路径，展开“蒙版”|“蒙版 1”，选中“反转”复选框，如图 5.55 所示。

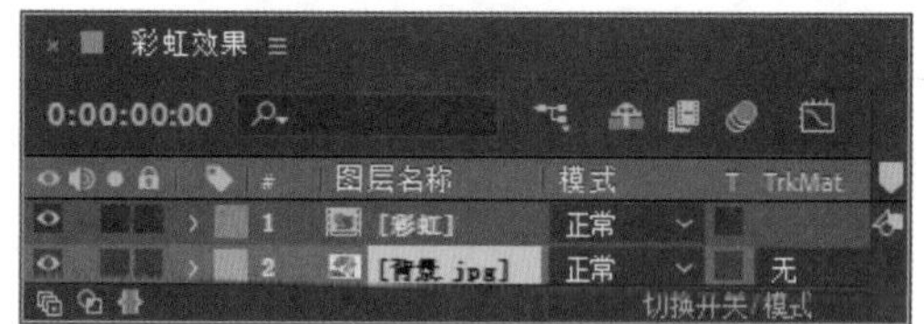

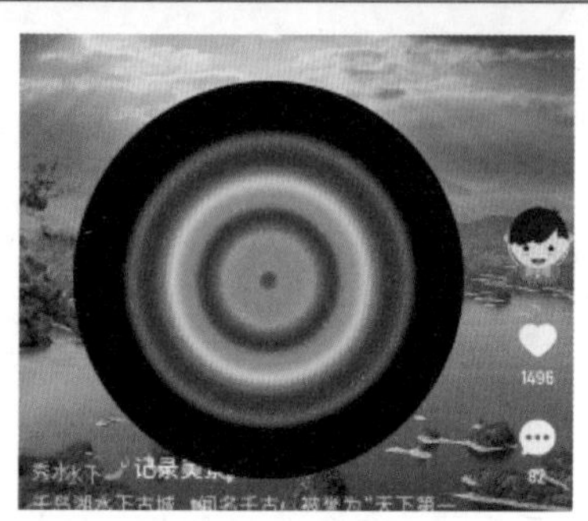

图 5.54 添加素材图像

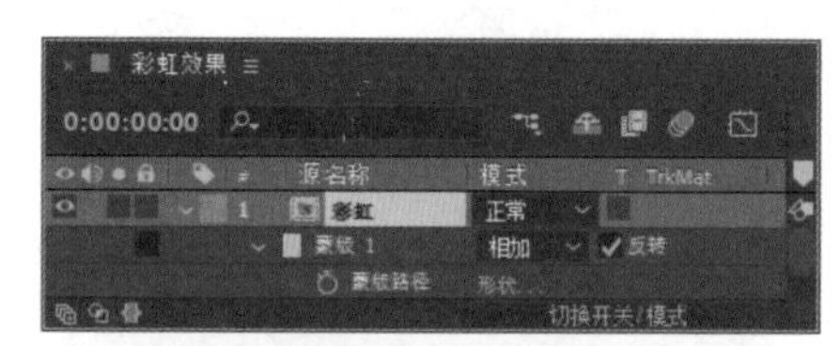

图 5.55 绘制蒙版路径

4 在时间轴面板中，将“彩虹”图层模式更改为“屏幕”，按 F 键打开“蒙版羽化”，将其数值更改为（100.0,100.0），如图 5.56 所示。

5 在时间轴面板中，将时间调整到 0:00:00:05 的位置，选中“彩虹”图层，按 T 键打开“不透明度”，将“不透明度”更改为 0%，单击“不透明度”左侧码表，在当前位置添加关键帧。

图 5.56 添加蒙版羽化

6 将时间调整到 0:00:02:00 的位置，将“不透明度”数值更改为 100%，系统将自动添加关键帧，如图 5.57 所示。

图 5.57 制作不透明度动画

7 这样就完成了最终整体效果的制作，按小键盘上的 0 键即可在合成窗口中预览动画效果。

5.5 钢琴主播粒子特效设计

实例解析

本例主要讲解钢琴主播粒子特效设计。本例界面中的主角是一位网红钢琴主播，通过为界面添加粒子特效，使整个界面更加梦幻、漂亮，如图 5.58 所示。

图 5.58 动画流程画面

视频讲解

知识点

CC Particle World（CC 粒子世界）

操作步骤

5.5.1 制作粒子效果

1 执行菜单栏中的“合成”|“新建合成”命令，打开“合成设置”对话框，设置“合成名称”为“粒子特效”，设置“宽度”为1080，“高度”为1920，“帧速率”为25，并设置“持续时间”为0:00:10:00，“背景颜色”为黑色，然后单击“确定”按钮，如图5.59所示。

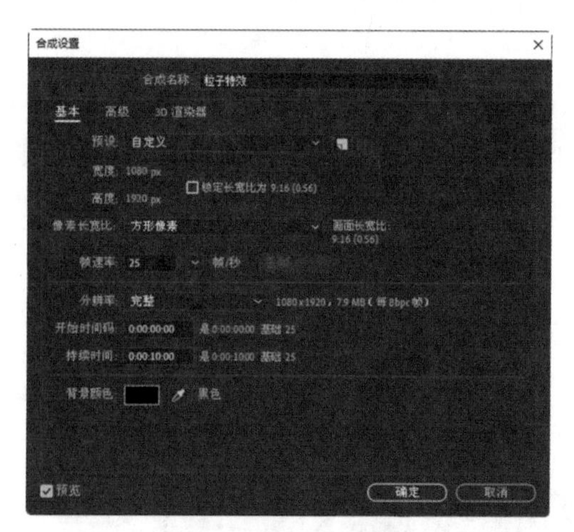

图5.59 新建合成

2 执行菜单栏中的“文件”|“导入”|“文件”命令，打开“导入文件”对话框，选择“工程文件\第5章\钢琴主播粒子特效设计\背景.jpg”素材，单击“导入”按钮，如图5.60所示。

图5.60 导入素材

3 在“项目”面板中，选中“背景.jpg”合成，将其拖至时间轴面板中，如图5.61所示。

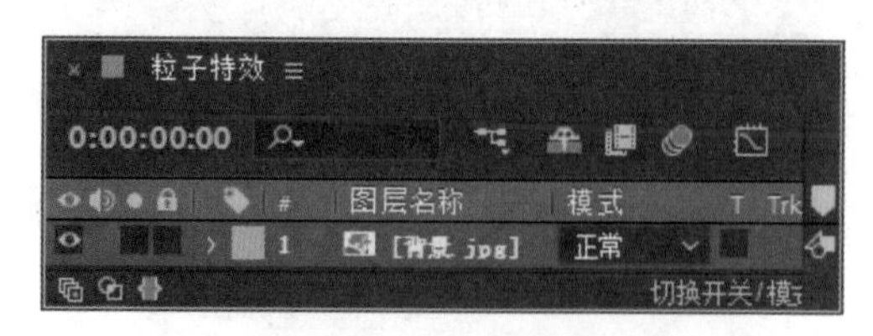

图5.61 添加素材图像

4 执行菜单栏中的“图层”|“新建”|“纯色”命令，在弹出的对话框中将“名称”更改为“发光粒子”，将“颜色”更改为黑色，完成后单击“确定”按钮，如图5.62所示。

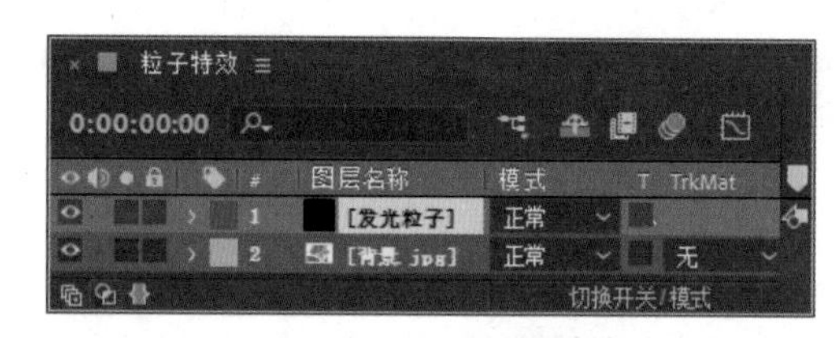

图5.62 新建纯色图层

5 在时间轴面板中选中“发光粒子”图层，在“效果和预设”面板中展开“模拟”特效组，双击CC Particle World（CC粒子世界）特效。

6 在“效果控件”面板中，修改CC Particle World（CC粒子世界）的参数，设置Birth Rate（出生速率）为0.1，Longevity(sec)（寿命）为5.00。

7 展开Producer（生产者）选项，设置Position X（位置X）为-0.0028，Position Y（位置Y）为0.60，Position Z（位置Z）为-0.35，Radius X（半径X）为0.300，Radius Y（半径Y）为0.500，Radius Z（半径Z）为0.000，如图5.63所示。

8 展开Physics（物理）选项，设置Animation（动画）为Viscouse（粘性），展开Gravity Vector（重力矢量）选项，将Gravity Y（重力Y）更改为-0.200，如图5.64所示。

效果控件 发光粒子 ≡	
粒子特效 • 发光粒子	
Birth Rate	0.1
Longevity (sec)	5.00
Producer	
Position X	).0028
Position Y	0.60
Position Z	-0.35
Radius X	0.300
Radius Y	0.500
Radius Z	0.000

图 5.63 设置 Producer（生产者）参数

效果控件 发光粒子 ≡	
粒子特效 • 发光粒子	
Physics	
Animation	Viscouse
Velocity	0.30
Inherit Velocity	0.0
Gravity	0.100
Resistance	0.0
Extra	0.10
Extra Angle	1x +0.0°
Floor	
Direction Axis	
Gravity Vector	
Gravity X	0.000
Gravity Y	-0.200
Gravity Z	0.000

图 5.64 设置 Physics（物理）参数

9 展开 Particle（粒子）选项组，将 Particle Type（粒子类型）更改为 Shaded Sphere（阴影球体），设置 Birth Size（出生大小）为 0.150，Death Size（死亡大小）为 0.100，Size Variation（尺寸变化）为 30.0%，Max Opacity（最大不透明度）为 100.0%，Birth Color（出生颜色）为紫色（R:231,G:149,B:255），Death Color（死亡颜色）为白色，如图 5.65 所示。

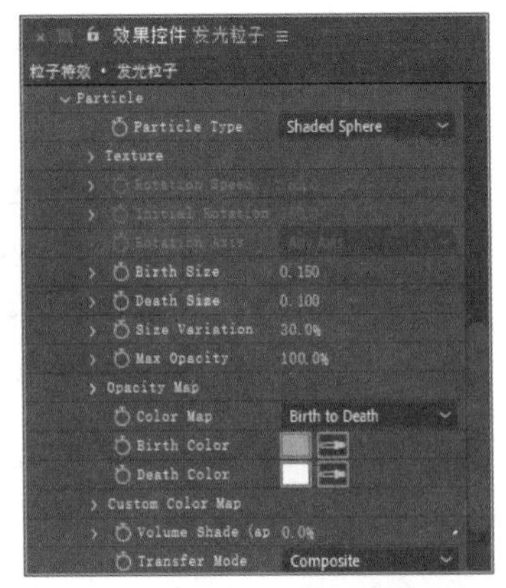

图 5.65 设置 Particle（粒子）参数

5.5.2 添加装饰元素

1 在“效果和预设”面板中展开“风格化”特效组，然后双击“发光”特效。

2 在“效果控件”面板中，修改“发光”特效的参数，设置“发光半径”为 5.0，“发光强度”为 10.0，“颜色 B”为白色，如图 5.66 所示。

图 5.66 设置发光

3 在时间轴面板中，选中“发光粒子”图层，将其图层模式更改为“颜色减淡”，如图 5.67 所示。

4 这样就完成了最终整体效果的制作，按小键盘上的 0 键即可在合成窗口中预览动画效果。

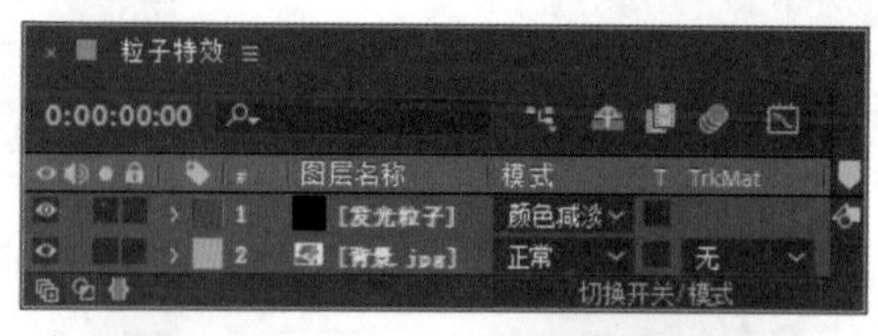

图 5.67　更改图层模式

课后练习

1. 制作山村风情装饰动画。

2. 制作点赞动画。

（制作过程可参考资源包中的“课后练习”文件夹。）

第 6 章
自媒体流行动画设计

内容摘要

本章主要讲解自媒体流行动画设计。自媒体通过文字和视频动画来表达自己的主题，本章主要讲解流行风炫彩动画设计、颁奖典礼动画设计、卡通标志动画设计等，这些动画设计通常可呈现出自媒体流行属性，读者通过对本章的学习可以掌握自媒体流行动画设计的相关知识。

教学目标

- ◉ 学习流行风炫彩动画设计
- ◉ 学会颁奖典礼动画设计
- ◉ 了解卡通标志动画设计的方法

6.1 流行风炫彩动画设计

实例解析

本例主要讲解炫彩波纹动画设计，制作重点在于为炫彩波纹背景添加效果控件，可制作出漂亮的波纹动画，如图 6.1 所示。

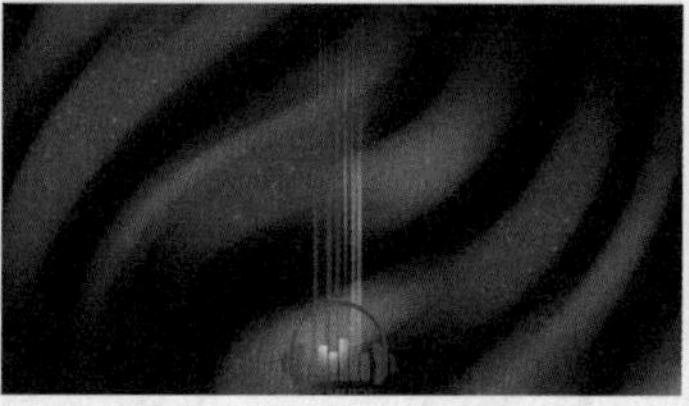
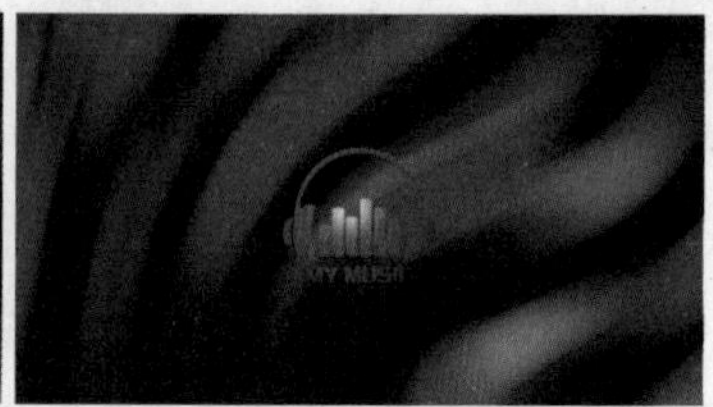

图 6.1　动画流程画面

知识点

1. 投影
2. 缓动
3. CC RepeTile（CC 边缘拼贴）
4. 湍流置换
5. 旋转扭曲
6. 曲线
7. 定向模糊

操作步骤

6.1.1 制作背景纹路

1 执行菜单栏中的“合成”|“新建合成”命令，打开“合成设置”对话框，设置“合成名称”为“纹路”，“宽度”为 720，“高度”为 405，“帧速率”为 25，并设置“持续时间”为 0:00:10:00，“背景颜色”为黑色，完成后单击“确定”按钮，如图 6.2 所示。

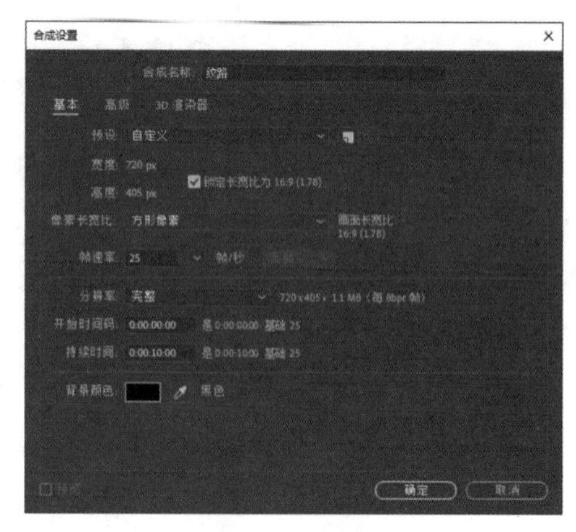

图 6.2　新建合成

2 执行菜单栏中的“文件”|“导入”|“文件”命令，打开“导入文件”对话框，选择“工程文件\第6章\流行风炫彩动画设计\标志.png”素材，单击“导入”按钮，如图6.3所示。

图6.3 导入素材

3 选中工具箱中的“椭圆工具”，按住Shift+Ctrl组合键在画布右上角位置绘制一个正圆，设置“填充”为紫色（R:200,G:2,B:212），“描边”为无，如图6.4所示，将生成一个“形状图层1”图层。

图6.4 绘制正圆

4 在时间轴面板中，选中“形状图层1”图层，在“效果和预设”面板中展开“透视”特效组，然后双击“投影”特效。

5 在“效果控件”面板中，修改“投影”特效的参数，设置“阴影颜色”为紫色（R:200,G:2,B:212），“方向”为0x+135.0°，“距离”为26.0，如图6.5所示。

6 在时间轴面板中，选中“形状图层1”图层，按Ctrl+D组合键复制出14个图层。

7 在视图中将部分图形移至不同位置，并更改部分图形颜色，如图6.6所示。

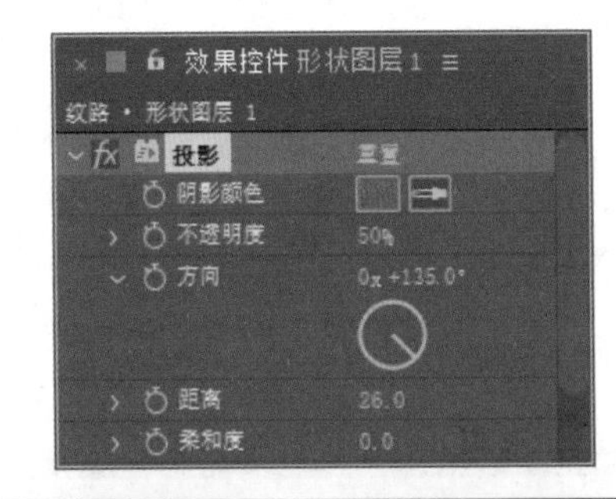

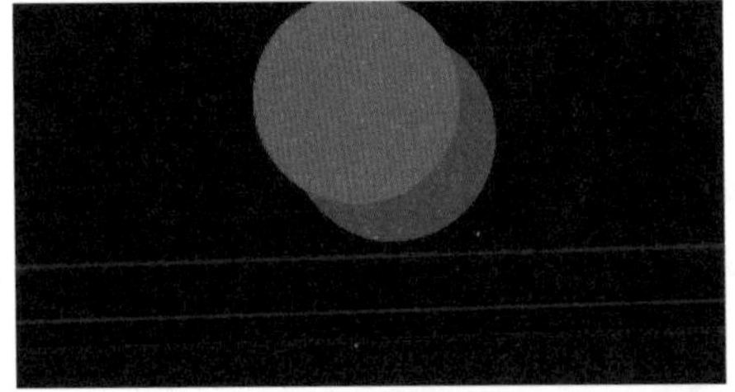

图6.5 设置阴影

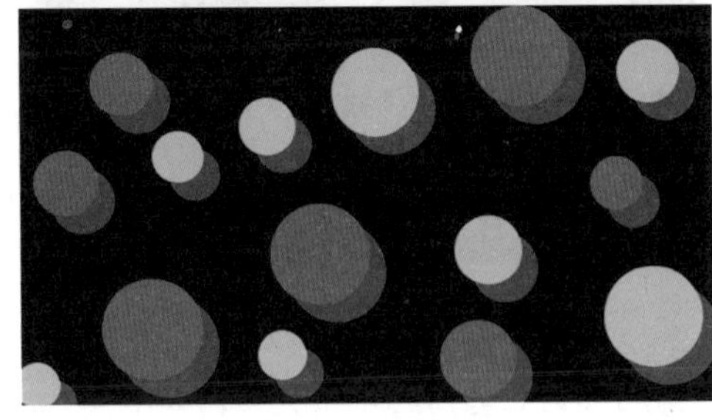

图6.6 复制图形

8 同时选中所有图层，单击鼠标右键，在弹出的菜单中选择“预合成”选项，在弹出的对话框中将“新合成名称”更改为“运动的圆”，如图6.7所示。

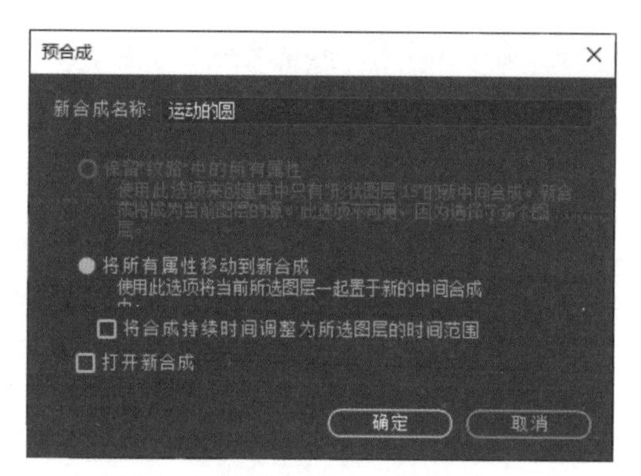

图 6.7　设置预合成

9 在时间轴面板中，选中“运动的圆”图层，将时间调整到 0:00:00:00 的位置，按 P 键打开“位置”，单击“位置”左侧码表，在当前位置添加关键帧。

10 将时间调整到 0:00:01:00 的位置，在视图中将其向左侧平移，系统将自动添加关键帧，如图 6.8 所示。

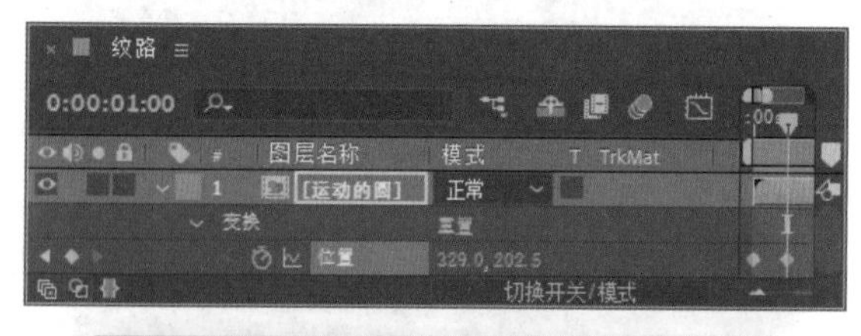

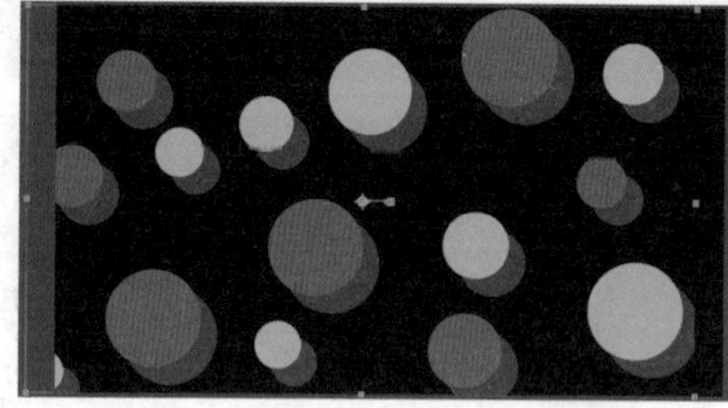

图 6.8　拖动图形

11 将时间调整到 0:00:09:24 的位置，在视图中将其向右侧平移，系统将自动添加关键帧，如图 6.9 所示。

12 选中“运动的圆”图层中的关键帧，执行菜单栏中的“动画”|“关键帧辅助”|“缓动”命令，如图 6.10 所示。

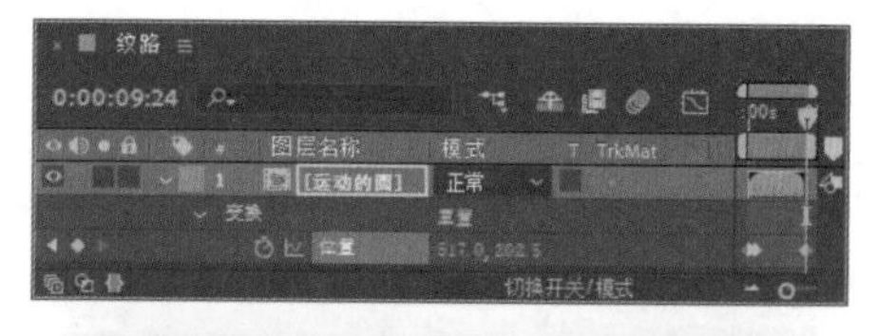

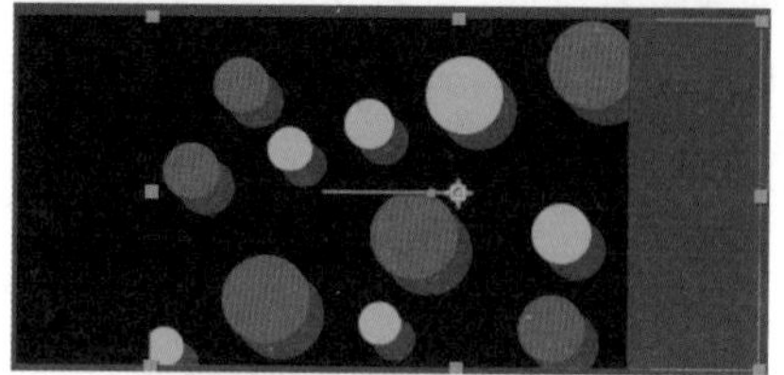

图 6.9　再次拖动图形

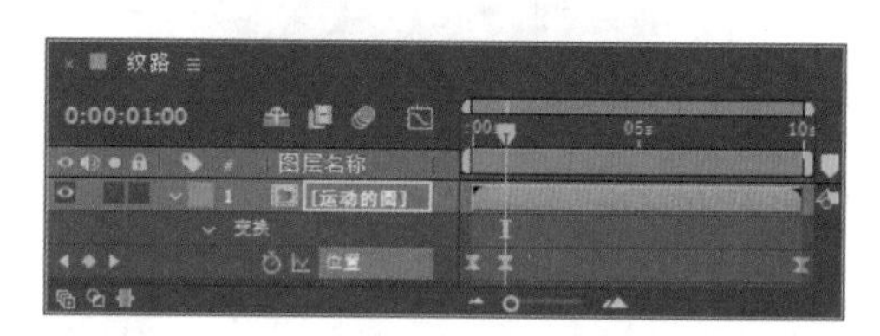

图 6.10　添加缓动效果

13 在时间轴面板中，选中“运动的圆”图层，在“效果和预设”面板中展开“风格化”特效组，然后双击 CC RepeTile（CC 边缘拼贴）特效。

14 在“效果控件”面板中，修改 CC RepeTile（CC 边缘拼贴）特效的参数，设置 Expand Right（扩展右侧）为 200，Expand Left（扩展左侧）为 200，Tiling（平铺）为 Checker Flip H（检查器翻转 H），如图 6.11 所示。

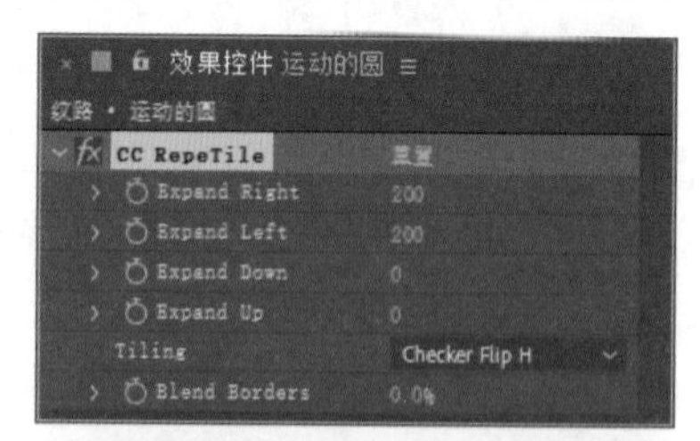

图 6.11　设置 CC RepeTile（边缘拼贴）

提示

CC RepeTile（边缘拼贴）的作用是确保图像在运动过程中在画布之外的部分不会出现被切割开的现象，假如在制作过程中有需要，可随时更改相应的参数，以确保运动的圆铺满整个画面。

6.1.2　制作运动效果

1 在时间轴面板中，分别将时间调整到 0:00:02:14 的位置和 0:00:06:00 的位置，选中“运动的圆”合成图层，在视图中左右拖动图像，添加运动关键帧，如图 6.12 所示。

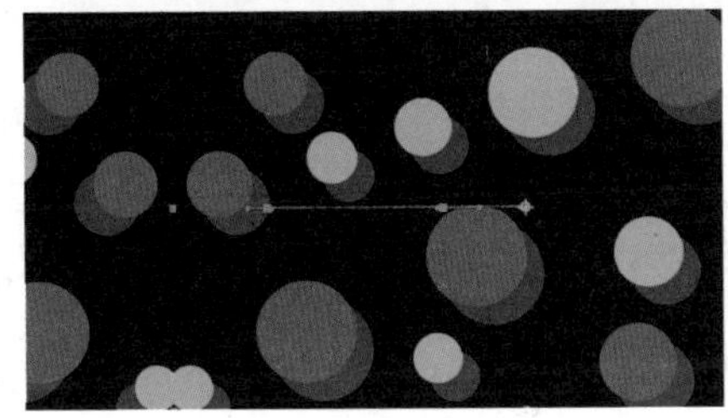

图 6.12　添加运动关键帧

2 在时间轴面板中，选中“运动的圆”图层，在“效果和预设”面板中展开“扭曲”特效组，然后双击“湍流置换”特效。

3 在“效果控件”面板中，修改“湍流置换”特效的参数，设置“数量”为 20.0，“偏移（湍流）”为（720.0,405.0），“复杂度”为 1.0，如图 6.13 所示。

4 在“效果和预设”面板中展开“模糊和锐化”特效组，然后双击“定向模糊”特效。

5 在“效果控件”面板中，修改“定向模糊”特效的参数，设置“模糊长度”为 200.0，如图 6.14 所示。

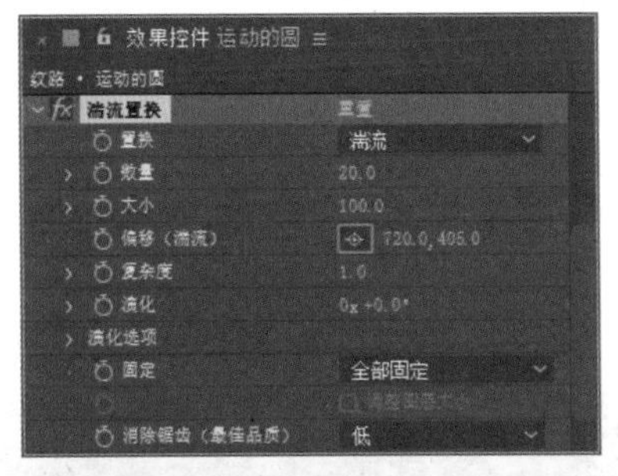

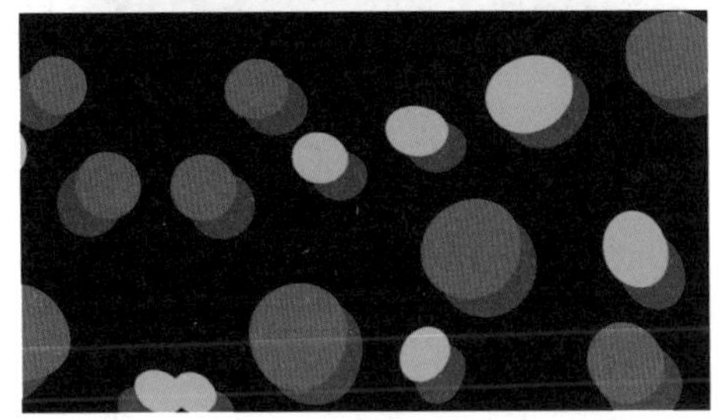

图 6.13　设置湍流置换

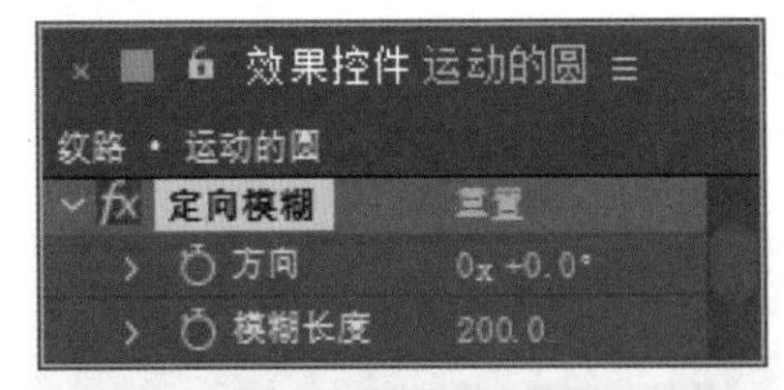

图 6.14　设置定向模糊

6 在时间轴面板中，在“效果和预设”面板中展开“扭曲”特效组，然后双击“旋转扭曲”特效。

7 在“效果控件”面板中，修改“旋转扭曲”特效的参数，设置“角度”为 0x+70.0°，“旋转扭曲半径”为 50.0，如图 6.15 所示。

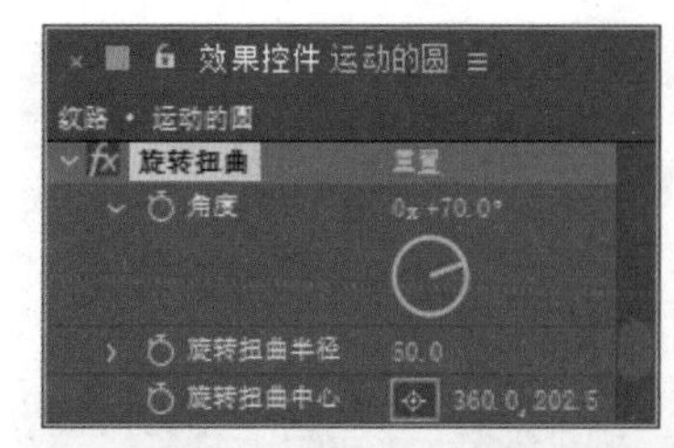

图 6.15　设置旋转扭曲

8 在“效果和预设”面板中展开“颜色校正”特效组，然后双击“曲线”特效。

9 在“效果控件”面板中，修改“曲线”特效的参数，调整曲线，如图 6.16 所示。

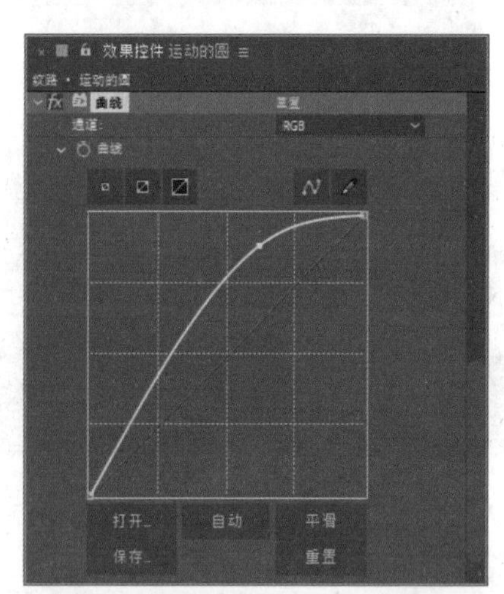

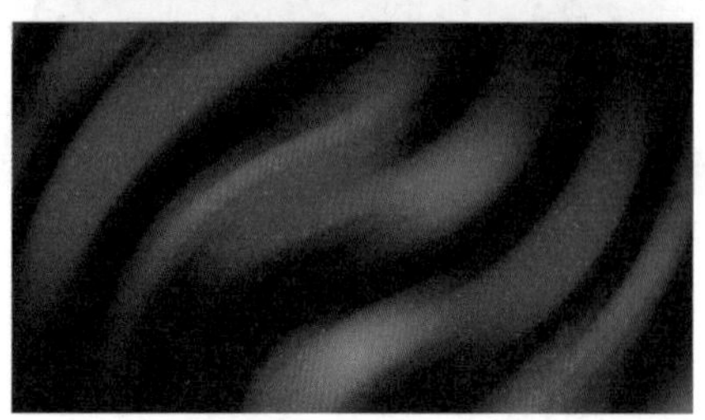

图 6.16　调整图像曲线

10 在时间轴面板中，选中“运动的圆”图层，按 Ctrl+D 组合键复制出一个图层，将生成的新图层命名为“光效”，如图 6.17 所示。

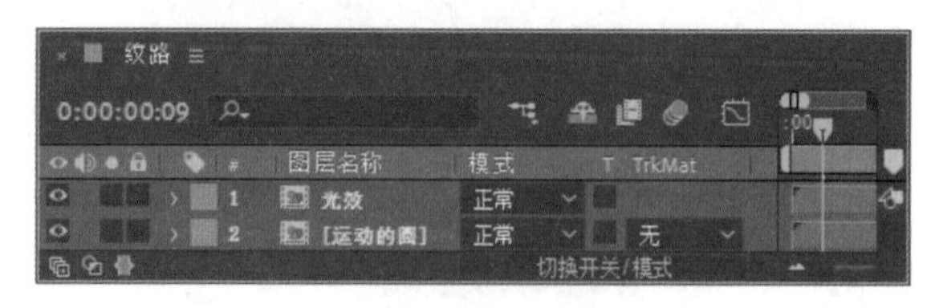

图 6.17　复制图层

6.1.3　制作动感光效

1 在时间轴面板中，将时间调整到 0:00:00:09 的位置，选中“光效”图层，按 S 键打开“缩放”，单击约束比例图标，取消约束比例，将“缩放”数值更改为（5.0,100.0%），如图 6.18 所示。

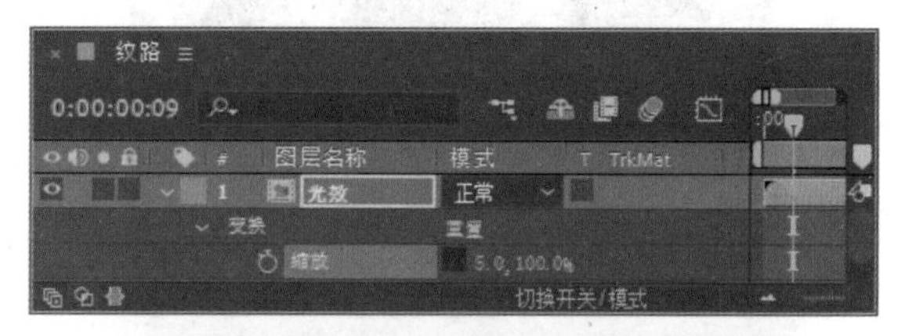

图 6.18　缩小图像

提示　将时间调整到 0:00:00:09 的位置，可以更直观地观察图像效果。

2 在时间轴面板中，选中“光效”图层，在“效果控件”面板中，单击“旋转扭曲”左侧图标fx，取消效果显示，如图 6.19 所示。

图 6.19　取消效果显示

3 选中工具箱中的“矩形工具”，选中“光效”图层，在图像上绘制一个矩形蒙版，将部分图像隐藏，如图 6.20 所示。

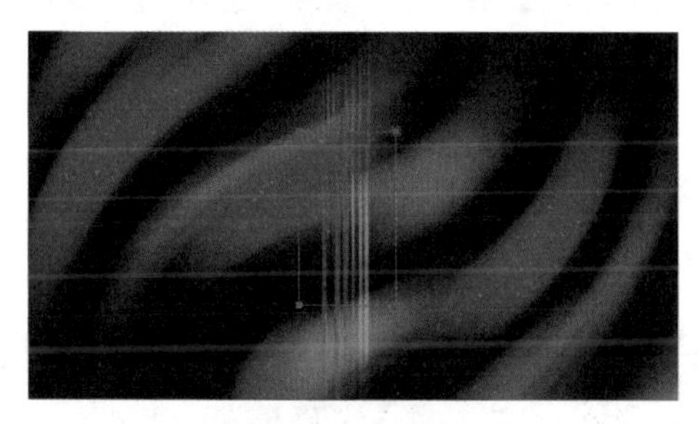

图 6.20　隐藏图像

4 在时间轴面板中，选中“光效”图层，将时间调整到 0:00:00:00 的位置，按 P 键打开“位置”，单击“位置”左侧码表，在当前位置添加关键帧，在视图中将其移至画布底部位置，如图 6.21 所示。

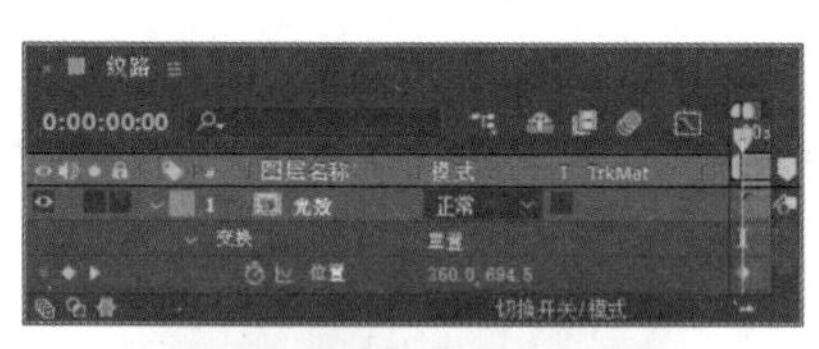

图 6.21　向下拖动图像

5 将时间调整到 0:00:00:20 的位置，在视图中将其向上拖动至画布顶部位置，系统将自动添加关键帧，如图 6.22 所示。

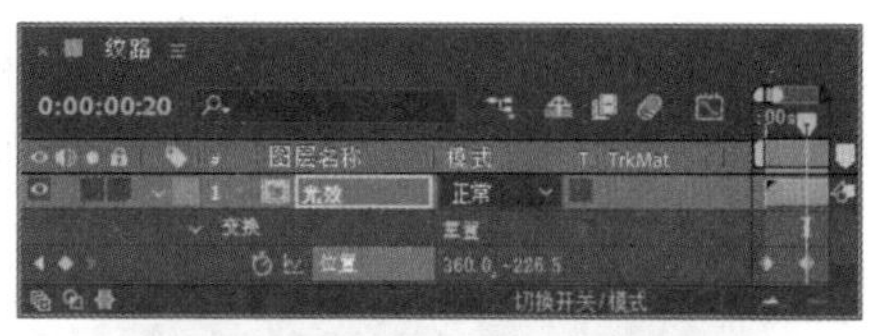

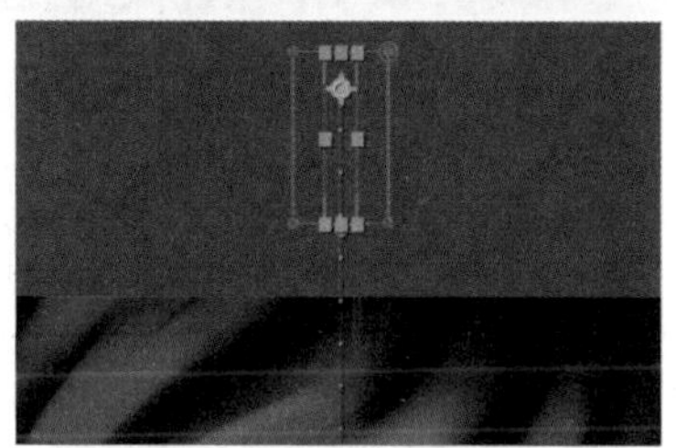

图 6.22　向上拖动图像

6.1.4　添加结尾标志

1 在“项目”面板中，选中“标志.png”素材，将其拖至时间轴面板中。

2 在时间轴面板中，选中“标志.png”图层，将时间调整到 0:00:00:00 的位置，按 P 键打开“位置”，单击“位置”左侧码表，在当前位置添加关键帧，在视图中将其移至画布底部位置，如图 6.23 所示。

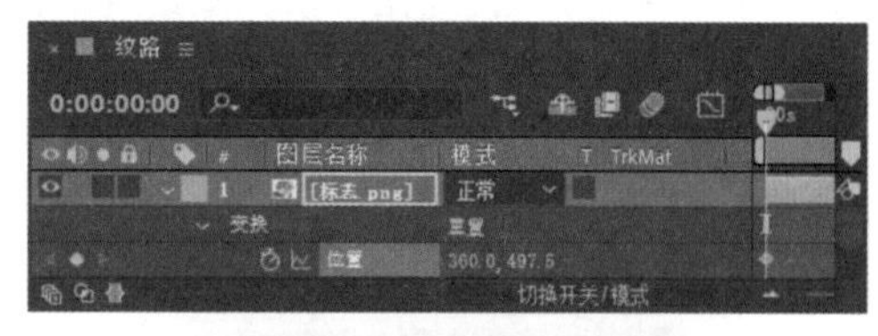

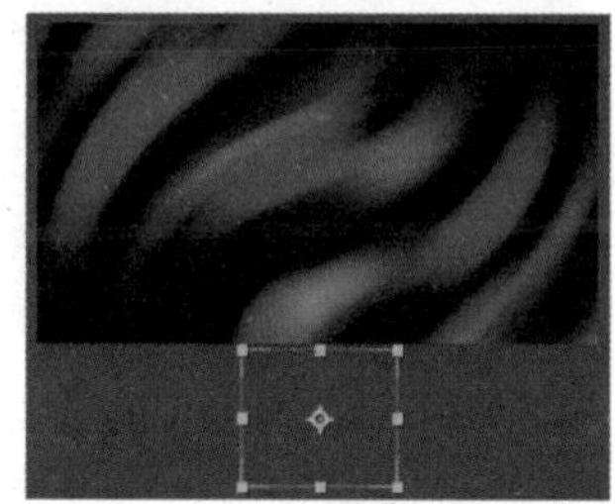

图 6.23　移动图像位置

3 将时间调整到0:00:01:00的位置，在视图中将其向上拖动至画布顶部位置，系统将自动添加关键帧，如图6.24所示。

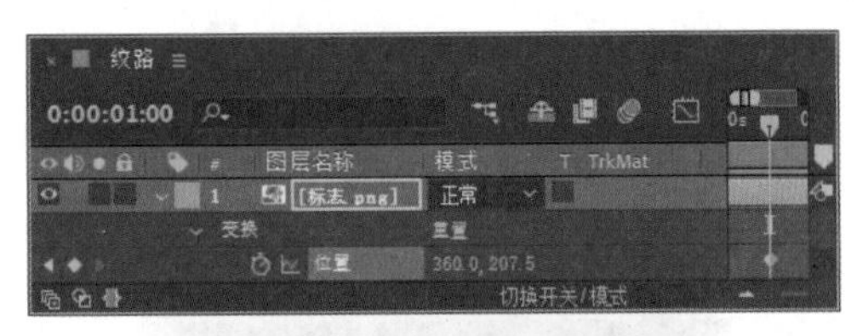

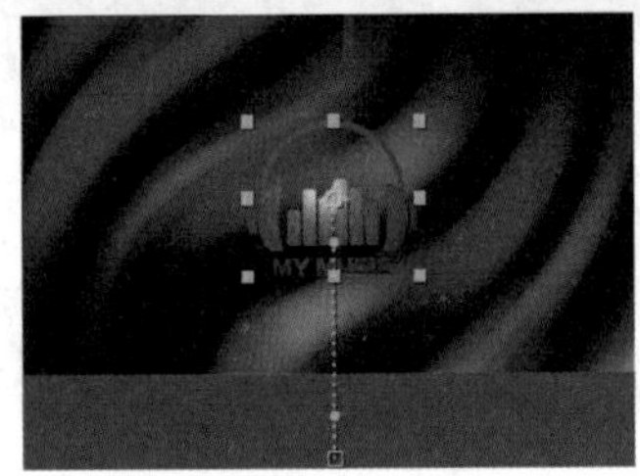

图6.24 拖动图像

4 在时间轴面板中，选中“标志.png”图层，将时间调整到0:00:00:00的位置，按S键打开“缩放”，单击“缩放”左侧码表，在当前位置添加关键帧，将数值更改为（60.0,60.0%），如图6.25所示。

5 将时间调整到0:00:01:00的位置，单击“在当前时间添加关键帧”图标，添加延时关键帧，如图6.26所示。

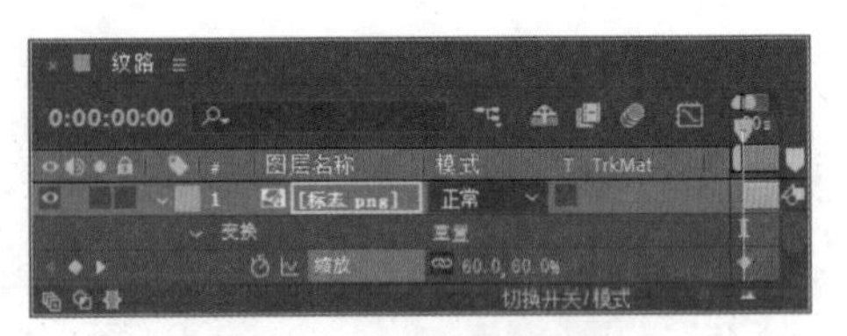

图6.25 添加缩放关键帧

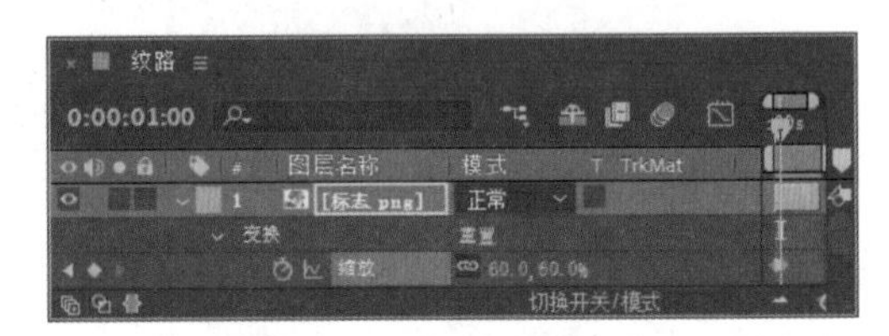

图6.26 添加延时关键帧

6 将时间调整到0:00:02:00的位置，将“缩放”更改为（80.0,80.0%），系统将自动添加关键帧，如图6.27所示。

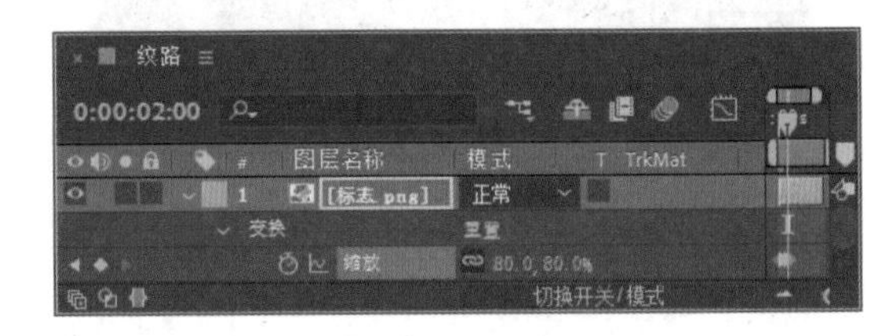

图6.27 更改“缩放”数值

7 这样就完成了最终整体效果的制作，按小键盘上的0键即可在合成窗口中预览动画效果。

6.2 颁奖典礼动画设计

实例解析

本例主要讲解颁奖典礼动画设计。本例中的动画设计过程比较简单，主要用到了光圈、丝绸视频素材，通过对素材进行调色，再添加文字元素即可完成动画制作，如图6.28所示。

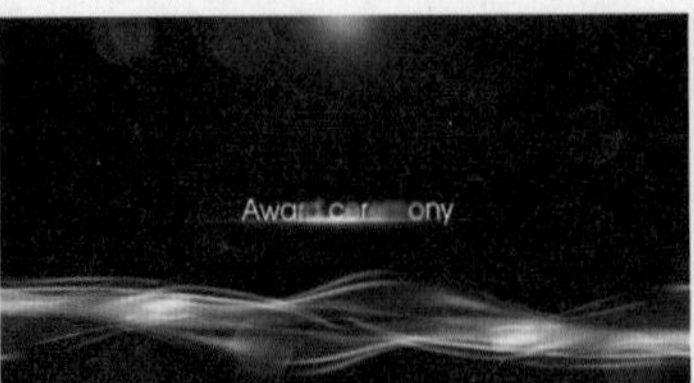

图6.28 动画流程画面

知识点

1. 曲线
2. CC Toner（CC 碳粉）
3. 填充
4. 镜头光晕
5. 径向模糊
6. 色调

视频讲解

操作步骤

6.2.1 制作文字动画

1 执行菜单栏中的“合成”|“新建合成”命令，打开“合成设置”对话框，设置“合成名称”为“文字效果”，“宽度”为 720，“高度”为 405，“帧速率”为 25，并设置“持续时间”为 0:00:10:00，“背景颜色”为黑色，完成后单击“确定”按钮，如图 6.29 所示。

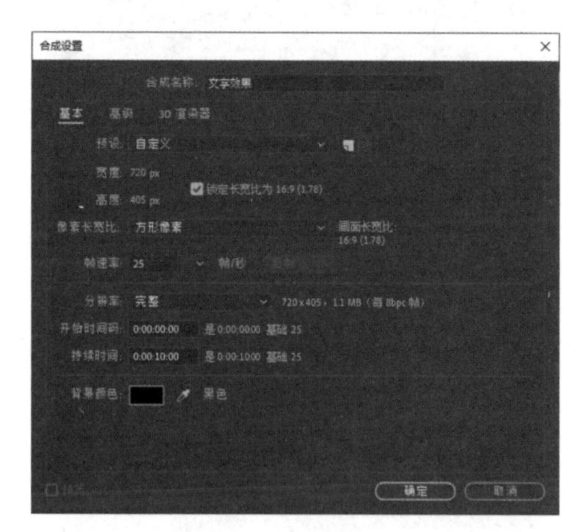

图 6.29 新建合成

2 执行菜单栏中的“文件”|“导入”|“文件”命令，打开“导入文件”对话框，选择“工程文件 \ 第 6 章 \ 颁奖典礼动画设计 \ 光圈 .mp4、闪光点 .mp4、丝绸 .mov、炫光 .png”素材，单击“导入”按钮，如图 6.30 所示。

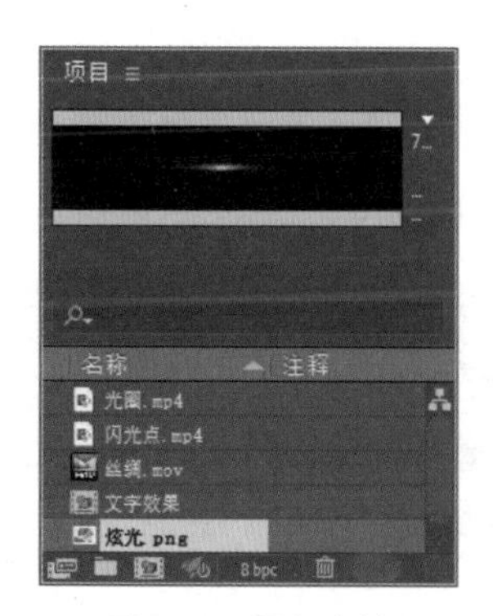

图 6.30 导入素材

3 选择工具箱中的“横排文字工具”，在图像中添加文字，如图 6.31 所示。

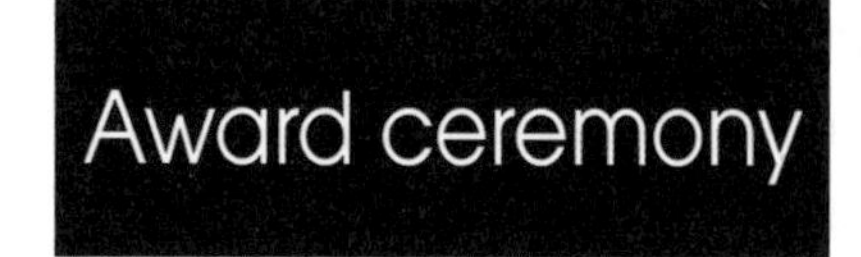

图 6.31 添加文字

4 在时间轴面板中，将时间调整到 0:00:00:00 的位置，选中文字图层，将其展开，单击右侧的动画: 按钮，在弹出的菜单中选择“模糊”选项。

5 单击“动画制作工具 1”右侧的添加: 按钮，展开“范围选择器 1”选项，单击“偏移”左侧码表，将其数值更改为 0%；展开“高级”，将“形状”更改为“上斜坡”，将“缓和高”更改为30%，将“缓和低”更改为30%，并打开“随机排序”，再将“模糊”更改为（30.0,30.0），如图6.32所示。

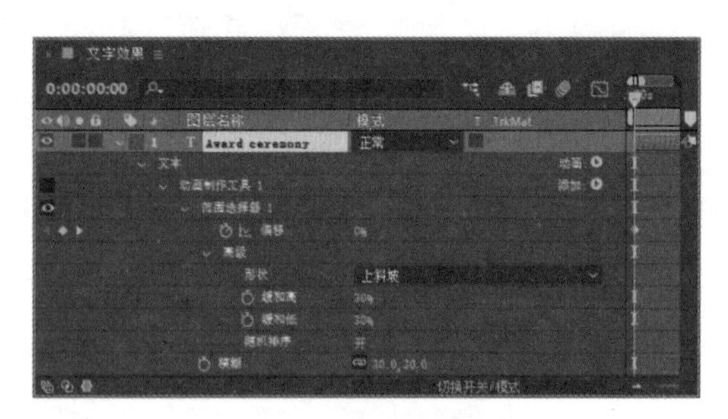

图6.32　添加模糊效果

6 在时间轴面板中，将时间调整到0:00:02:00的位置，将“偏移”更改为100%，系统将自动添加关键帧，如图6.33所示。

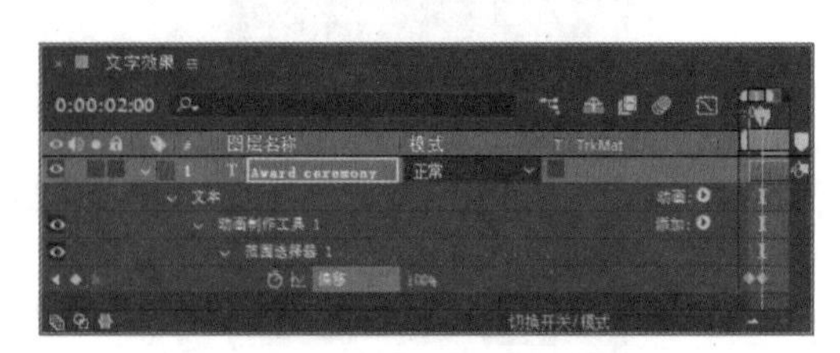

图6.33　更改“偏移”数值

6.2.2　制作动画背景元素

1 执行菜单栏中的“合成”|“新建合成”命令，打开“合成设置”对话框，设置“合成名称”为“丝绸”，“宽度”为720，“高度”为405，“帧速率”为25，并设置“持续时间”为0:00:08:00，“背景颜色”为灰色（R:56,G:56,B:56），然后单击“确定”按钮，如图6.34所示。

2 在“项目”面板中，选中“丝绸.mov”素材，将其拖至时间轴面板中，在视图中将其等比缩小，如图6.35所示。

3 在时间轴面板中，选中“丝绸.mov”图层，在“效果和预设”面板中展开“颜色校正”特效组，然后双击“曲线”特效。

4 在“效果控件”面板中，调整曲线，增强图像亮度，如图6.36所示。

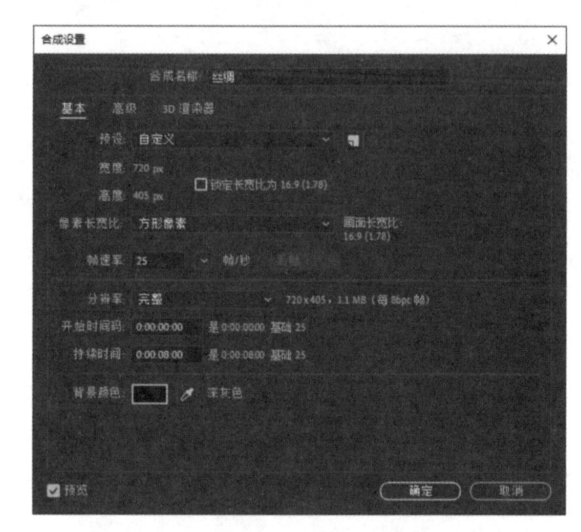

图6.34　新建合成

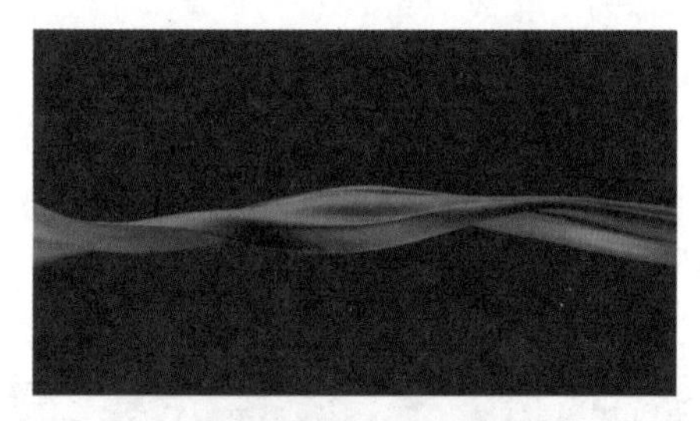
图6.35　添加素材图像

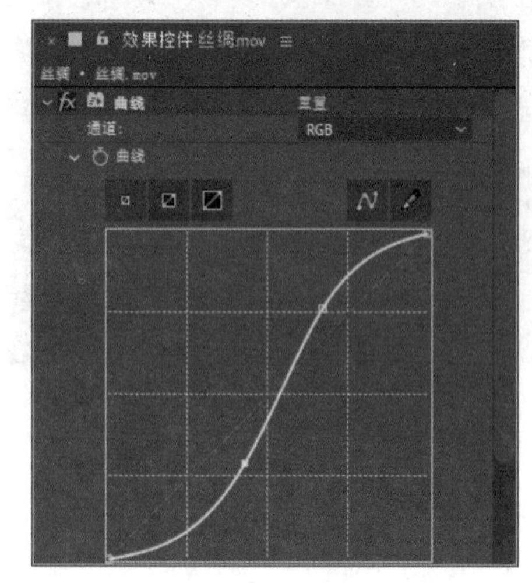

图6.36　调整曲线

图 6.36 调整曲线（续）

5 在时间轴面板中，选中“丝绸 .mov”图层，按 Ctrl+D 组合键复制出一个“丝绸 .mov”图层，选中复制生成的“丝绸 .mov”图层，按 R 键打开“旋转”，将数值更改为 0x-180.0°，并将其图层模式更改为“屏幕”，如图 6.37 所示。

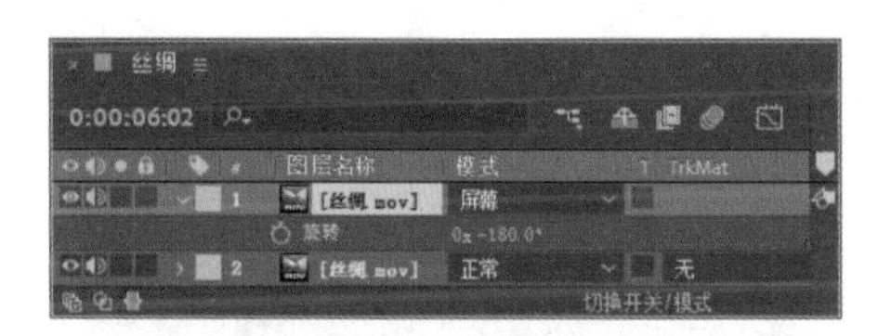

图 6.37 复制图层

6.2.3 制作背景效果

1 执行菜单栏中的“合成”|“新建合成”命令，打开“合成设置”对话框，设置“合成名称”为“背景效果”，“宽度”为 720，“高度”为 405，“帧速率”为 25，并设置“持续时间”为 0:00:08:00，“背景颜色”为蓝色（R:0,G:33,B:201），然后单击“确定”按钮，如图 6.38 所示。

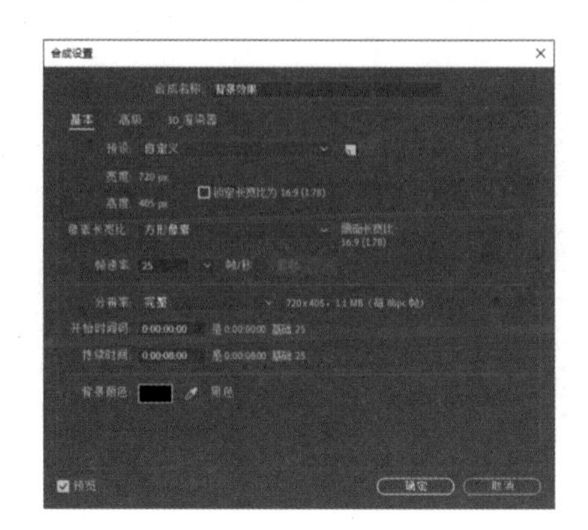

图 6.38 新建合成

2 执行菜单栏中的“图层”|“新建”|“纯色”命令，在弹出的对话框中将“名称”更改为“背景”，将“颜色”更改为紫色（R:31,G:16,B:45），然后单击“确定”按钮，如图 6.39 所示。

图 6.39 新建纯色层

3 在“项目”面板中，选中“丝绸”合成，将其拖至时间轴面板中，将图层模式更改为“屏幕”，如图 6.40 所示。

图 6.40 添加素材图像

4 在时间轴面板中，选中“丝绸”图层，在“效果和预设”面板中展开“颜色校正”特效组，然后双击 CC Toner（CC 碳粉）特效。

5 在“效果控件”面板中，修改 CC Toner（CC 碳粉）特效的参数，设置 Midtones（中间调）为深青色（R:56,G:74,B:72），如图 6.41 所示。

6 在时间轴面板中，选中“丝绸”图层，按 Ctrl+D 组合键复制出一个“丝绸”图层，如图 6.42 所示。

7 在“效果控件”面板中，将 Midtones（中间调）更改为深黄色（R:107,G:102,B:73），再将图像高度减小，如图 6.43 所示。

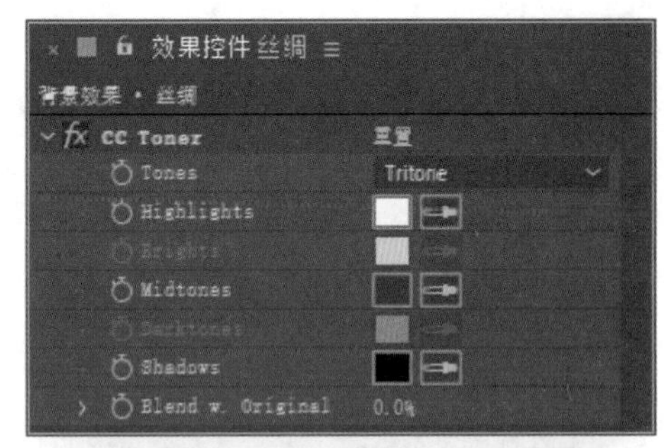

图 6.41　设置 CC Toner（CC 碳粉）

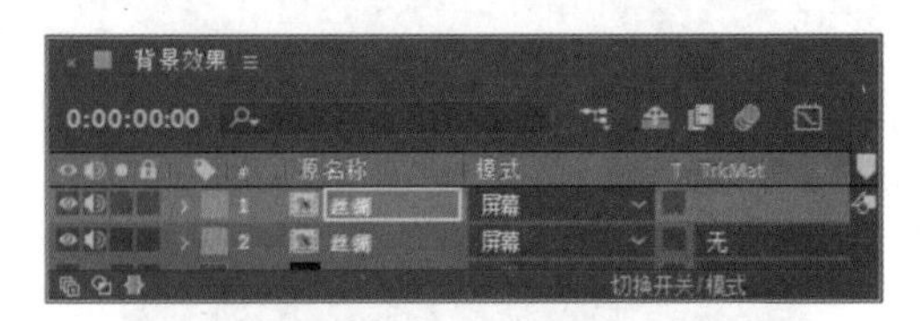

图 6.42　复制图层

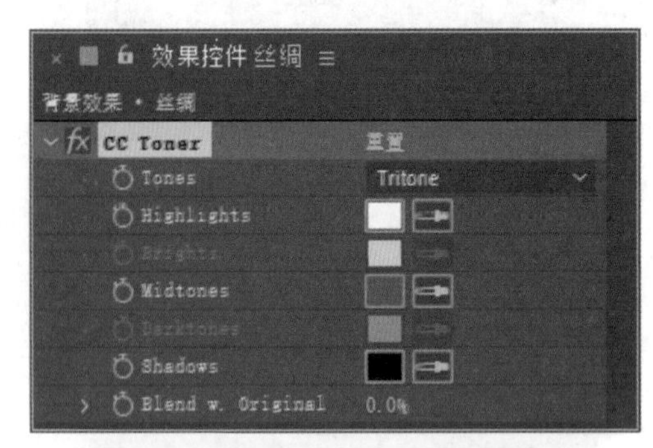

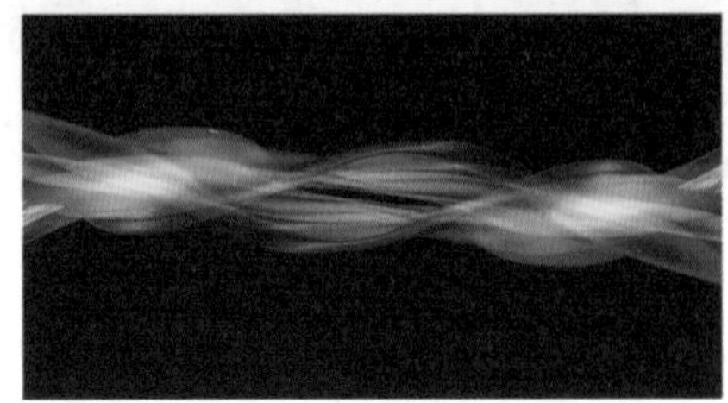

图 6.43　更改颜色并缩小图像

8 在时间轴面板中，同时选中两个“丝绸”图层，在图像中将其向下移动，如图 6.44 所示。

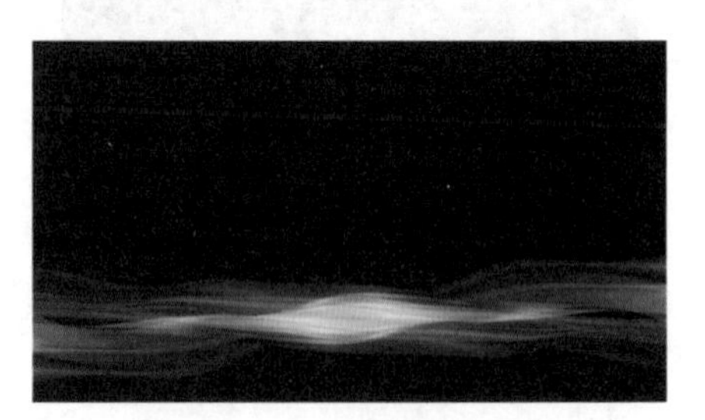

图 6.44　更改图像位置

9 在“项目”面板中，选中“闪光点 .mp4”素材，将其拖至时间轴面板中，将图层模式更改为“屏幕”，在图像中将其缩小，如图 6.45 所示。

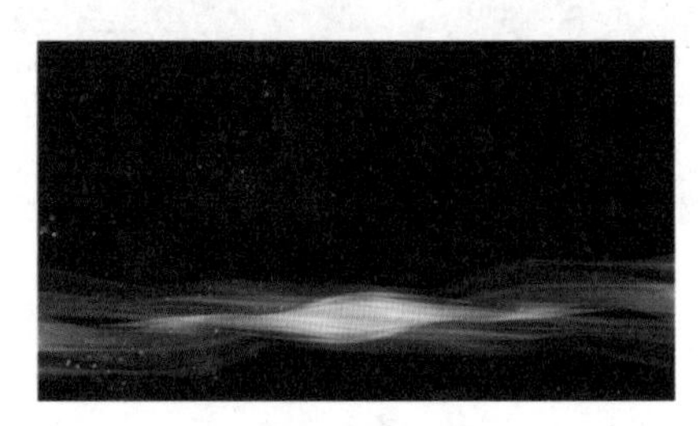

图 6.45　添加素材图像

10 在时间轴面板中，选中“闪光点 .mp4”图层，在“效果和预设”面板中展开“颜色校正”特效组，然后双击 CC Toner（CC 碳粉）特效。

11 在“效果控件”面板中，修改 CC Toner（CC 碳粉）特效的参数，设置 Midtones（中间调）为橙色（R:255,G:132,B:0），设置 Blend w. Original（初始混合）值为 70.0%，如图 6.46 所示。

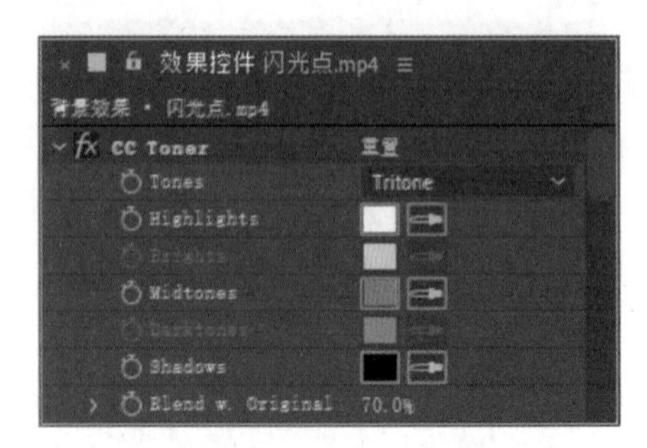

图 6.46　设置 CC Toner（CC 碳粉）

12 在“效果和预设”面板中展开“颜色校正”特效组，然后双击“曲线”特效。

13 在“效果控件”面板中，调整曲线，如图 6.47 所示。

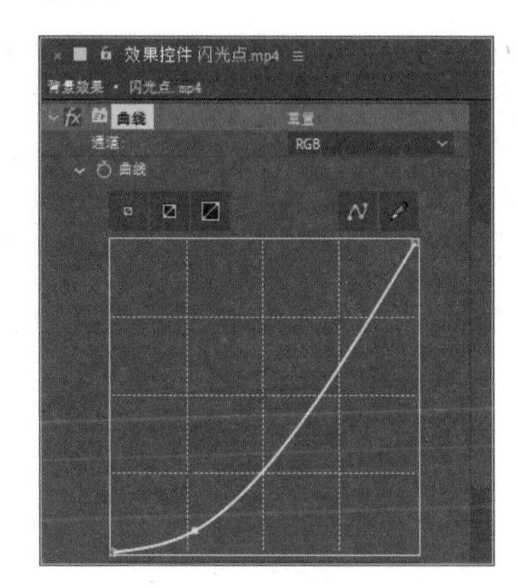

图 6.47 调整曲线

6.2.4 为背景添加装饰

1 在“项目”面板中，选中“光圈 .mp4”素材，将其拖至时间轴面板中，将图层模式更改为“屏幕”，在图像中将其缩小，如图 6.48 所示。

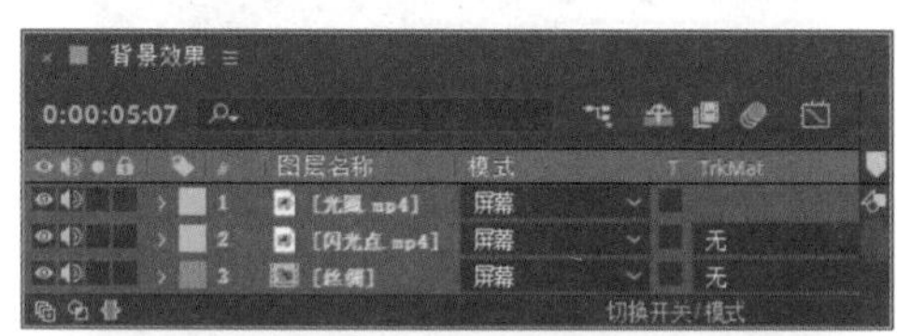

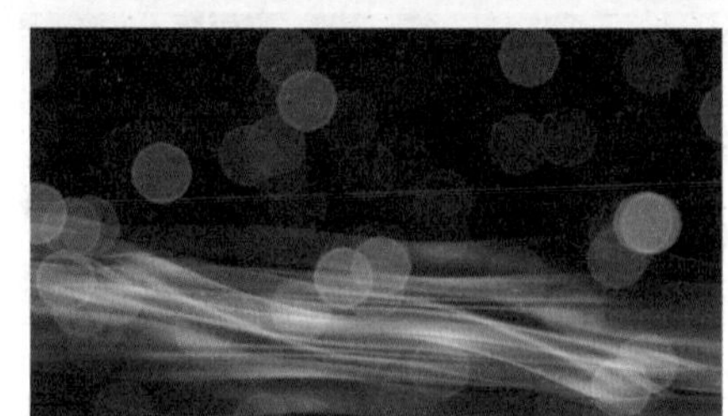

图 6.48 添加素材图像

2 在时间轴面板中，选中“光圈 .mp4”图层，在“效果和预设”面板中展开“颜色校正”特效组，然后双击“曲线”特效。

3 在“效果控件”面板中，调整曲线，如图 6.49 所示。

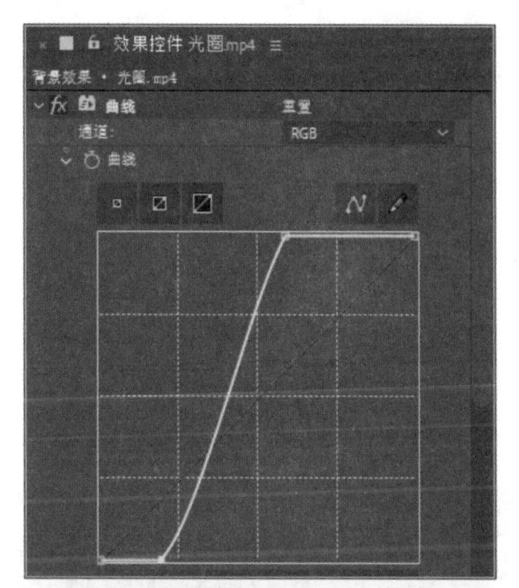

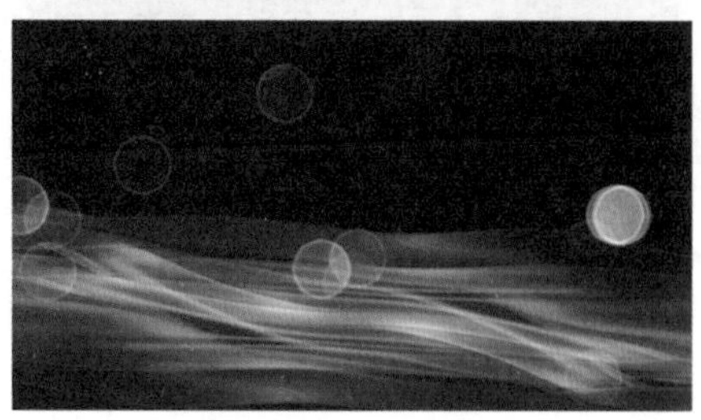

图 6.49 调整曲线

4 在“效果和预设”面板中展开“颜色校正”特效组，然后双击“色调”特效。

5 在“效果控件”面板中，修改“色调”特效的参数，并设置“将白色映射到”为深绿色（R:151,G:156,B:130），如图 6.50 所示。

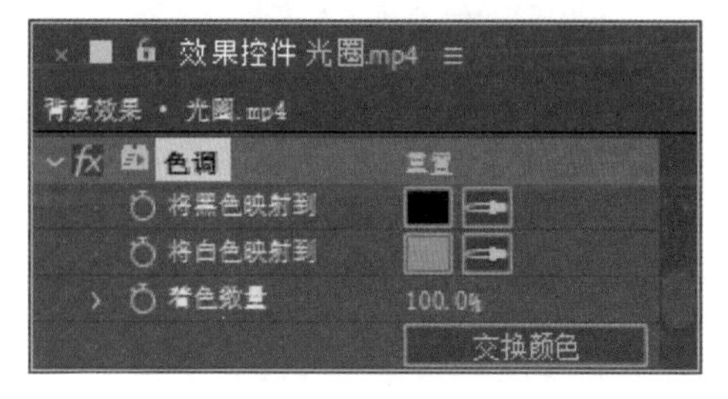

图 6.50 设置色调

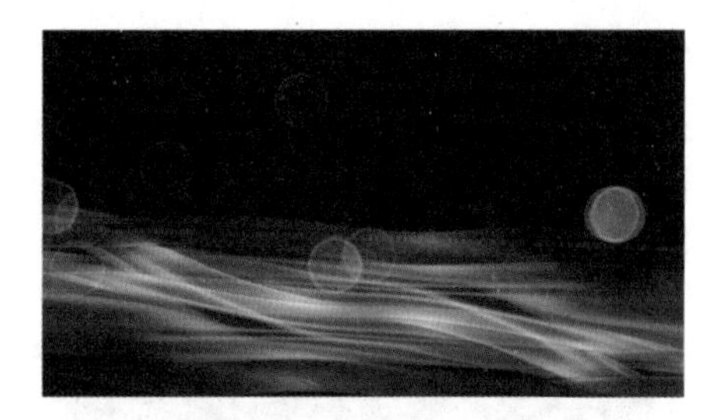

图 6.50　设置色调（续）

6 在“效果和预设”面板中展开“模糊和锐化”特效组，然后双击 CC Radial Fast Blur（CC 径向快速模糊）特效。

7 在“效果控件”面板中，修改 CC Radial Fast Blur（CC 径向快速模糊）特效的参数，设置 Amount（数量）为 60.0，如图 6.51 所示。

图 6.51　设置 CC Radial Fast Blur（CC 径向快速模糊）

8 在“效果和预设”面板中展开“生成”特效组，然后双击“圆形”特效。

9 在“效果控件”面板中，修改“圆形”特效的参数，设置“半径”为 400.0，展开“羽化”选项组，将“羽化外侧边缘”更改为 300.0，选中“反转圆形”复选框，并将“混合模式”更改为“模版 Alpha”，如图 6.52 所示。

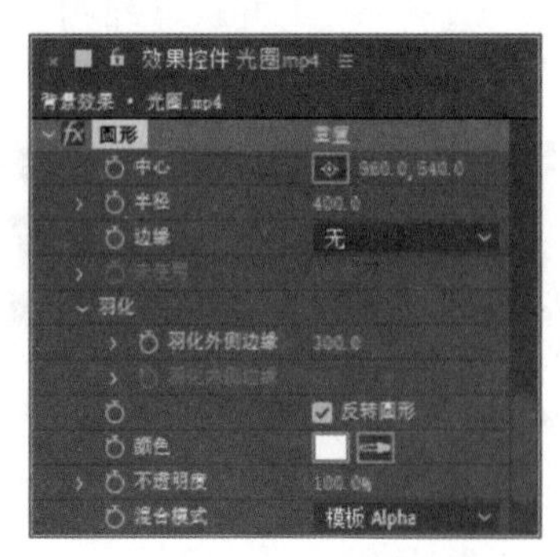

图 6.52　设置“圆形”特效

10 在“项目”面板中，选中“文字效果”合成及“炫光 .png”素材，将其拖至时间轴面板中，将“炫光 .png”素材图像移至文字图层下方，并在视图中将其等比缩小，如图 6.53 所示。

图 6.53　添加素材图像

6.2.5　为动画调色

1 在时间轴面板中，选中“炫光 .png”图层，在“效果和预设”面板中展开“生成”特效组，然后双击“填充”特效。

2 在“效果控件”面板中，修改“填充”特效的参数，设置“颜色”为深黄色（R:223, G:188,B:136），如图 6.54 所示。

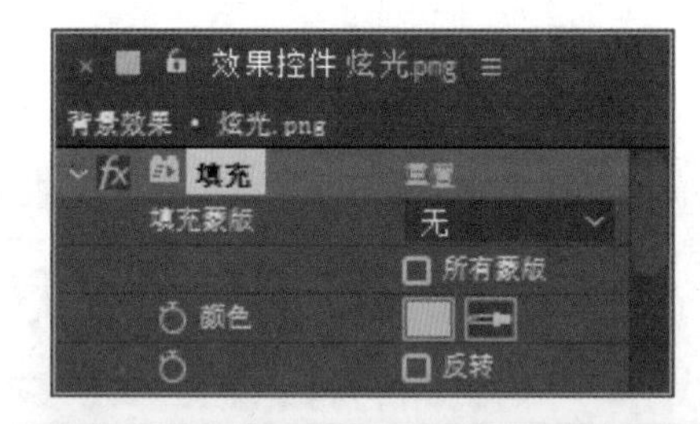

图 6.54　设置填充

3 执行菜单栏中的“图层”|“新建”|“纯色”

命令，在弹出的对话框中将“名称”更改为“高光”，将“颜色”更改为黑色，然后单击“确定”按钮。

4 在时间轴面板中，将“高光”图层模式更改为“屏幕”，如图6.55所示。

图6.55 新建纯色层

5 在时间轴面板中，选中“高光”图层，在“效果和预设”面板中展开“生成”特效组，然后双击“镜头光晕”特效。

6 在“效果控件”面板中，修改“镜头光晕”特效的参数，设置“光晕中心”为(360.0,15.0)，“光晕亮度”为80%，“镜头类型”为“105毫米定焦”，如图6.56所示。

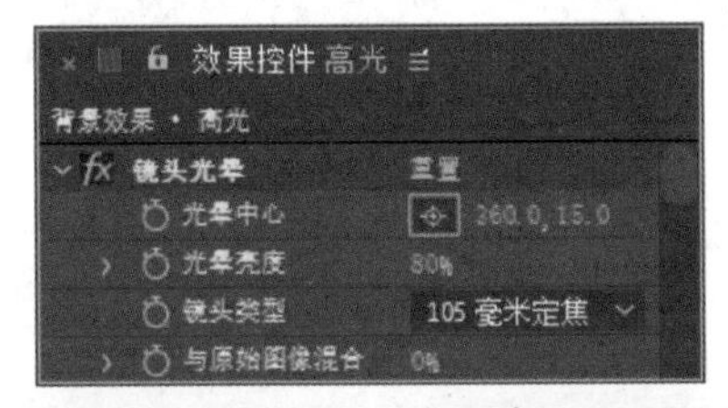

图6.56 设置镜头光晕

7 在“效果和预设”面板中展开“模糊和锐化”特效组，然后双击“径向模糊”特效。

8 在“效果控件”面板中，修改“径向模糊”特效的参数，设置“数量”为150.0，“中心”为(370.0,0.0)，“类型”为“旋转”，如图6.57所示。

9 在“效果和预设”面板中展开“颜色校正”特效组，然后双击“色调”特效。

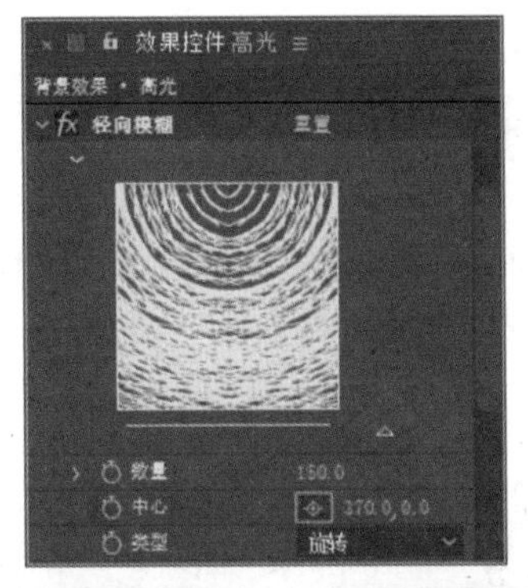

图6.57 设置径向模糊

10 在“效果控件”面板中，保持参数默认，如图6.58所示。

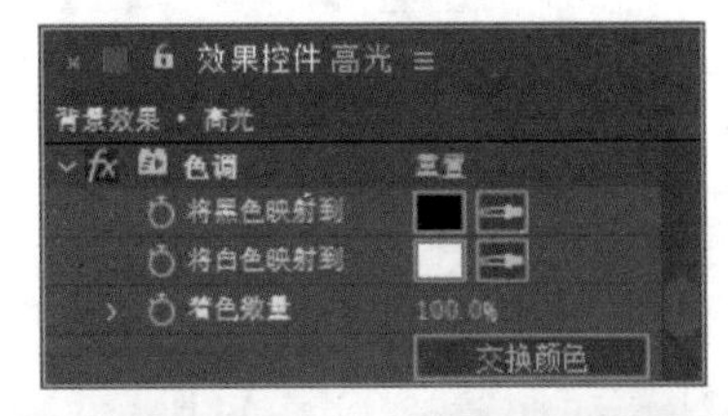

图6.58 设置色调

11 在时间轴面板中，将时间调整到0:00:00:00的位置，选中“高光”图层，按T键打开“不透明度”，将“不透明度”更改为0%，单击“不透明度”左侧码表，在当前位置添加关键帧。

12 将时间调整到0:00:01:00的位置，将“不透明度”更改为100%，系统将自动添加关键帧，如图6.59所示。

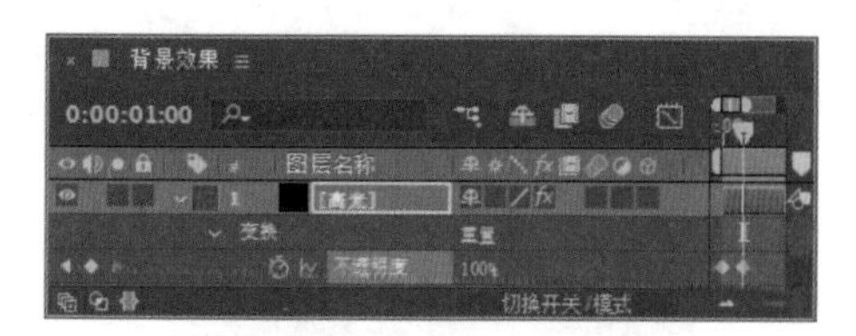
图 6.59　制作不透明度动画

13 执行菜单栏中的“图层”|“新建”|“调整图层”命令，新建一个“调整图层 1”。

14 在“效果和预设”面板中展开“颜色校正”特效组，然后双击“曲线”特效。

15 在“效果控件”面板中，修改“曲线”特效的参数，调整 RGB 通道曲线，如图 6.60 所示。

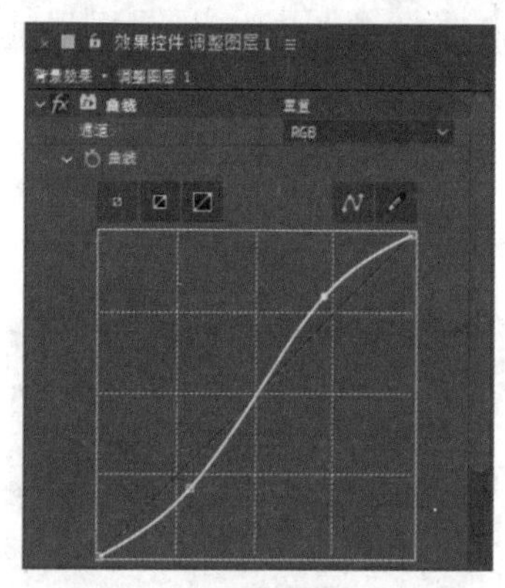
图 6.60　调整 RGB 通道曲线

16 分别选择“通道”为绿色和蓝色，调整曲线，如图 6.61 所示。

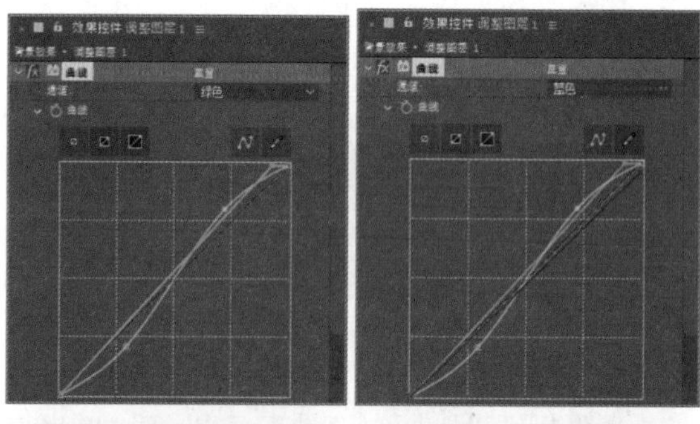

图 6.61　调整绿色和蓝色通道曲线

17 这样就完成了最终整体效果的制作，按小键盘上的 0 键即可在合成窗口中预览动画效果。

6.3　卡通标志动画设计

实例解析

本例主要讲解卡通标志动画设计。本例的制作过程比较简单，通过绘制纯色图形并添加效果制作出旋转背景，再制作气泡动画及小星星元素，最后添加关键帧，完成整个动画效果设计，如图 6.62 所示。

图 6.62　动画流程画面

图 6.62 动画流程画面（续）

知识点

1. 梯度渐变
2. 运动模糊
3. 投影
4. 缓动

视频讲解

操作步骤

6.3.1 制作背景效果

1 执行菜单栏中的“合成”|“新建合成”命令，打开“合成设置”对话框，设置“合成名称”为“主视觉”，“宽度”为 720，“高度”为 405，“帧速率”为 25，并设置“持续时间”为 0:00:05:00，“背景颜色”为黑色，完成后单击“确定”按钮，如图 6.63 所示。

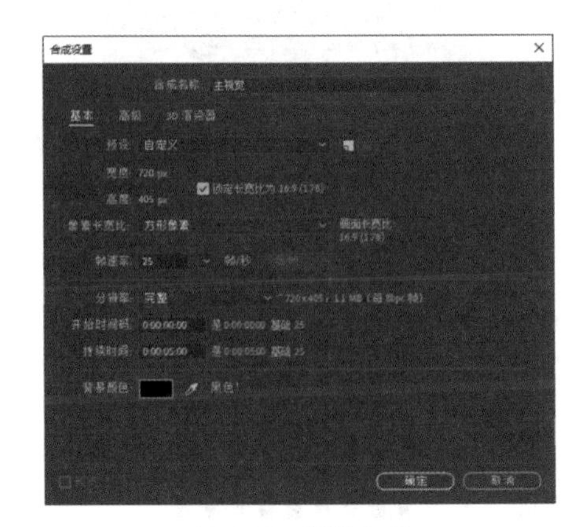

图 6.63 新建合成

2 执行菜单栏中的“文件”|“导入”|“文件”命令，打开“导入文件”对话框，选择“工程文件 \ 第 6 章 \ 卡通标志动画设计 \ 纹理 .jpg”素材，单击“导入”按钮，如图 6.64 所示。

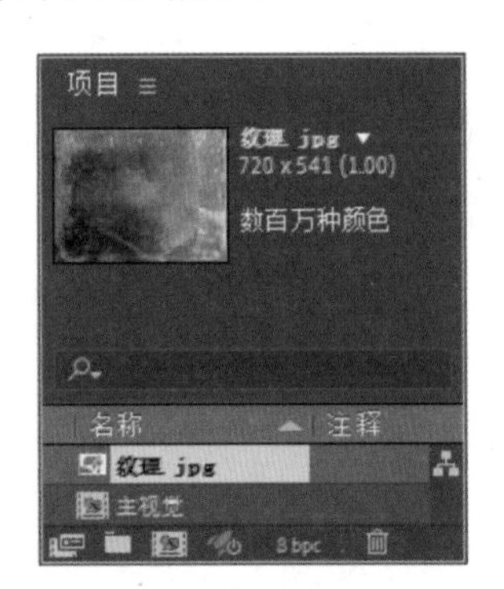

图 6.64 导入素材

3 执行菜单栏中的“图层”|“新建”|“纯色”命令，在弹出的对话框中将“名称”更改为“背景”，将“颜色”更改为黑色，完成之后单击“确定”按钮。

4 在时间轴面板中，选中“背景”图层，在“效果和预设”面板中展开“生成”特效组，然后双击“梯度渐变”特效。

5 在“效果控件”面板中，修改“梯度渐变”

特效的参数，设置“渐变起点”为（360.0,204.0），“起始颜色”为紫色（R:115,G:38,B:191），“渐变终点”为（721.0,405.0），“结束颜色”为紫色（R:53,G:4,B:101），“渐变形状”为“径向渐变”，如图 6.65 所示。

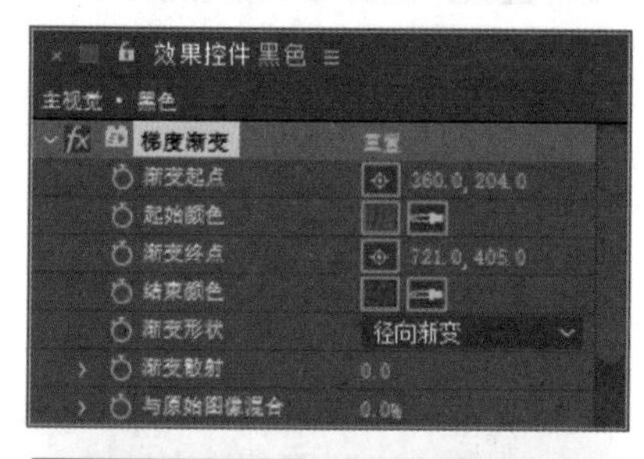

图 6.65　设置梯度渐变

6.3.2　制作旋转图像

1 执行菜单栏中的“合成”|“新建合成”命令，打开“合成设置”对话框，设置“合成名称”为“旋转图像”，“宽度”为 1000，“高度”为 1000，“帧速率”为 25，并设置“持续时间”为 0:00:05:00，“背景颜色”为黑色，然后单击“确定”按钮，如图 6.66 所示。

2 执行菜单栏中的“图层”|“新建”|“纯色”命令，在弹出的对话框中将“名称”更改为“旋转”，将“颜色”更改为白色，完成之后单击“确定”按钮，如图 6.67 所示。

3 在时间轴面板中，选中“旋转”图层，在“效果和预设”面板中展开“过渡”特效组，然后双击“百叶窗”特效。

4 在“效果控件”面板中，修改“百叶窗”特效的参数，设置“过渡完成”为 50%，“宽度”为 100，如图 6.68 所示。

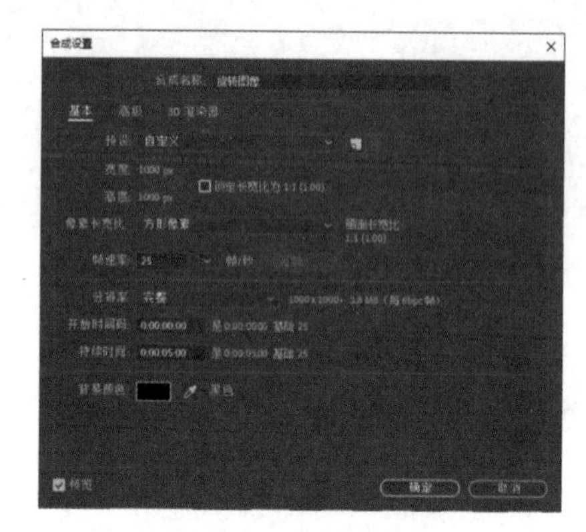

图 6.66　新建合成

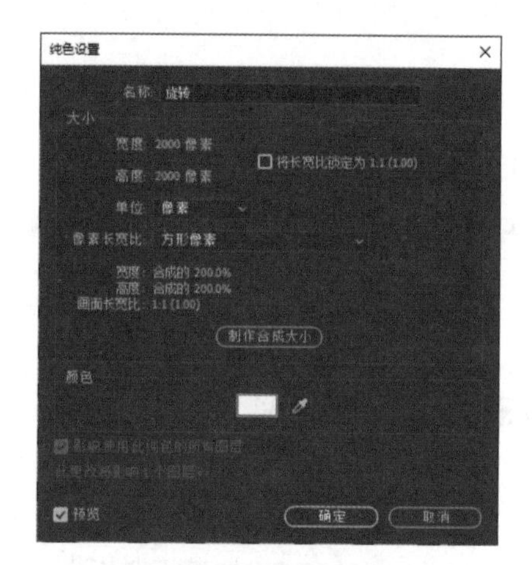

图 6.67　新建纯色层

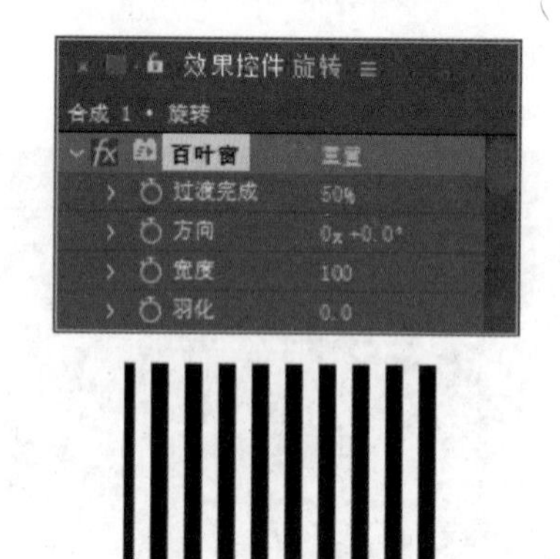

图 6.68　添加百叶窗特效

5 在“效果和预设”面板中展开“扭曲”特效组，然后双击“极坐标”特效。

6 在“效果控件”面板中，修改“极坐标”特效的参数，设置“插值”为 100.0%，“转换类型”为“矩形到极线”，如图 6.69 所示。

图 6.69 设置极坐标

7 在“效果和预设”面板中展开“扭曲”特效组，然后双击“旋转扭曲”特效。

8 在“效果控件”面板中，修改“旋转扭曲”特效的参数，设置“角度”为 0x-90.0°，“旋转扭曲半径”为 75.0，“旋转扭曲中心”为（1000.0,1000.0），如图 6.70 所示。

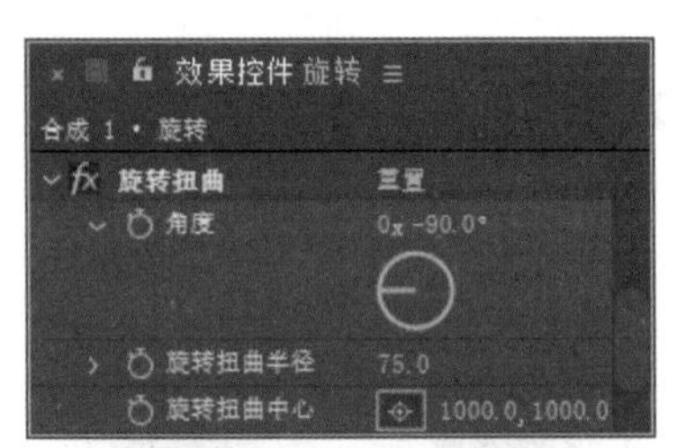

图 6.70 设置旋转扭曲

9 按住 Alt 键并单击“旋转”左侧码表，输入 time*10，为当前图层添加表达式，如图 6.71 所示。

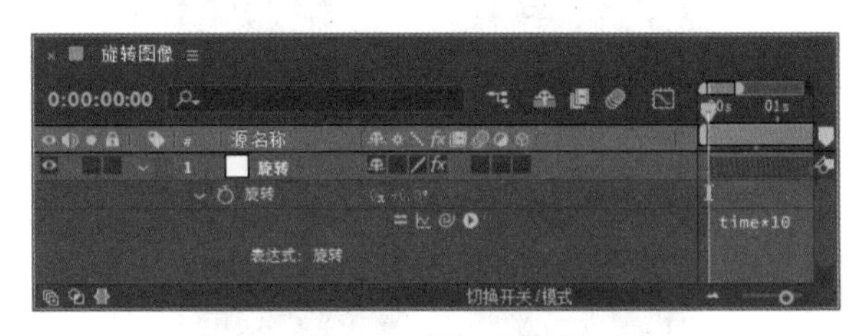

图 6.71 添加表达式

6.3.3 制作气泡动画

1 执行菜单栏中的“合成”|“新建合成”命令，打开“合成设置”对话框，设置“合成名称”为“气泡”，“宽度”为 720，“高度”为 405，“帧速率”为 25，并设置“持续时间”为 0:00:05:00，“背景颜色”为黑色，完成后单击“确定”按钮，如图 6.72 所示。

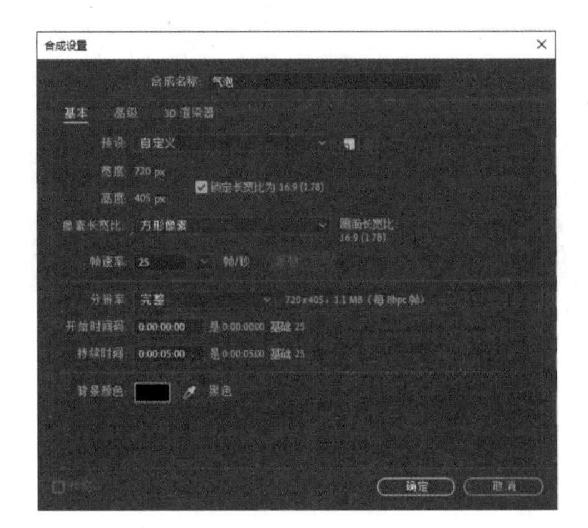

图 6.72 新建合成

2 选择工具箱中的“钢笔工具”，在图像中绘制一个气泡图形，如图 6.73 所示。

3 选择工具箱中的“向后平移锚点工具”，将图形中心点移至其右下角位置，如图 6.74 所示。

图 6.73 绘制图形

图 6.74 更改图形中心点

4 在时间轴面板中，选中“形状图层 1”图层，将时间调整到 0:00:00:00 的位置，按 S 键打开“缩放”，单击“缩放”左侧码表，在当前位置添加关键帧，将数值更改为（0.0,0.0%）。

5 将时间调整到 0:00:01:00 的位置，将“缩放”数值更改为（100.0,100.0%），系统将自动添加关键帧，如图 6.75 所示。

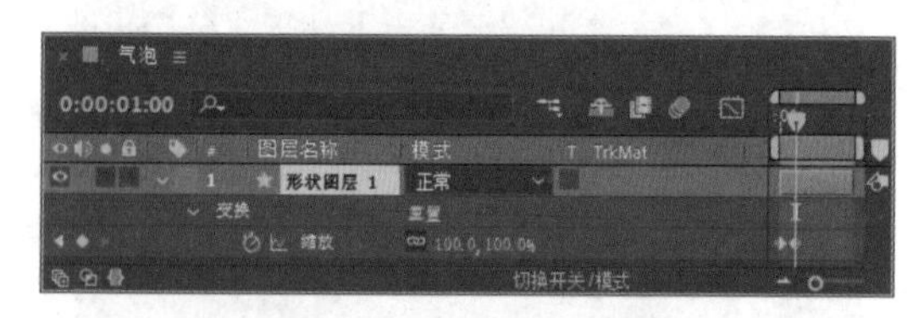

图 6.75 添加缩放效果

6 将时间调整到 0:00:00:00 的位置，按 R 键打开“旋转”，单击“旋转”左侧码表，在当前位置添加关键帧，将数值更改为 0x+0.0°，如图 6.76 所示。

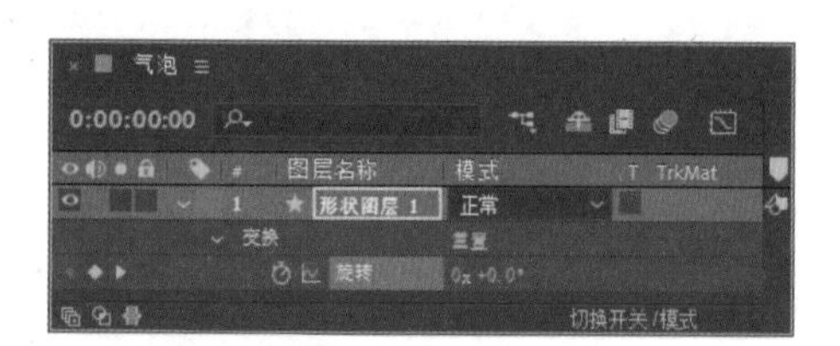

图 6.76 添加旋转效果 1

7 将时间调整到 0:00:00:09 的位置，将数值更改为 0x+2.0°，系统将自动添加关键帧，如图 6.77 所示。

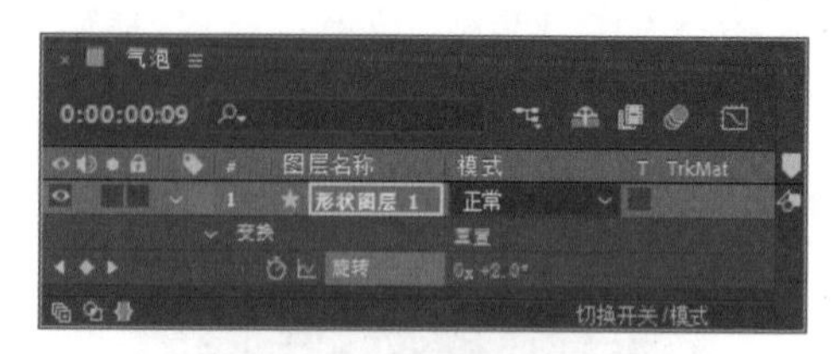

图 6.77 添加旋转效果 2

8 以同样的方法调整时间并添加多个关键帧。

9 在“效果和预设”面板中展开“透视”特效组，然后双击“投影”特效。

10 在“效果控件”面板中，修改“投影”特效的参数，设置“不透明度”为 60%，“距离”为 8.0，如图 6.78 所示。

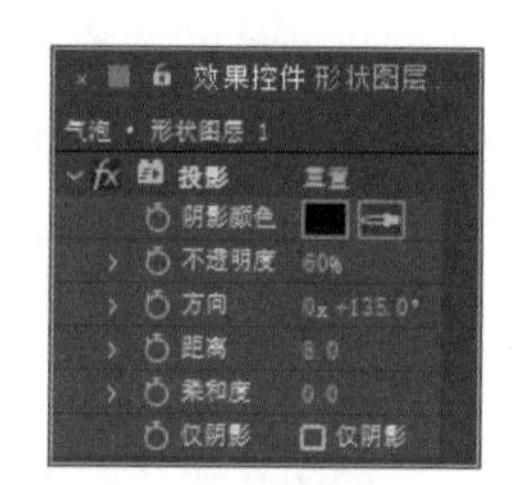

图 6.78 设置投影

11 选择工具箱中的“横排文字工具”，在图像中添加文字，设置文字颜色为红色，如图 6.79 所示。

图 6.79 添加文字

12 在时间轴面板中，选中文字图层，在“效果和预设”面板中展开“生成”特效组，然后双击“梯度渐变”特效。

13 在“效果控件”面板中，修改“梯度渐变”特效的参数，设置“渐变起点”为（360.0,160.0），“起始颜色”为紫色（R:169,G:82,B:255），“渐变终点”为（360.0,240.0），“结束颜色”为紫色（R:41,G:2,B:79），“渐变形状”为“线性渐变”，如图 6.80 所示。

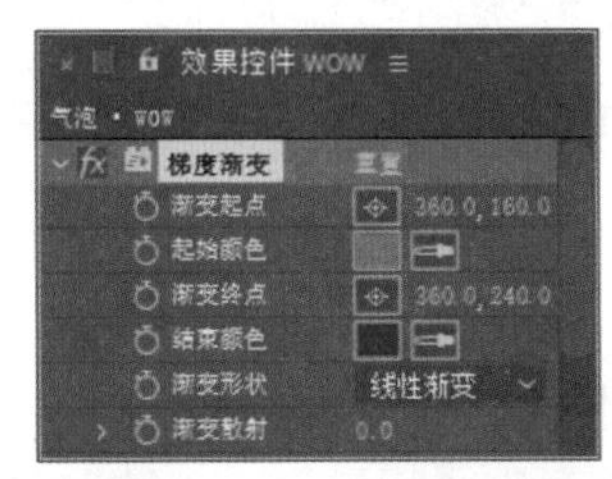

图 6.80　添加梯度渐变

14 在“效果和预设”面板中展开“透视”特效组，然后双击“投影”特效。

15 在“效果控件”面板中，修改“投影”特效的参数，设置“不透明度”为 100%，“方向”为 0x+180.0°，“距离”为 5.0，如图 6.81 所示。

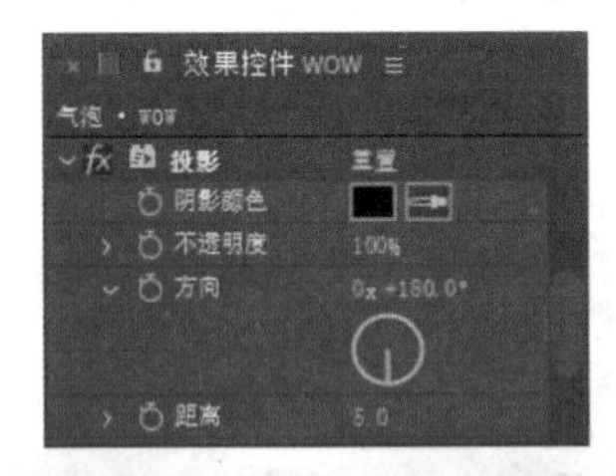

图 6.81　设置投影

16 选择工具箱中的“向后平移锚点工具”▣，在视图中将文字中心点移至图像右下角位置，如图 6.82 所示。

图 6.82　移动中心点

17 在时间轴面板中，选中“形状图层 1”图层，将时间调整到 0:00:00:10 的位置，按 S 键打开“缩放”，单击“缩放”左侧码表◙，在当前位置添加关键帧，将数值更改为（0.0,0.0%）。

18 将时间调整到 0:00:01:00 的位置，将数值更改为（100.0,100.0%），系统将自动添加关键帧，如图 6.83 所示。

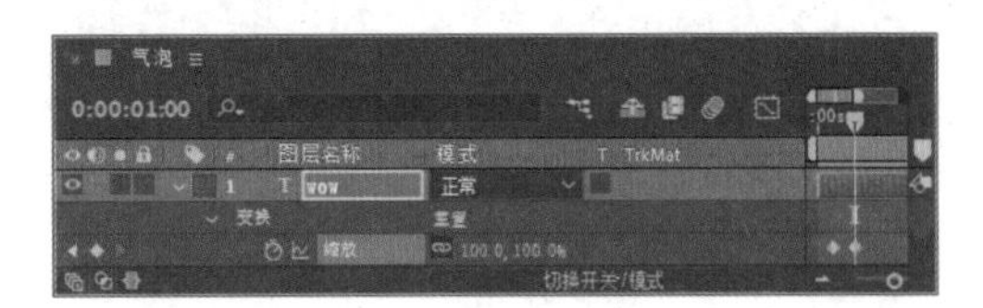

图 6.83　添加缩放动画

19 选中所有图层关键帧，执行菜单栏中的“动画”|“关键帧辅助”|“缓动”命令，如图 6.84 所示。

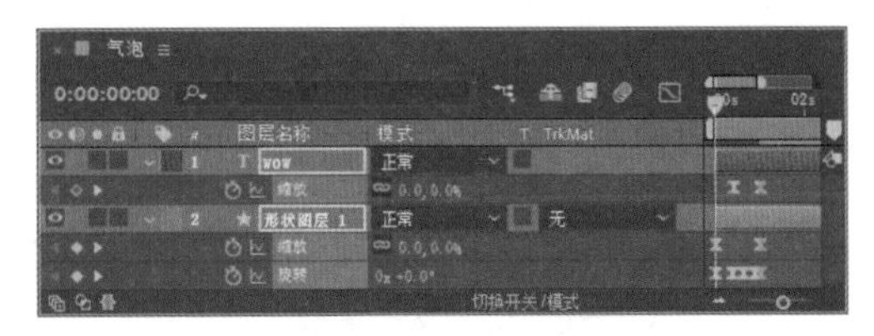

图 6.84　添加缓动效果

技巧

按 F9 键可快速执行缓动命令。

6.3.4 制作小星星元素

1 执行菜单栏中的“合成”|“新建合成”命令，打开“合成设置”对话框，设置“合成名称”为“小星星”，“宽度”为720，“高度”为405，“帧速率”为25，并设置“持续时间”为0:00:05:00，“背景颜色”为白色，完成后单击“确定”按钮，如图6.85所示。

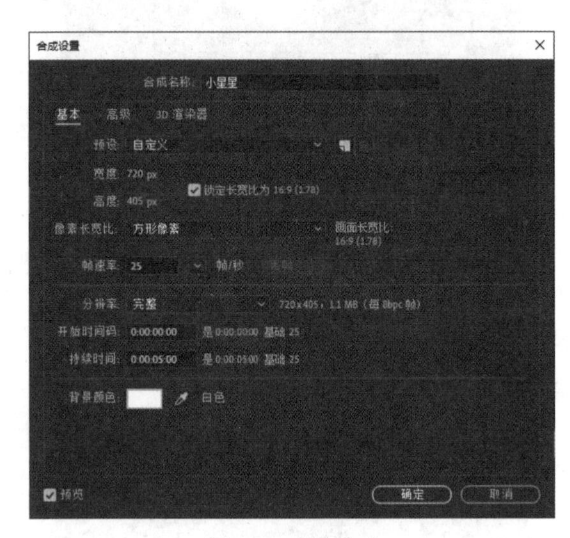

图 6.85 新建合成

2 选择工具箱中的“星形工具”，在图像中绘制一个星形，设置“填充”为白色，“描边”为黑色，并设置为3像素，如图6.86所示。

图 6.86 绘制星形

3 选择工具箱中的“钢笔工具”，在图像中绘制一个细长三角形，并在时间轴面板中将其移至“形状图层1”图层下方，如图6.87所示。

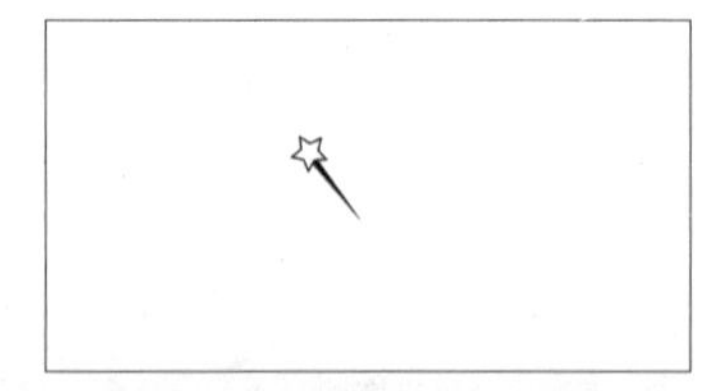

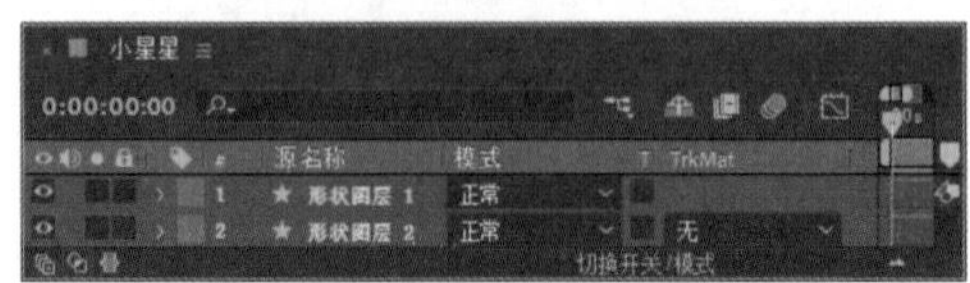

图 6.87 绘制图形

6.3.5 制作最终效果

1 在“项目”面板中，同时选中“纹理.jpg”“旋转图像”及“气泡”合成，将其拖至“主视觉”时间轴面板中，将“纹理.jpg”图层的混合模式更改为“柔光”，如图6.88所示。

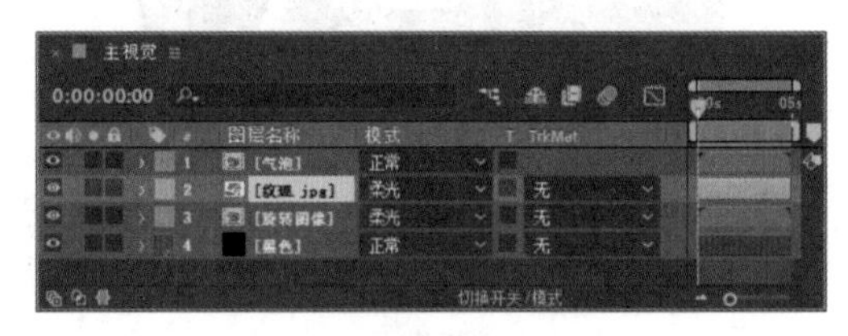

图 6.88 更改图层混合模式

2 选择工具箱中的“向后平移锚点工具”，在视图中将小星星中心点移至气泡图像的中心位置，如图6.89所示。

图 6.89 移动中心点

3 将小星星添加到时间线面板中，选中“小星星”合成，将时间调整到0:00:00:16的位置，按S键打开“缩放”，单击“缩放”左侧码表，在当前位置添加关键帧，将数值更改为(0.0,0.0%)。

4 将时间调整到 0:00:01:02 的位置，将数值更改为(100.0,100.0%)，系统将自动添加关键帧，如图 6.90 所示。

图 6.90　添加缩放效果

5 在时间轴面板中，选中“小星星”合成，按 Ctrl+D 组合键将其复制一份，在视图中将其适当旋转并移动位置，如图 6.91 所示。

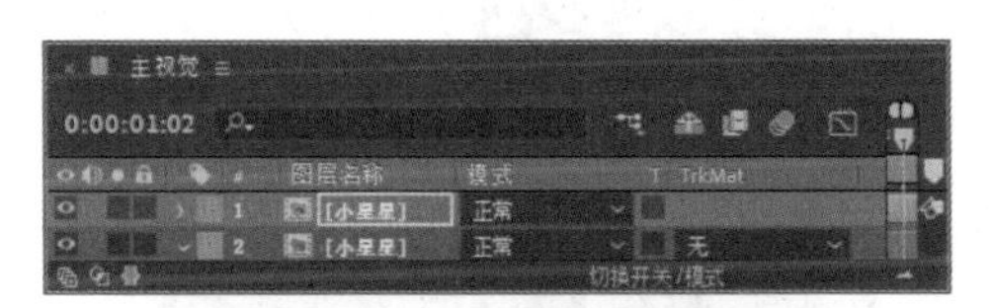

图 6.91　复制图像并进行调整

6 选中复制生成的“小星星”合成，按 S 键打开“缩放”，同时选中“缩放”的两个关键帧，将其向右侧拖动，如图 6.92 所示。

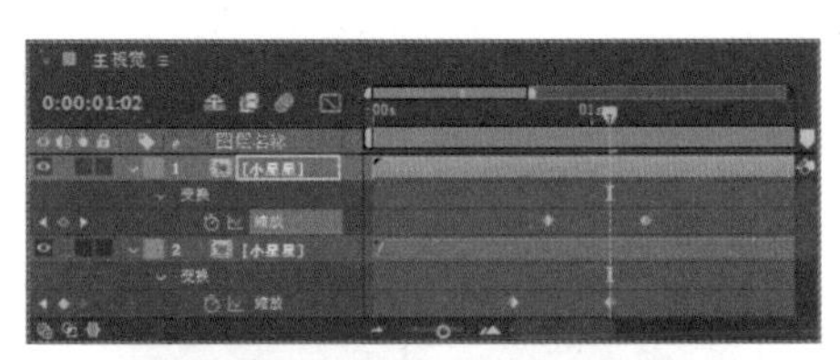

图 6.92　移动关键帧

7 以同样的方法将“小星星”合成复制多份，并调整关键帧的位置，如图 6.93 所示。

图 6.93　复制多份图像并调整关键帧

8 在时间轴面板中，同时选中“气泡”及“纹理 .jpg”合成，将其移至所有图层上方，如图 6.94 所示。

图 6.94　更改图层顺序

9 在时间轴面板中，同时选中除“黑色”及“旋转图像”之外的所有合成，选中“运动模糊”，为动画添加运动模糊效果，如图 6.95 所示。

图 6.95　添加运动模糊效果

10 这样就完成了最终整体效果的制作，按小键盘上的 0 键即可在合成窗口中预览动画效果。

课后练习

制作时尚摄影主题动画。

（制作过程可参考资源包中的“课后练习”文件夹。）

第 7 章

游戏与动漫主题动画设计

内容摘要

本章主要讲解游戏与动漫主题动画设计，游戏与动漫主题类动画是 AE 动画设计中非常重要的一部分，许多游戏与动漫的特效都需要通过 AE 来实现。本章通过海盗大战游戏动画、战略游戏片头设计等实例，来讲解游戏与动漫主题动画设计的相关知识。

教学目标

- 学习海盗大战游戏动画设计
- 掌握战略游戏片头设计的方法

7.1 海盗大战游戏动画设计

实例解析

本例主要讲解海盗大战游戏动画设计。通过绘制海盗图像并添加动画效果，使整个游戏画面流畅自然，如图 7.1 所示。

图 7.1　动画流程画面

知识点

表达式

操作步骤

7.1.1 制作圆盘

1 执行菜单栏中的“合成”|“新建合成”命令，打开“合成设置”对话框，设置“合成名称”为“圆盘”，“宽度”为400，“高度”为400，“帧速率”为25，并设置“持续时间”为0:00:10:00，“背景颜色”为黑色，完成后单击“确定”按钮，如图 7.2 所示。

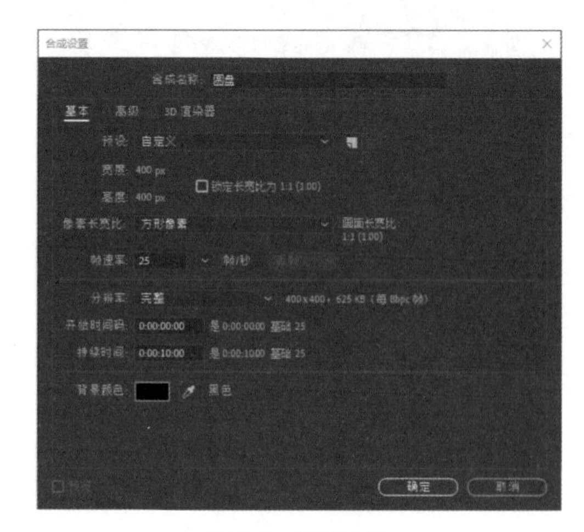

图 7.2　新建合成

2 执行菜单栏中的“文件”|“导入”|“文件”命令，打开“导入文件”对话框，选择“工程文件\第 7 章\海盗大战游戏动画设计\海盗游戏 .jpg、海盗头像 .png”素材，单击“导入”按钮，如图 7.3 所示。

图 7.3　导入素材

3 选中工具箱中的“椭圆工具”，按住 Shift+Ctrl 组合键绘制一个正圆，设置“填充”为浅蓝色（R:200,G:246,B:250），“描边”为黑色，“描边宽度”为 5，将生成一个“形状图层 1”图层。

4 选中“形状图层 1”图层，在图像中正圆位置再次绘制一个正圆，设置“填充”为深黄色（R:209,G:127,B:53），“描边”为黑色，“描边宽度”为 5，如图 7.4 所示。

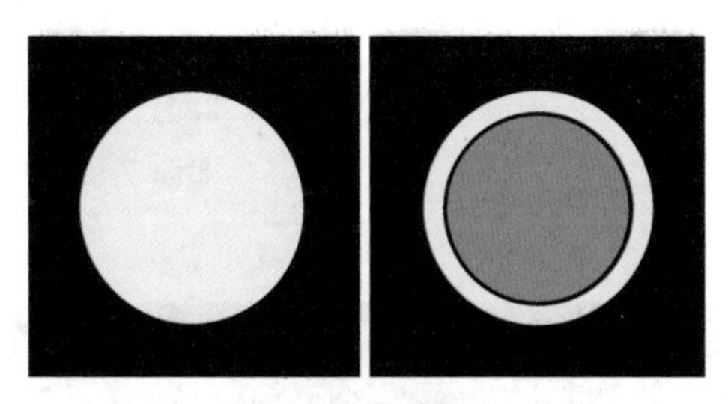

图 7.4　绘制正圆

技巧　选中形状图层，在图形上再次绘制图形时不会产生新的图层。

5 选中工具箱中的“钢笔工具”，在正圆上绘制一个细长三角形，设置“填充”为深黄色（R:159,G:87,B:21）。

6 以同样方法再绘制数个相似图形，如图 7.5 所示。

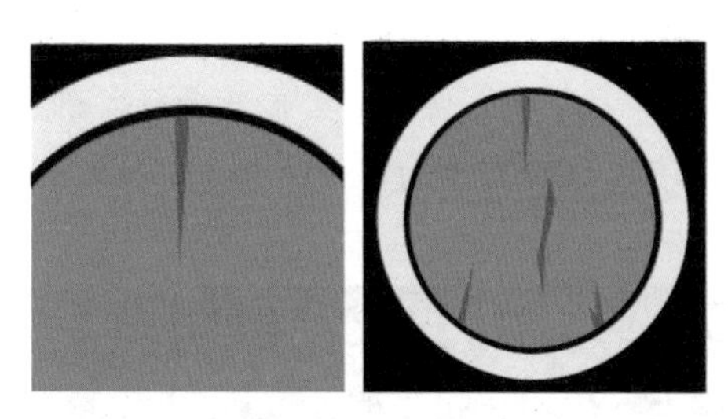

图 7.5　绘制图形

7 选中工具箱中的“椭圆工具”，按住 Shift+Ctrl 组合键绘制一个正圆，设置“填充”为浅蓝色（R:200,G:246,B:250），“描边”为黑色，“描边宽度”为 5。

8 选中工具箱中的“椭圆工具”，按住 Shift+Ctrl 组合键绘制正圆，然后再次绘制两个小正圆，如图 7.6 所示。

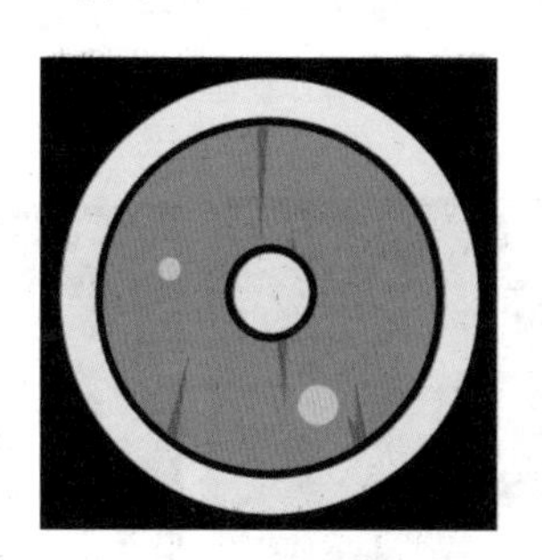

图 7.6　绘制正圆

7.1.2　制作兵器

1 执行菜单栏中的“合成”|“新建合成”命令，打开“合成设置”对话框，设置“合成名称”为“剑”，“宽度”为 400，“高度”为 400，“帧速率”为 25，并设置“持续时间”为 0:00:10:00，“背景颜色”为黑色，完成之后单击“确定”按钮，如图 7.7 所示。

2 选中工具箱中的“钢笔工具”，绘制一个不规则图形，制作剑柄，设置“填充”为深黄色（R:209,G:127,B:53），“描边”为黑色，“描边宽度”为5，如图7.8所示，将生成一个“形状图层1”图层。

3 在剑柄图像下方绘制一个不规则图形，制作剑体，如图7.9所示。

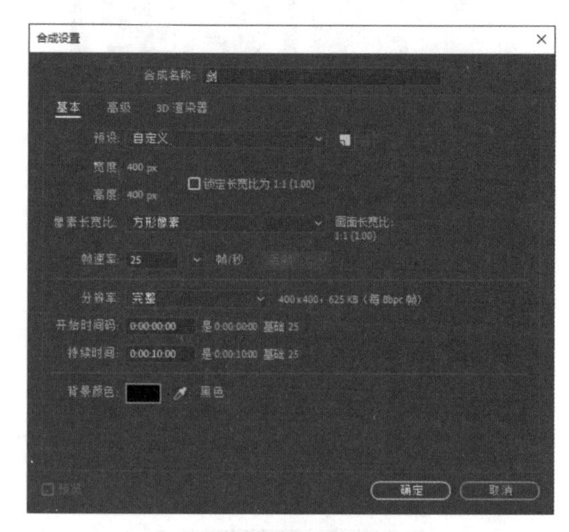

图7.7　新建合成

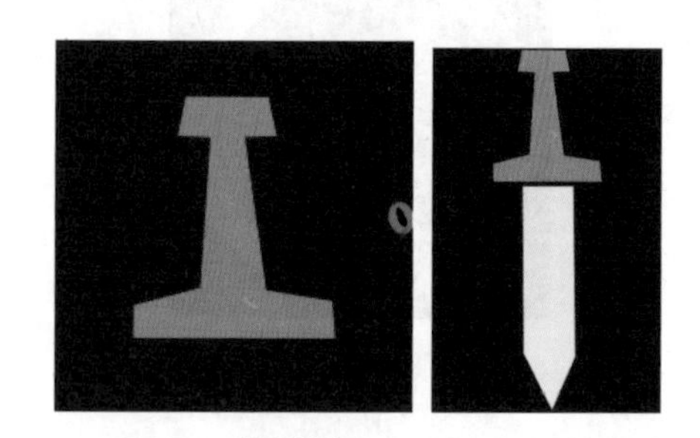

图7.8　绘制剑柄　　图7.9　制作剑体

4 在剑体上再绘制一个细长黑色图形，制作质感部分，如图7.10所示。

图7.10　制作质感部分

7.1.3　制作木牌

1 执行菜单栏中的“合成”|“新建合成”命令，打开“合成设置”对话框，设置“合成名称”为“木牌”，“宽度”为700，“高度”为300，“帧速率”为25，并设置“持续时间”为0:00:10:00，“背景颜色”为黑色，完成之后单击“确定”按钮，如图7.11所示。

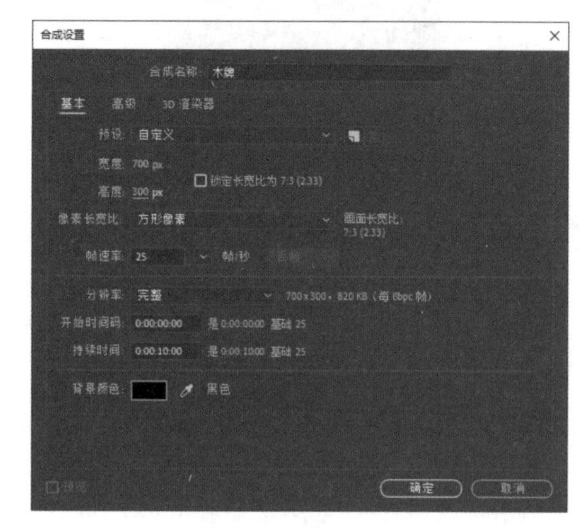

图7.11　新建合成

2 选中工具箱中的“钢笔工具”，绘制一个不规则图形，设置“填充”为深黄色（R:209,G:127,B:53），“描边”为深黄色（R:146,G:77,B:15），“描边宽度”为5，如图7.12所示，将生成一个“形状图层1”图层。

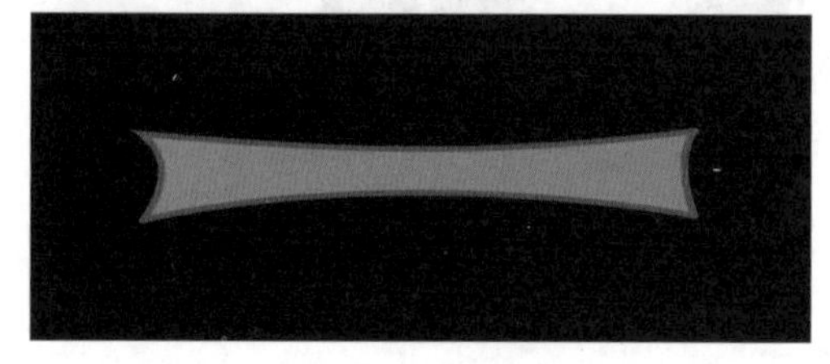

图7.12　绘制图形

3 选择工具箱中的“添加‘顶点’工具”，在图形左侧边缘单击，添加3个顶点，如图7.13所示。

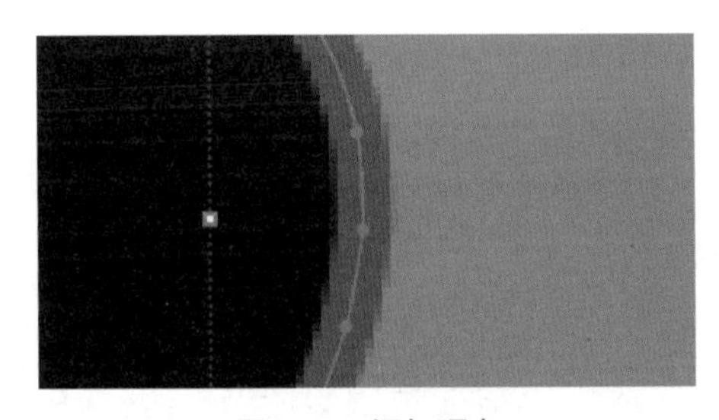

图 7.13　添加顶点

4 选择工具箱中的“转换‘顶点’工具”，单击添加的顶点，将其转换。

5 选择工具箱中的工具，选中转换的顶点并进行拖动，将图形变形，如图 7.14 所示。

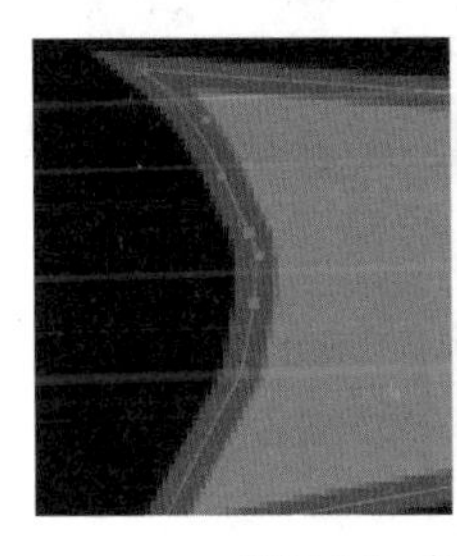

图 7.14　将图形变形 1

6 以同样方法在图形右侧添加顶点并转换，然后将其变形，如图 7.15 所示。

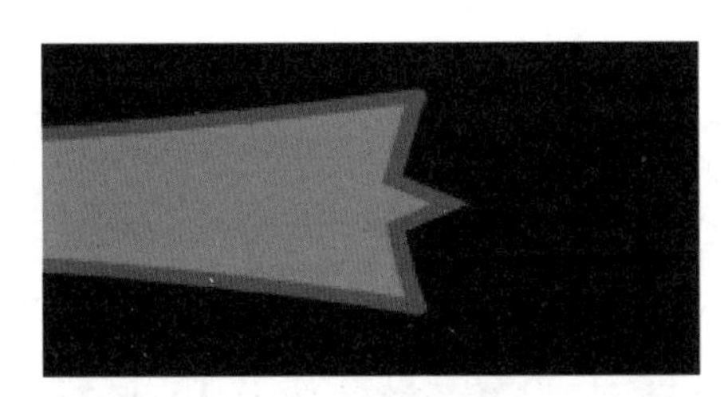

图 7.15　将图形变形 2

7 选择工具箱中的“横排文字工具”，在图像中添加文字，如图 7.16 所示。

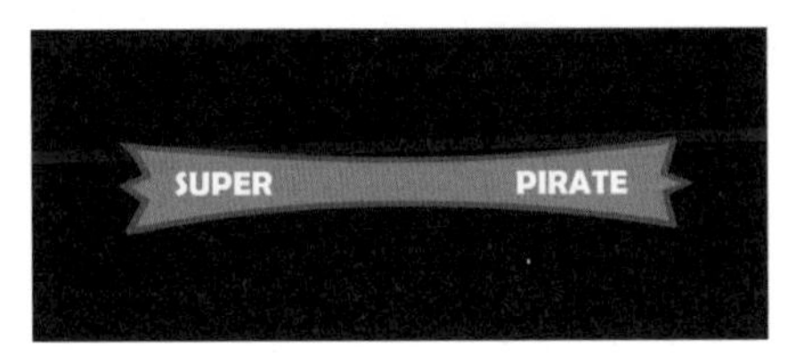

图 7.16　添加文字

8 在时间轴面板中，选中“文字”图层，在“效果和预设”面板中展开“生成”特效组，然后双击“梯度渐变”特效。

9 在“效果控件”面板中，修改“梯度渐变”特效的参数，设置“渐变起点”为（382.0,136.0），“起始颜色”为浅蓝色（R:212,G:233,B:255），“渐变终点”为（382.0,160.0），“结束颜色”为蓝色（R:42,G:79,B:117），“渐变形状”为“线性渐变”，如图 7.17 所示。

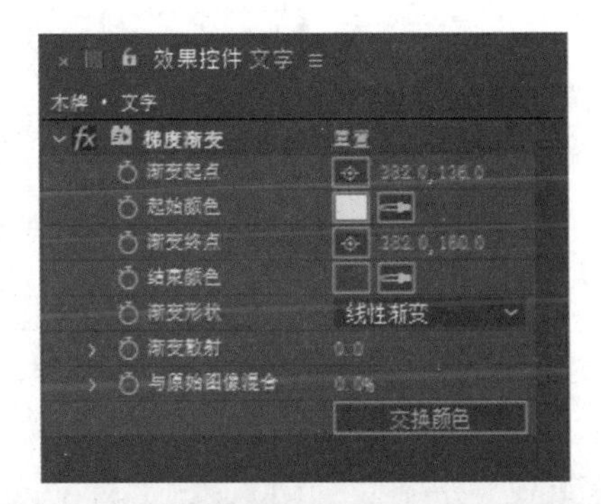

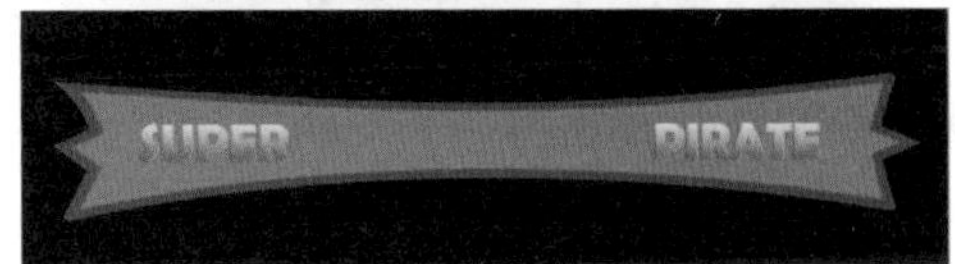

图 7.17　添加梯度渐变

10 在时间轴面板中，选中“文字”图层，在其图层名称上单击鼠标右键，在弹出的菜单中选择“图层样式”|“描边”选项，将“颜色”更改为蓝色（R:11,G:28,B:45），将“大小”更改为 3.0，如图 7.18 所示。

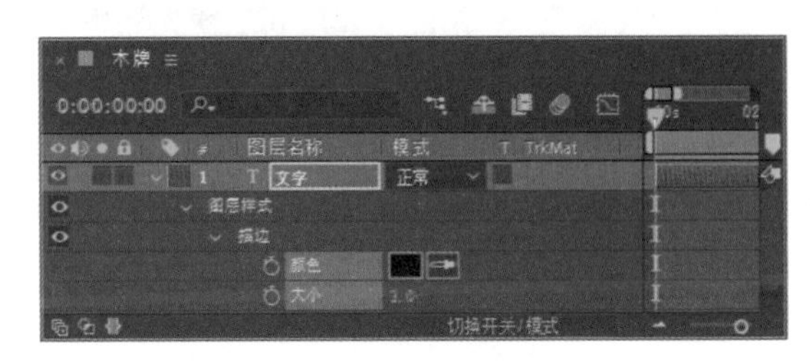

图 7.18　设置描边

7.1.4 制作动画效果

1 执行菜单栏中的“合成”|“新建合成”命令，打开“合成设置”对话框，设置“合成名称”为“总合成”，“宽度”为720，“高度”为405，“帧速率”为25，并设置“持续时间”为0:00:10:00，“背景颜色”为黑色，完成后单击“确定”按钮，如图7.19所示。

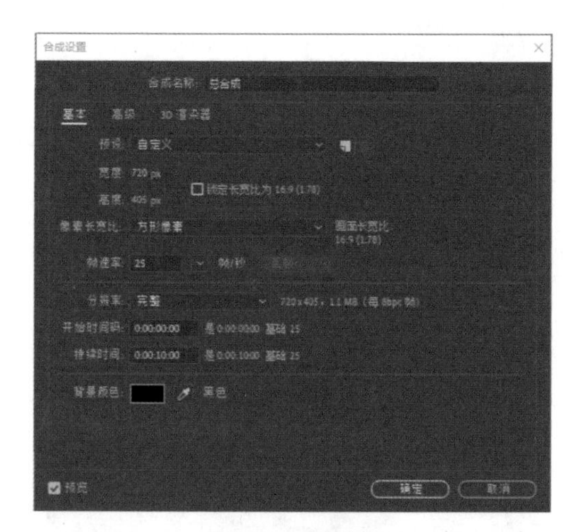

图7.19 新建合成

2 在“项目”面板中，选中“海盗游戏.jpg”“剑”“木牌”“圆盘”素材，将其拖至时间轴面板中。

3 在时间轴面板中，选中“剑”图层，按Ctrl+D组合键复制出一个新图层，将其重新命名为“剑2”，如图7.20所示。

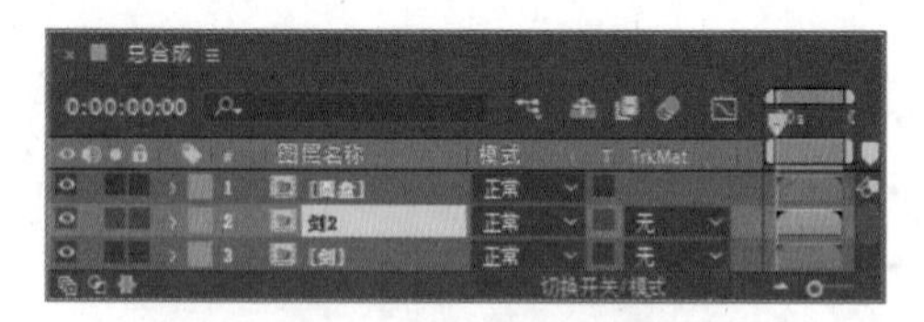

图7.20 添加素材并复制图层

4 在时间轴面板中，选中“剑2”图层，按R键打开“旋转”，将其数值更改为0x+45.0°；选中“剑”图层，按R键打开“旋转”，将其数值更改为0x-45.0°，如图7.21所示。

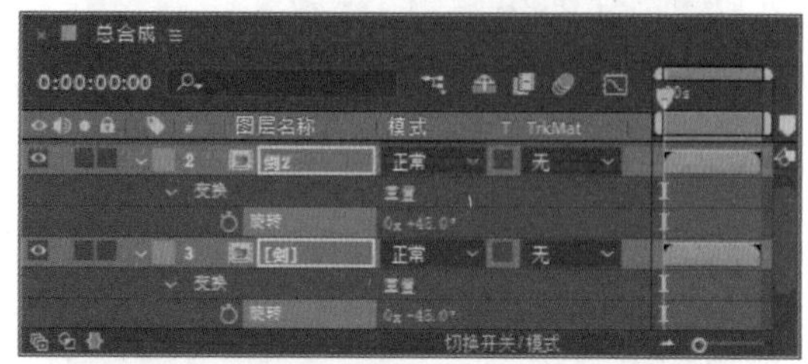

图7.21 旋转图像

5 在时间轴面板中，选中“圆盘”图层，将时间调整到0:00:00:00的位置，按S键打开“缩放”，单击“缩放”左侧码表，在当前位置添加关键帧，将数值更改为（0.0,0.0%）。

6 将时间调整到0:00:00:15的位置，将数值更改为（60.0,60.0%），系统将自动添加关键帧，如图7.22所示。

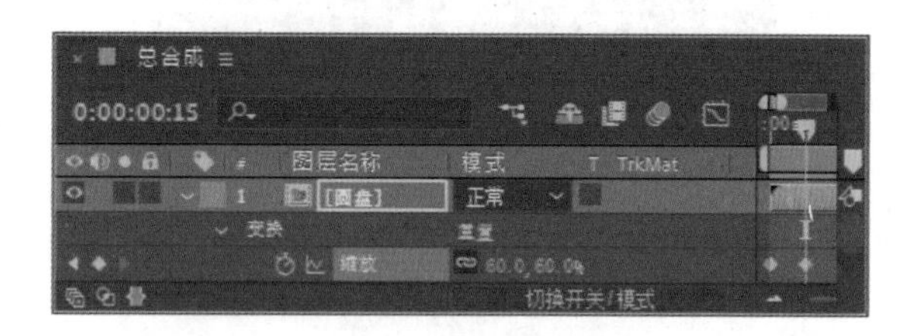

图7.22 添加缩放效果

7 按住Alt键，单击“缩放”左侧码表，输入如下代码：

```
freq = 3;
decay = 5;
n = 0;
if (numKeys > 0){
  n = nearestKey(time).index;
  if (key(n).time > time) n--;
```

```
}
if (n > 0){
  t = time - key(n).time;
  amp = velocityAtTime(key(n).time - .001);
  w = freq*Math.PI*2;
  value + amp*(Math.sin(t*w)/Math.exp(decay*t)/w);
}else
value
```

为当前图层添加表达式，如图 7.23 所示。

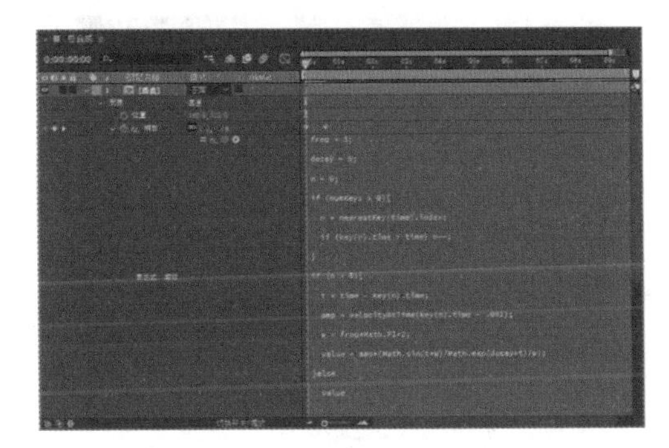

图 7.23　添加缩放表达式

8 在时间轴面板中，选中“圆盘”图层，将时间调整到0:00:00:00的位置，按R键打开“旋转”，单击“旋转”左侧码表，在当前位置添加关键帧，将数值更改为0x+0.0°。

9 将时间调整到0:00:00:15的位置，将“旋转”数值更改为0x+200.0°，系统将自动添加关键帧，如图 7.24 所示。

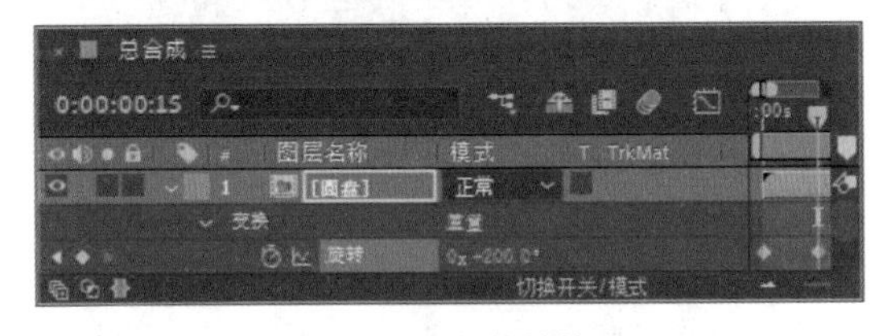

图 7.24　添加旋转效果

10 按住 Alt 键，单击“旋转”左侧码表，输入以下代码：

```
freq = 3;
decay = 5;
n = 0;
if (numKeys > 0){
  n = nearestKey(time).index;
  if (key(n).time > time) n--;
}
if (n > 0){
  t = time - key(n).time;
  amp = velocityAtTime(key(n).time - .001);
  w = freq*Math.PI*2;
  value + amp*(Math.sin(t*w)/Math.exp(decay*t)/w);
}else
  value
```

为当前图层添加表达式，如图 7.25 所示。

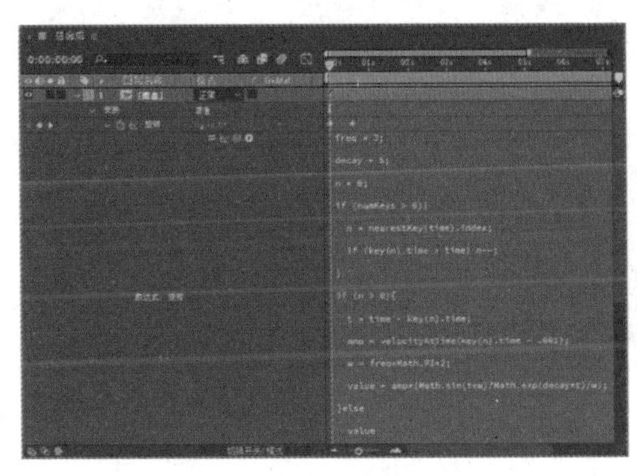

图 7.25　添加旋转表达式

11 在时间轴面板中，选中“剑”图层，将时间调整到 0:00:00:15 的位置，按 P 键打开“位置”，单击“位置”左侧码表，在当前位置添加关键帧。

12 在视图中将其移至左上角位置，如图 7.26 所示。

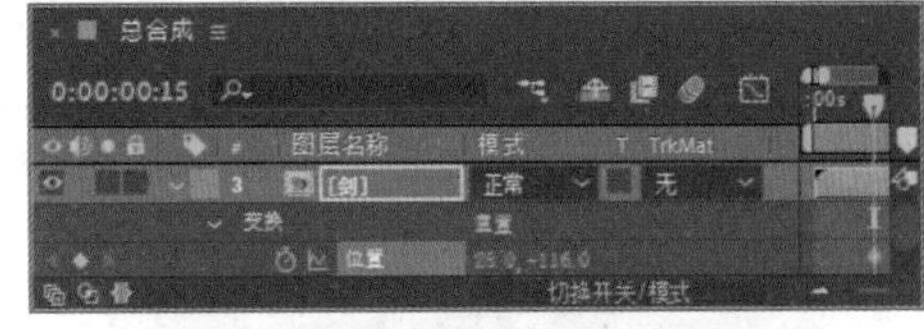

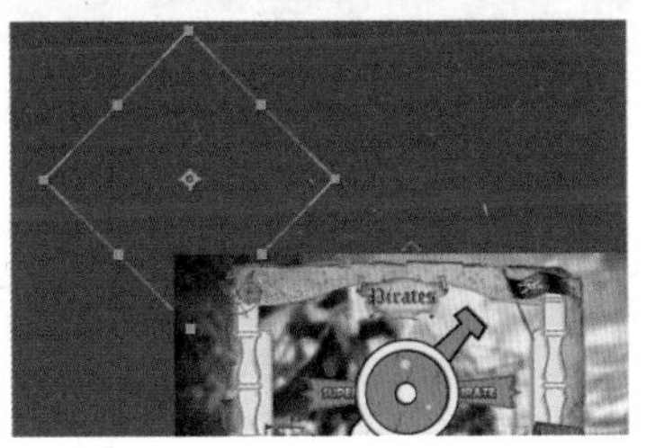

图 7.26　拖动图像 1

13 将时间调整到0:00:01:00的位置，在视图中将其向右下角方向移动，系统将自动添加关键帧，如图7.27所示。

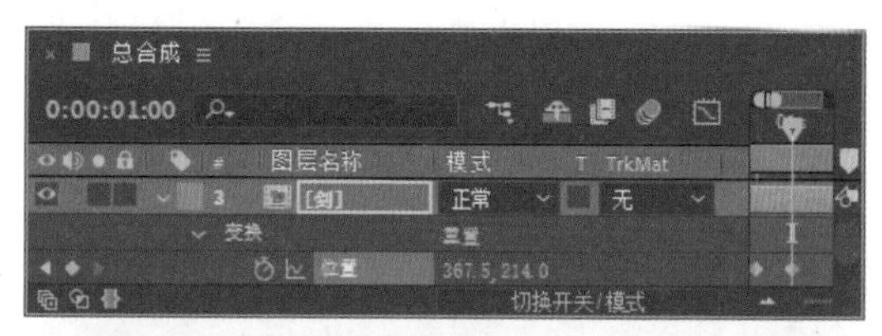

图7.27 拖动图像2

14 在时间轴面板中，选中“剑2”图层，将时间调整到0:00:00:20的位置，按P键打开“位置”，单击“位置”左侧码表，在当前位置添加关键帧。

15 在视图中将其移至右上角位置，如图7.28所示。

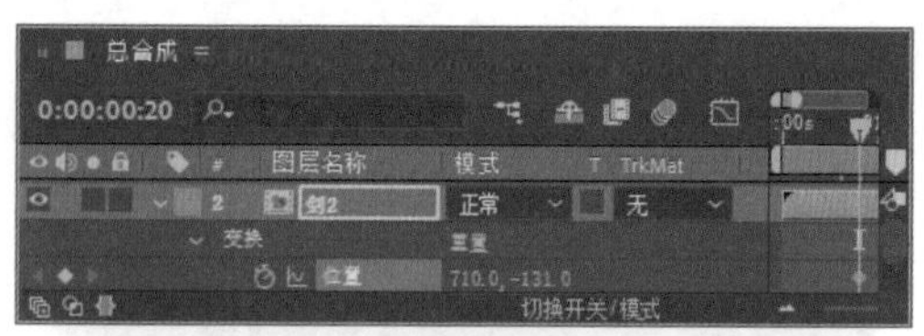

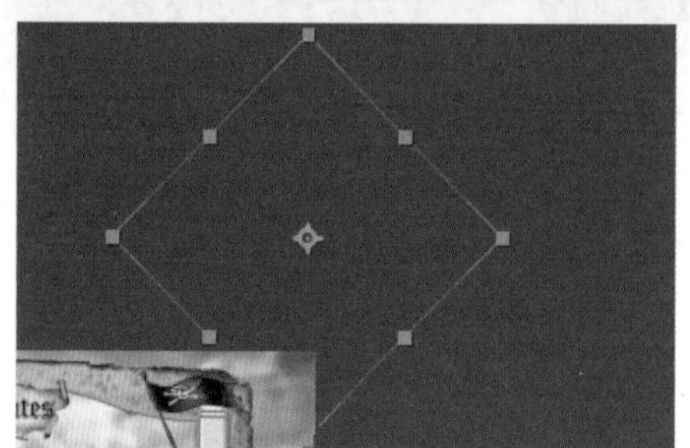

图7.28 拖动图像3

16 将时间调整到0:00:01:05的位置，在视图中将其向左下角方向移动，系统将自动添加关键帧，如图7.29所示。

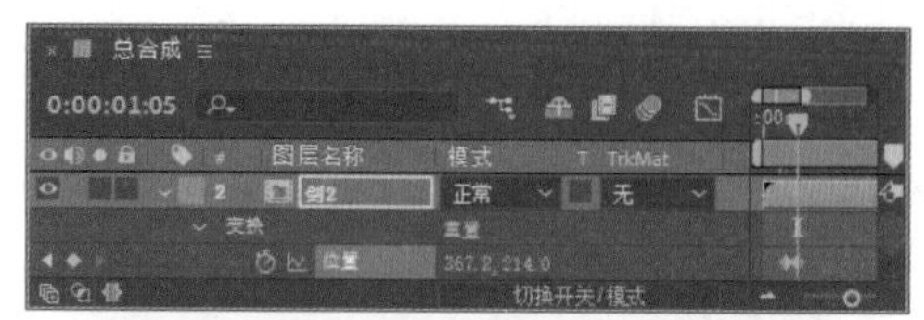

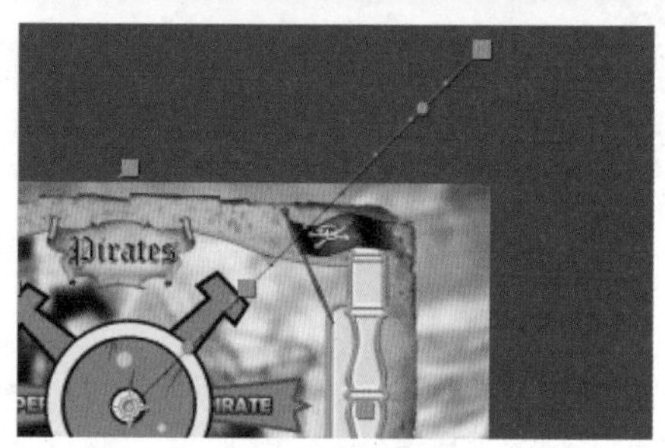

图7.29 拖动图像4

17 在时间轴面板中，选中“剑”及“剑2”图层，按住Alt键，单击“位置”左侧码表，输入与之前相同的表达式，如图7.30所示。

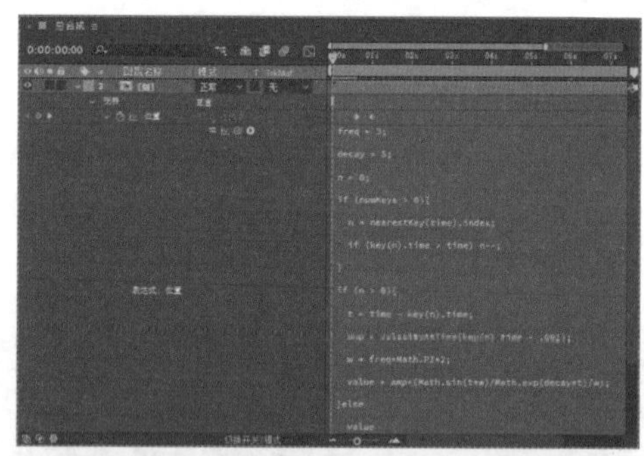

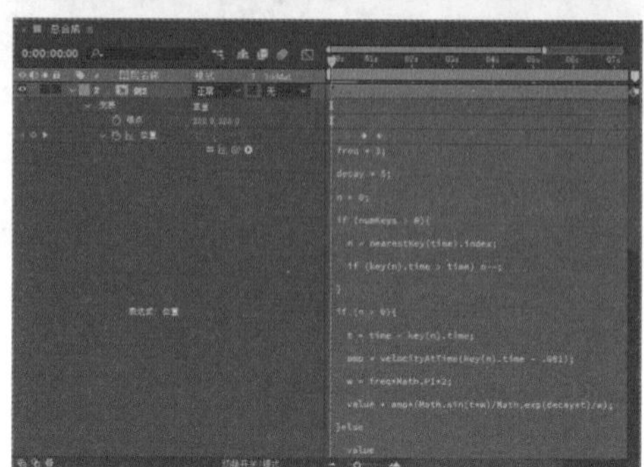

图7.30 输入表达式

18 在时间轴面板中，选中“木牌”图层，将时间调整到 0:00:01:00 的位置，按 S 键打开“缩放”，单击“缩放”左侧码表，在当前位置添加关键帧，将数值更改为（0.0,0.0%）。

19 将时间调整到 0:00:01:15 的位置，将“缩放”数值更改为（90.0,90.0%），系统将自动添加关键帧，如图 7.31 所示。

图 7.31　添加缩放效果

20 在时间轴面板中，选中“木牌”图层，按住 Alt 键，单击“位置”左侧码表，输入与刚才相同的表达式，如图 7.32 所示。

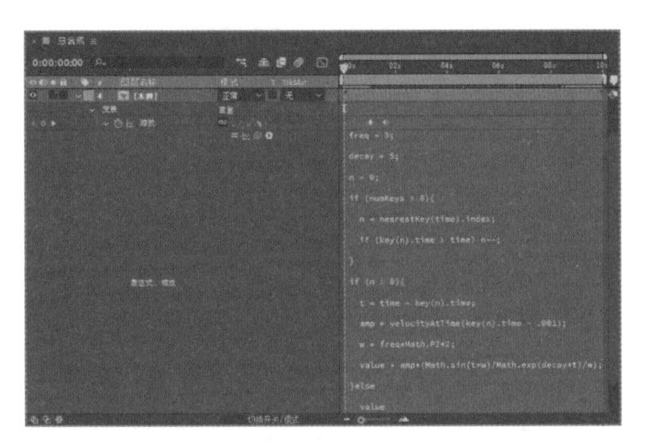

图 7.32　输入表达式

21 在“项目”面板中，选中“海盗头像 .png”素材，将其拖至时间轴面板中，在视图中将其移至所有图层上方，如图 7.33 所示。

图 7.33　添加素材图像

22 在时间轴面板中，选中“海盗头像 .png”图层，将时间调整到 0:00:02:00 的位置，按 S 键打开“缩放”，单击“缩放”左侧码表，在当前位置添加关键帧，将数值更改为（0.0,0.0%）。

23 将时间调整到 0:00:02:10 的位置，将数值更改为（100.0,100.0%），系统将自动添加关键帧，如图 7.34 所示。

图 7.34　添加缩放效果

24 这样就完成了最终整体效果的制作，按小键盘上的 0 键即可在合成窗口中预览动画效果。

7.2　战略游戏片头设计

实例解析

本例主要讲解战略游戏片头设计。本例主要由粒子及光效叠加而成，在制作过程中应重点注意参数设置及效果的结合，如图 7.35 所示。

图 7.35　动画流程画面

知识点

1. 分形杂色
2. 快速方框模糊
3. 投影
4. 镜头光晕
5. 曲线
6. CC Particle World（CC 粒子世界）
7. 径向模糊

视频讲解

操作步骤

7.2.1　制作开场背景

1 执行菜单栏中的“合成”|“新建合成”命令，打开“合成设置”对话框，设置“合成名称”为“开场”，“宽度”为720，“高度”为405，“帧速率”为25，设置“持续时间”为0:00:10:00，“背景颜色”为黑色，完成后单击“确定”按钮，如图7.36所示。

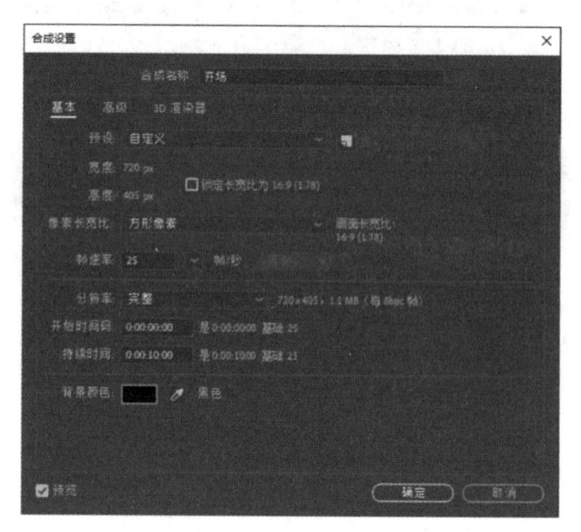

图 7.36　新建合成

2 执行菜单栏中的“文件”|“导入”|“文件”命令，打开“导入文件”对话框，选择“工程文件\第7章\战略游戏片头设计\炫光.jpg、游戏名称.png”素材，单击“导入”按钮，如图7.37所示。

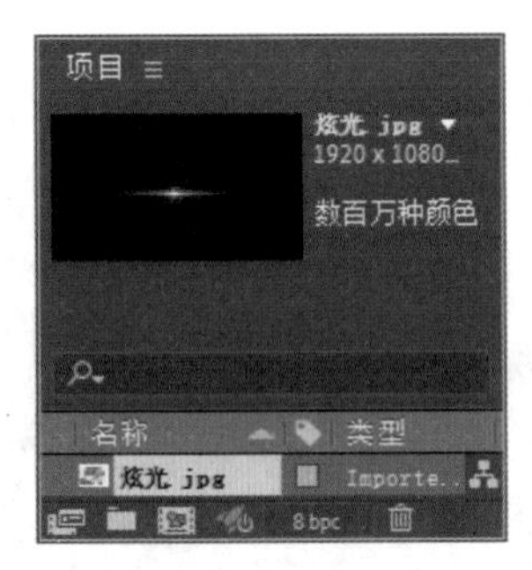
图 7.37　导入素材

3 执行菜单栏中的“图层”|“新建”|“纯色”命令，在弹出的对话框中将“名称”更改为“背景”，将“颜色”更改为黑色，完成之后单击“确定”按钮。

4 在时间轴面板中，将时间调整到0:00:00:00 的位置，选中“背景”图层，在“效果和预设”面板中展开“杂色和颗粒”特效组，然后双击“分形杂色”特效。

5 在“效果控件”面板中，修改“分形杂色”特效的参数，设置“分形类型”为“小凹凸”，“杂色类型”为“样条”，“对比度”为 86.0，“亮度”为 -20.0，如图 7.38 所示。

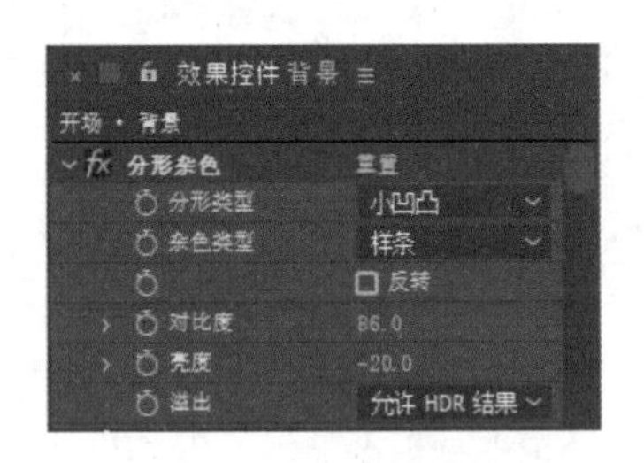
图 7.38　设置参数

6 展开“变换”，设置“旋转”为 0x+35.0°，“缩放”为 30.0，“偏移（湍流）”为（360.0,600.0），并单击其左侧码表，在当前位置添加关键帧，如图 7.39 所示。

7 在时间轴面板中，选中“背景”图层，将时间调整到0:00:09:24的位置，将“偏移（湍流）”更改为（360.0,200.0），系统将自动添加关键帧，如图 7.40 所示。

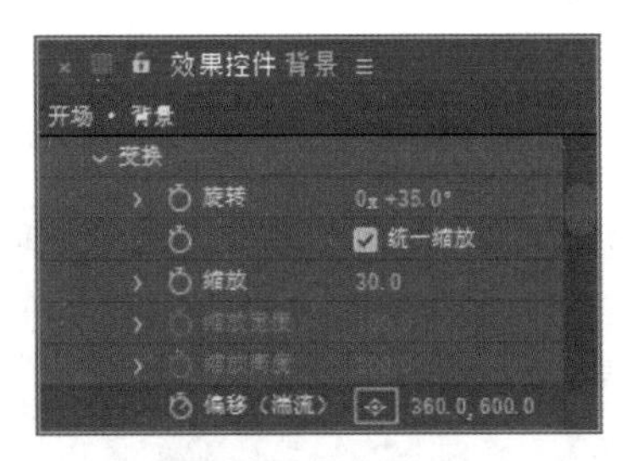
图 7.39　设置变换

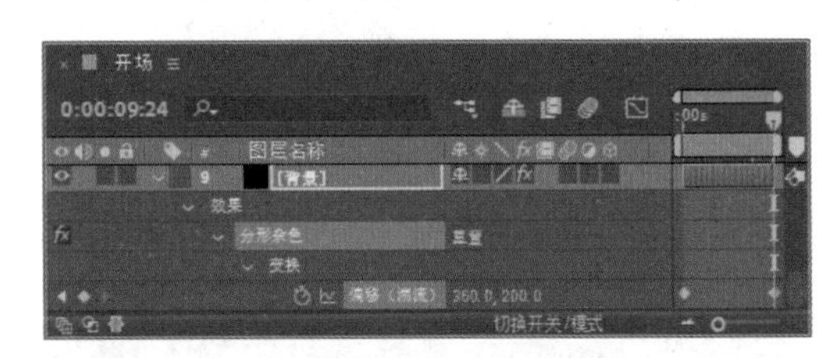
图 7.40　更改数值

8 按住 Alt 键单击“演化”左侧码表，输入 time*50，为当前图层添加表达式，如图 7.41 所示。

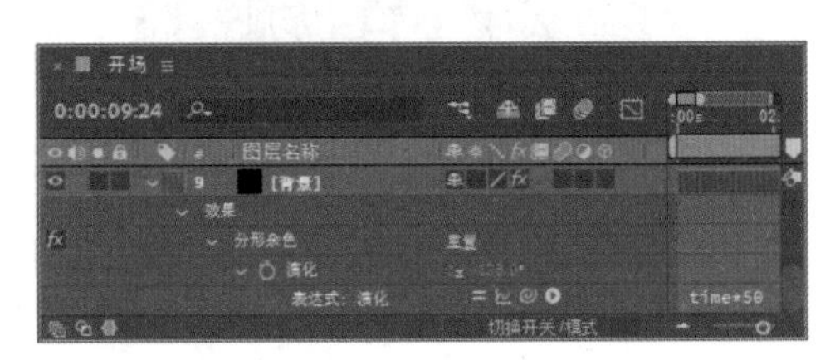
图 7.41　添加表达式

9 在时间轴面板中，选中“背景”图层，在“效果和预设”面板中展开“模糊和锐化”特效组，然后双击“快速方框模糊”特效。

10 在“效果控件”面板中，修改“快速方框模糊”特效的参数，设置“模糊半径”为 8.0，“迭代”为 1，如图 7.42 所示。

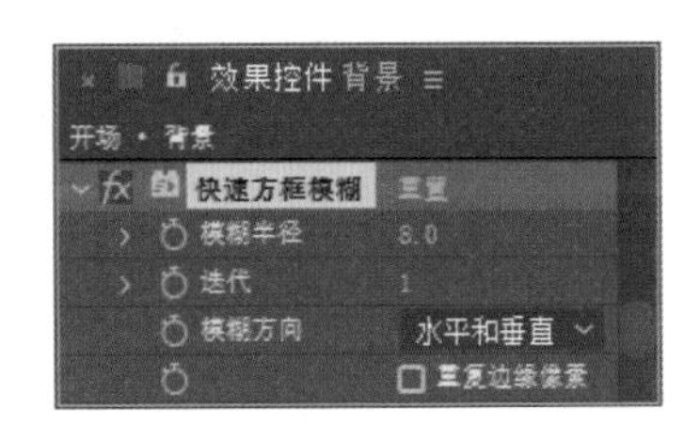
图 7.42　设置快速方框模糊

11 选择工具箱中的“椭圆工具”，绘制一个椭圆路径，如图 7.43 所示。

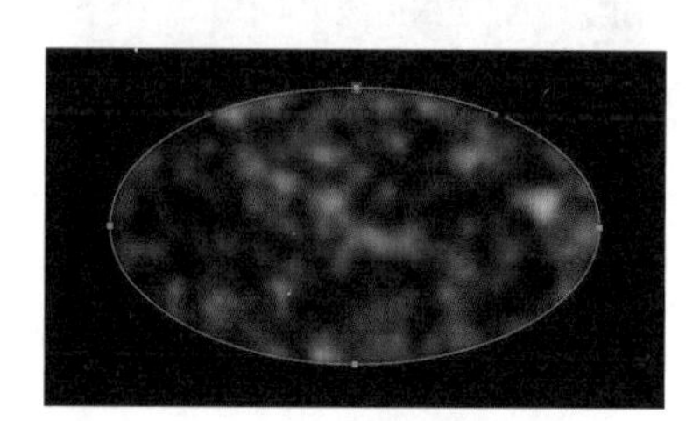

图 7.43　绘制路径

12 在时间轴面板中，按 F 键打开“蒙版羽化”，将数值更改为（200.0,200.0），如图 7.44 所示。

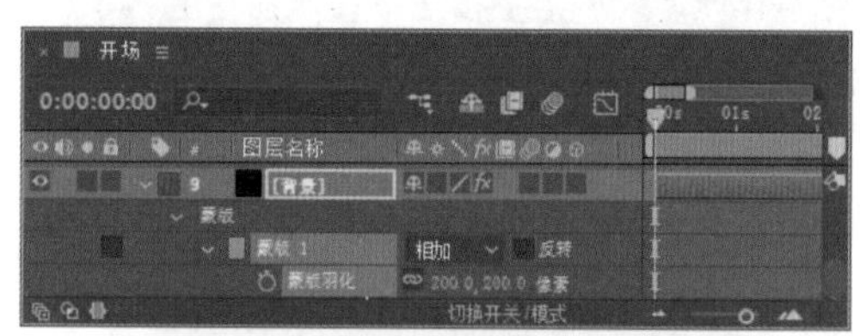

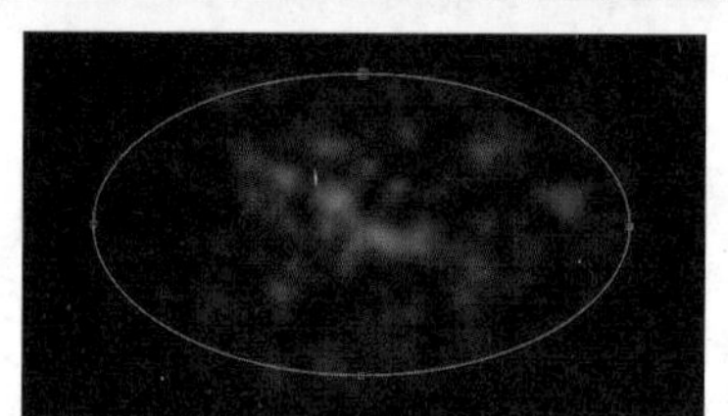

图 7.44　设置蒙版羽化

7.2.2　制作立体质感字

1 执行菜单栏中的“合成”|“新建合成”命令，打开“合成设置”对话框，设置“合成名称”为“文字”，“宽度”为 720，“高度”为 405，“帧速率”为 25，并设置“持续时间”为 0:00:10:00，“背景颜色”为黑色，完成后单击“确定”按钮，如图 7.45 所示。

2 选择工具箱中的“横排文字工具”，在图像中添加文字，如图 7.46 所示。

3 在时间轴面板中，在文字上单击鼠标右键，从弹出的快捷菜单中选择“图层样式”|“渐变叠加”选项，如图 7.47 所示。

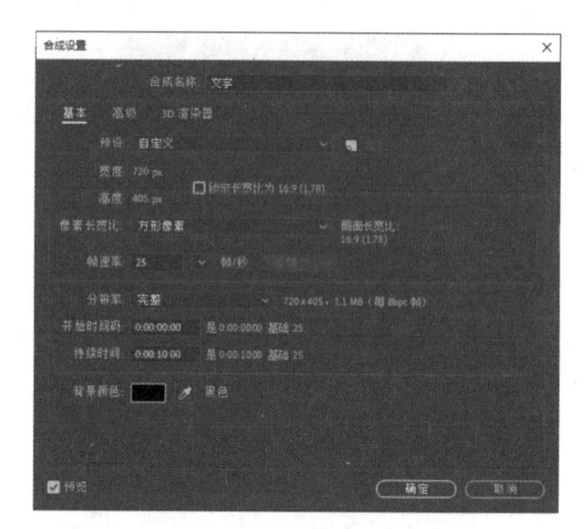

图 7.45　新建合成

图 7.46　添加文字

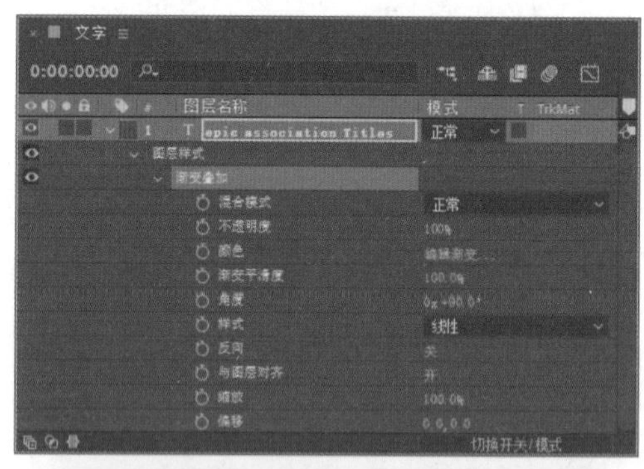

图 7.47　添加渐变叠加

4 单击“编辑渐变”，在弹出的对话框中编辑渐变颜色，完成之后单击“确定”按钮，如图 7.48 所示。

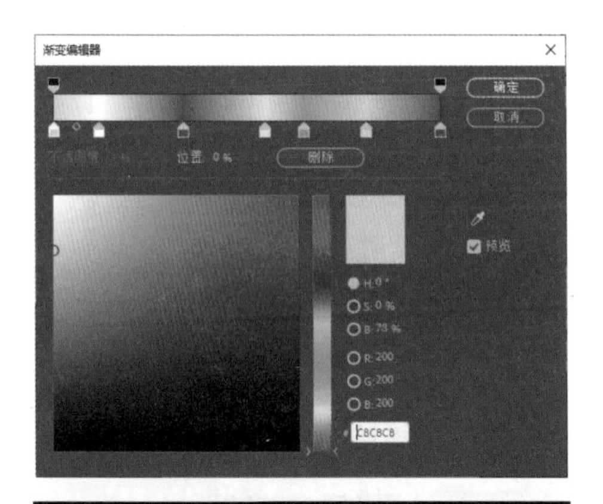

图 7.48　编辑渐变

5 在时间轴面板中，选中文字图层，按 Ctrl+D 组合键将图层复制一份，将复制生成的图层中的渐变叠加图层样式删除，再将文字更改为黑色，然后在视图中将其向上移动 1 像素，如图 7.49 所示。

图 7.49　复制图层

> 技巧　按键盘上的方向键一次，即可移动 1 像素。

6 在时间轴面板中，选中 epic association Titles 图层，按 Ctrl+D 组合键将图层复制一份，将生成的 epic association Titles 3 图层移至 epic association Titles 2 上方；再选中 epic association Titles 3 图层，按 Ctrl+D 组合键复制出 epic association Titles 4 图层，如图 7.50 所示。

图 7.50　复制图层

7 选中 epic association Titles 4 图层，依次展开“图层样式”|“渐变叠加”，单击“编辑渐变”，在弹出的对话框中更改渐变颜色，如图 7.51 所示。

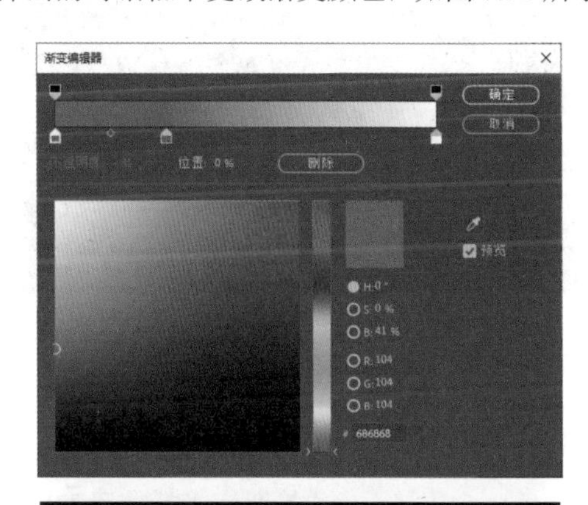

图 7.51　设置渐变

8 将“游戏名称 .png”素材拖入时间轴面板中，并移至“文字”合成下方，调整两者的位置，如图 7.52 所示。

图 7.52　添加素材

7.2.3 制作开场主题动画

1 双击“开场”合成，将“文字”合成及“游戏名称 .png”素材拖至当前合成时间轴面板中，如图 7.53 所示。

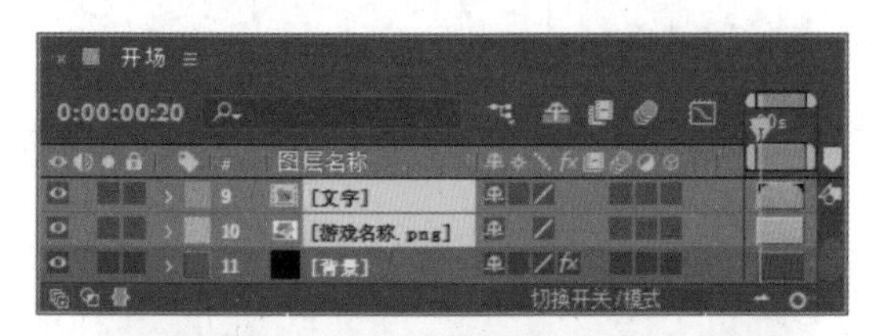

图 7.53 添加素材

2 同时选中两个文字图层，单击鼠标右键，从弹出的快捷菜单中选择“预合成”选项，在弹出的对话框中将“新合成名称”更改为“主题字”，如图 7.54 所示。

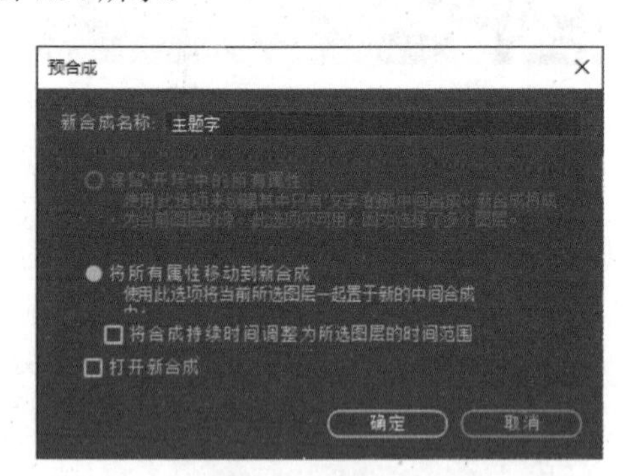

图 7.54 设置预合成

3 在时间轴面板中，选中“主题字”图层，在“效果和预设”面板中展开“透视”特效组，然后双击“投影”特效。

4 在“效果控件”面板中，修改“投影”特效的参数，设置“不透明度”为 60%，“距离”为 10.0，“柔和度”为 20.0，如图 7.55 所示。

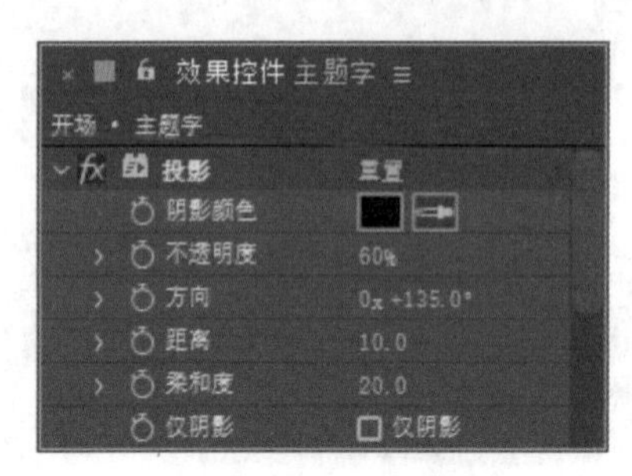

图 7.55 设置投影

5 在时间轴面板中，将时间调整到 0:00:00:00 的位置，在“效果和预设”面板中展开“模糊和锐化”特效组，然后双击“快速方框模糊”特效。

6 在“效果控件”面板中，修改“快速方框模糊”特效的参数，设置“模糊半径”为 500.0，“迭代”为 1，并单击“模糊半径”左侧码表，在当前位置添加关键帧，如图 7.56 所示。

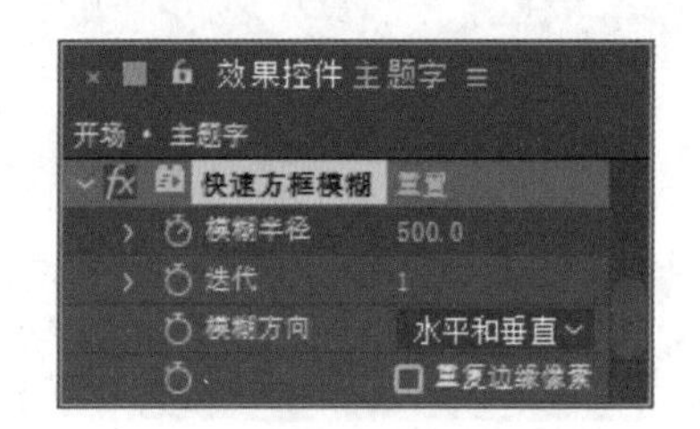

图 7.56 添加关键帧

7 在时间轴面板中，将时间调整到 0:00:00:10 的位置，将“模糊半径”更改为 0.0，系统将自动添加关键帧，如图 7.57 所示。

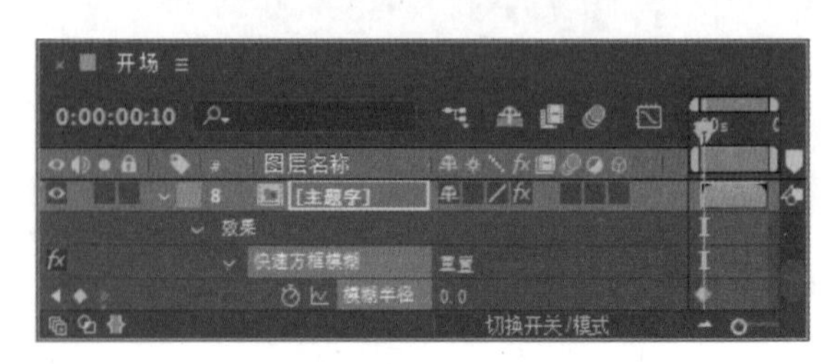

图 7.57 更改数值

8 执行菜单栏中的“图层”|“新建”|“纯色”命令，在弹出的对话框中将“名称”更改为“发光”，将“颜色”更改为黑色，完成之后单击“确定”按钮。

9 在时间轴面板中，选中“发光”图层，将其图层模式更改为“相加”，如图 7.58 所示。

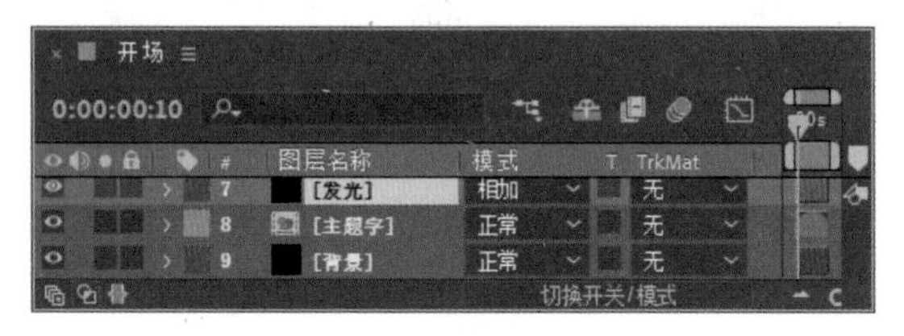

图 7.58 设置图层模式

10 在时间轴面板中，选中“发光”图层，在“效果和预设”面板中展开“生成”特效组，然后双击“镜头光晕”特效。

11 在“效果控件”面板中，修改“镜头光晕”特效的参数，设置“光晕中心”为（360.0,203.0），“镜头类型”为“105 毫米定焦”，如图 7.59 所示。

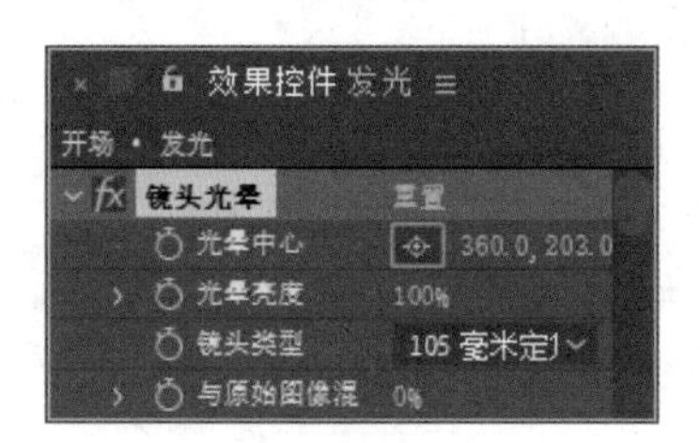

图 7.59 设置镜头光晕

7.2.4 对图像进行调色

1 在“效果和预设”面板中展开“颜色校正”特效组，然后双击“曲线”特效。

2 在“效果控件”面板中，修改“曲线”特效的参数，在直方图中选择“通道”为红色，调整曲线，如图 7.60 所示。

3 以同样方法分别选择“绿”“蓝”通道，调整曲线，如图 7.61 所示。

4 在时间轴面板中，选中“发光”图层，将时间调整到0:00:00:14的位置，在“效果和预设”面板中展开“模糊和锐化”特效组，然后双击“快速方框模糊”特效。

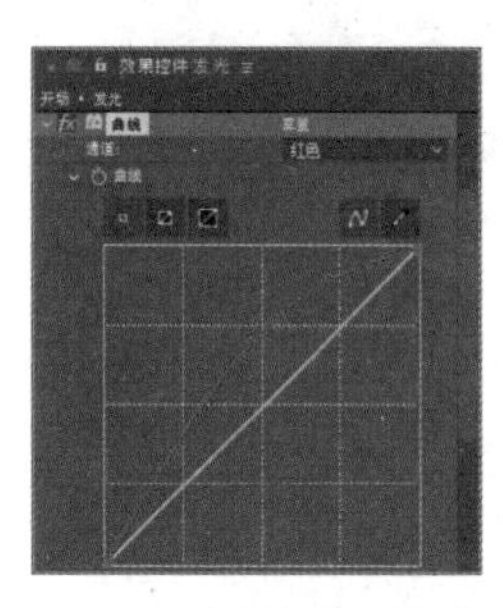

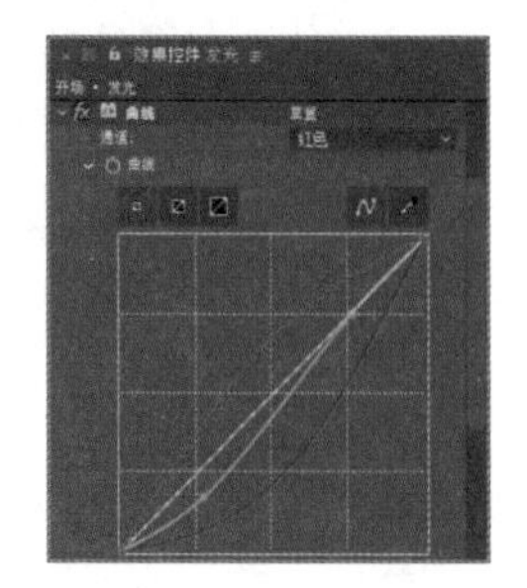

图 7.60 调整红通道曲线 图 7.61 调整绿、蓝通道曲线

5 在“效果控件”面板中，修改“快速方框模糊”特效的参数，单击“模糊半径”左侧码表，在当前位置添加关键帧，如图 7.62 所示。

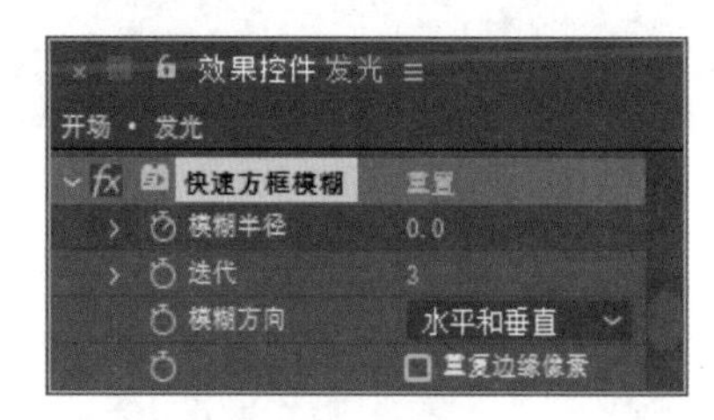

图 7.62 添加关键帧

6 在时间轴面板中，将时间调整到0:00:01:00 的位置，将“模糊半径”更改为 60.0，系统将自动添加关键帧，如图 7.63 所示。

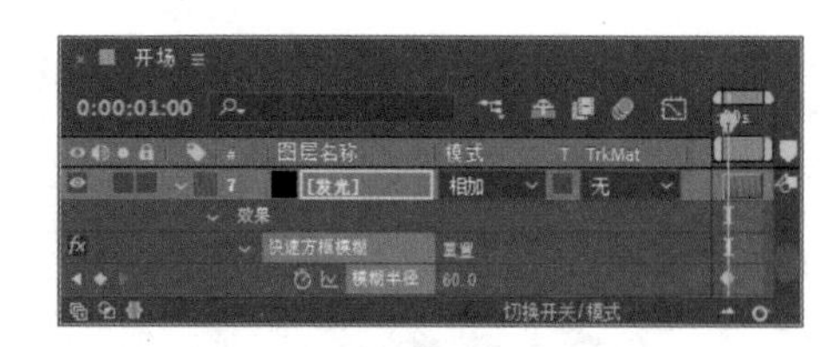

图 7.63 更改数值

7 在时间轴面板中，将时间调整到0:00:00:00 的位置，在“效果控件”面板中，单击“镜头光晕”中的“光晕亮度”左侧码表，将数值更改为 0%，在当前位置添加关键帧，如图 7.64 所示。

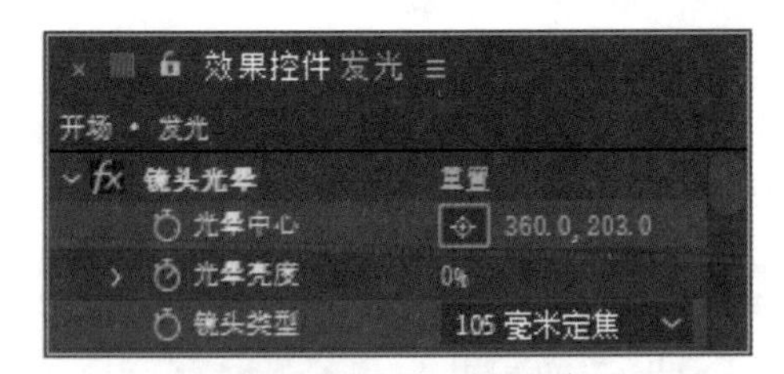

图 7.64 设置光晕亮度

8 在时间轴面板中，将时间调整到0:00:00:08的位置，将“光晕亮度”更改为135%，系统将自动添加关键帧。选中当前关键帧，执行菜单栏中的“动画”|“关键帧辅助”|“缓动”命令，如图7.65所示。

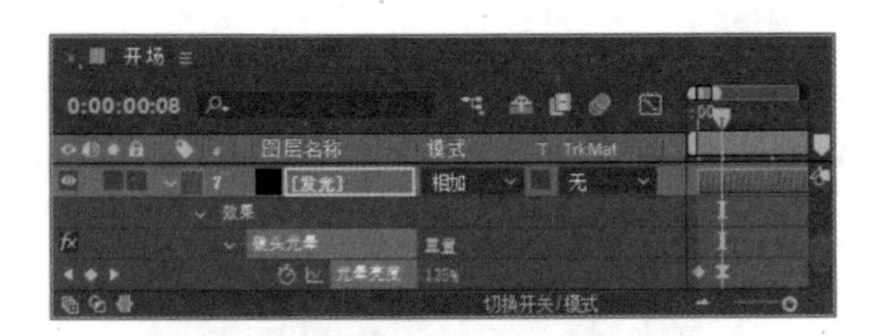
图 7.65 添加关键帧

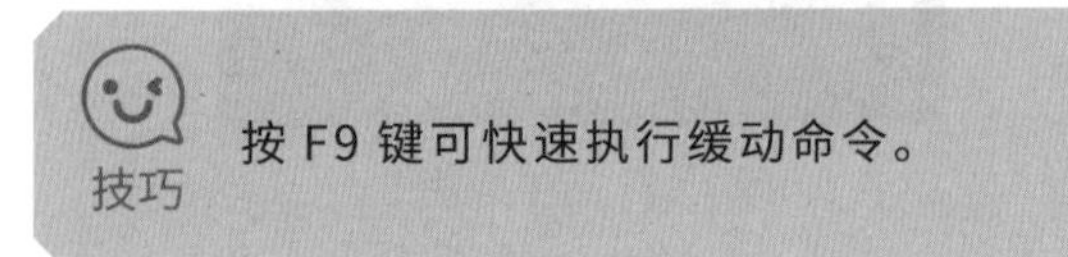
技巧 按 F9 键可快速执行缓动命令。

9 将时间调整到0:00:01:20的位置，将“光晕亮度”更改为0%，系统将自动添加关键帧，如图7.66所示。

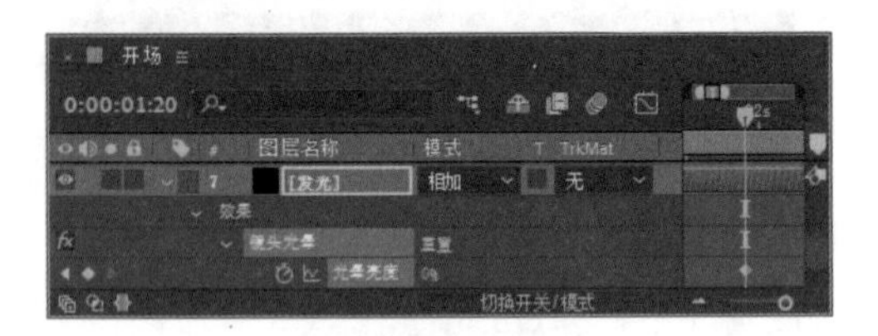
图 7.66 更改数值

7.2.5 添加粒子效果

1 执行菜单栏中的“图层”|“新建”|“纯色”命令，在弹出的对话框中将“名称”更改为“粒子”，将“颜色”更改为黑色，完成之后单击“确定”按钮。

2 在时间轴面板中，选中“粒子”图层，在“效果和预设”面板中展开“模拟”特效组，然后双击CC Particle World（CC 粒子世界）特效。

3 在“效果控件”面板中，修改CC Particle World（CC 粒子世界）特效的参数，将Birth Rate（出生速率）更改为0.5，将Longevity (sec)（寿命）更改为3.00。

4 展开Producer（生产者）选项组，将Position X（位置X）更改为-0.60，将Position Y（位置Y）更改为0.36，将Radius X（半径X）更改为1.000，将Radius Y（半径Y）更改为0.400，将Radius Z（半径Z）更改为1.000，如图7.67所示。

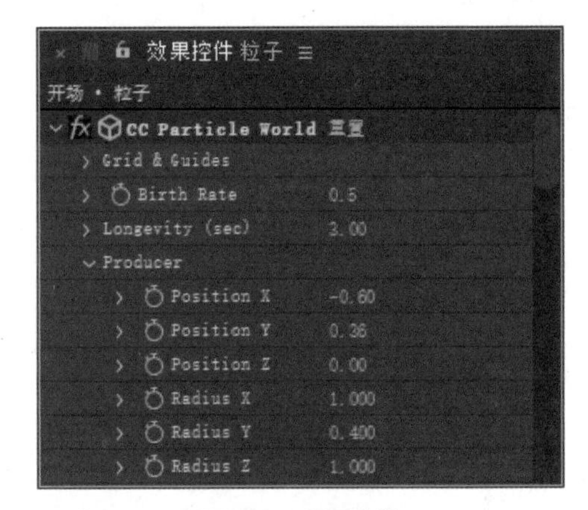

图 7.67 设置参数

5 展开Physics（物理）选项组，将Animation（动画）更改为Twirl（扭曲），将Gravity（重力）更改为0.050，将Extra（扩展）更改为1.20，将Extra Angle（扩展角度）更改为0x+210.0°。

6 展开Direction Axis（方向轴）选项组，将Axis X（X轴）更改为0.130。

7 展开Gravity Vector（重力矢量）选项组，将Gravity X（重力X）更改为0.130，将Gravity Y（重力Y）更改为0.000，如图7.68所示。

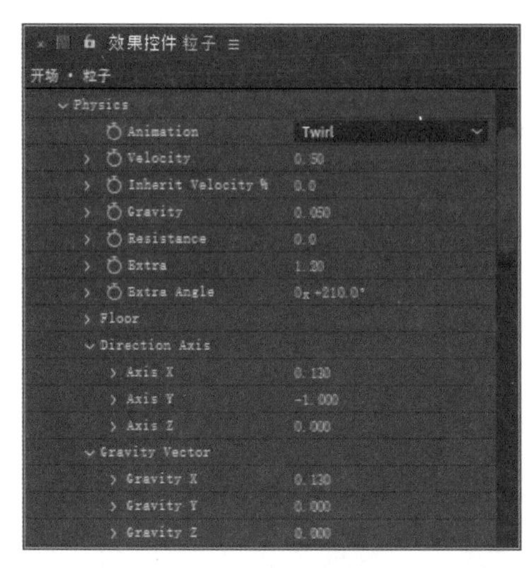

图 7.68 设置各项参数

8 展开 Particle（粒子）选项组，将 Particle Type（粒子类型）更改为 Faded Sphere（褪色球体），将 Birth Size（出生大小）更改为 0.120，将 Death Size（死亡大小）更改为 0.130，将 Size Variation（尺寸变化）更改为 50.0%，将 Max Opacity（最大不透明度）更改为 100.0%，如图 7.69 所示。

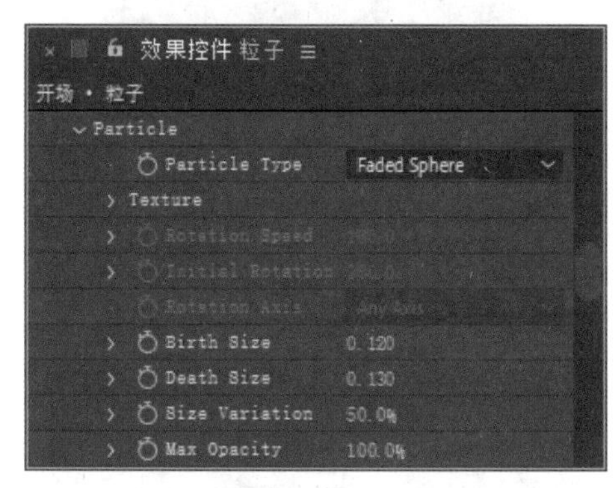

图 7.69 设置 Particle（粒子）选项

9 在“效果和预设”面板中展开“模糊和锐化”特效组，然后双击“快速方框模糊”特效。

10 在“效果控件”面板中，修改“快速方框模糊”特效的参数，设置“模糊半径”为 2.0，如图 7.70 所示。

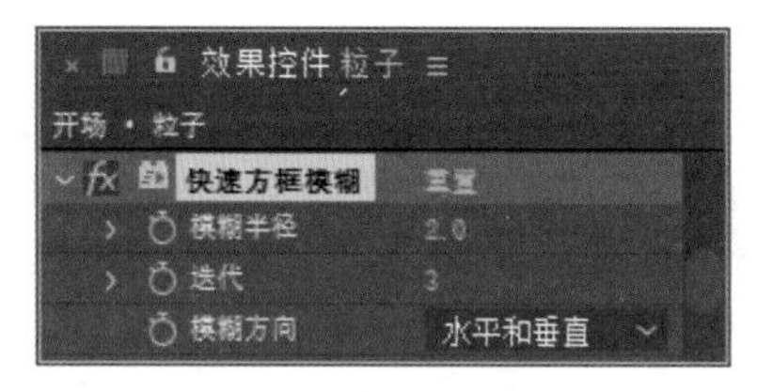

图 7.70 设置模糊半径

11 在时间轴面板中，选中“粒子”图层，按 Ctrl+D 组合键将图层复制一份，将复制的粒子图层模式更改为“相加”。在“效果控件”面板中展开 Particle（粒子），将 Particle Type（粒子类型）更改为 Motion Polygon（运动多边形），如图 7.71 所示。

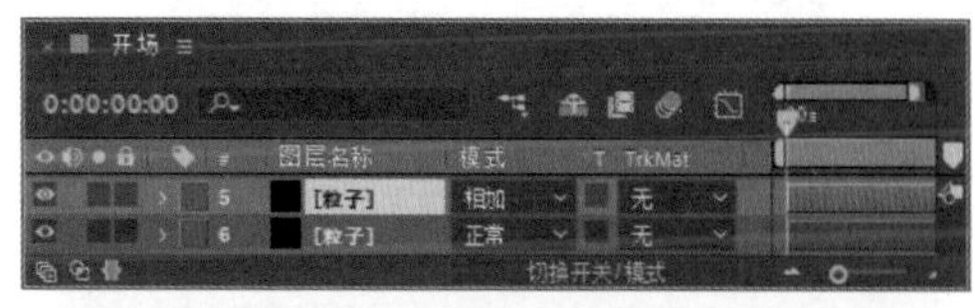

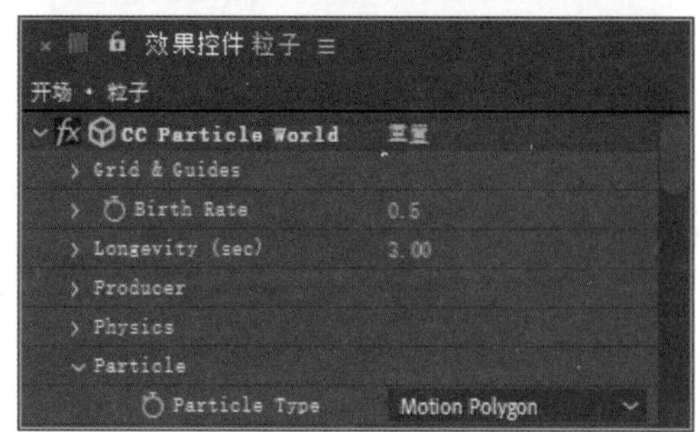

图 7.71 复制图层并设置参数

7.2.6 添加光效

1 执行菜单栏中的“图层”|“新建”|“纯色”命令，在弹出的对话框中将“名称”更改为“顶部发光”，将“颜色”更改为黑色，完成之后单击“确定”按钮。

2 在时间轴面板中，选中“顶部发光”图层，将其图层模式更改为“相加”，如图 7.72 所示。

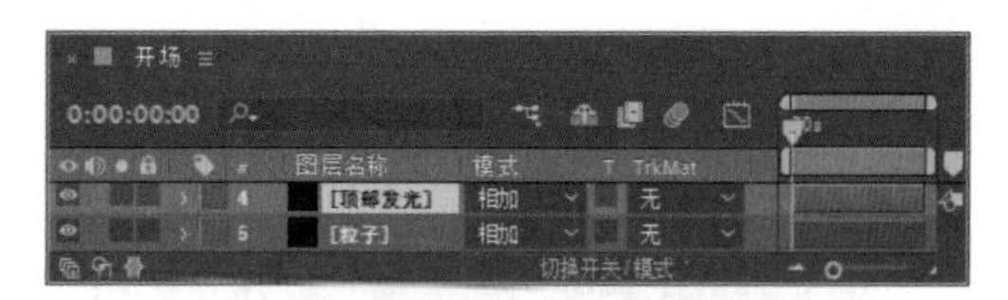

图 7.72　设置图层模式

3 在时间轴面板中，选中“顶部发光”图层，在“效果和预设”面板中展开“生成”特效组，然后双击“镜头光晕”特效。

4 在“效果控件”面板中，修改“镜头光晕”特效的参数，设置“光晕中心”为（460.0,0.0），“镜头类型”为“105 毫米定焦”，如图 7.73 所示。

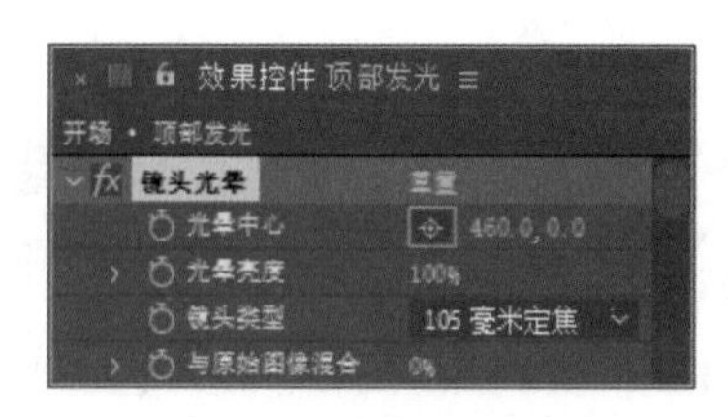

图 7.73　设置镜头光晕

5 在时间轴面板中，选中“发光”图层，在“效果控件”面板中，选中“曲线”，按 Ctrl+C 组合键将其复制，选中“顶部发光”图层，在“效果控件”面板中按 Ctrl+V 组合键将其粘贴，再适当对曲线进行编辑，如图 7.74 所示。

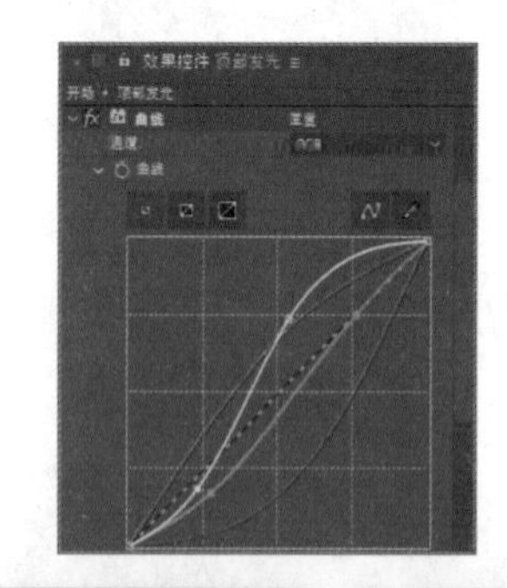

图 7.74　复制曲线并编辑

6 在“效果和预设”面板中展开“模糊和锐化”特效组，然后双击“快速方框模糊”特效。

7 在“效果控件”面板中，修改“快速方框模糊”特效的参数，设置“模糊半径”为 10.0，如图 7.75 所示。

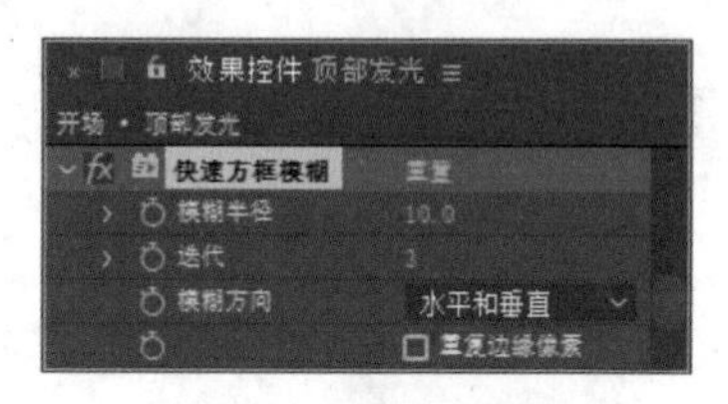

图 7.75　设置快速模糊

8 在时间轴面板中，选中“顶部发光”图层，将时间调整到 0:00:00:00 的位置，将“光晕亮度”更改为 0%，并单击其左侧码表，在当前位置添加关键帧，如图 7.76 所示。

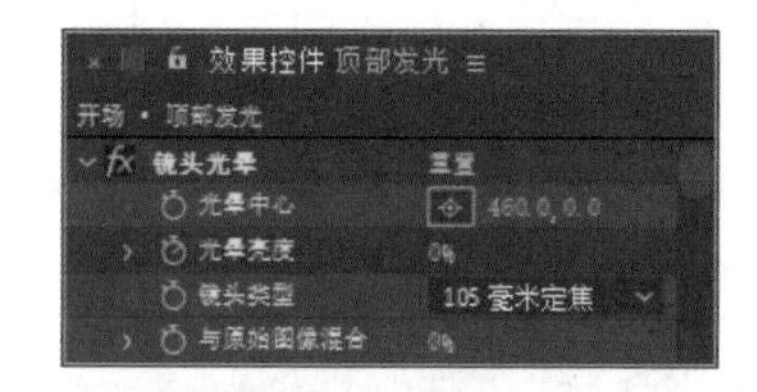

图 7.76　设置镜头光晕

9 在时间轴面板中，选中“顶部发光”图层，将时间调整到 0:00:00:08 的位置，将“光晕亮度”更改为 100%，系统将自动添加关键帧，如图 7.77 所示。

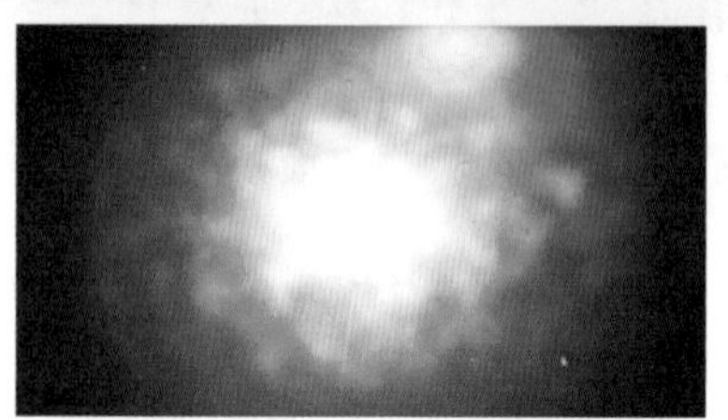

图 7.77　更改数值

10 在时间轴面板中，将时间调整到 0:00:04:00 的位置，选中“顶部发光”图层，单击“光晕亮度”左侧“在当前时间添加或移除关键帧”按钮，为其添加一个延时帧；将时间调整到 0:00:05:00 的位置，将“光晕亮度”更改为 0%，系统将自动添加关键帧，如图 7.78 所示。

图 7.78 更改数值

11 执行菜单栏中的“图层”|“新建”|“纯色”命令，在弹出的对话框中单击“确定”按钮。

12 在时间轴面板中，选中“黑色 纯色 1”图层名称后方的“调整图层”复选框，将效果显示出来，如图 7.79 所示。

图 7.79 打开效果显示功能

13 在时间轴面板中，将时间调整到 0:00:00:01 的位置，选中“黑色 纯色 1”图层，在“效果和预设”面板中展开“模糊和锐化”特效组，然后双击“径向模糊”特效。

14 在“效果控件”面板中，修改“径向模糊”特效的参数，设置“数量”为 20.0，并单击其左侧码表，设置“类型”为“缩放”，“消除锯齿（最佳品质）”为“高”，如图 7.80 所示。

15 在时间轴面板中，将时间调整到 0:00:02:00 的位置，将“数量”更改为 0.0，系统将自动添加关键帧，如图 7.81 所示。

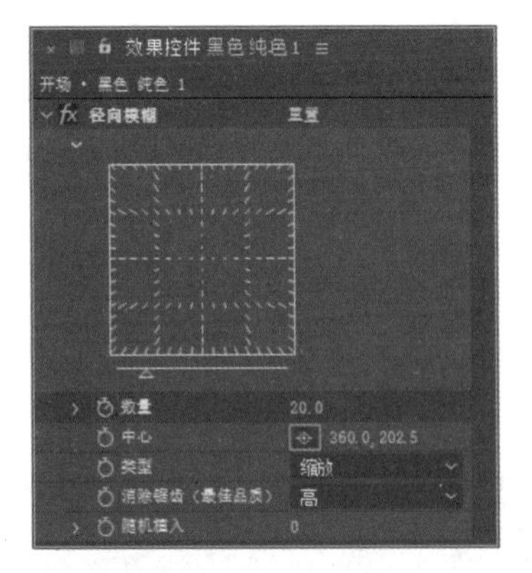

图 7.80 设置径向模糊

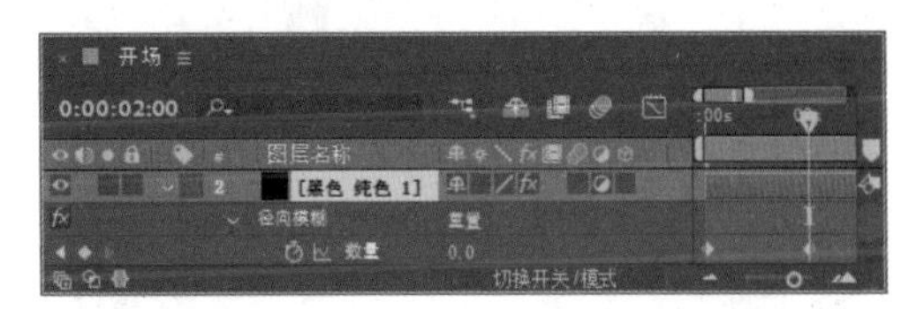

图 7.81 更改数值

7.2.7 添加文字元素

1 在“项目”面板中，选中“炫光.jpg”素材，将其拖至时间轴面板中，将图层模式更改为“相加”并将其移至“黑色 纯色 1”下方，在视图中将其等比缩小，如图 7.82 所示。

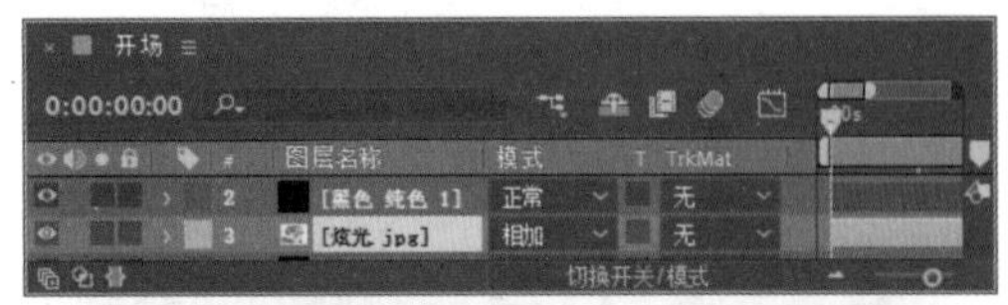

图 7.82 添加素材

2 在时间轴面板中，选中“炫光.jpg”图层，将时间调整到0:00:00:00的位置，按S键打开“缩放”，单击“缩放”左侧码表，在当前位置添加关键帧，将数值更改为（0.0,0.0%）。

3 将时间调整到0:00:00:08的位置，将数值更改为（45.0,45.0%），系统将自动添加关键帧，如图7.83所示。

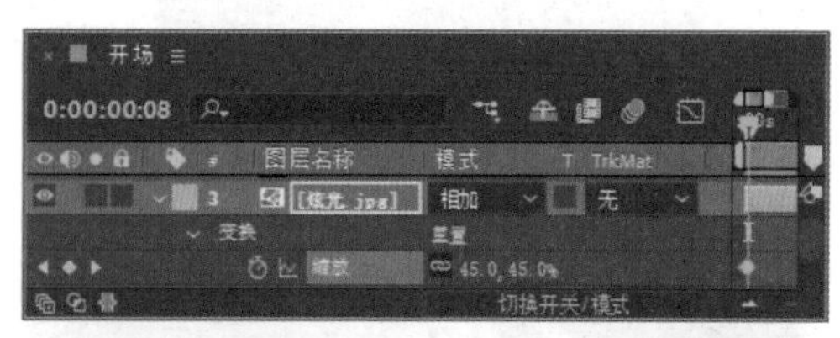

图7.83　更改数值

4 将时间调整到0:00:07:16的位置，单击缩放左侧的“在当前时间添加或移除关键帧”按钮，为其添加一个延时帧。

5 将时间调整到0:00:08:00的位置，将“缩放”更改为(0.0,0.0%)，系统将自动添加关键帧，如图7.84所示。

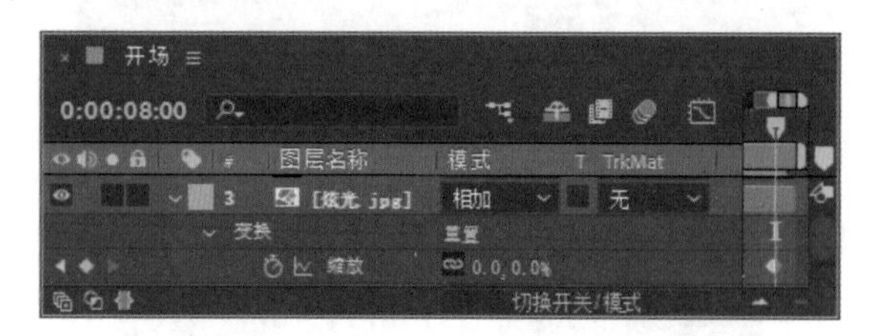

图7.84　更改数值

6 执行菜单栏中的“图层”|“新建”|“调整图层”命令，将生成的图层名称更改为“调整色彩”，如图7.85所示。

图7.85　新建图层

7 在“效果和预设”面板中展开“颜色校正”特效组，然后双击“曲线”特效。

8 在“效果控件”面板中，修改“曲线”特效的参数，在直方图中调整曲线，增强图像对比度，如图7.86所示。

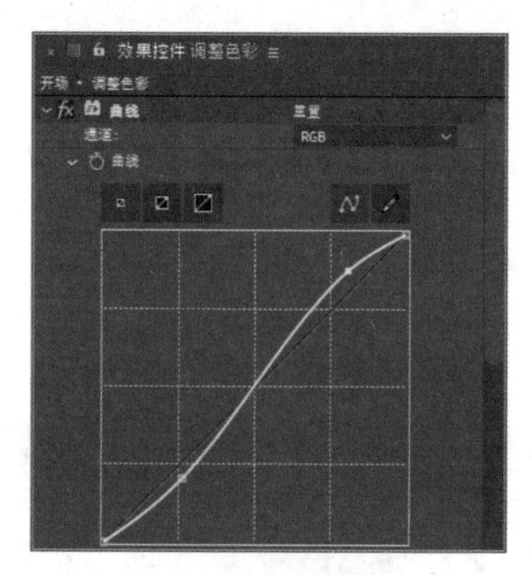

图7.86　调整曲线

9 在“效果和预设”面板中展开“颜色校正”特效组，然后双击“照片滤镜”特效。

10 在“效果控件”面板中，修改“照片滤镜”特效的参数，设置“滤镜”为“冷色滤镜（82）”，将“密度”更改为20.0%，如图7.87所示。

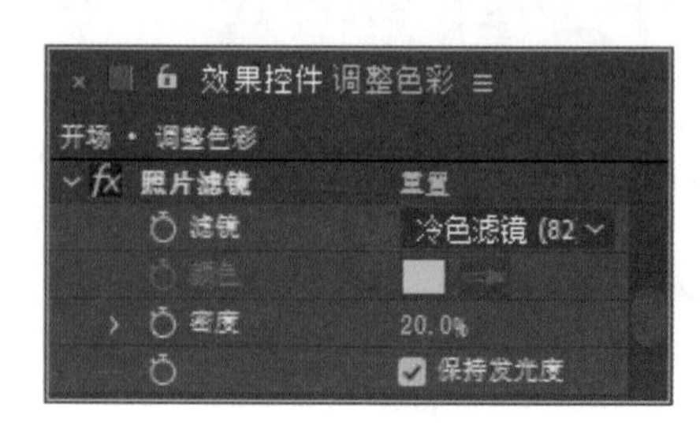

图7.87　调整照片滤镜

11 在“效果和预设”面板中展开“模糊和

锐化”特效组，然后双击“锐化”特效。

12 在“效果控件”面板中，修改“锐化”特效的参数，设置“锐化量”为 10，如图 7.88 所示。

图 7.88 设置锐化

13 这样就完成了最终整体效果的制作，按小键盘上的 0 键即可在合成窗口中预览动画效果。

课后练习

制作射击大战游戏界面动画。

（制作过程可参考资源包中的“课后练习”文件夹。）

第8章 节日与主题类动画设计

内容摘要

本章主要讲解节日与主题类动画设计，节日与主题类动画具有很强的主题性，其制作过程应围绕所要表现的节日或者主题进行设计。本章列举了可爱宠物主题动画设计、生日庆祝动画设计和夏日乐园动画设计，读者通过对本章的学习可以掌握节日与主题类动画设计的方法。

教学目标

- 学会可爱宠物主题动画设计
- 学习生日庆祝动画设计
- 掌握夏日乐园动画设计的方法

8.1 可爱宠物主题动画设计

实例解析

本例主要讲解可爱宠物主题动画设计。通过绘制条纹背景并添加相关装饰元素即可完成，如图 8.1 所示。

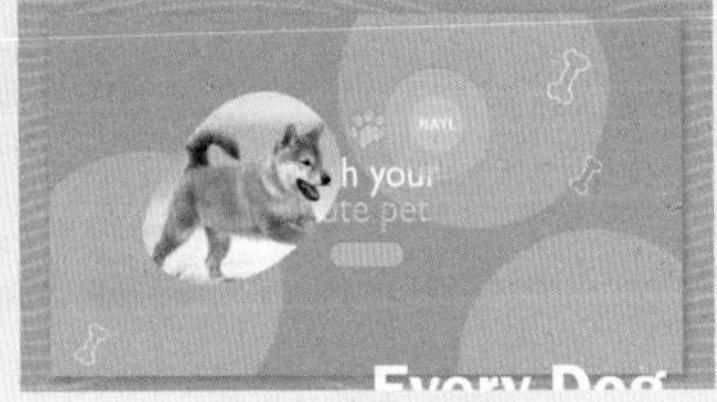

图 8.1 动画流程画面

知识点

1. 旋转扭曲
2. 百叶窗
3. 表达式
4. 投影

视频讲解

操作步骤

8.1.1 制作圆圈背景

1 执行菜单栏中的“合成”|“新建合成”命令，打开“合成设置”对话框，设置“合成名称”为“圆圈”，“宽度”为 720，“高度”为 405，“帧速率”为 25，并设置“持续时间”为 0:00:10:00，“背景颜色”为黑色，完成后单击“确定”按钮，如图 8.2 所示。

2 执行菜单栏中的“文件”|“导入”|“文件”命令，打开“导入文件”对话框，选择“工程文件\第 8 章\可爱宠物主题动画设计\爪子.png、骨头.png、狗狗.jpg”素材，单击“导入”按钮，如图 8.3 所示。

3 执行菜单栏中的“图层”|“新建”|“纯色”命令，在弹出的对话框中将“名称”更改为“背景色”，将“颜色”更改为紫色（R:254,G:148,B:238），完成之后单击“确定”按钮。

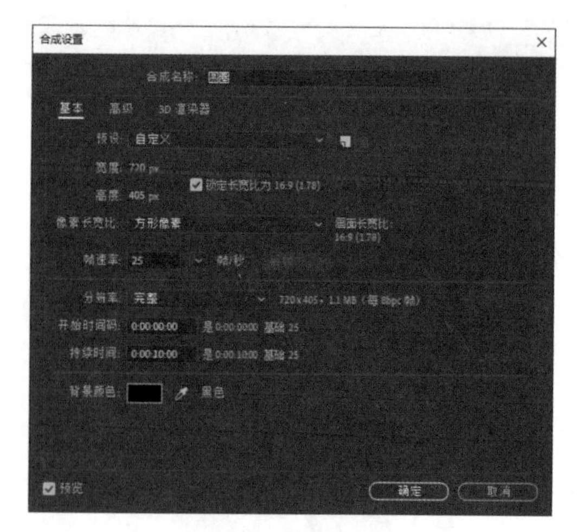

图 8.2 新建合成

图 8.3 导入素材

4 单击工具箱中的“椭圆工具”，按住Shift+Ctrl组合键绘制一个正圆，设置“填充”为白色，“描边”为无，如图8.4所示，将生成一个“形状图层 1”图层。

图 8.4 绘制正圆

5 在时间轴面板中，选中“形状图层 1”层，按T键打开“不透明度”，将“不透明度”值更改为20%，如图8.5所示。

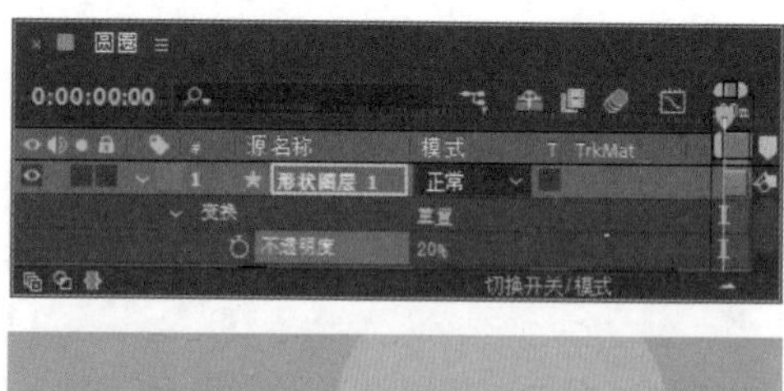

图 8.5 更改不透明度

6 在时间轴面板中，选中“形状图层 1”图层，按Ctrl+D组合键复制出“形状图层 2”及“形状图层 3”两个新图层。

7 分别选中复制生成的两个新图层，在视图中更改其位置，如图8.6所示。

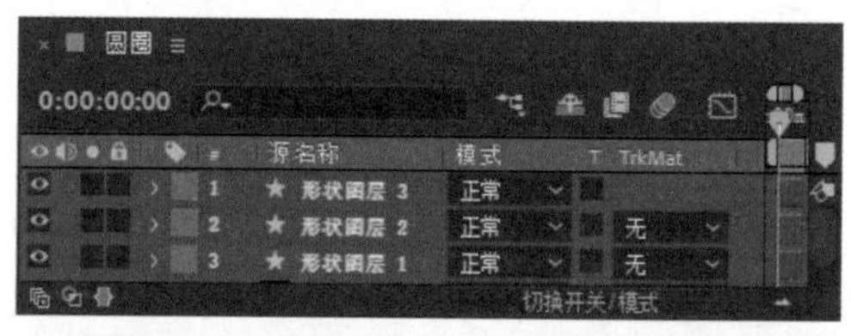

图 8.6 复制图形并更改位置

8 在时间轴面板中，选中“形状图层 1”图层，将时间调整到0:00:00:00的位置，按住Alt键单击“位置”左侧码表，输入wiggle(1,100)，在当前位置添加表达式，如图 8.7 所示。

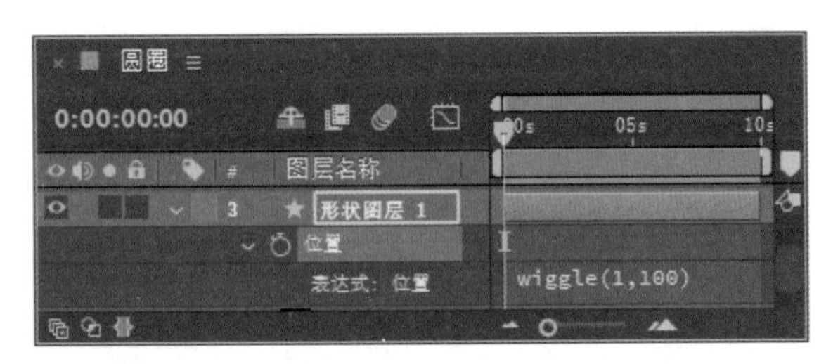

图 8.7　添加表达式

9 在时间轴面板中，选中“形状图层 1”图层，将时间调整到 0:00:00:00 的位置，按 S 键打开“缩放”，单击“缩放”左侧码表，在当前位置添加关键帧，将数值更改为（0.0,0.0%）。

10 将时间调整到 0:00:01:00 的位置，将数值更改为（100.0,100.0%），系统将自动添加关键帧，如图 8.8 所示。

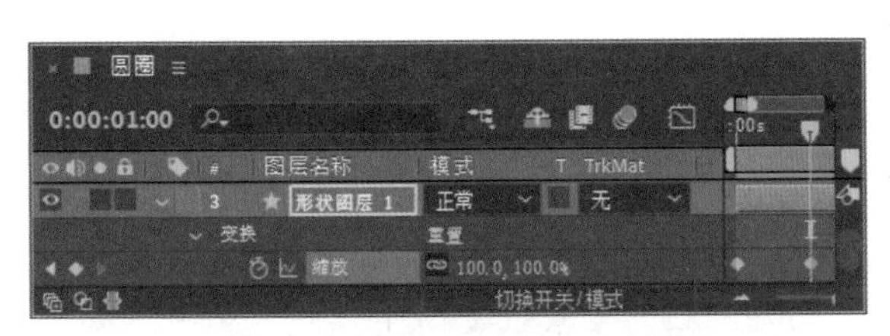

图 8.8　更改数值

11 选中所有“形状图层 1”图层中的缩放关键帧，执行菜单栏中的“动画”|“关键帧辅助”|“缓动”命令，如图 8.9 所示。

图 8.9　添加缓动效果

12 以上述同样方法分别为“形状图层 2”及“形状图层 3”图层添加位置表达式及缩放动画，如图 8.10 所示。

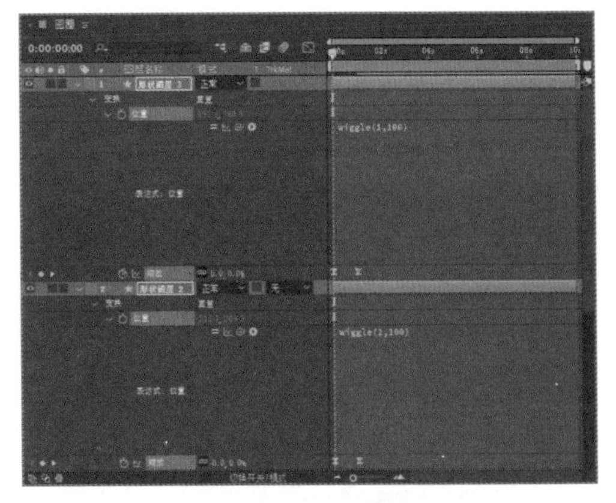

图 8.10　添加表达式及缩放动画

13 选择工具箱中的“横排文字工具”，在图像中添加文字，如图 8.11 所示。

图 8.11　添加文字

14 选中工具箱中的“矩形工具”，选中“文字”图层，绘制一个路径蒙版，如图 8.12 所示。

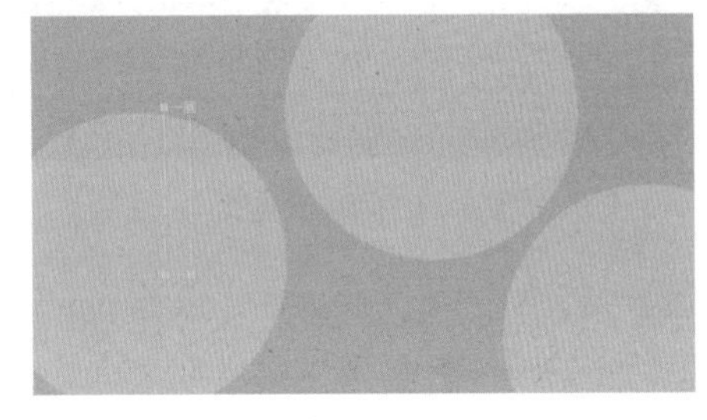

图 8.12　绘制蒙版

8.1.2　添加图文装饰

1 将时间调整到 0:00:01:00 的位置，展开“蒙版”|“蒙版 1”，单击“蒙版路径”左侧码表

，在当前位置添加关键帧。

2 将时间调整到0:00:01:10的位置，调整蒙版路径，系统将自动添加关键帧，如图8.13所示。

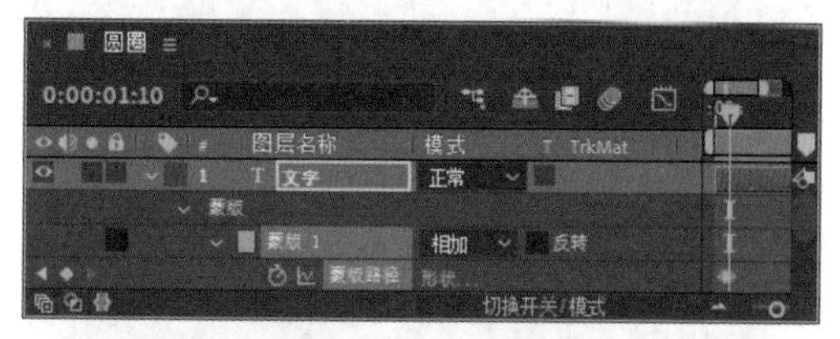

图8.13 调整蒙版路径

3 在时间轴面板中，选中“文字”图层，将时间调整到0:00:00:00的位置，按住Alt键单击“位置”左侧码表，输入wiggle(2,2)，在当前位置添加表达式，如图8.14所示。

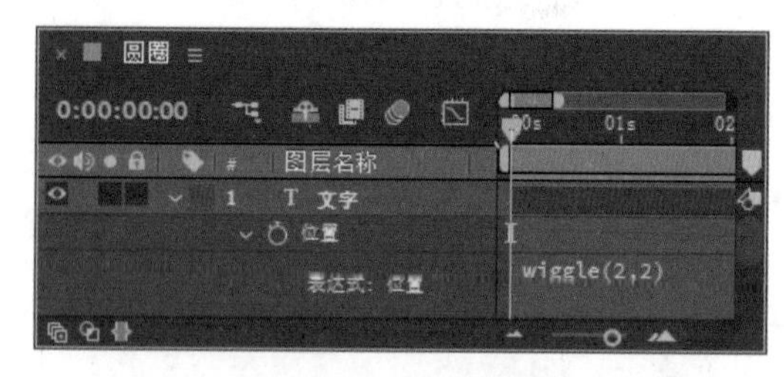

图8.14 添加表达式

4 在“项目”面板中，选中“爪子.png”素材，将其拖至时间轴面板中，效果如图8.15所示。

5 选中工具箱中的“圆角矩形工具”，在适当位置绘制一个圆角矩形，设置“填充”为黄色（R:255,G:204,B:0），“描边”为无，效果如图8.16所示，将生成一个“形状图层4”图层。

6 在时间轴面板中，选中“形状图层4”图层，将时间调整到0:00:01:10的位置，按S键打开“缩放”，单击“缩放”左侧码表，按T键打开“不透明度”，单击“不透明度”左侧码表，在当前位置添加关键帧，如图8.17所示。

图8.15 添加素材图像

图8.16 绘制图形

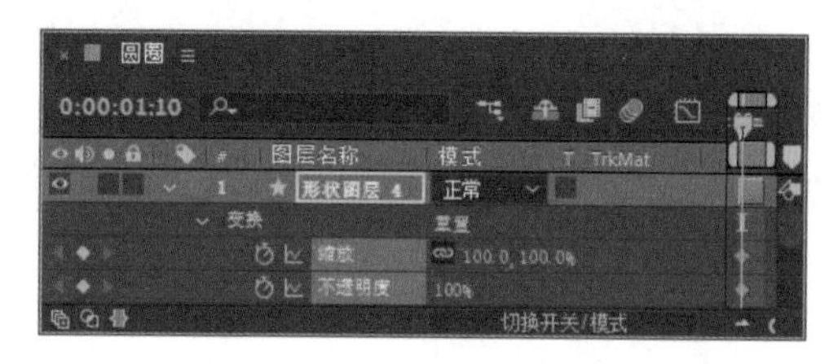

图8.17 设置缩放和不透明度

7 将时间调整到0:00:02:00的位置，将“缩放”更改为（200.0,200.0%），将“不透明度”更改为0%，系统将自动添加关键帧，如图8.18所示。

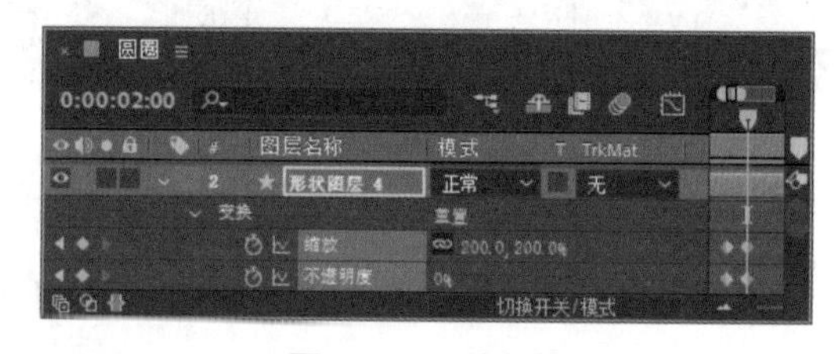

图8.18 更改数值

8.1.3 制作欢迎界面

1 执行菜单栏中的“合成”|“新建合成”命令，打开“合成设置”对话框，设置“合成名称”为“欢迎界面”，“宽度”为720，“高度”为405，“帧速率”为25，并设置“持续时间”为0:00:10:00，“背景颜色”为浅紫色（R:254,G:148,B:238），完成之后单击“确定”按钮，如图8.19所示。

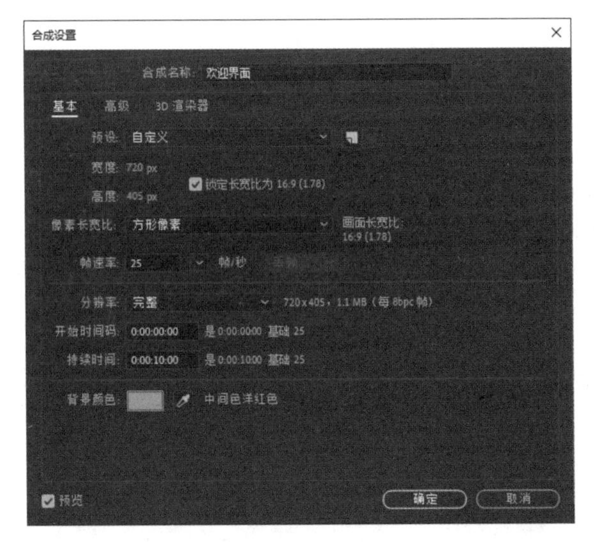

图 8.19 新建合成

2 执行菜单栏中的“图层”|“新建”|“纯色”命令，在弹出的对话框中将“名称”更改为“背景”，将“颜色”更改为白色，完成之后单击“确定”按钮，如图 8.20 所示。

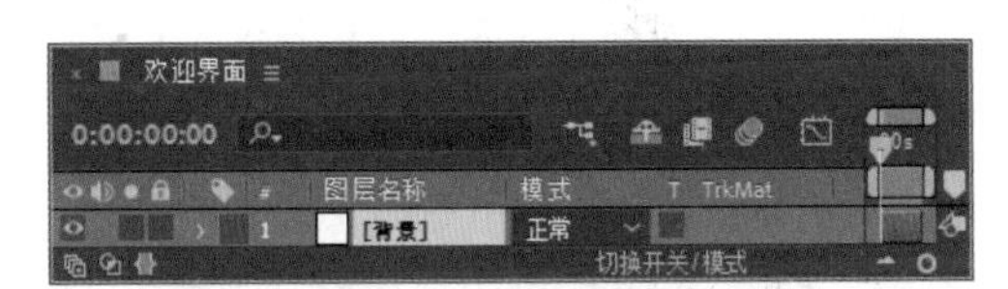

图 8.20 新建纯色图层

3 在时间轴面板中，选中“背景”图层，在“效果和预设”面板中展开“过渡”特效组，然后双击“百叶窗”特效。

4 在“效果控件”面板中，修改“百叶窗”特效的参数，设置“过渡完成”为 70%，“方向”为 0x+90.0°，“宽度”为 15，如图 8.21 所示。

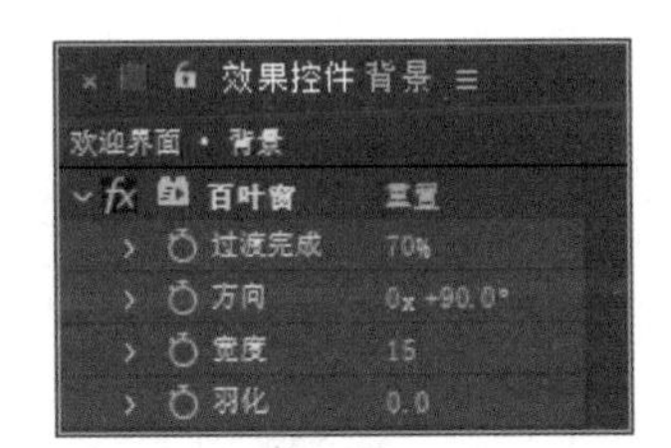

图 8.21 设置百叶窗

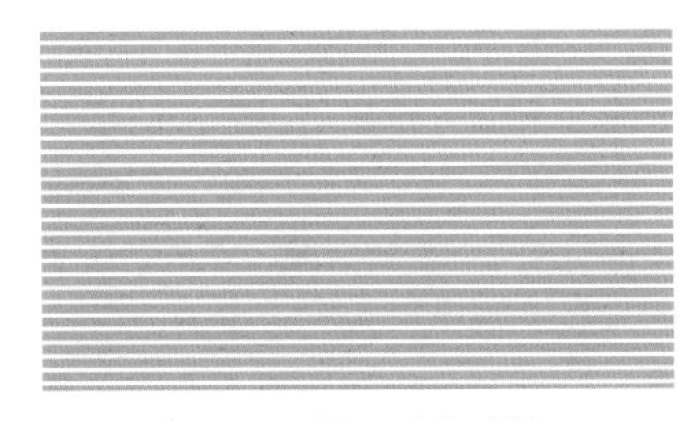

图 8.21 设置百叶窗（续）

5 在“效果和预设”面板中展开“扭曲”特效组，然后双击“旋转扭曲”特效。

6 在“效果控件”面板中，修改“旋转扭曲”特效的参数，设置“角度”为 0x+35.0°，“旋转扭曲半径”为 50.0，如图 8.22 所示。

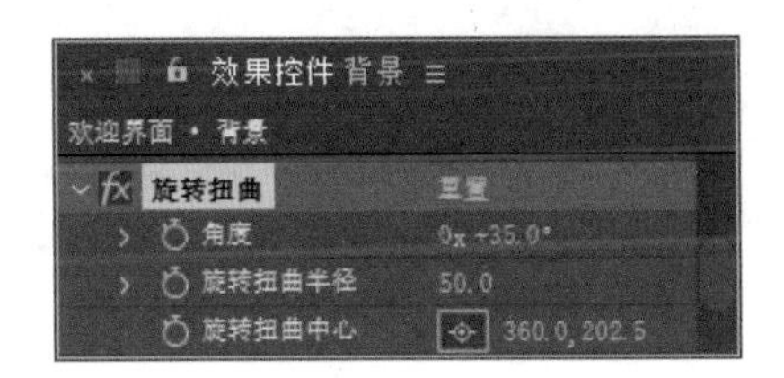

图 8.22 设置旋转扭曲

7 在时间轴面板中，选中“背景”层，按 T 键打开“不透明度”，将“不透明度”值更改为 20%，如图 8.23 所示。

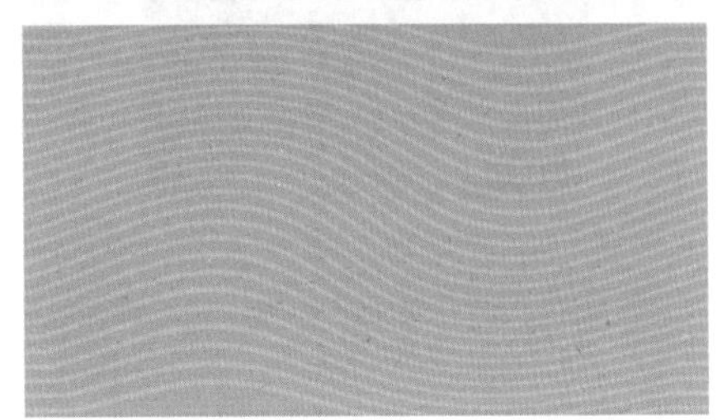

图 8.23 更改不透明度

8 在“项目”面板中，选中“圆圈”素材，将其拖至时间轴面板中，并放在“背景”图层上方。

9 在时间轴面板中，将时间调整到0:00:00:00的位置，选中“圆圈”图层，按T键打开“不透明度”，将“不透明度”值更改为0%，单击“不透明度”左侧码表，在当前位置添加关键帧；按S键打开“缩放”，单击“缩放”左侧码表，在当前位置添加关键帧，将数值更改为（10.0,10.0%）。

10 将时间调整到0:00:01:00的位置，将“缩放”数值更改为（90.0,90.0%），将“不透明度”更改为100%，系统将自动添加关键帧，如图8.24所示。

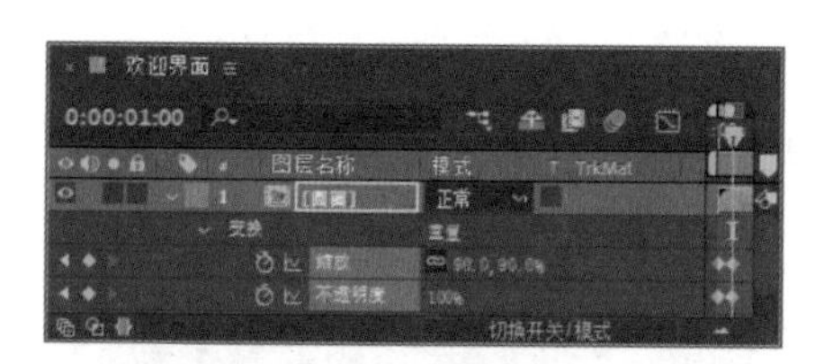

图8.24 更改数值

11 在时间轴面板中，选中“圆圈”图层，在“效果和预设”面板中展开“透视”特效组，然后双击“投影”特效。

12 在“效果控件”面板中，修改“投影”特效的参数，设置“阴影颜色”为深紫色（R:83,G:0,B:70），将“距离”更改为5.0，将“柔和度”更改为25.0，如图8.25所示。

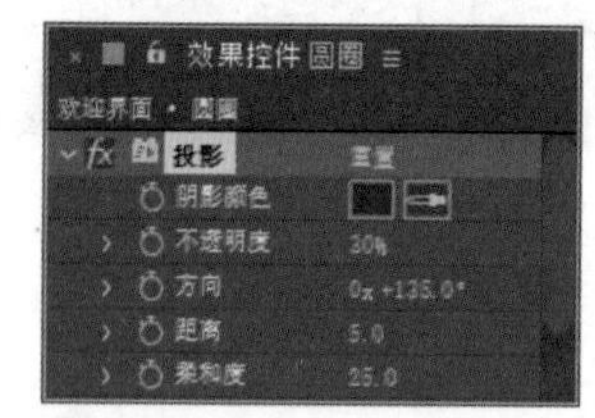

图8.25 设置投影

8.1.4 添加装饰动画

1 选中工具箱中的“椭圆工具”，在视图左上角位置按住Shift+Ctrl组合键绘制一个正圆，设置“填充”为黄色（R:255,G:204,B:0），“描边”为无，如图8.26所示，将生成一个“形状图层 1”图层，并将其移至“圆圈”图层下方。

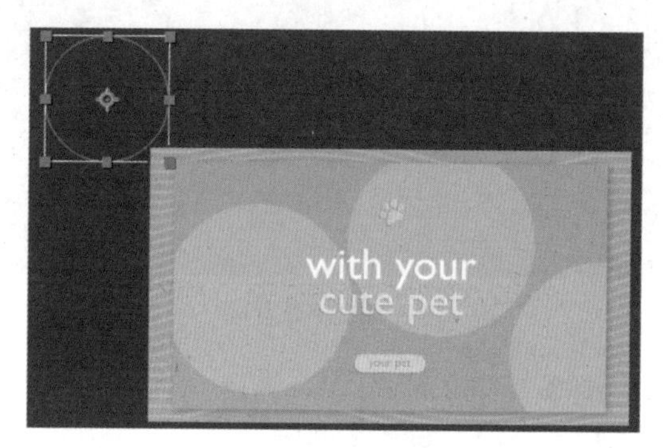

图8.26 绘制图形

2 在时间轴面板中，选中“形状图层 1”图层，将时间调整到0:00:00:10的位置，按P键打开“位置”，单击“位置”左侧码表，在当前位置添加关键帧，如图8.27所示。

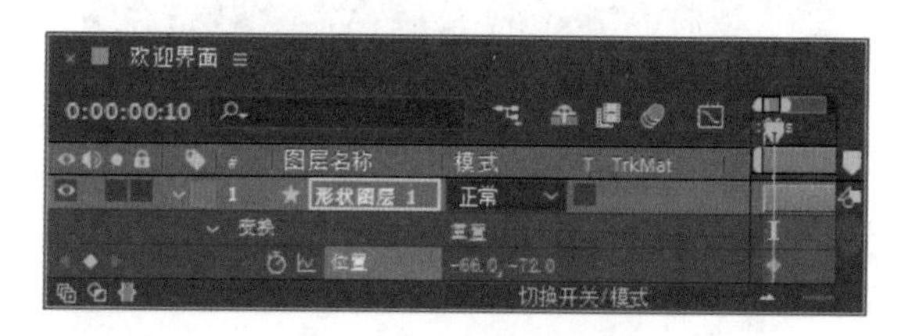

图8.27 添加关键帧

3 将时间调整到0:00:01:00的位置，在视图中将正圆图形向右下角方向拖动，系统将自动添加关键帧，如图8.28所示。

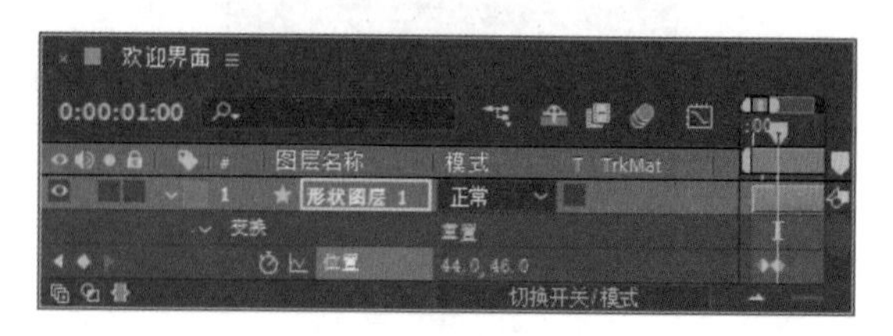

图8.28 拖动图形

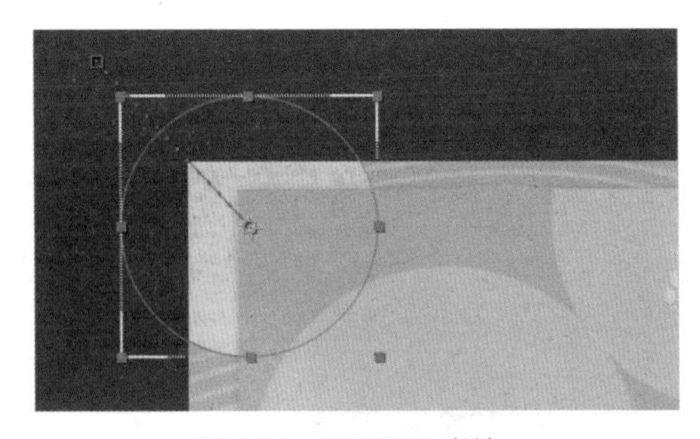

图 8.28 拖动图形（续）

4 选中“形状图层 1”图层，在视图中拖动位置关键帧控制杆，调整其运动轨迹，如图 8.29 所示。

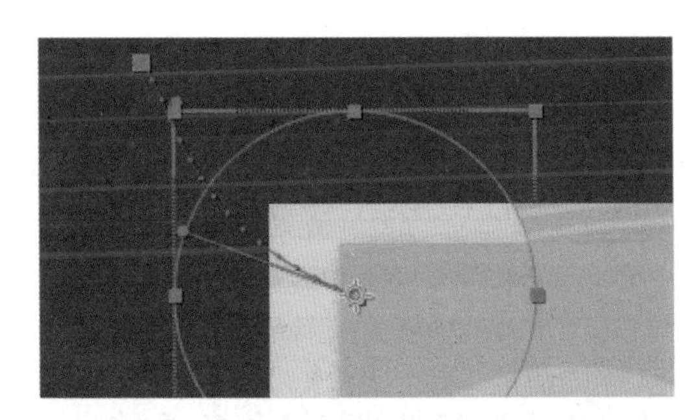

图 8.29 拖动控制杆

5 以同样方法在视图右下角位置再次绘制一个小正圆并制作位置动画，同时调整其运动轨迹，如图 8.30 所示。

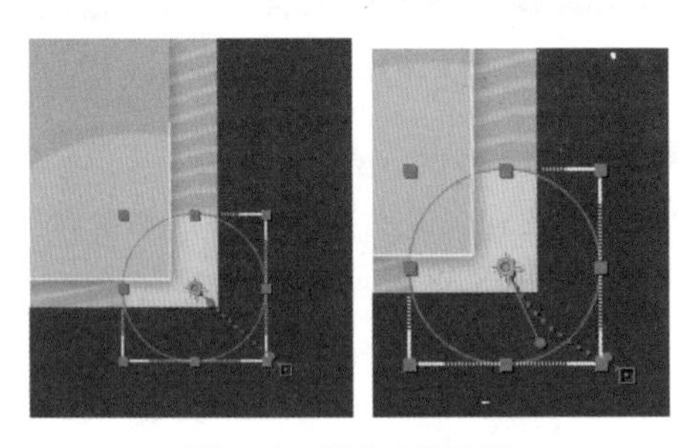

图 8.30 制作小圆动画

6 在“项目”面板中，选中“欢迎界面”合成，按 Ctrl+D 组合键复制一个新合成，将其命名为“宠物动画”。

7 双击“宠物动画”合成，将其打开，将合成中除“圆圈”和“背景”之外的所有图层删除，如图 8.31 所示。

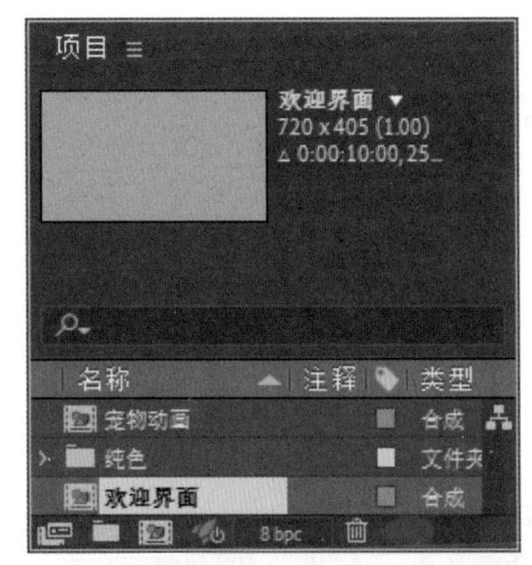

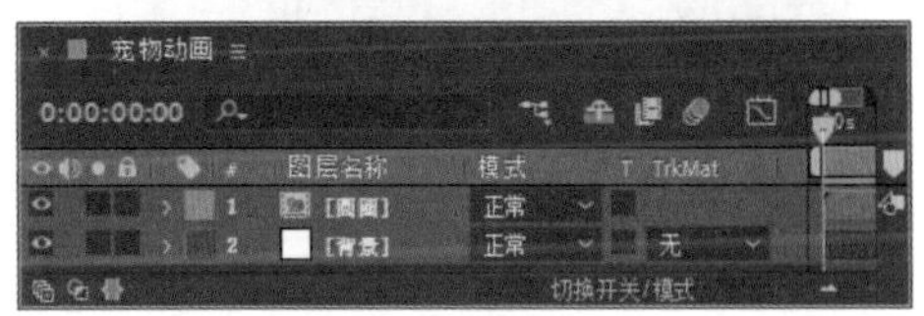

图 8.31 删除图层

8 选中工具箱中的“椭圆工具”，按住 Shift+Ctrl 组合键在视图左侧位置绘制一个正圆，设置“填充”为无，“描边”为紫色（R:238,G:119,B:220），“描边宽度”为 80，将生成一个“形状图层 1”图层，如图 8.32 所示。

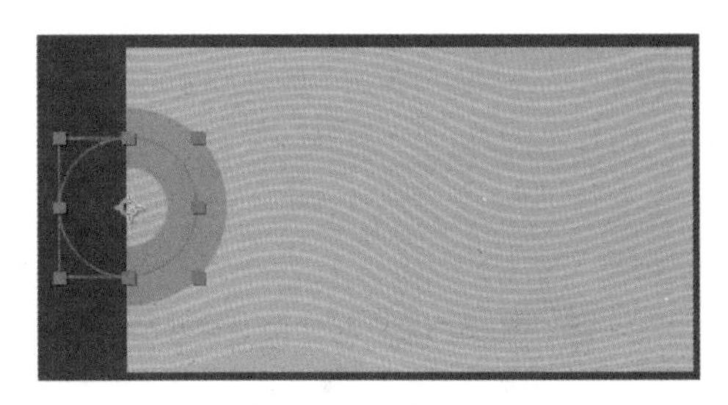

图 8.32 绘制正圆

9 在时间轴面板中，选中“形状图层 1”图层，将时间调整到 0:00:00:10 的位置，按 S 键打开“缩放”，单击“缩放”左侧码表，在当前位置添加关键帧。

10 将时间调整到 0:00:01:00 的位置，将数值更改为（2000.0,2000.0%），系统将自动添加关键帧，如图 8.33 所示。

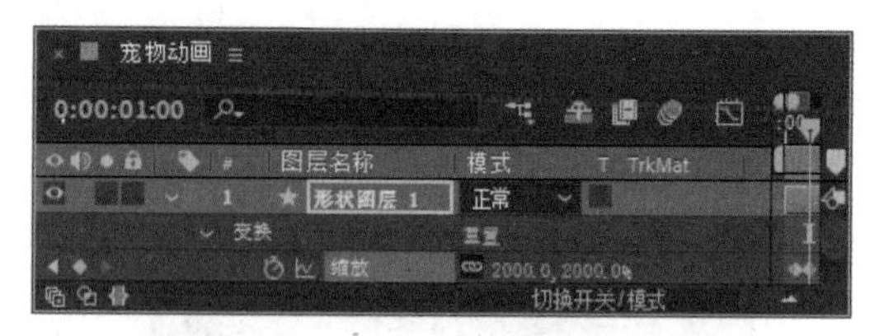

图 8.33　更改数值

8.1.5　处理主视觉图文元素

1 选择工具箱中的“钢笔工具”，在图像左侧位置绘制一个图形，设置“填充”为白色，“描边”为无，将生成一个“形状图层 2”图层，如图 8.34 所示。

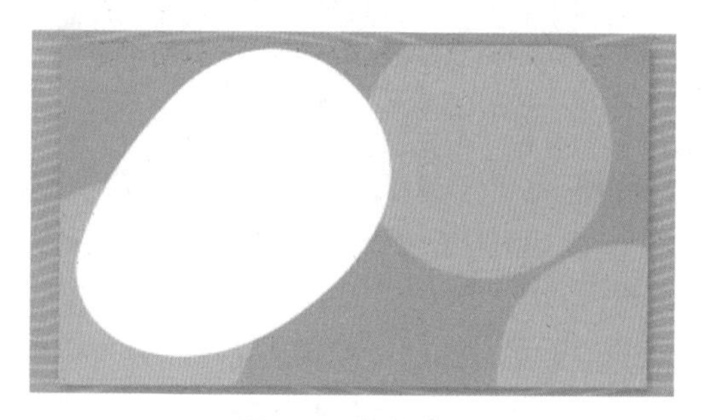

图 8.34　绘制图形

2 在“项目”面板中，选中“狗狗 .jpg”素材，将其拖至时间轴面板中，如图 8.35 所示。

图 8.35　添加素材图像

3 在时间轴面板中，将“狗狗 .jpg”层拖动到“形状图层 2”下面，设置“狗狗 .jpg”层的“轨道遮罩”为“Alpha 遮罩‘形状图层 2’”，如图 8.36 所示。

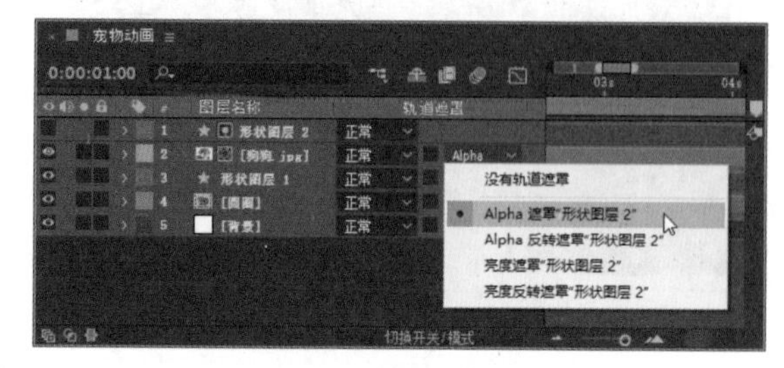

图 8.36　设置轨道遮罩

4 在时间轴面板中，同时选中“狗狗 .jpg”及“形状图层 2”图层，单击鼠标右键，在弹出的菜单中执行“预合成”命令，在弹出的对话框中将“新合成名称”更改为“狗狗”，完成之后单击“确定”按钮，如图 8.37 所示。

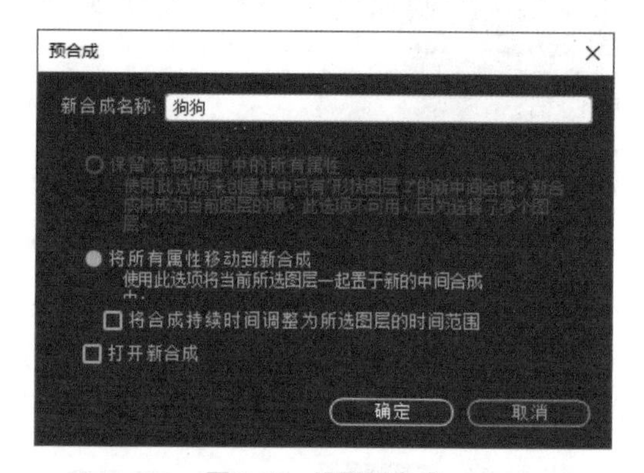

图 8.37　设置预合成

5 选择工具箱中的“向后平移锚点工具”，将狗狗合成的控制中心点移至狗狗身体中间位置，如图 8.38 所示。

图 8.38　移动控制点

6 在时间轴面板中，选中“狗狗”合成，

将时间调整到0:00:01:00的位置，按S键打开“缩放”，单击“缩放”左侧码表，在当前位置添加关键帧，将数值更改为（0.0,0.0%），如图8.39所示。

图 8.39 添加关键帧

7 将时间调整到0:00:02:00的位置，将数值更改为（100.0,100.0%），系统将自动添加关键帧，选中“狗狗”图层缩放关键帧，执行菜单栏中的“动画”|“关键帧辅助”|“缓动”命令，如图8.40所示。

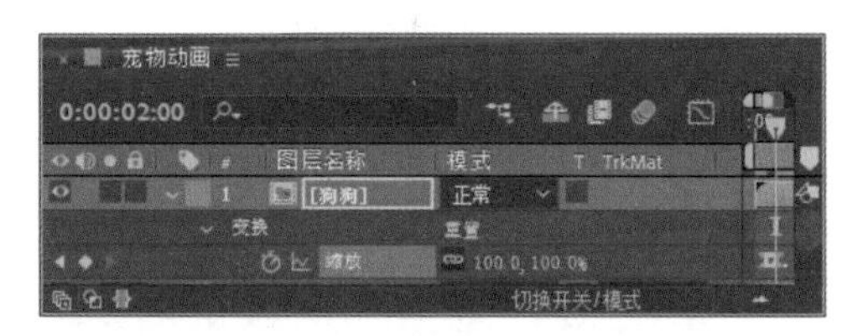

图 8.40 添加缩放及缓动效果

8 选择工具箱中的“横排文字工具”，在图像中添加文字，如图8.41所示。

图 8.41 添加文字

9 在时间轴面板中，选中“文字”图层，将时间调整到0:00:01:10的位置，按P键打开“位置”，单击“位置”左侧码表，在当前位置添加关键帧，将文字向下移动，移至图像之外区域，如图8.42所示。

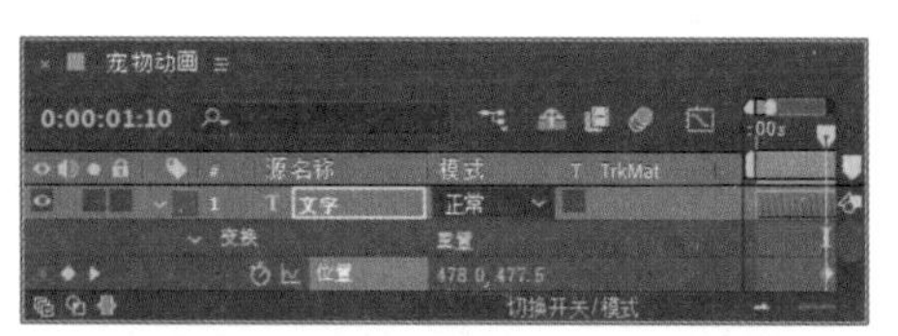

图 8.42 添加关键帧并移动文字

10 将时间调整到0:00:02:00的位置，在视图中将其向上方拖动，系统将自动添加关键帧，如图8.43所示。

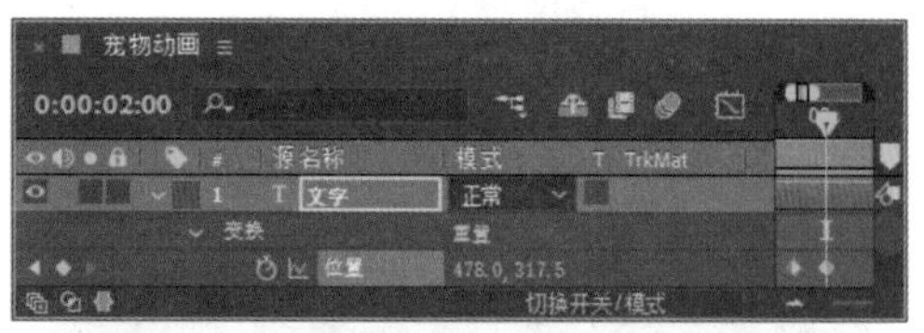

图 8.43 拖动文字

11 按住Alt键并单击“文字”图层中“位置”左侧的码表，输入wiggle(1,7)，为当前图层添加表达式，如图8.44所示。

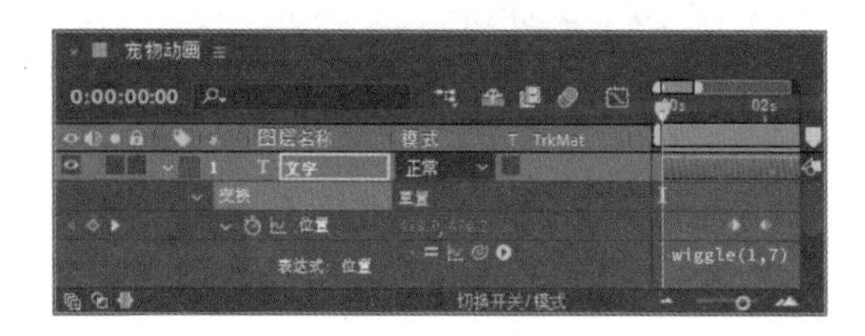

图 8.44 添加表达式

8.1.6 添加装饰元素

1 在“项目”面板中，选中“骨头.png”素材，将其拖至时间轴面板中，在视图中将其移至右上角位置，如图 8.45 所示。

图 8.45 添加素材图像

2 在时间轴面板中，选中“骨头.png”图层，将时间调整到 0:00:01:00 的位置，按 R 键打开“旋转”，单击“旋转”左侧码表，在当前位置添加关键帧，将数值更改为 0x+30.0°，如图 8.46 所示。

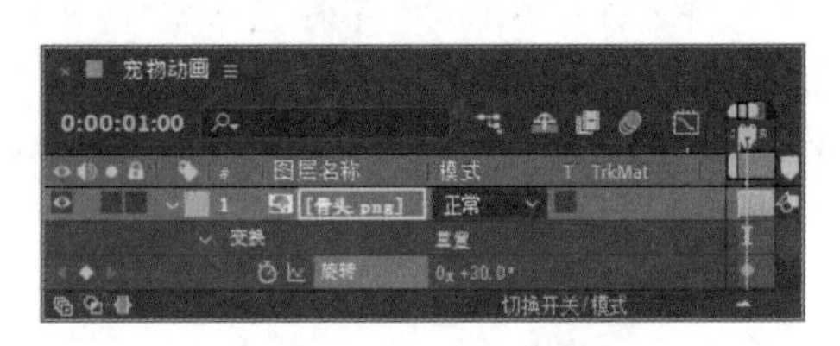

图 8.46 添加旋转关键帧

3 将时间调整到 0:00:01:10 的位置，将数值更改为 0x-20.0°；将时间调整到 0:00:01:20 的位置，将数值更改为 0x+10.0°；将时间调整到 0:00:02:00 的位置，将数值更改为 0x+0.0°，系统将自动添加关键帧，如图 8.47 所示。

图 8.47 更改数值

4 按住 Alt 键单击“骨头.png”图层中“旋转”左侧的码表，输入 wiggle(3,10)，为当前图层添加表达式，如图 8.48 所示。

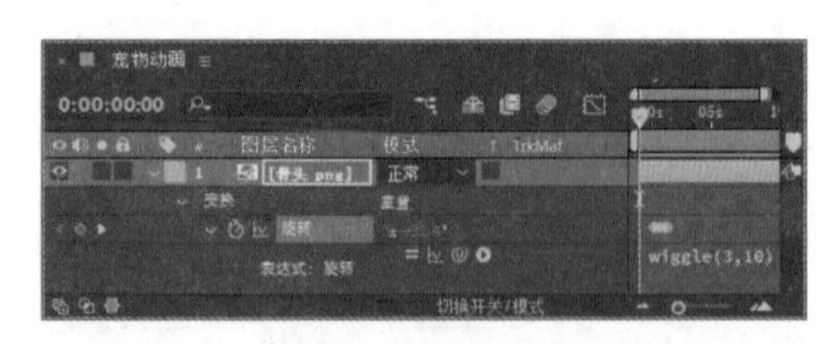

图 8.48 添加表达式

5 在时间轴面板中，将时间调整到 0:00:01:00 的位置，选中“骨头.png”图层，按 T 键打开“不透明度”，将“不透明度”更改为 0%，单击“不透明度”左侧码表，在当前位置添加关键帧。

6 将时间调整到 0:00:01:10 的位置，将数值更改为 100%，系统将自动添加关键帧，如图 8.49 所示。

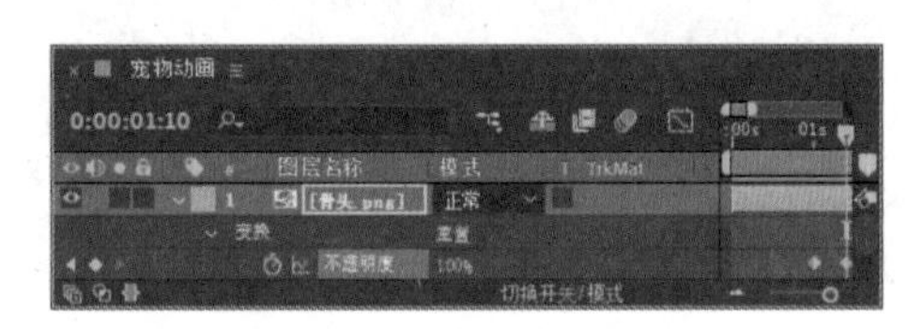

图 8.49 制作不透明度动画

7 在时间轴面板中，选中“骨头.png”图层，按 Ctrl+D 组合键复制出两个“骨头.png”图层。

8 在视图中，将复制生成的“骨头.png”图层中的图像移至其他位置并缩小，如图 8.50 所示。

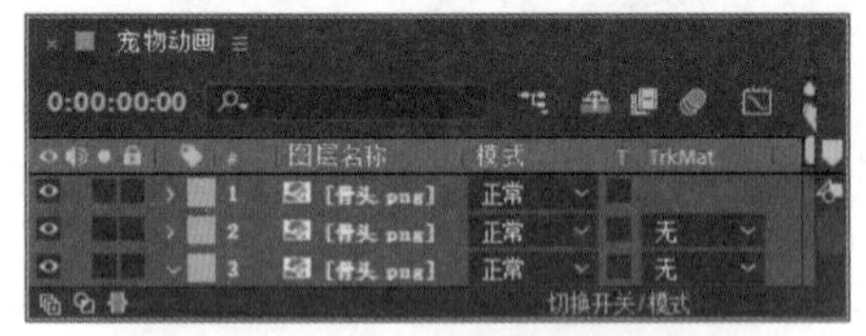

图 8.50 移动并缩小图像

9 选中工具箱中的“椭圆工具”，按住Shift+Ctrl组合键绘制一个正圆，设置“填充”为黄色（R:255,G:204,B:0），“描边”为无，将生成一个“形状图层 2”图层，按Ctrl+Alt+Home组合键将控制点移至正圆中心位置。

10 在时间轴面板中，选中“形状图层 2”图层，按Ctrl+D组合键复制出一个“形状图层 3”图层，在视图中将其适当缩小，如图8.51所示。

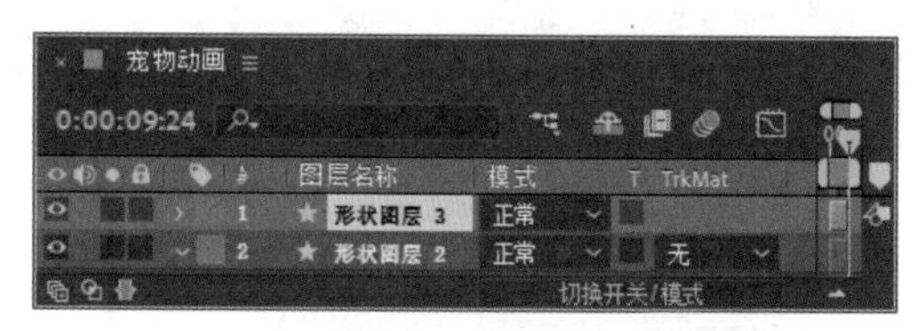

图8.51　绘制正圆

11 在时间轴面板中，将时间调整到0:00:01:10的位置，选中“形状图层 2”图层，按T键打开“不透明度”，单击“不透明度”左侧码表，在当前位置添加关键帧；按S键打开“缩放”，单击“缩放”左侧码表，在当前位置添加关键帧，如图8.52所示。

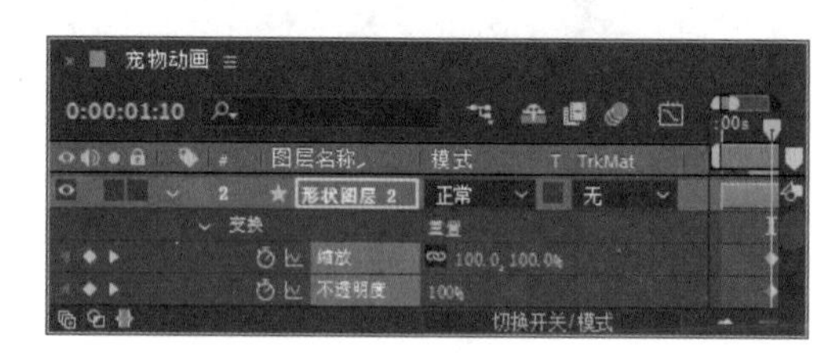

图8.52　添加关键帧

12 在时间轴面板中，将时间调整到0:00:01:20的位置，将“缩放”更改为（200.0, 200.0%），将“不透明度”更改为0%，系统将自动添加关键帧，如图8.53所示。

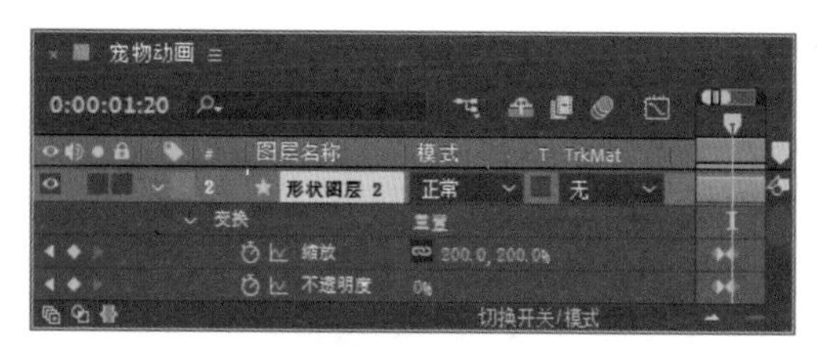

图8.53　添加缩放及不透明度动画

13 选择工具箱中的“横排文字工具”，在图像中添加文字，如图8.54所示。

图8.54　添加文字

14 在时间轴面板中，同时选中HAYL及“形状图层 3”图层，将时间调整到0:00:01:00的位置，按S键打开“缩放”，单击“缩放”左侧码表，在当前位置添加关键帧，将数值更改为（0.0,0.0%）。

15 将时间调整到0:00:01:20的位置，将数值更改为（100.0,100.0%），系统将自动添加关键帧，如图8.55所示。

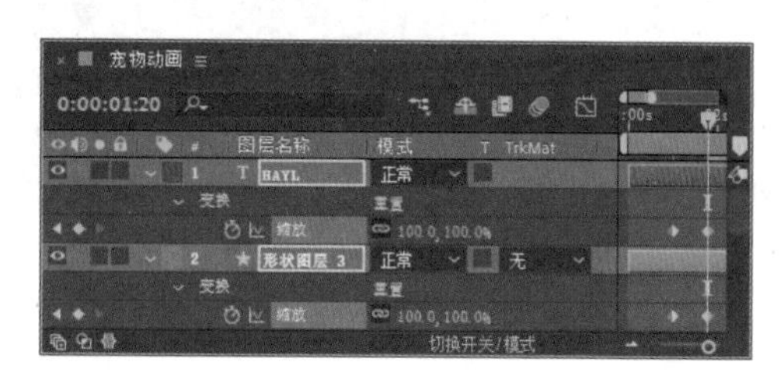

图8.55　制作缩放动画

16 在时间轴面板中，将时间调整到0:00:01:00的位置，选中“形状图层 2”图层，按S键打开“缩放”，单击图标，在当前位置添加关键帧，并将“缩放”值更改为（0.0,0.0%），如图8.56所示。

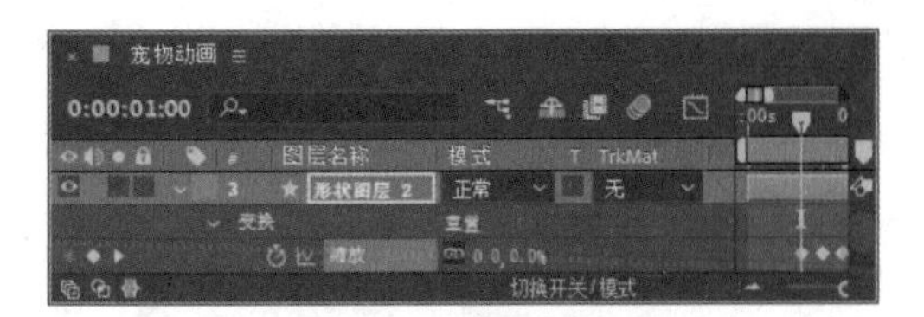

图 8.56　添加关键帧

8.1.7　制作总合成动画

1 执行菜单栏中的“合成”|“新建合成”命令，打开“合成设置”对话框，设置“合成名称”为“总合成动画”，“宽度”为720，“高度”为405，“帧速率”为25，并设置“持续时间”为0:00:10:00，“背景颜色”为浅紫色（R:254,G:148,B:238），完成之后单击“确定”按钮，如图8.57所示。

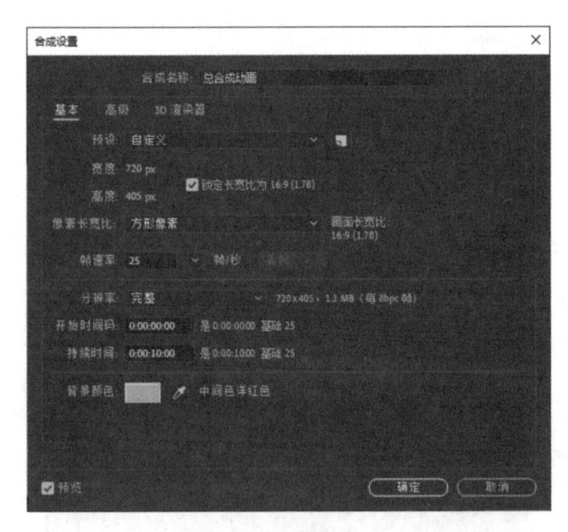

图 8.57　新建合成

2 在“项目”面板中，选中“欢迎界面”合成，将其拖至时间轴面板中，如图8.58所示。

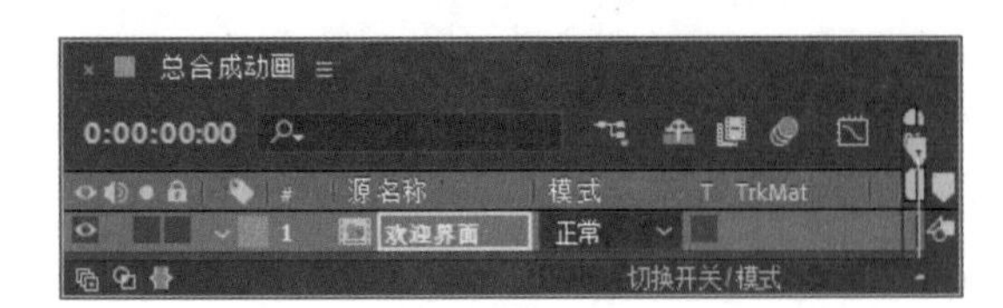

图 8.58　添加素材

3 选中“欢迎界面”合成，选中工具箱中的“椭圆工具”，按住Shift+Ctrl组合键，在视图左侧位置绘制一个正圆蒙版路径，展开“欢迎界面”图层中的“蒙版”|“蒙版1”选项，选中“反转”复选框，如图8.59所示。

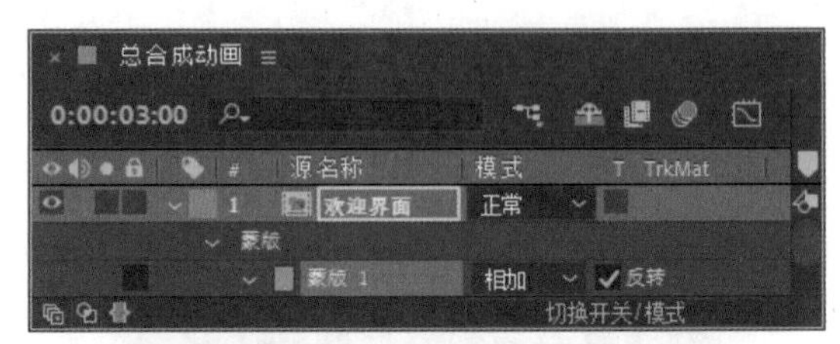

图 8.59　绘制蒙版

4 在时间轴面板中，将时间调整到0:00:02:10的位置，选中“欢迎界面”图层，展开“蒙版”|“蒙版1”，单击“蒙版扩展”左侧码表，在当前位置添加关键帧。

5 将时间调整到0:00:03:00的位置，将“蒙版扩展”更改为900.0，制作蒙版扩展动画，系统将自动添加关键帧，如图8.60所示。

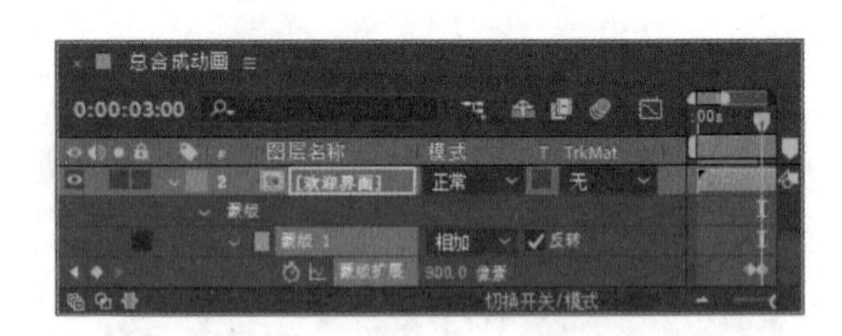

图 8.60　制作蒙版扩展动画

6 选中工具箱中的“椭圆工具”，按住Shift+Ctrl组合键绘制一个与刚才蒙版路径相同大小的正圆，并将其向左移至蒙版路径位置，设置“填充”为无，“描边”为黄色（R:255,G:204,B:0），“描边宽度”为14，将生成一个“形状图层1”图层，如图 8.61 所示。

图 8.61 绘制图形

在时间轴面板中，选中“形状图层 1”图层，将时间调整到 0:00:02:10 的位置，按 S 键打开“缩放”，单击“缩放”左侧码表，在当前位置添加关键帧。

8 将时间调整到 0:00:03:00 的位置，将数值更改为（2100.0,2100.0%），系统将自动添加关键帧，如图 8.62 所示。

9 在“项目”面板中，选中“宠物动画”素材，将其拖至时间轴面板中，放在所有图层下方，将时间调整到 0:00:02:10 的位置，按 [键设置图层动画入点，如图 8.63 所示。

图 8.62 制作缩放动画

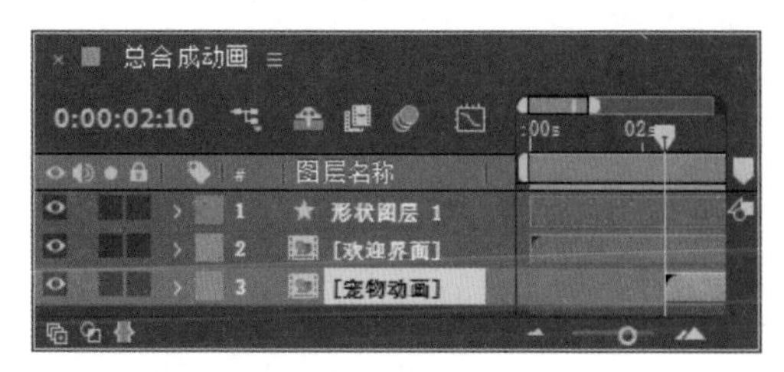

图 8.63 添加素材图像

10 这样就完成了最终整体效果的制作，按小键盘上的 0 键即可在合成窗口中预览动画效果。

8.2 生日庆祝动画设计

实例解析

本例主要讲解生日庆祝动画设计。本例中的动画风格非常简洁，以庆祝生日为主题，整个动画的元素体现出温馨的视觉效果，如图 8.64 所示。

图 8.64 动画流程画面

知识点

1. 缓动
2. 摄像机
3. 表达式

视频讲解

操作步骤

8.2.1 制作云朵背景

1 执行菜单栏中的“合成”|“新建合成”命令，打开“合成设置”对话框，设置“合成名称”为“开始动画”，“宽度”为720，“高度”为405，“帧速率”为25，并设置“持续时间”为0:00:10:00，“背景颜色”为黑色，完成后单击“确定”按钮，如图8.65所示。

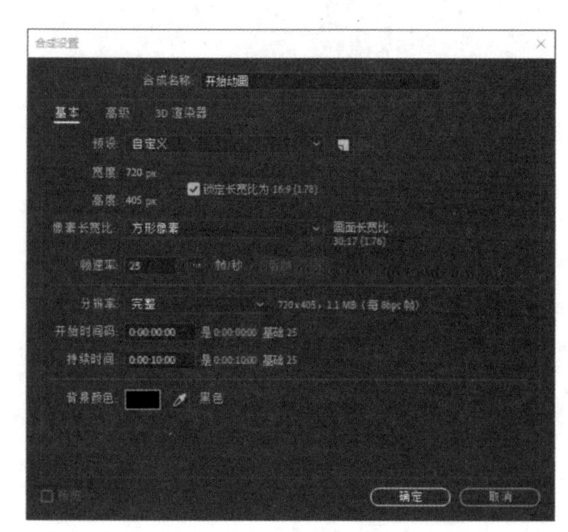

图8.65 新建合成

2 执行菜单栏中的“文件”|“导入”|“文件”命令，打开“导入文件”对话框，选择“工程文件\第8章\生日庆祝动画设计\图.jpg”素材，单击“导入”按钮，如图8.66所示。

图8.66 导入素材

3 执行菜单栏中的“图层”|“新建”|“纯色”命令，在弹出的对话框中将“名称”更改为“背景”，将“颜色”更改为浅蓝色（R:148,G:218,B:254），完成之后单击“确定”按钮，如图8.67所示。

图8.67 新建背景

4 执行菜单栏中的“合成”|“新建合成”命令，打开“合成设置”对话框，设置“合成名称”为“云”，“宽度”为720，“高度”为405，“帧速率”为25，并设置“持续时间”为0:00:10:00，设置“背景颜色”为品蓝色（R:0,G:174,B:255），完成之后单击“确定”按钮，如图8.68所示。

5 选中工具箱中的“椭圆工具”，按住Shift+Ctrl组合键在视图左上角位置绘制一个正圆，设置“填充”为白色，“描边”为无，将生成一个

“形状图层 1”图层，如图 8.69 所示。

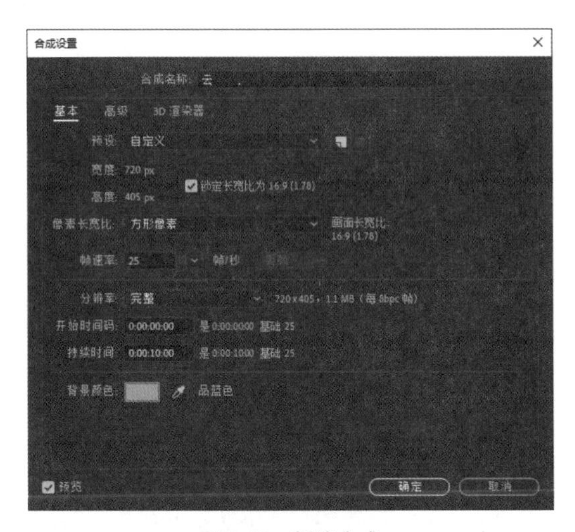

图 8.68 新建合成

图 8.69 绘制图形

6 在时间轴面板中，选中“形状图层 1”图层，按 Ctrl+D 组合键复制出多个图层。

7 选中复制生成的图层，在图像中将其等比缩小，并放在不同位置，如图 8.70 所示。

图 8.70 复制图形

8 在时间轴面板中，选中“形状图层 2”图层，将其移至所有图层上方，如图 8.71 所示。

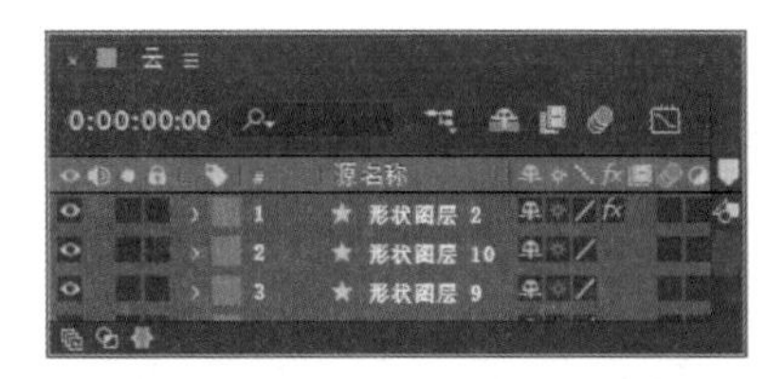

图 8.71 移动图层

9 在时间轴面板中，选中“形状图层 2”图层，在“效果和预设”面板中展开“透视”特效组，然后双击“投影”特效。

10 在“效果控件”面板中，修改“投影”特效的参数，设置“不透明度”为 10%，“距离”为 5.0，如图 8.72 所示。

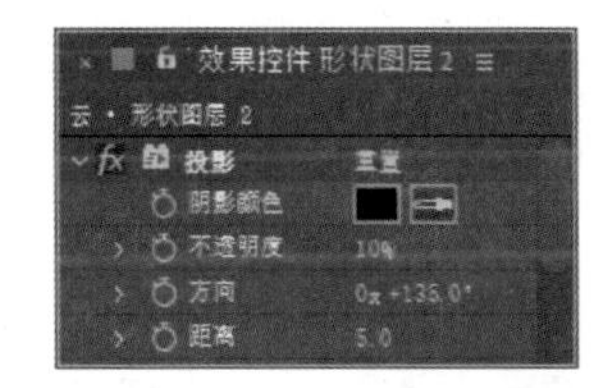

图 8.72 设置投影

11 在时间轴面板中，选中“形状图层 2”图层，在“效果控件”面板中，选中“投影”，按 Ctrl+C 组合键将其复制；选中“形状图层 7”图层，在“效果控件”面板中，按 Ctrl+V 组合键将其粘贴。

12 以同样的方法分别选中其他几个图层，在“效果控件”面板中粘贴其图层样式，效果如图 8.73 所示。

图 8.73 粘贴图层样式

13 在“项目”面板中，选中“云”素材，将其拖至“开始动画”时间轴面板中，并将其图层模式更改为“柔光”，同时在视图中将其缩小，如图 8.74 所示。

图 8.74　添加素材图像

14 在时间轴面板中，选中“云”图层，按 Ctrl+D 组合键复制出一个图层，将新图层名称更改为“云 2”。

15 在时间轴面板中，选中“云 2”图层，按 R 键打开“旋转”，将其数值更改为 0x+180.0°，并在视图中将其移至图像右侧位置，适当放大，如图 8.75 所示。

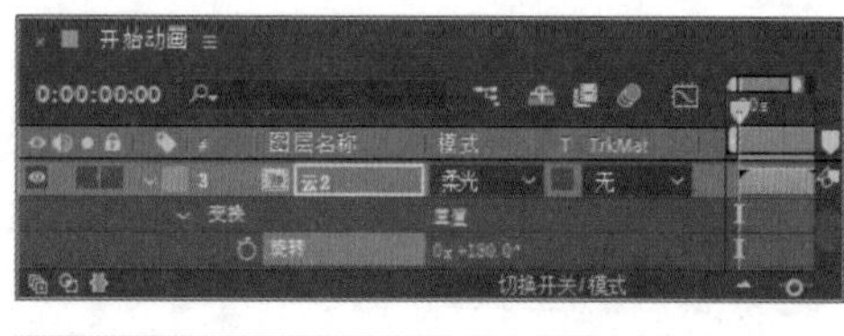

图 8.75　旋转并放大图像

16 以同样的方法再次将“云”图像复制两份，并对其进行变换，如图 8.76 所示。

图 8.76　复制并变换图像

17 在时间轴面板中，同时选中所有和“云”相关的图层，将时间调整到 0:00:00:00 的位置，按 P 键打开“位置”，单击“位置”左侧码表，在当前位置添加关键帧，如图 8.77 所示。

图 8.77　添加关键帧

18 将时间调整到 0:00:01:00 的位置，在视图中将其向下方移动，系统将自动添加关键帧，如图 8.78 所示。

图 8.78　移动图像

图 8.78 移动图像（续）

19 将时间调整到 0:00:03:00 的位置，在视图中将其向下方再次稍微移动，系统将自动添加关键帧，如图 8.79 所示。

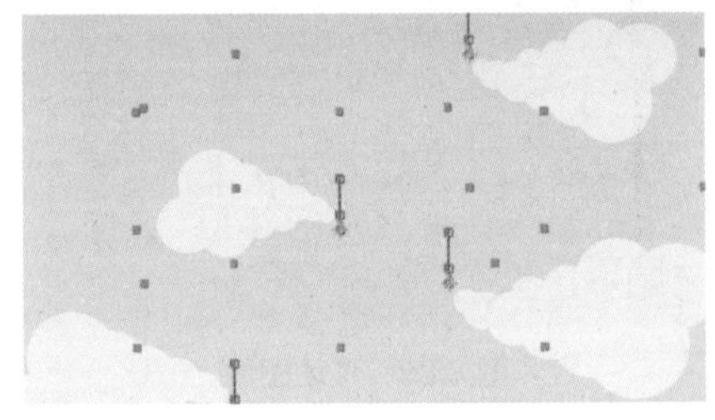

图 8.79 再次移动图像

20 选中“云”图像，拖动其位置控制杆，调整其运动路径，如图 8.80 所示。

图 8.80 调整运动路径

8.2.2 制作文字动效

1 选择工具箱中的“横排文字工具”，在图像中添加文字，如图 8.81 所示。

图 8.81 添加文字

2 在时间轴面板中，选中文字图层，将时间调整到 0:00:01:00 的位置，按 P 键打开“位置”，按住 Alt 键单击左侧码表，输入 wiggle(1,20)，为当前图层添加表达式，如图 8.82 所示。

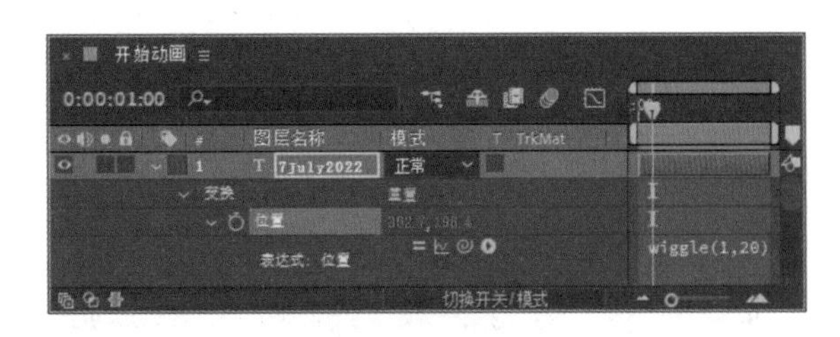

图 8.82 添加表达式

3 在时间轴面板中，选中文字图层，将时间调整到 0:00:01:00 的位置，在“效果和预设”面板中展开“扭曲”特效组，然后双击“变换”特效。

4 在“效果控件”面板中，修改“变换”特效的参数，设置“位置”为（366.0,-80.0），单击“位置”左侧码表，如图 8.83 所示。

图 8.83 设置位置

5 在时间轴面板中，选中文字图层，将

时间调整到0:00:03:00的位置，将"位置"更改为(366.0, 188.0)，系统将自动添加关键帧，如图8.84所示。

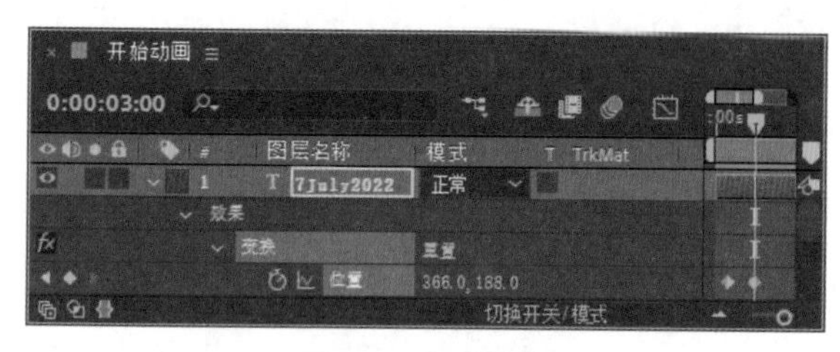

图8.84 更改数值

6 在时间轴面板中，选中文字图层，将时间调整到0:00:03:00的位置，按S键打开"缩放"，单击"缩放"左侧码表，在当前位置添加关键帧。

7 将时间调整到0:00:03:05的位置，将"缩放"数值更改为(0.0,0.0%)，系统将自动添加关键帧，如图8.85所示。

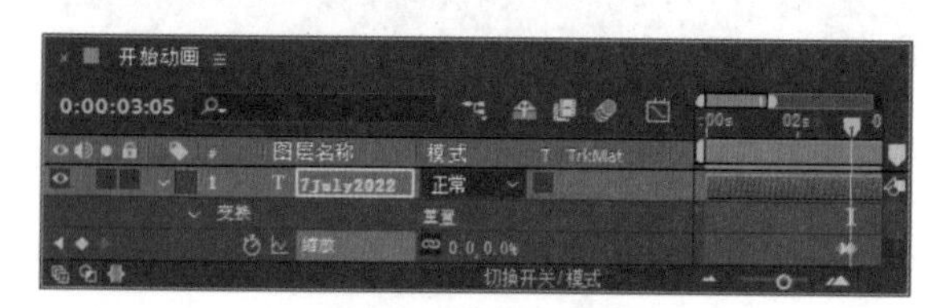

图8.85 添加缩放效果

8 在"项目"面板中，选中"云"素材，将其拖至时间轴面板中，在视图中将其移至顶部位置，如图8.86所示。

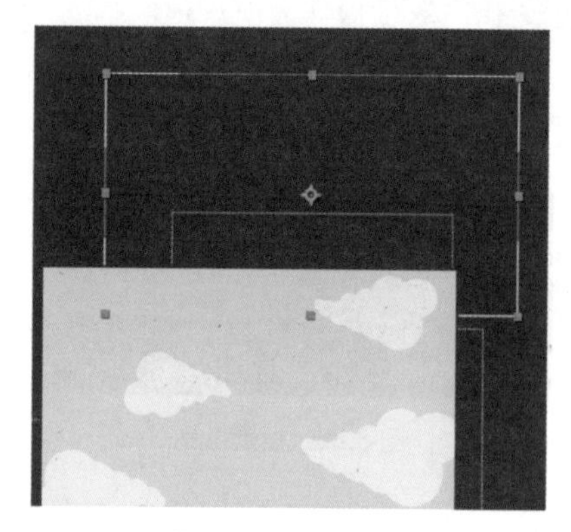

图8.86 添加素材

9 在时间轴面板中，将时间调整到0:00:02:14的位置，按P键打开"位置"，单击"位置"左侧码表，在当前位置添加关键帧，如图8.87所示。

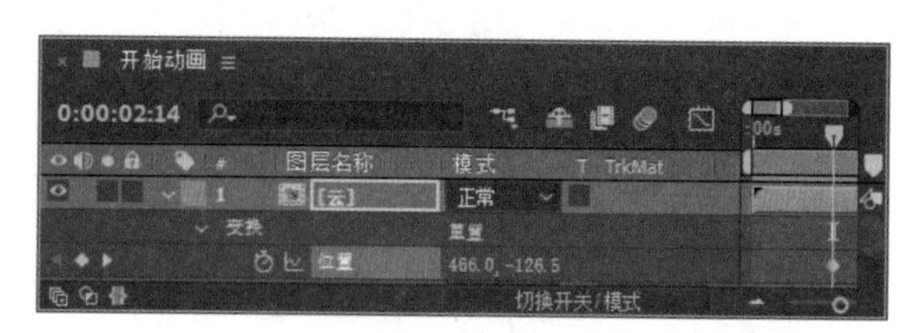

图8.87 添加关键帧

10 将时间调整到0:00:04:09的位置，在视图中将其向下方移动，系统将自动添加关键帧，如图8.88所示。

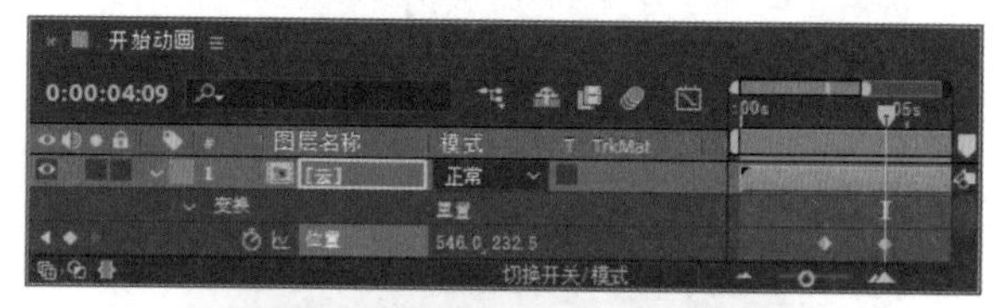

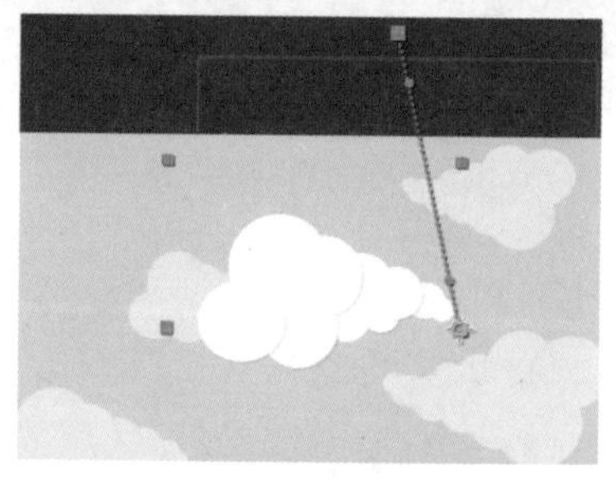

图8.88 移动图像

11 在图像中拖动控制杆，调整"云"图像的运动路径，如图8.89所示。

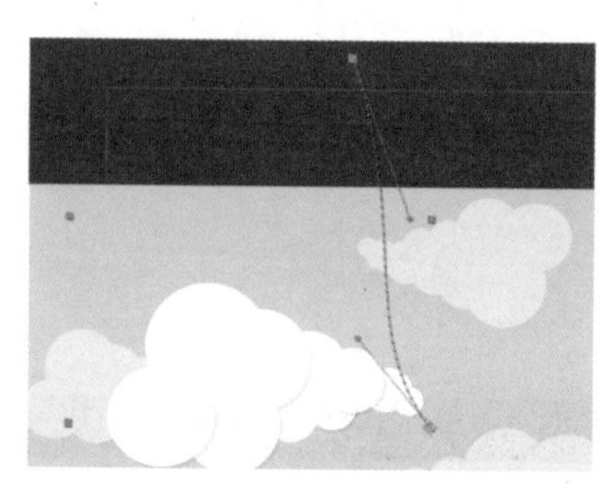

图8.89 拖动控制杆

12 选中“云”图层中的所有位置关键帧，执行菜单栏中的“动画”|“关键帧辅助”|“缓动”命令，如图 8.90 所示。

图 8.90 添加缓动效果

8.2.3 调整细节效果

1 选择工具箱中的“横排文字工具”，在图像中添加文字，如图 8.91 所示。

图 8.91 添加文字

2 选中工具箱中的“椭圆工具”，选中文字图层，在视图中按住 Shift+Ctrl 组合键，绘制一个正圆路径蒙版，如图 8.92 所示。

图 8.92 绘制路径蒙版

3 将时间调整到 0:00:04:09 的位置，展开“蒙版”|“蒙版 1”，单击“蒙版路径”左侧码表，在当前位置添加关键帧，如图 8.93 所示。

图 8.93 添加关键帧

4 将时间调整到 0:00:05:18 的位置，将路径放大，将文字完全显示，系统将自动添加关键帧，如图 8.94 所示。

图 8.94 放大蒙版路径

5 在时间轴面板中，选中文字图层，将时间调整到 0:00:04:09 的位置，按 P 键打开“位置”，单击“位置”左侧码表，在当前位置添加关键帧。

6 将时间调整到 0:00:05:18 的位置，在视图中将文字向左侧平移，系统将自动添加关键帧，如图 8.95 所示。

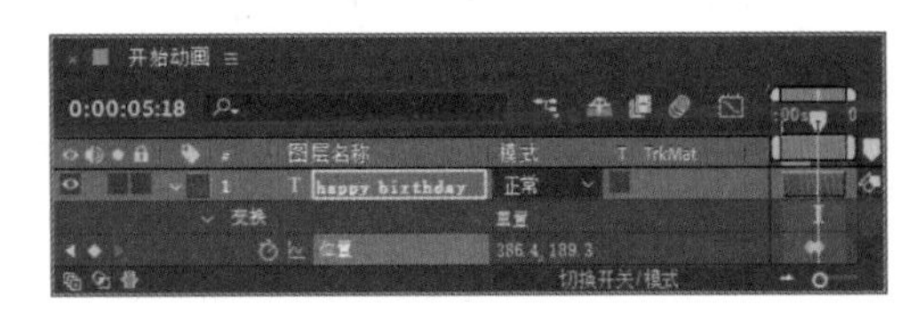

图 8.95 拖动文字

图 8.95　拖动文字（续）

8.2.4　添加气球元素

1 执行菜单栏中的“合成”|“新建合成”命令，打开“合成设置”对话框，设置“合成名称”为“气球”，“宽度”为 720，“高度”为 405，“帧速率”为 25，并设置“持续时间”为 0:00:10:00，“背景颜色”为黑色，完成后单击“确定”按钮，如图 8.96 所示。

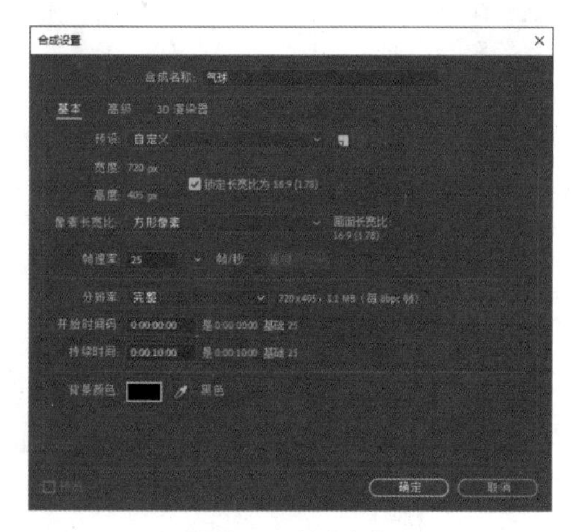

图 8.96　新建合成

2 选择工具箱中的“钢笔工具”，在视图中绘制一个气球图像，设置“填充”为紫色（R:165,G:75,B:202），“描边”为无，如图 8.97 所示，将生成一个“形状图层 1”图层。

3 选中“形状图层 1”图层，在气球底部位置绘制一条曲线，设置“填充”为无，“描边”为紫色（R:165,G:75,B:202），“描边宽度”为 1，如图 8.98 所示。

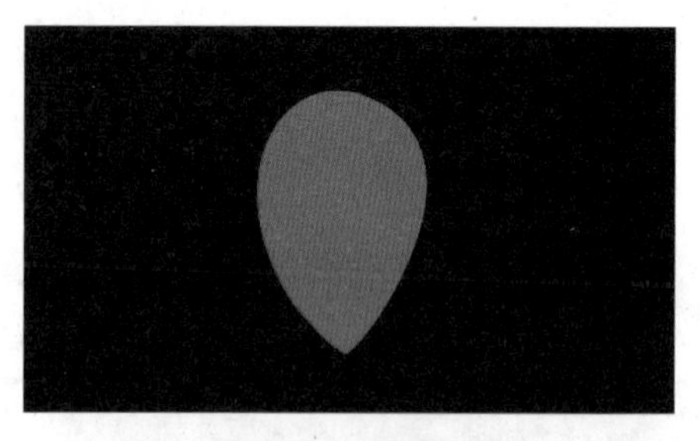

图 8.97　绘制图形

图 8.98　绘制曲线

4 在时间轴面板中，选中“形状图层 1”层，按 T 键打开“不透明度”，将“不透明度”更改为 50%，如图 8.99 所示。

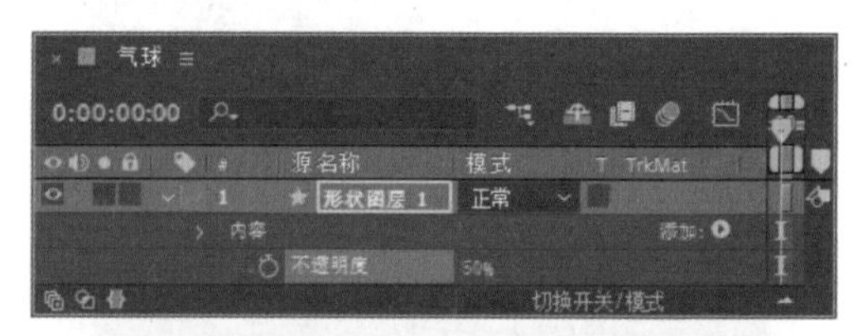

图 8.99　更改不透明度

5 在“项目”面板中，选中“气球”素材，将其拖至“开始动画”时间轴面板中，并将其移至“云”图层下方。

6 将时间调整到 0:00:04:09 的位置，按 P

键打开“位置”，单击“位置”左侧码表⏱，在当前位置添加关键帧，如图 8.100 所示。

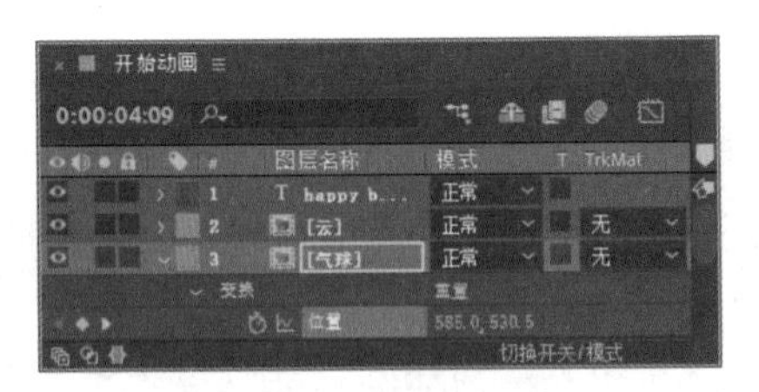

图 8.100　添加关键帧

7 将时间调整到 0:00:04:20 的位置，在视图中将气球向上方移动，系统将自动添加关键帧，如图 8.101 所示。

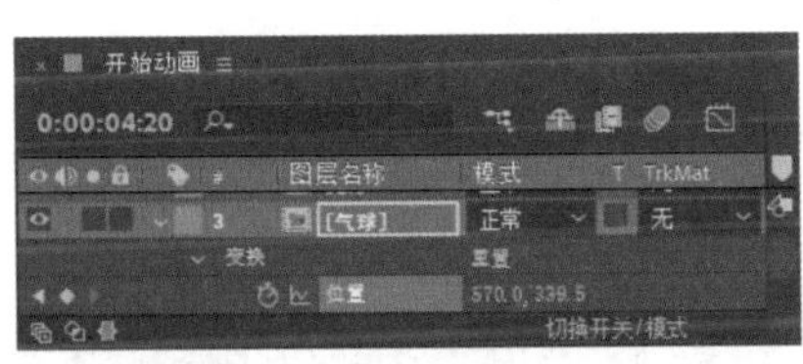

图 8.101　拖动图像 1

8 将时间调整到 0:00:05:00 的位置，将气球再次向上拖动，如图 8.102 所示。

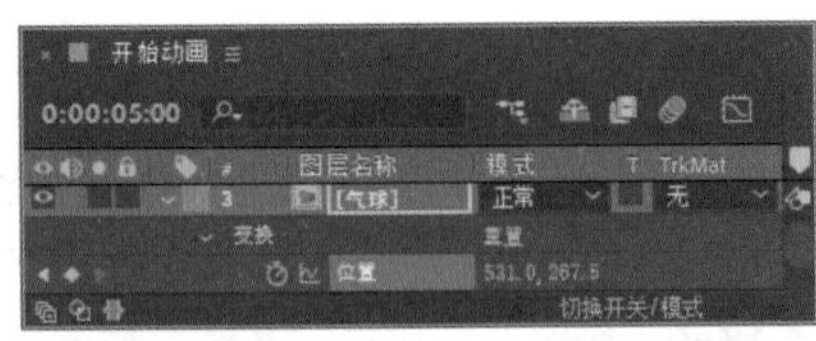

图 8.102　拖动图像 2

9 分别将时间调整到 0:00:05:15 的位置和 0:00:06:00 的位置，将气球向上拖动，系统将自动添加关键帧，如图 8.103 所示。

图 8.103　拖动图像 3

8.2.5　制作云朵动画效果

1 执行菜单栏中的“合成”|“新建合成”命令，打开“合成设置”对话框，设置“合成名称”为“照片 1”，“宽度”为 720，“高度”为 405，“帧速率”为 25，并设置“持续时间”为 0:00:10:00，“背景颜色”为蓝色（R:148,G:218,B:254），完成后单击“确定”按钮，如图 8.104 所示。

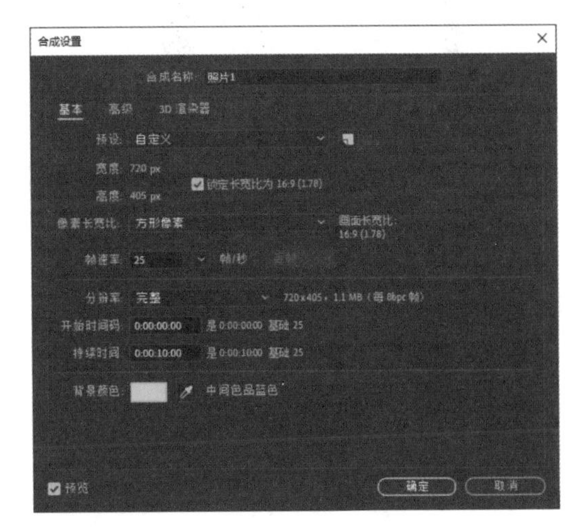

图 8.104　新建合成

2 在“项目”面板中，选中“云”素材，将其拖至时间轴面板中，在视图中将其移至左上角位置并缩小，如图 8.105 所示。

图 8.105　添加素材图像

3 在时间轴面板中，选中“云”图层，按 T 键打开“不透明度”，将“不透明度”更改为 50%，如图 8.106 所示。

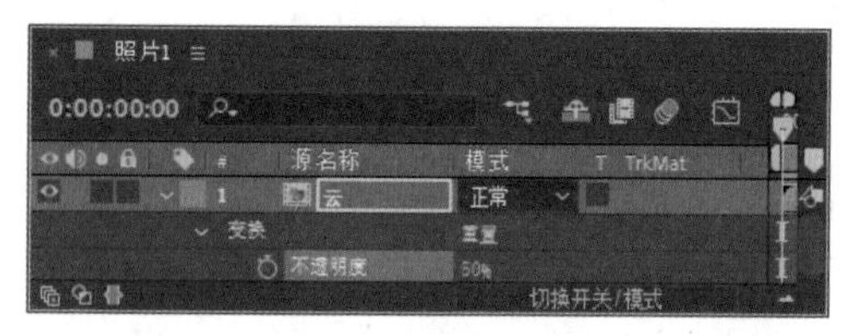

图 8.106　更改不透明度

4 在时间轴面板中，选中“云”图层，按 Ctrl+D 组合键再复制出数个图层，在视图中将部分云图像缩小并旋转，如图 8.107 所示。

图 8.107　复制图像

5 执行菜单栏中的“图层”|“新建”|“摄像机”命令，在弹出的对话框中将名称更改为“摄像机 1”，选择“预设”为“24 毫米”，然后单击“确定”按钮，如图 8.108 所示。

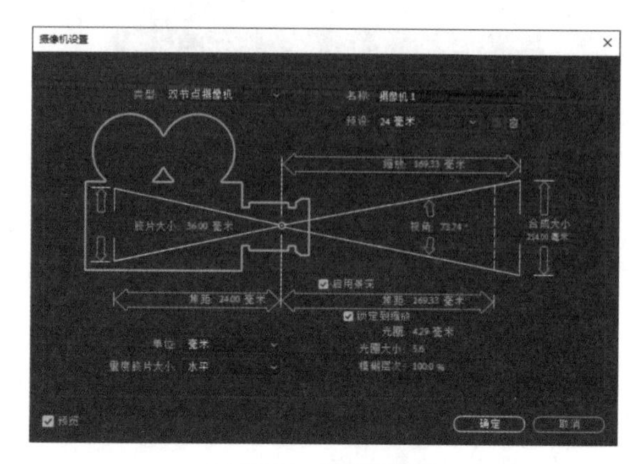

图 8.108　新建摄像机

6 同时选择所有图层，并选中图层名称后方的图标，启用 3D 图层，如图 8.109 所示。

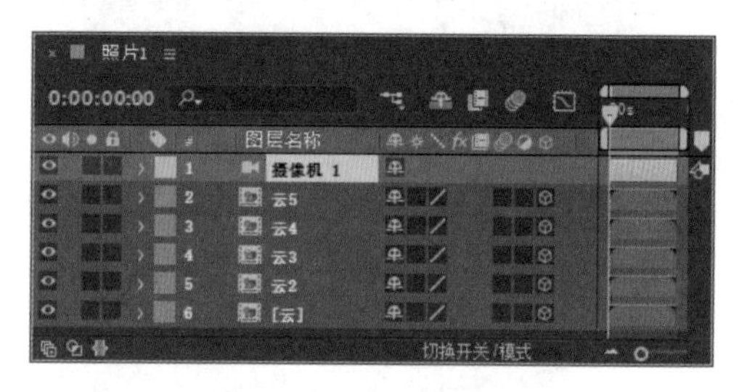

图 8.109　启用 3D 图层

7 在时间轴面板中，选中“摄像机 1”图层，将时间调整到 0:00:00:00 的位置，按 P 键打开“位置”，单击“位置”左侧码表，在当前位置添加关键帧，如图 8.110 所示。

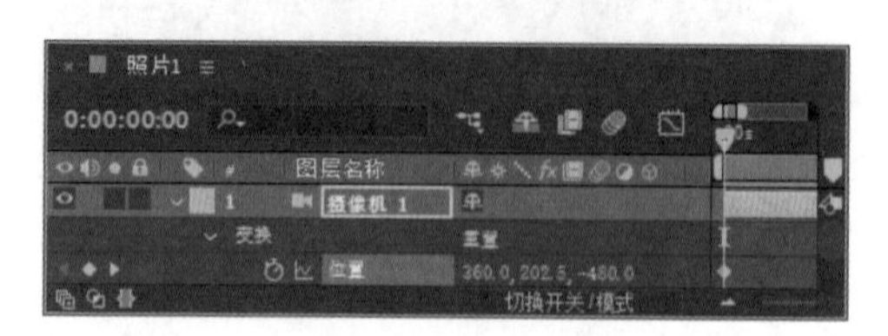

图 8.110　添加关键帧

8 将时间调整到 0:00:02:00 的位置，将数值更改为（360.0,202.5,-200.0），系统将自动添加关键帧，如图 8.111 所示。

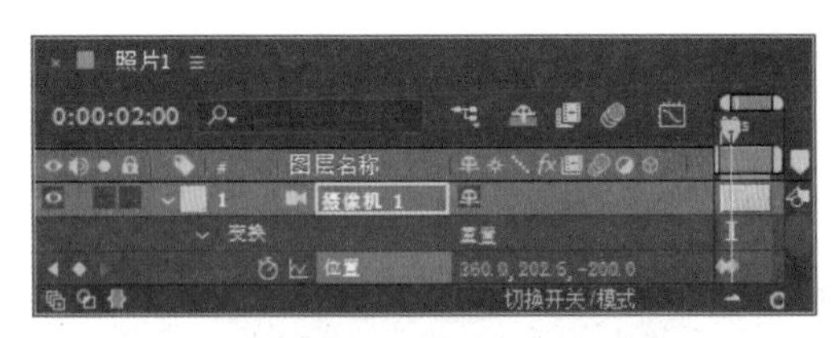

图 8.111 更改数值

9 将时间调整到 0:00:09:24 的位置，将数值更改为（360.0,202.5,0.0），系统将自动添加关键帧，如图 8.112 所示。

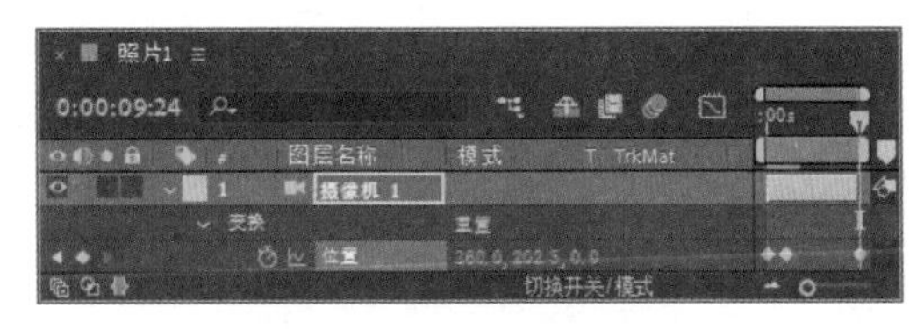

图 8.112 再次更改数值

10 在时间轴面板中，选中“云”合成，按 Ctrl+D 组合键复制一个云，将复制生成的云合成名称更改为“变形云”，如图 8.113 所示。

图 8.113 复制合成

11 双击“变形云”合成，在打开的合成中选择不同图层，调整圆形位置，组合成新的云朵形状，如图 8.114 所示。

12 在“项目”面板中，双击“照片 1”合成，将其打开，选中“变换云”合成，将其拖至时间轴面板中。

图 8.114 调整云朵位置

13 在时间轴面板中，选中“变形云”图层，将时间调整到 0:00:00:00 的位置，按 S 键打开“缩放”，单击“缩放”左侧码表，在当前位置添加关键帧，并将数值更改为（0.0,0.0%），如图 8.115 所示。

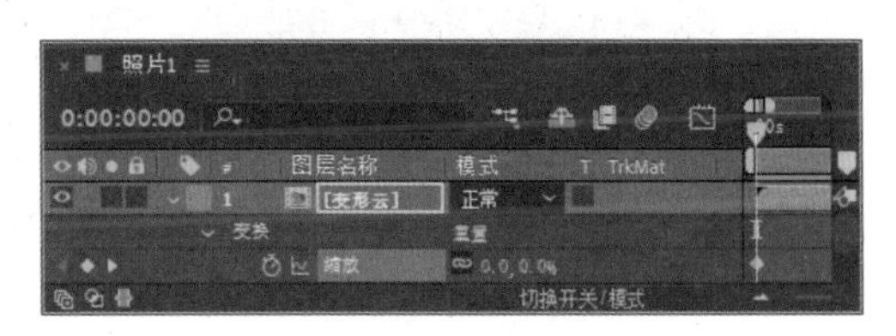

图 8.115 设置缩放效果

14 将时间调整到 0:00:02:00 的位置，将数值更改为(100.0,100.0%)；将时间调整到 0:00:02:10 的位置，将数值更改为（0.0,0.0%），系统将自动添加关键帧，如图 8.116 所示。

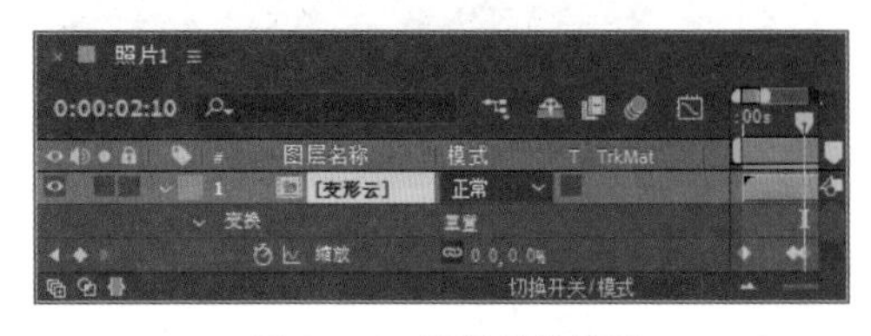

图 8.116 调整缩放效果

8.2.6 添加主视觉文字动画

1 选中工具箱中的“圆角矩形工具”，绘制一个圆角矩形，设置“填充”为白色，“描边”为无，如图 8.117 所示，将生成一个“形状图层 1”图层。

图 8.117　绘制图形

2 在时间轴面板中，选中“形状图层 1”图层，将时间调整到 0:00:02:00 的位置，按 S 键打开“缩放”，单击“缩放”左侧码表，在当前位置添加关键帧，将数值更改为（0.0,0.0%），如图 8.118 所示。

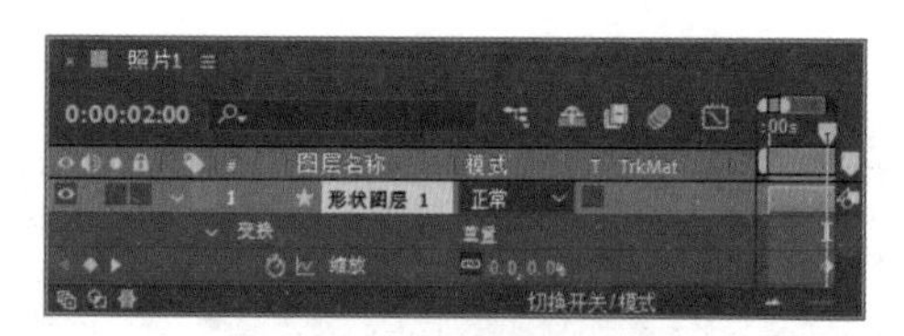

图 8.118　设置缩放效果

3 将时间调整到 0:00:02:10 的位置，将数值更改为（120.0,120.0%）；将时间调整到 0:00:03:00 的位置，将数值更改为（100.0,100.0%），系统将自动添加关键帧，如图 8.119 所示。

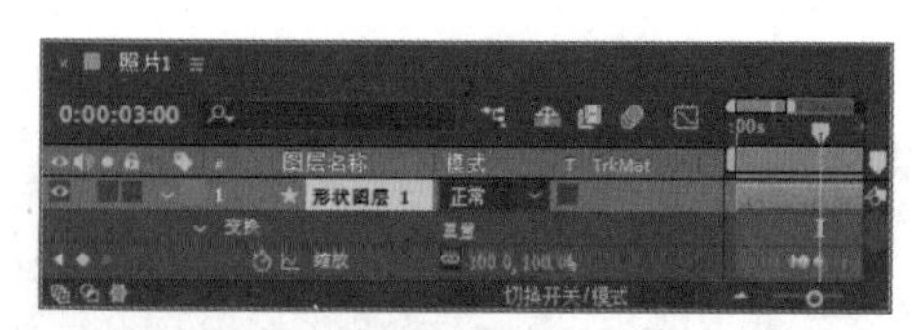

图 8.119　更改数值

4 在“项目”面板中，选中“图 .jpg”素材，将其拖至时间轴面板中，并将其移至“形状图层 1”下方，效果如图 8.120 所示。

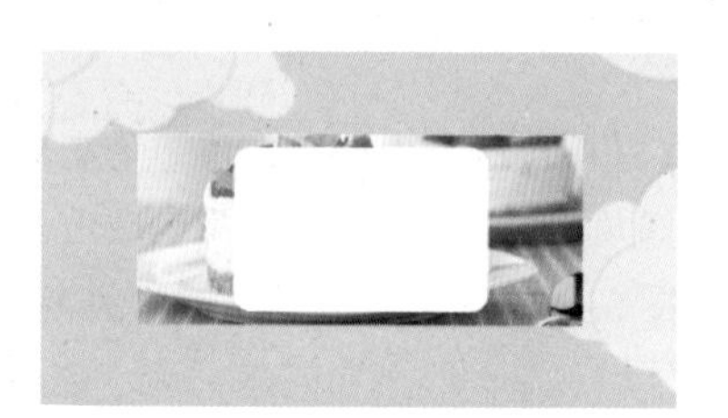

图 8.120　添加素材图像

5 在时间轴面板中，设置“图 .jpg”层的“轨道遮罩”为“Alpha 遮罩‘形状图层 1’”，如图 8.121 所示。

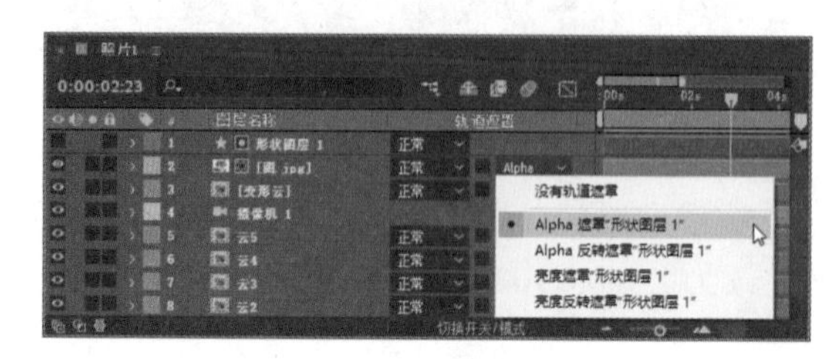

图 8.121　设置轨道遮罩

6 将时间调整到 0:00:02:04 的位置，在时间轴面板中，选中“形状图层 1”图层中的所有关键帧，按 Ctrl+C 组合键将其复制；选中“图 .jpg”图层，按 Ctrl+V 组合键将其粘贴，如图 8.122 所示。

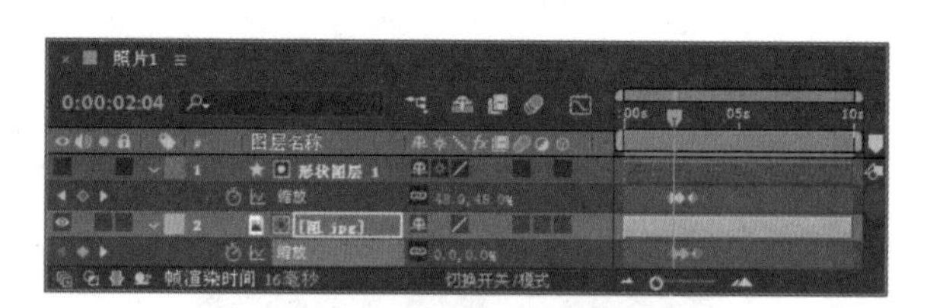

图 8.122　复制并粘贴关键帧

7 选择工具箱中的“横排文字工具”，在图像中添加文字，如图 8.123 所示。

图 8.123　添加文字

8 在时间轴面板中，选中 delicious cake 图层，在“效果和预设”面板中展开“透视”特效组，然后双击“投影”特效。

9 在“效果控件”面板中，修改“投影”特效的参数，设置“不透明度”为 30%，“距离”为 2.0，“柔和度”为 20.0，如图 8.124 所示。

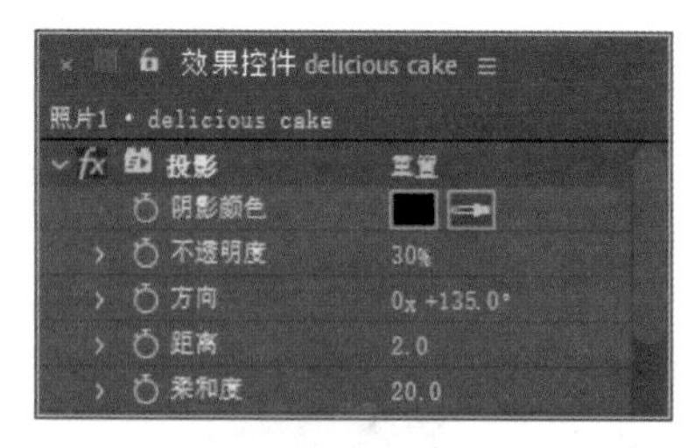

图 8.124 设置投影

10 在时间轴面板中，选中 delicious cake 图层，将时间调整到 0:00:02:14 的位置，按 S 键打开“缩放”，单击“缩放”左侧码表，在当前位置添加关键帧，将数值更改为（0.0,0.0%）。

11 按 T 键打开“不透明度”，单击“不透明度”左侧码表，在当前位置添加关键帧，将数值更改为 0%，如图 8.125 所示。

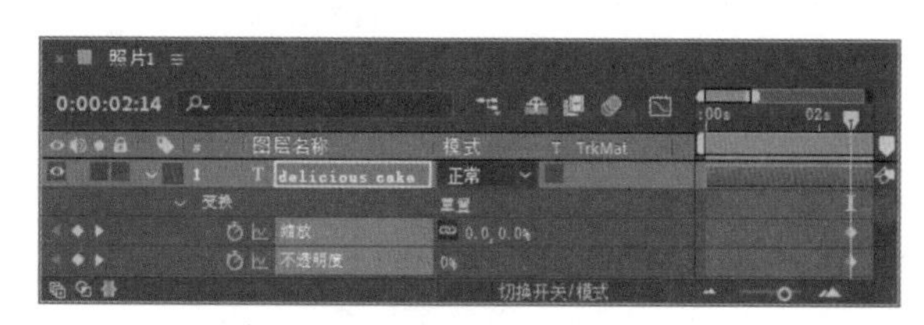

图 8.125 设置缩放和不透明度

12 将时间调整到 0:00:03:04 的位置，将“缩放”数值更改为（100.0,100.0%），将“不透明度”数值更改为 100%，系统将自动添加关键帧，如图 8.126 所示。

图 8.126 更改数值

8.2.7 制作总合成动画

1 执行菜单栏中的“合成”|“新建合成”命令，打开“合成设置”对话框，设置“合成名称”为“总合成”，“宽度”为 720，“高度”为 405，“帧速率”为 25，并设置“持续时间”为 0:00:15:00，“背景颜色”为浅蓝色（R:148,G:218,B:254），然后单击“确定”按钮，如图 8.127 所示。

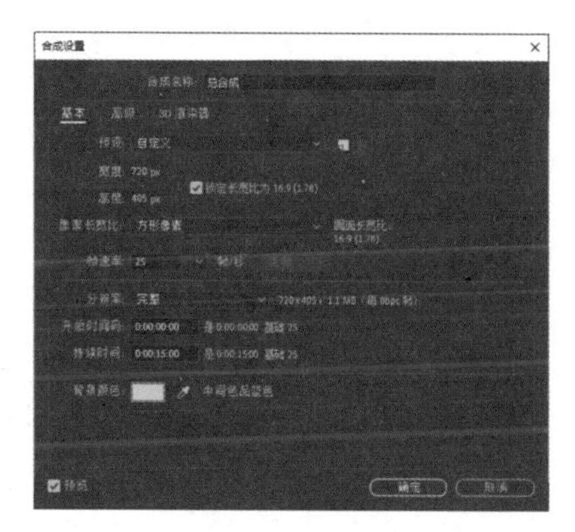

图 8.127 新建合成

2 在“项目”面板中，选中“照片 1”及“开始动画”合成，将其拖至时间轴面板中，将时间调整到 0:00:06:00 的位置，选中“照片 1”合成，按 [键设置动画入点，如图 8.128 所示。

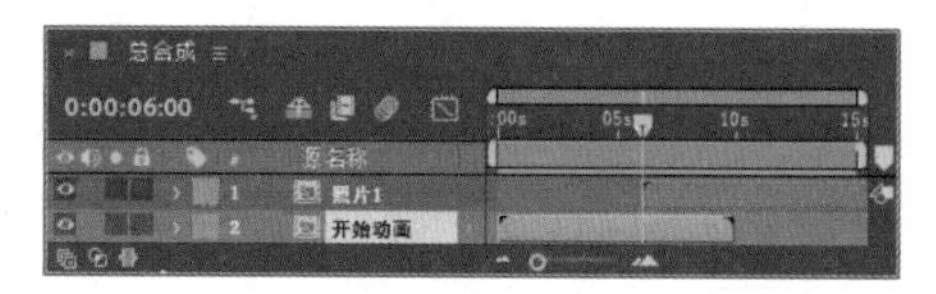

图 8.128 添加素材图像并设置动画入点

3 选中“开始动画”合成，按 Alt+] 组合键设置动画出点，如图 8.129 所示。

图 8.129 设置动画出点

4 这样就完成了最终整体效果的制作，按小键盘上的 0 键即可在合成窗口中预览动画效果。

8.3 夏日乐园动画设计

实例解析

本例主要讲解夏日乐园动画设计，设计重点有两个：一是将多个可爱的卡通元素结合，并添加装饰元素，制作成动效；二是做好连贯性，这样才能使整个动画的最终效果形成一个整体，如图 8.130 所示。

图 8.130 动画流程画面

知识点

1. 星形工具
2. 中继器
3. 梯度渐变
4. 投影

操作步骤

8.3.1 制作主题头像

1 执行菜单栏中的“合成”|“新建合成”命令，打开“合成设置”对话框，设置“合成名称”为“主题头像”，“宽度”为 300，“高度”为 300，“帧速率”为 25，并设置“持续时间”为 0:00:05:00，“背景颜色”为黑色，完成之后单击“确定”按钮，如图 8.131 所示。

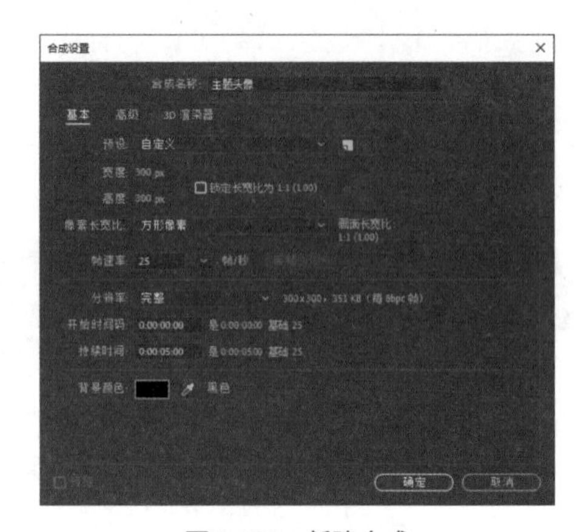

图 8.131 新建合成

2 执行菜单栏中的“文件”|“导入”|“文件”命令，打开“导入文件”对话框，选择“工程文件\第8章\夏日乐园动画设计\儿童.png、好朋友.png、热气球.png、树.png、碎片.png、太阳.png”素材，单击“导入”按钮，如图8.132所示。

图8.132　导入素材

3 选中工具箱中的“星形工具”，按Shift+Ctrl组合键绘制一个星形，在时间轴面板中，依次展开“形状图层1”|“内容”|“多边星形1”|“多边星形路径1”，将“点”更改为40.0，将“内径”更改为80.0，将“外径”更改为75.0，如图8.133所示。

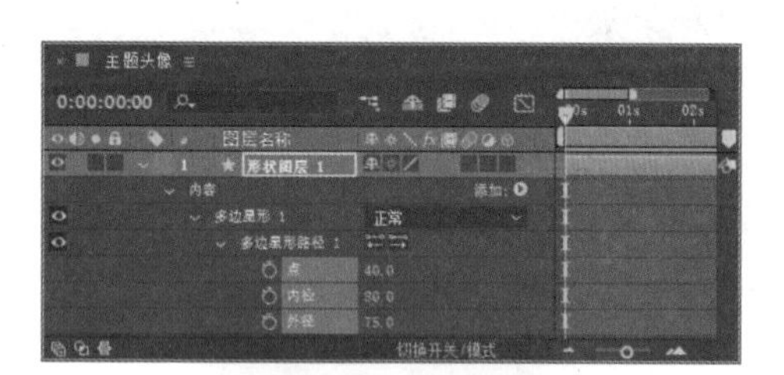

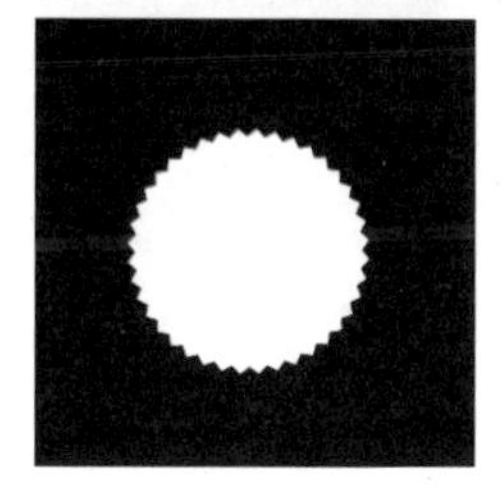

图8.133　绘制星形

4 选中工具箱中的“矩形工具”，绘制一个矩形，设置“填充”为黄色（R:255,G:176,B:7），“描边”为无，如图8.134所示，将生成一个“形状图层2”图层。

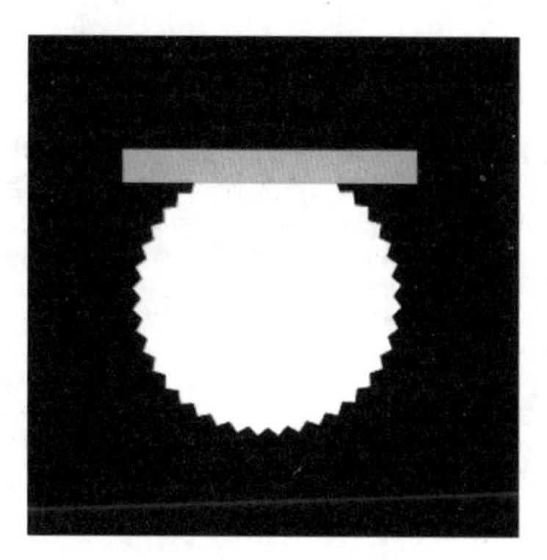

图8.134　绘制矩形

5 选中工具箱中的“钢笔工具”，在时间轴面板中选中“形状图层2”图层，分别在视图中矩形的左侧和右侧绘制图形，制作标签效果，如图8.135所示。

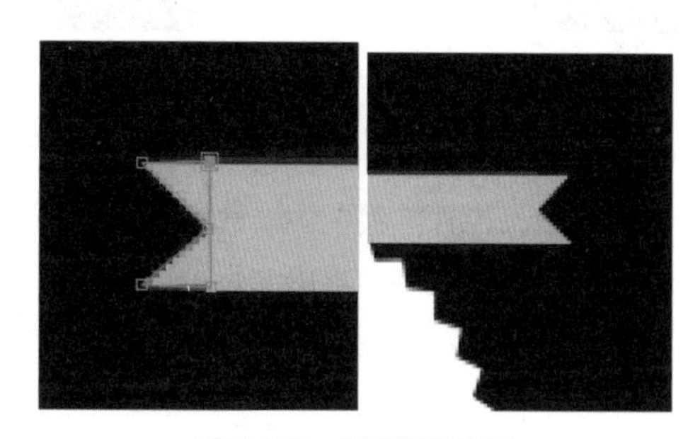

图8.135　制作标签效果

6 在时间轴面板中，选中“形状图层2”图层，在“效果和预设”面板中展开“扭曲”特效组，然后双击“变形”特效。

7 在“效果控件”面板中，修改“变形”特效的参数，设置“变形样式”为“弧”，“变形轴”为“水平”，“弯曲”为29，“垂直扭曲”为40，如图8.136所示。

8 选择工具箱中的“横排文字工具”，在图像中添加文字，如图8.137所示。

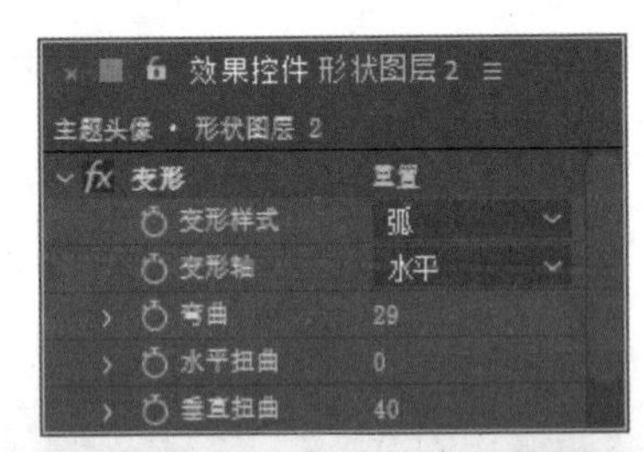

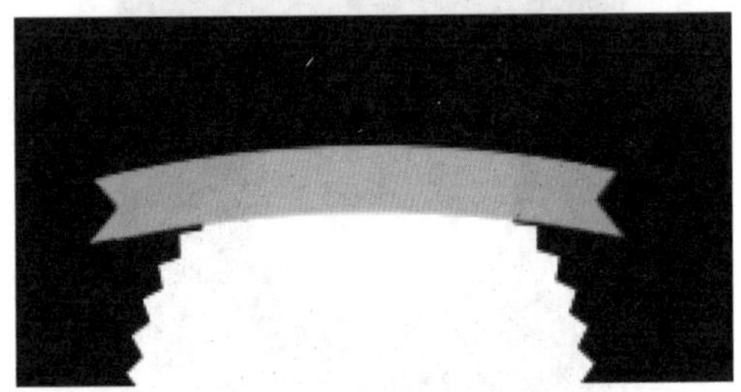

图 8.136　将图形变形

图 8.137　添加文字

9 在时间轴面板中，选中“形状图层 2”图层，在“效果控件”面板中，选中“变形”，按 Ctrl+C 组合键将其复制；选中文字图层，在“效果控件”面板中，按 Ctrl+V 组合键将其粘贴，如图 8.138 所示。

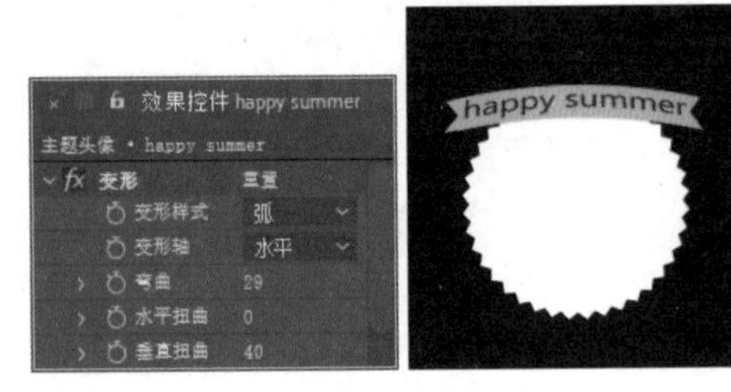

图 8.138　复制并粘贴变形效果

10 选中工具箱中的“椭圆工具”，在多边形位置按住 Shift+Ctrl 组合键绘制一个正圆，设置“填充”为无，“描边”为深黄色（R:29,G:20,B:3），“描边宽度”为 1，如图 8.139 所示，将生成一个“形状图层 3”图层。

11 在“项目”面板中，选中“儿童.png”素材，将其拖至时间轴面板中，并在视图中将其缩小，如图 8.140 所示。

图 8.139　绘制图形　　图 8.140　添加素材

12 在时间轴面板中，选中“形状图层 1”图层，将时间调整到 0:00:00:00 的位置，按 R 键打开“旋转”，单击“旋转”左侧码表，在当前位置添加关键帧，将数值更改为 0x+0.0°。

13 将时间调整到 0:00:04:24 的位置，将数值更改为 0x+50.0°，系统将自动添加关键帧，制作旋转动画，如图 8.141 所示。

图 8.141　制作旋转动画

8.3.2　制作第一场景

1 执行菜单栏中的“合成”|“新建合成”命令，打开“合成设置”对话框，设置“合成名称”为“场景 1”，“宽度”为 720，“高度”为 405，“帧速率”为 25，并设置“持续时间”为 0:00:05:00，“背景颜色”为蓝色（R:23,G:164,B:216），完成后单击“确定”按钮，如图 8.142 所示。

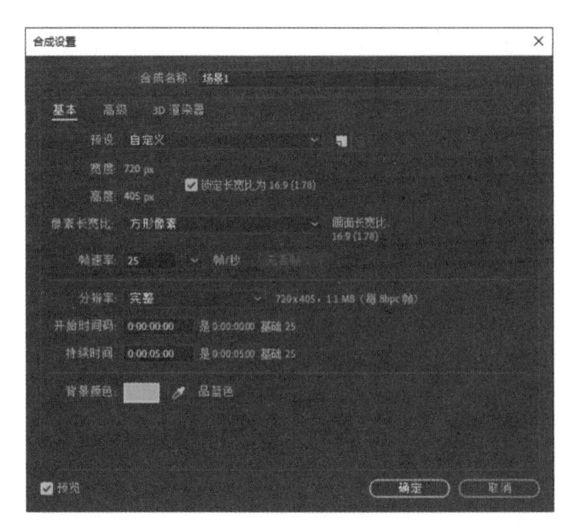

图 8.142　新建合成

2 选择工具箱中的“钢笔工具”，在视图底部绘制一个弧形，设置“填充”为绿色（R:67,G:147,B:42），“描边”为无，如图 8.143 所示，将生成一个“形状图层 1”图层。

图 8.143　绘制图形

3 选择工具箱中的“钢笔工具”，再绘制一个白色云朵图像，如图 8.144 所示，将生成一个“形状图层 2”图层。

图 8.144　绘制云朵图像

4 在时间轴面板中，选中“形状图层 2”图层，按 Ctrl+D 组合键复制出一个“形状图层 3”图层，在视图中将其移至右侧位置并旋转，如图 8.145 所示。

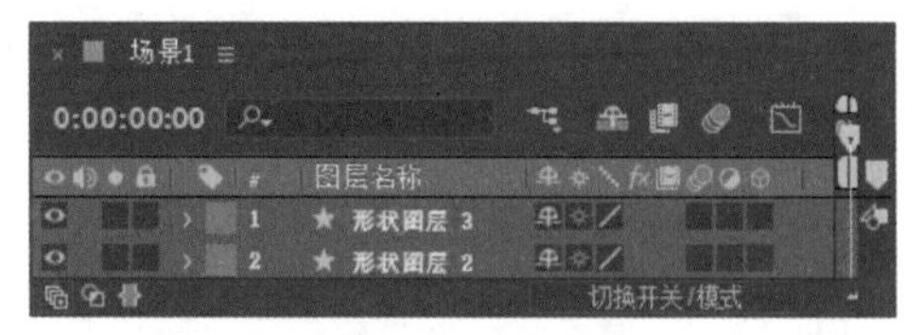

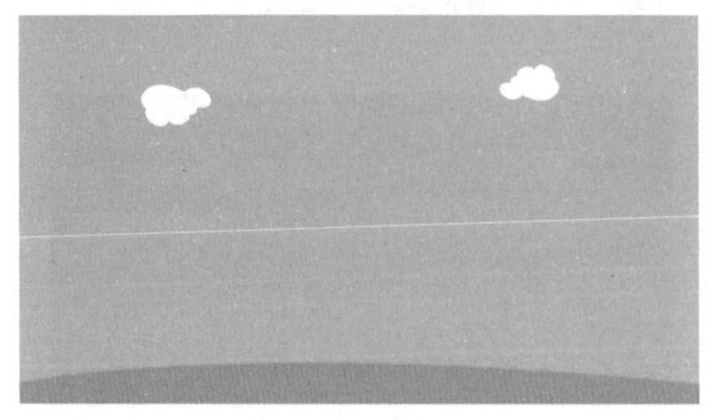

图 8.145　复制图形

5 在“项目”面板中，选中“热气球.png”“树.png”“主题头像”素材，将其拖至时间轴面板中，并放在视图中的适当位置，如图 8.146 所示。

图 8.146　添加素材

6 在时间轴面板中，同时选中“形状图层 1”及“树.png”图层，将其向下方移至视图底部位置，如图 8.147 所示。

7 在时间轴面板中，同时选中“形状图层 1”及“树.png”图层，将时间调整到 0:00:00:00 的位置，按 P 键打开“位置”，单击“位置”左侧码表，在当前位置添加关键帧。

8 将时间调整到 0:00:01:00 的位置，在视图中将其向上移动，系统将自动添加关键帧，如图 8.148 所示。

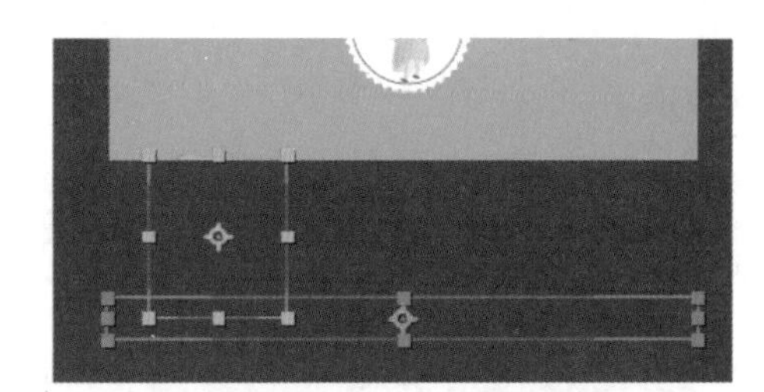

图 8.147　移动图像

图 8.148　制作位置动画

9 在时间轴面板中，同时选中“树 .png”及“形状图层 1”图层，将时间调整到 0:00:00:00 的位置，按 R 键打开“旋转”，单击“旋转”左侧码表，在当前位置添加关键帧，将数值更改为 0x-10.0°，如图 8.149 所示。

图 8.149　添加旋转关键帧

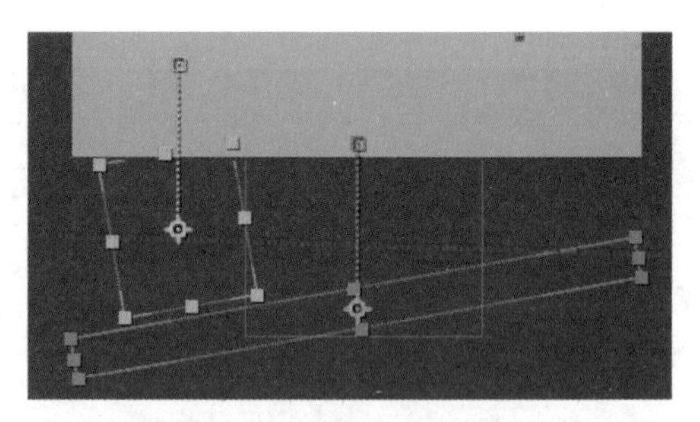

图 8.149　添加旋转关键帧（续）

10 将时间调整到 0:00:01:00 的位置，将“旋转”更改为 0x+0.0°，系统将自动添加关键帧，如图 8.150 所示。

图 8.150　更改数值

11 在时间轴面板中，选中“主题头像”图层，将时间调整到 0:00:00:20 的位置，按 R 键打开“旋转”，单击“旋转”左侧码表，在当前位置添加关键帧，将数值更改为 0x-10.0°，如图 8.151 所示。

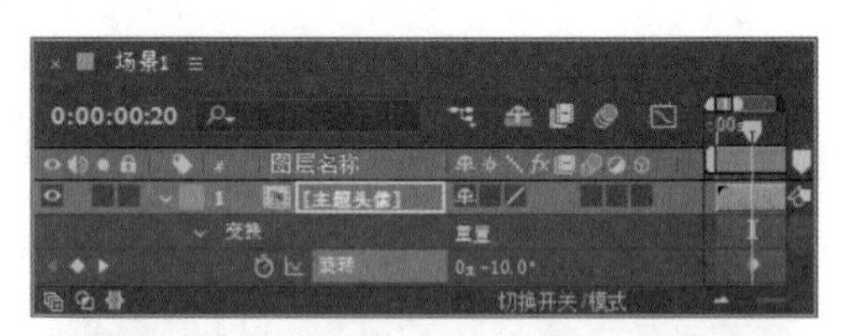

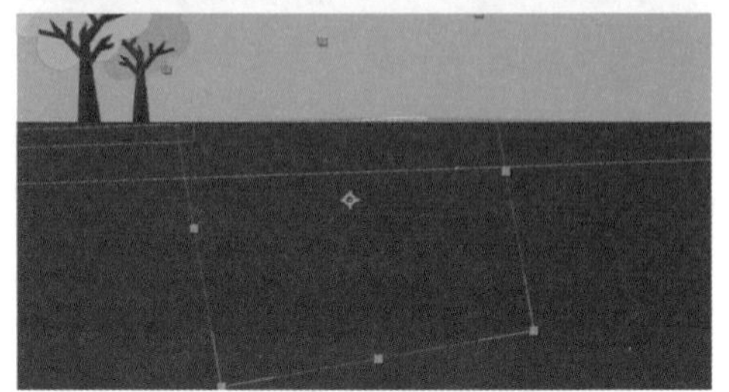

图 8.151　添加旋转关键帧

12 将时间调整到0:00:01:20的位置，将“旋转”更改为0x+0.0°，系统将自动添加关键帧，如图8.152所示，用同样的方法为其也制作一个位移动画。

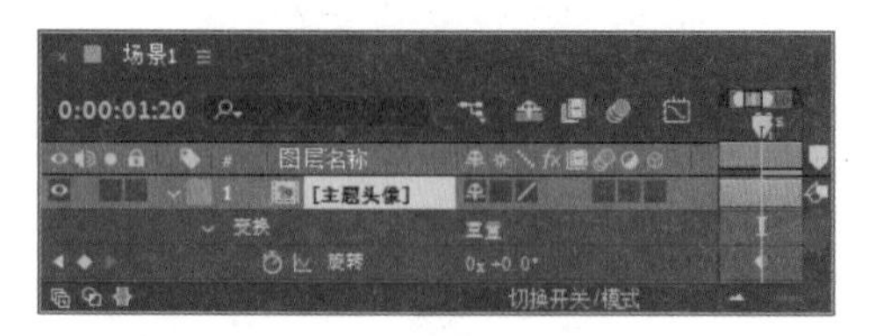

图8.152 更改数值

13 在时间轴面板中，选中“热气球.png”图层，将其向下方移至视图底部位置，如图8.153所示。

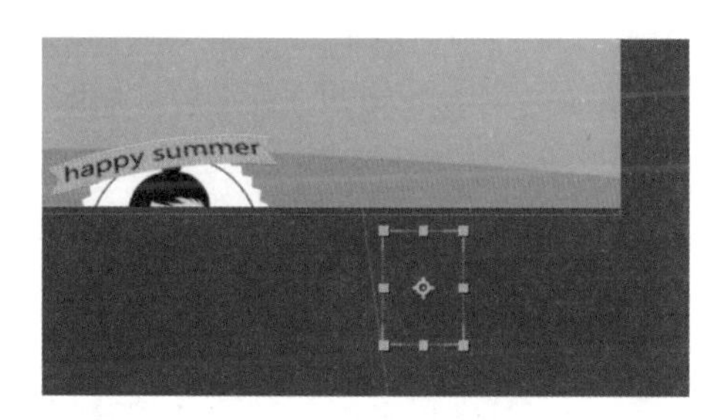

图8.153 移动图像

8.3.3 调整场景动画细节

1 在时间轴面板中，选中“热气球.png”图层，将时间调整到0:01:00:00的位置，按P键打开“位置”，单击“位置”左侧码表，在当前位置添加关键帧。

2 将时间调整到0:00:03:00的位置，在视图中将其向上移动，系统将自动添加关键帧，如图8.154所示。

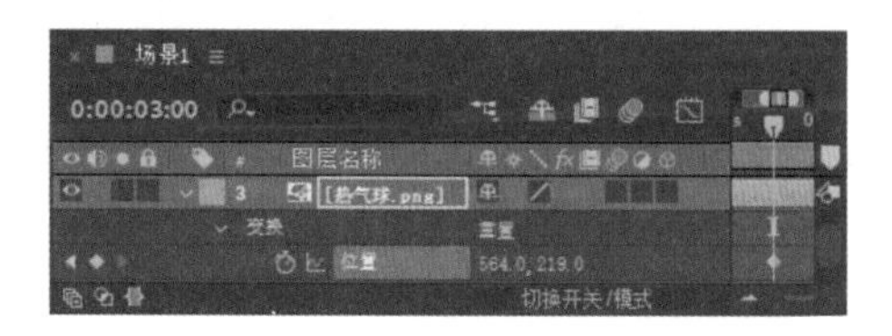

图8.154 制作位置动画

图8.154 制作位置动画（续）

3 拖动热气球控制杆，调整其移动路径，如图8.155所示。

图8.155 调整移动路径

4 以同样方法分别为两个白云图像制作位置动画，如图8.156所示。

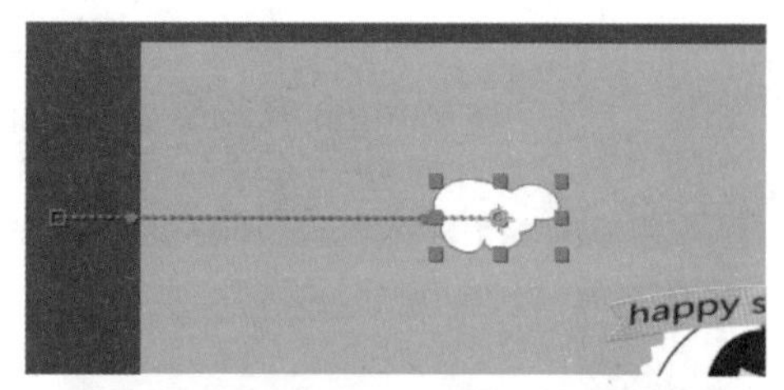

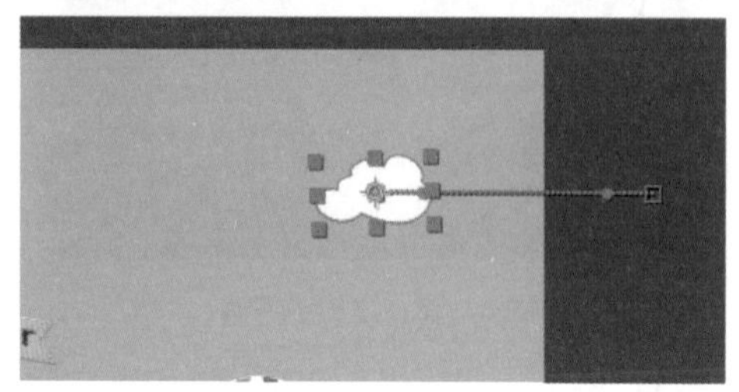

图8.156 制作位移动画

8.3.4 添加装饰元素

1 选择工具箱中的“钢笔工具”，在视图左上角绘制一个三角形，设置“填充”为橙色

(R:254,G:176,B:6)，“描边”为无，如图 8.157 所示，将生成一个“形状图层 4”图层。

图 8.157　绘制图形

2 在时间轴面板中，选中“形状图层 4”图层，展开“内容”，单击右侧 添加: 按钮，在弹出的快捷菜单中选择“中继器”，在出现的选项中展开“中继器 1”，将“副本”值更改为 14.0，展开“变换：中继器 1”，将“位置”更改为（50.0,0.0），如图 8.158 所示。

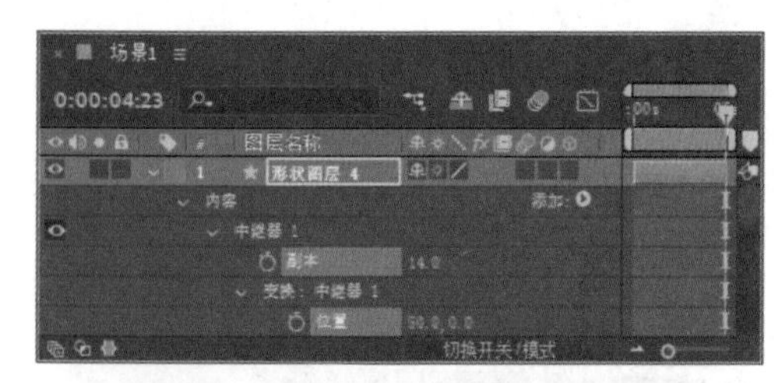

图 8.158　添加中继器

3 在时间轴面板中，选中“形状图层 2”图层，在“效果和预设”面板中展开“扭曲”特效组，然后双击“变形”特效。

4 在“效果控件”面板中，修改“变形”特效的参数，设置“变形样式”为“下弧形”，“弯曲”为 60，如图 8.159 所示。

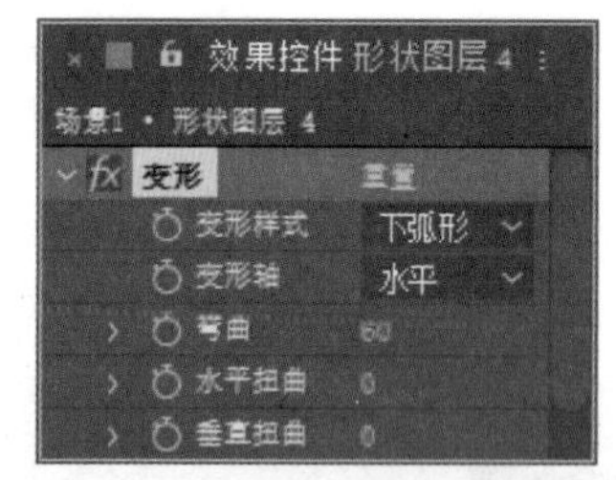

图 8.159　将图形变形

5 在时间轴面板中，选中“形状图层 4”图层，将其向上方移至视图顶部位置，如图 8.160 所示。

图 8.160　移动图像

6 在时间轴面板中，选中“形状图层 4”图层，将时间调整到 0:00:02:00 的位置，按 P 键打开“位置”，单击“位置”左侧码表，在当前位置添加关键帧，如图 8.161 所示。

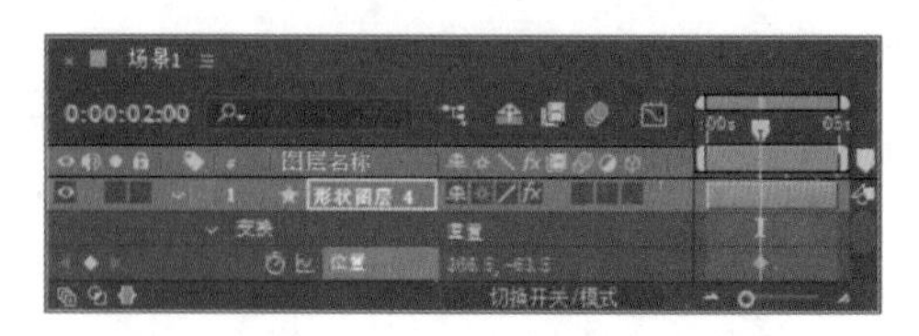

图 8.161　添加位置关键帧

7 将时间调整到 0:00:03:00 的位置，在视图中将其向下移动，系统将自动添加关键帧，如图 8.162 所示。

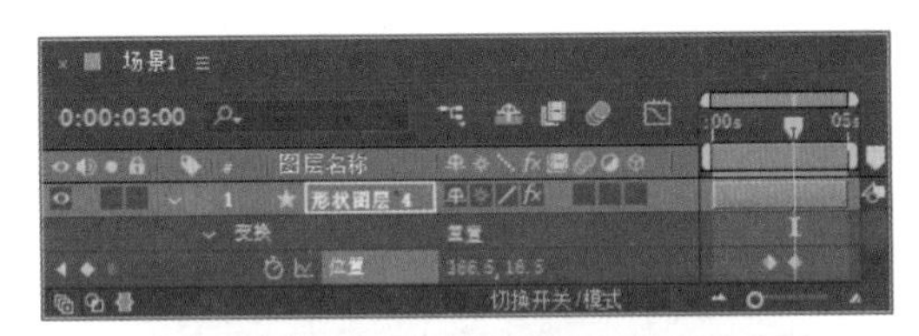

图 8.162 移动图像位置

8 选中所有“形状图层 4”图层关键帧，执行菜单栏中的“动画”|“关键帧辅助”|“缓动”命令，如图 8.163 所示。

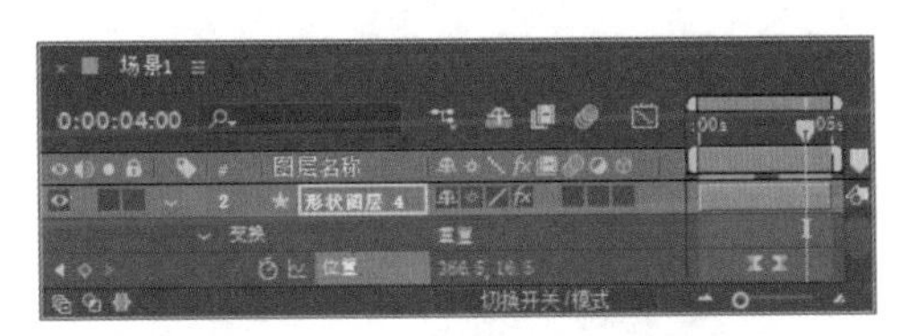

图 8.163 添加缓动效果

8.3.5 制作细节动画

1 在“项目”面板中，选中“碎片 .png”素材，将其拖至时间轴面板中，在视图中将其等比缩小，如图 8.164 所示。

图 8.164 添加素材

2 选中工具箱中的“椭圆工具”，选中“碎片 .png”图层，在视图中主题头像的位置绘制一个圆形蒙版，如图 8.165 所示。

图 8.165 绘制圆形蒙版

3 在时间轴面板中，选中“碎片 .png”图层，将其展开，选中“蒙版 1”右侧的“反转”复选框，如图 8.166 所示。

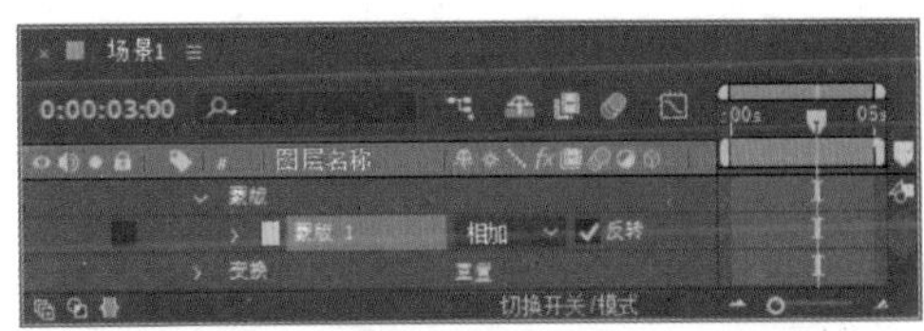

图 8.166 将蒙版反转

4 在时间轴面板中，选中“碎片 .png”图层，将时间调整到 0:00:03:00 的位置，按 S 键打开“缩放”，单击“缩放”左侧码表，在当前位置添加关键帧，将数值更改为（0.0,0.0%）。

5 将时间调整到 0:00:04:00 的位置，将数值更改为（30.0,30.0%），系统将自动添加关键帧，如图 8.167 所示。

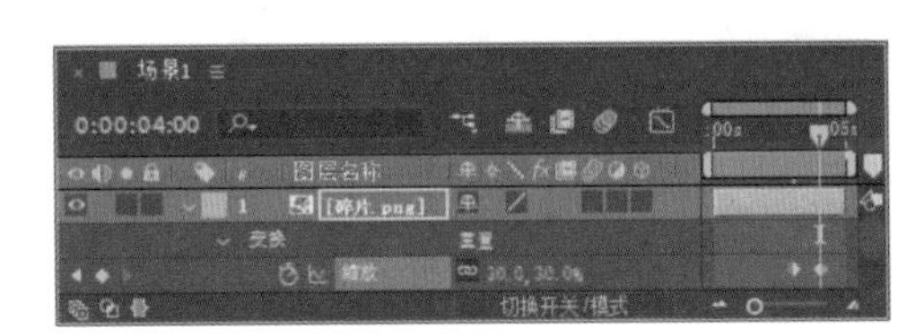

图 8.167 添加缩放效果

8.3.6 添加趣味元素

1 选择工具箱中的“钢笔工具”，在主题头像左侧位置绘制一个飞机图形，如图 8.168 所示，将生成一个“形状图层 5”图层。

图 8.168 绘制飞机图像

2 在时间轴面板中，选中“形状图层 5”图层，在视图中将其向下方移至底部位置。

3 将时间调整到 0:00:03:00 的位置，按 P 键打开“位置”，单击“位置”左侧码表，在当前位置添加关键帧，如图 8.169 所示。

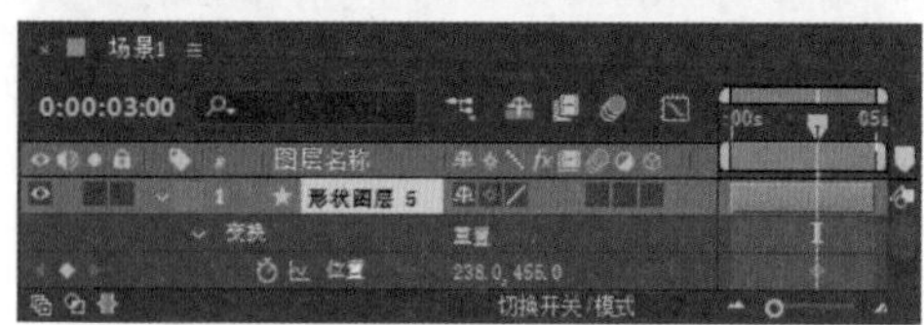

图 8.169 设置位置

4 将时间调整到 0:00:03:12 的位置，在视图中将其向上移动，系统将自动添加关键帧，如图 8.170 所示。

5 将时间调整到 0:00:04:00 的位置，在视图中将其再次向上移动，系统将自动添加关键帧，如图 8.171 所示。

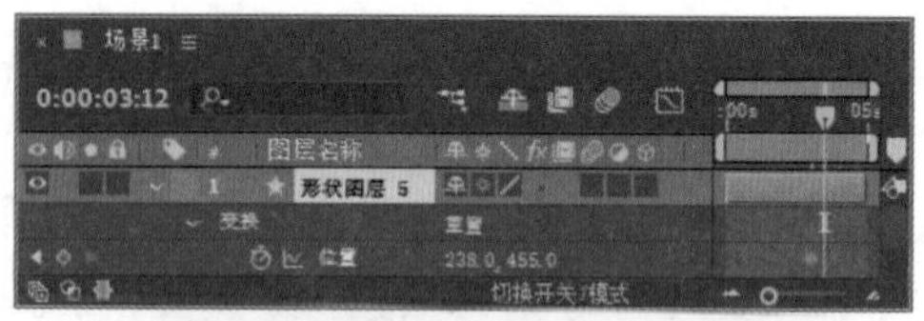

图 8.170 移动图像

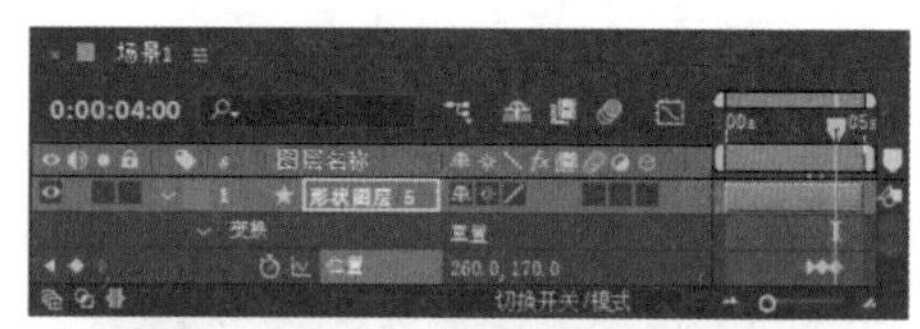

图 8.171 再次移动图像

6 将时间调整到 0:00:04:10 的位置，在视图中将其再次向右上方移动至主题图像顶部，系统将自动添加关键帧，如图 8.172 所示。

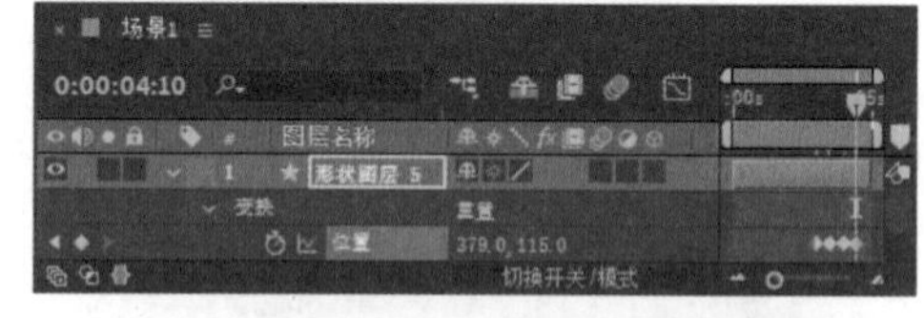

图 8.172 移动至合适位置

7 将时间调整到0:00:04:24的位置，在视图中将其再次向右下方移动至主题图像右侧，系统将自动添加关键帧，如图8.173所示。

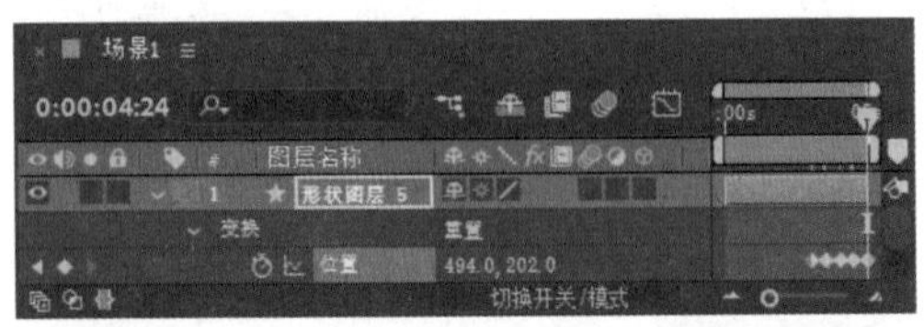

图8.173　继续移动图像

8 调整图像的移动路径，如图8.174所示。

图8.174　调整移动路径

提示　在移动路径之前需要注意保持位置关键帧处于选中状态。

9 在时间轴面板中，选中“形状图层5”图层，将时间调整到0:00:03:00的位置，按R键打开“旋转”，单击“旋转”左侧码表，在当前位置添加关键帧，将数值更改为0x+0.0°，如图8.175所示。

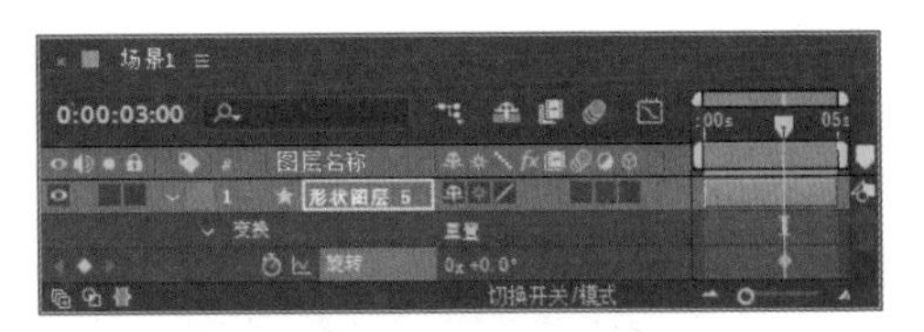

图8.175　设置旋转效果

10 将时间调整到0:00:04:00的位置，将其数值更改为0x+30.0°，系统将自动添加关键帧，如图8.176所示。

图8.176　调整数值

11 将时间调整到0:00:04:12的位置，将其数值更改为0x+100.0°，系统将自动添加关键帧，如图8.177所示。

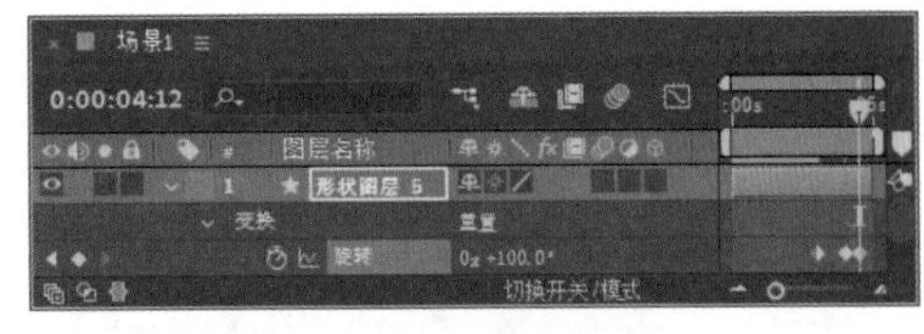

图8.177　调整旋转角度

12 将时间调整到0:00:04:24的位置，将其数值更改为 0x+150.0°，系统将自动添加关键帧，如图 8.178 所示。

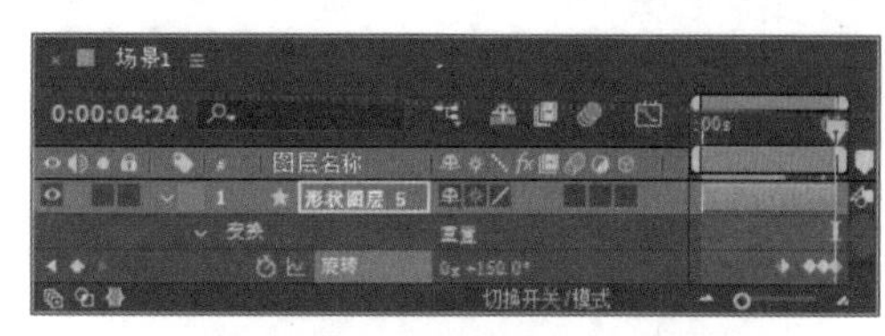

图 8.178　再次调整旋转角度

13 选中所有“形状图层 5”图层关键帧，执行菜单栏中的“动画”|“关键帧辅助”|“缓动”命令，如图 8.179 所示。

图 8.179　添加缓动效果

8.3.7　制作第二场景

1 执行菜单栏中的“合成”|“新建合成”命令，打开“合成设置”对话框，设置“合成名称”为“场景 2”，“宽度”为 720，“高度”为 405，“帧速率”为 25，并设置“持续时间”为 0:00:05:00，“背景颜色”为蓝色（R:23,G:164,B:216），完成之后单击“确定”按钮，如图 8.180 所示。

2 在“项目”面板中，选中“太阳 .png”素材，将其拖至时间轴面板中，按 Ctrl+D 键复制出一个图层，将新图层命名为“太阳光”，如图 8.181 所示。

3 选择工具箱中的“钢笔工具”，在太阳图像位置绘制一个蒙版路径，选取中间的笑脸部分，如图 8.182 所示。

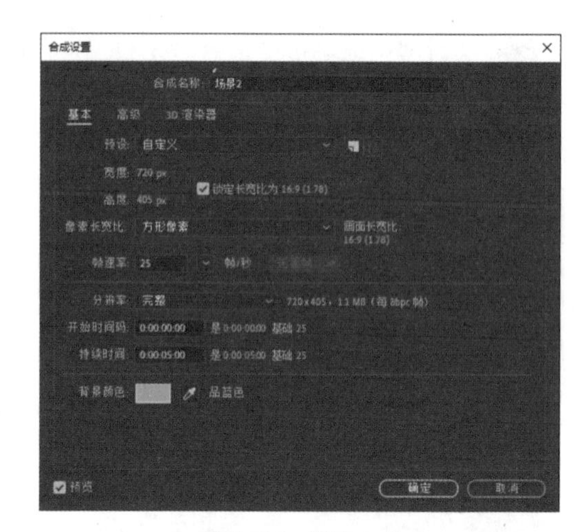

图 8.180　新建合成

图 8.181　添加素材图像并复制图层

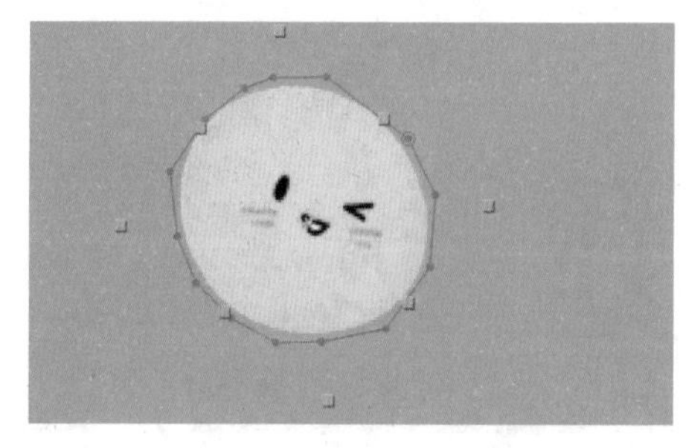

图 8.182　绘制蒙版路径

4 在时间轴面板中，选中“太阳光”图层并展开，选中“蒙版 1”右侧的“反转”复选框，如图 8.183 所示。

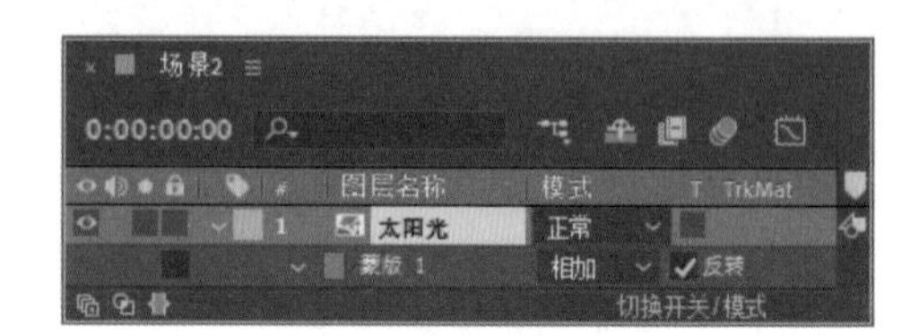

图 8.183　反转蒙版

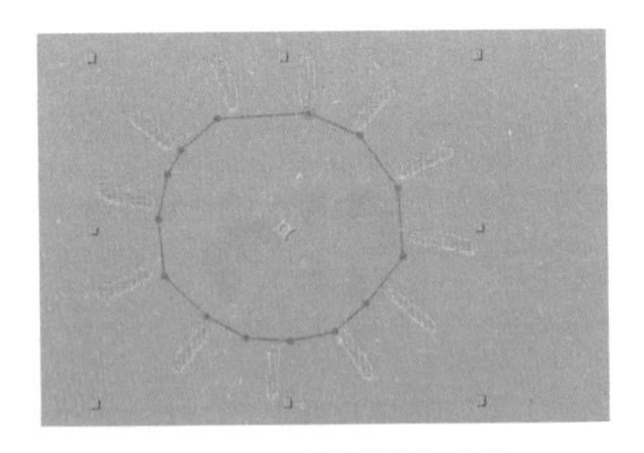

图 8.183 反转蒙版（续）

5 在时间轴面板中，选中“太阳光”图层，将时间调整到 0:00:00:00 的位置，按 R 键打开“旋转”，单击“旋转”左侧码表，在当前位置添加关键帧，将数值更改为 0x+0.0°。

6 将时间调整到 0:00:04:24 的位置，将数值更改为 0x+50.0°，系统将自动添加关键帧，如图 8.184 所示。

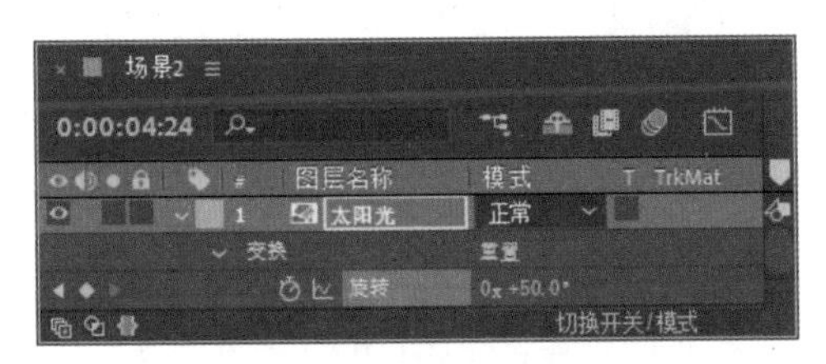

图 8.184 添加旋转效果

提示 为了方便制作“太阳光”动画，可先将“太阳 .png”图层暂时隐藏。

7 在时间轴面板中选中“太阳 .png”图层，选择工具箱中的“钢笔工具”，在太阳图像位置绘制一个蒙版路径，并选取中间笑脸部分，如图 8.185 所示。

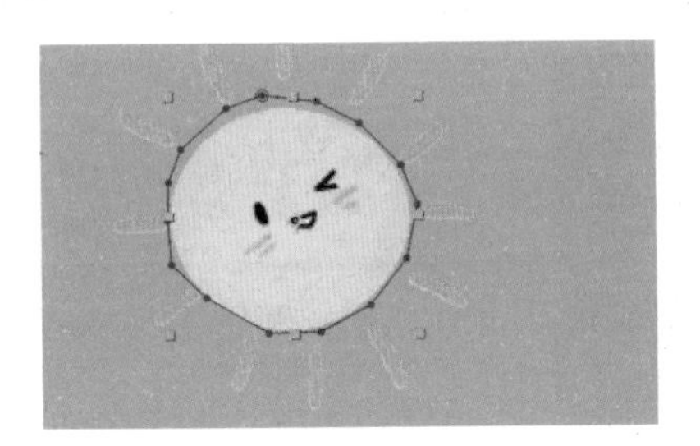

图 8.185 绘制蒙版路径

8 选择工具箱中的“钢笔工具”，绘制一个白色云朵图像，如图 8.186 所示，将生成一个“形状图层 1”图层。

图 8.186 绘制云朵图像

9 在时间轴面板中，选中“形状图层 1”图层，在“效果和预设”面板中展开“生成”特效组，然后双击“梯度渐变”特效。

10 在“效果控件”面板中，修改“梯度渐变”特效的参数，设置“起始颜色”为浅蓝色（R:183,G:244,B:255），“结束颜色”为白色，“渐变形状”为“线性渐变”，如图 8.187 所示。

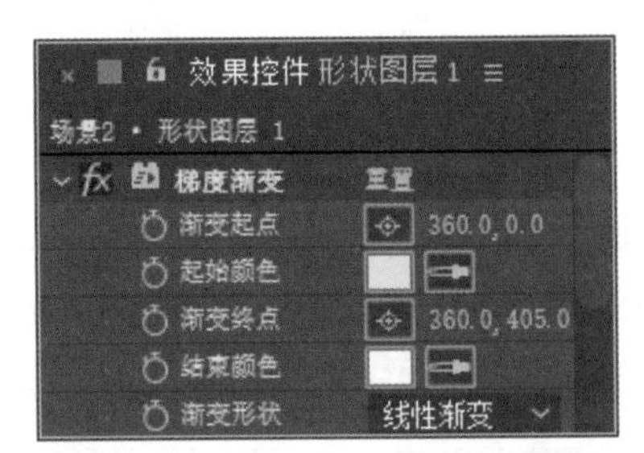

图 8.187 添加梯度渐变

11 在时间轴面板中，选中“形状图层 1”图层，在“效果和预设”面板中展开“透视”特效组，然后双击“投影”特效。

12 在“效果控件”面板中，修改“投影”特效的参数，设置“不透明度”为20%，“方向”为0x+180.0°，“距离”为1.0，“柔和度”为50.0，如图8.188所示。

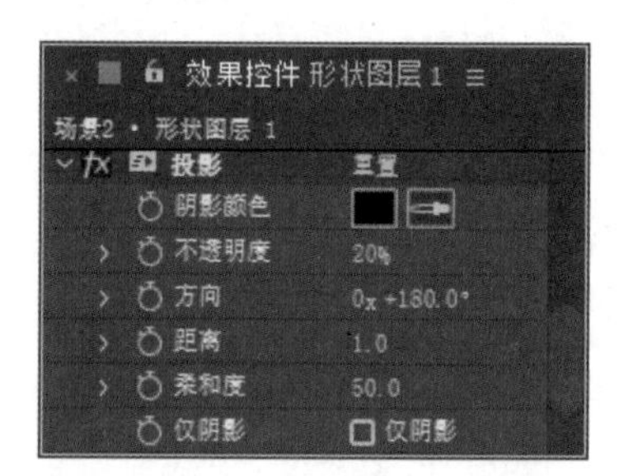

图 8.188　添加投影

8.3.8　添加图像元素

1 在“项目”面板中，选中“好朋友.png”素材，将其拖至时间轴面板中，在视图中将其等比缩小，如图8.189所示。

图 8.189　添加素材图像

2 选中工具箱中的“钢笔工具”，分别在视图左下角和右上角位置绘制小云朵图像，将生成“形状图层2”“形状图层3”两个新图层，如图8.190所示。

图 8.190　绘制云朵

3 在时间轴面板中，选中“形状图层2”图层，在视图中将其向左侧移至画布之外，如图8.191所示。

图 8.191　移动图像

4 在时间轴面板中，选中“形状图层2”图层，将时间调整到0:01:00:00的位置，按P键打开“位置”，单击“位置”左侧码表，在当前位置添加关键帧。

5 将时间调整到0:00:03:00的位置，在视图中将其向右移动，系统将自动添加关键帧，如图8.192所示。

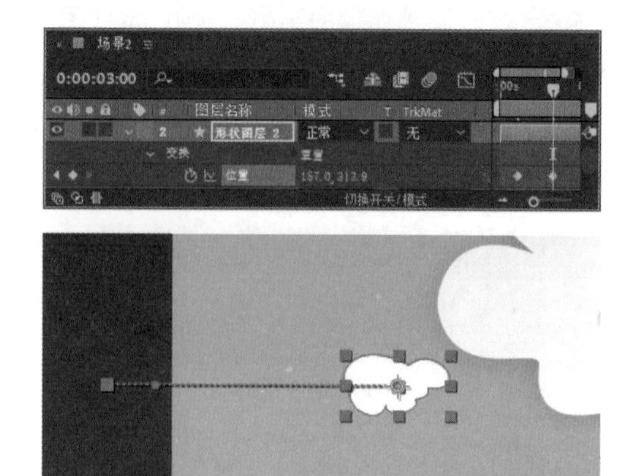

图 8.192　制作位置动画

6 以同样的方法为“形状图层 3”图层制作位置动画，如图 8.193 所示。

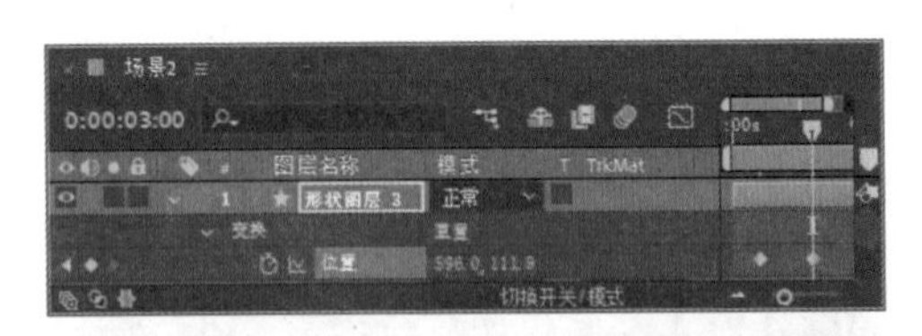

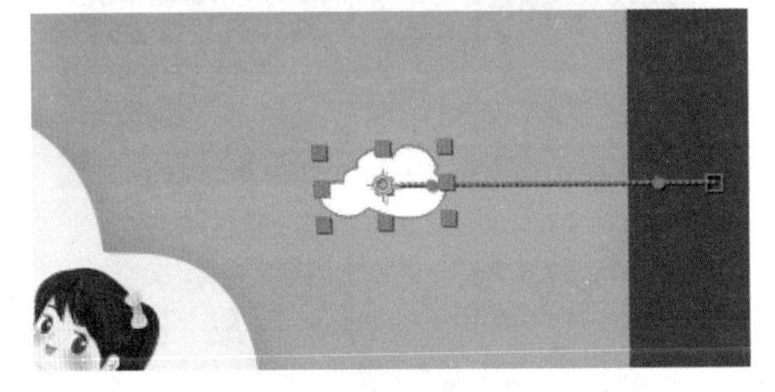

图 8.193 再次制作位置动画

7 在时间轴面板中，同时选中“好朋友 .png”及“形状图层 1”图层，在视图中将其向下移至画布之外，如图 8.194 所示。

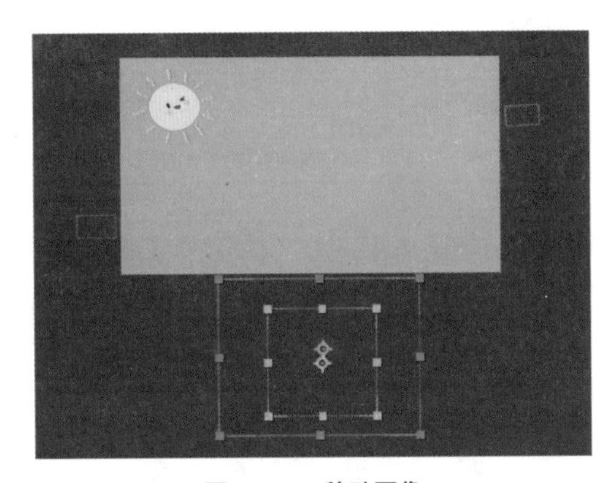

图 8.194 移动图像

8 在时间轴面板中，同时选中“好朋友 .png”及“形状图层 1”图层，将时间调整到 0:01:00:00 的位置，按 P 键打开“位置”，单击“位置”左侧码表，在当前位置添加关键帧。

9 将时间调整到 0:00:02:00 的位置，在视图中将其向上方移动，系统将自动添加关键帧，如图 8.195 所示。

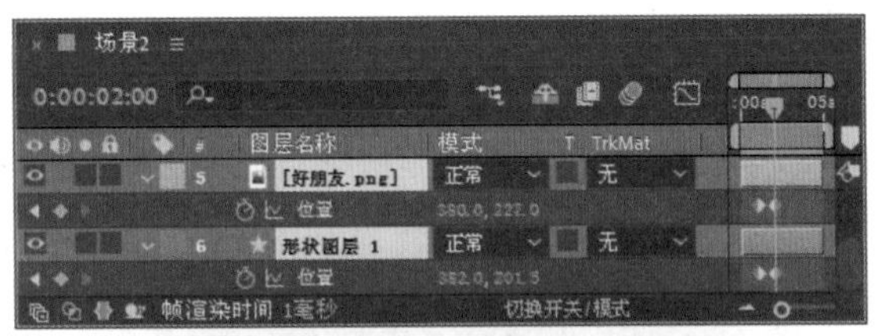

图 8.195 制作位置动画

8.3.9 制作总合成动画

1 执行菜单栏中的“合成”|“新建合成”命令，打开“合成设置”对话框，设置“合成名称”为“总合成”，“宽度”为 720，“高度”为 405，“帧速率”为 25，并设置“持续时间”为 0:00:10:00，“背景颜色”为蓝色（R:23,G:164,B:216），完成后单击“确定”按钮，如图 8.196 所示。

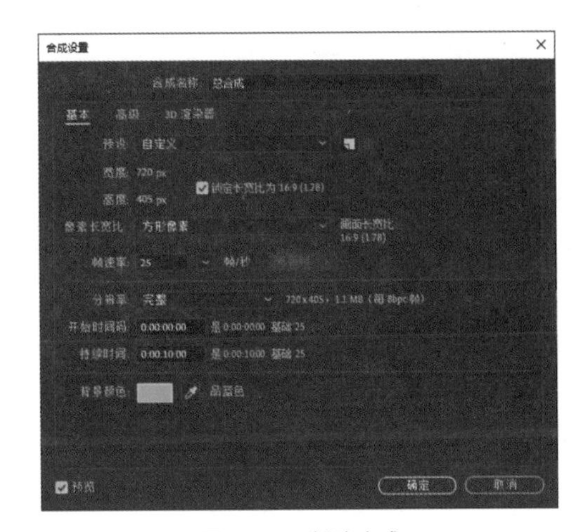

图 8.196 新建合成

2 在“项目”面板中，同时选中“场景1”及“场景2”合成，将其拖至时间轴面板中，如图8.197所示。

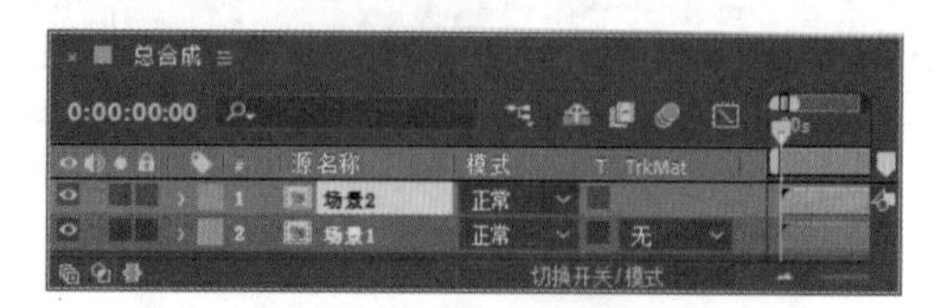

图8.197 添加素材

3 在时间轴面板中，选中“场景2”图层，将时间调整到0:00:04:24的位置，按 [键设置图层入点，如图8.198所示。

图8.198 设置入点

4 在时间轴面板中，选中“场景”图层，将时间调整到0:00:04:15的位置，按P键打开“位置”，单击“位置”左侧码表，在当前位置添加关键帧。

5 将时间调整到0:00:04:24的位置，在视图中将其向上拖动，系统将自动添加关键帧，如图8.199所示。

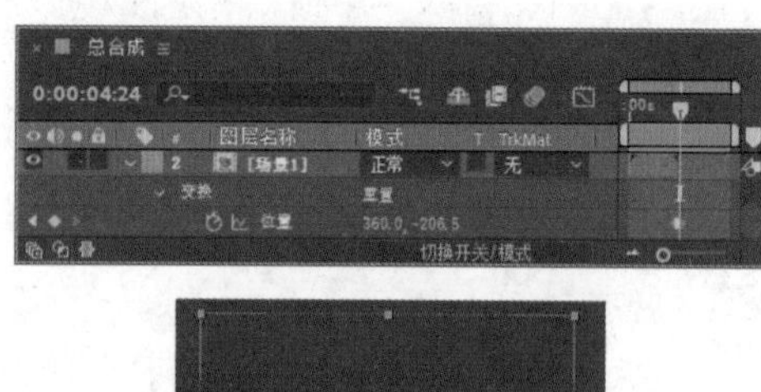

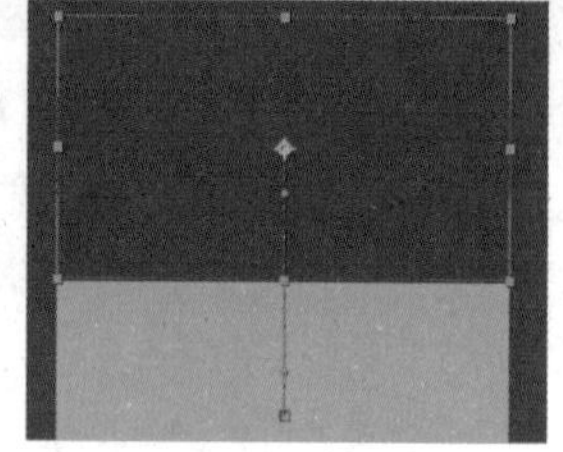

图8.199 拖动图像

6 在时间轴面板中，选中“场景2”图层，将时间调整到0:00:04:24的位置，按P键打开“位置”，单击“位置”左侧码表，在当前位置添加关键帧，将图像向下移至画布之外区域，如图8.200所示。

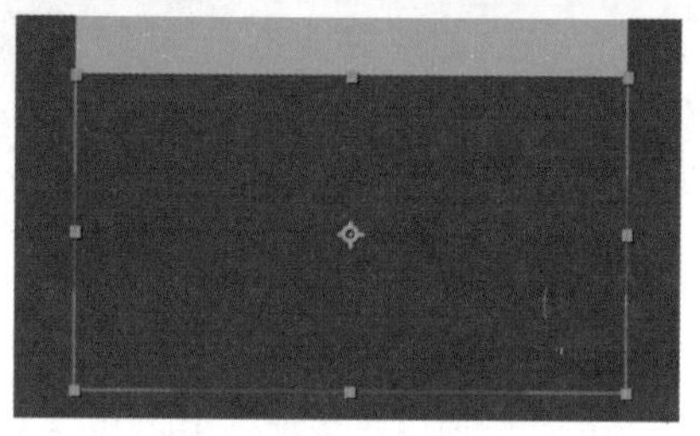

图8.200 移动图像

7 将时间调整到0:00:06:00的位置，在视图中将其向上方移动，系统将自动添加关键帧，制作位置动画，如图8.201所示。

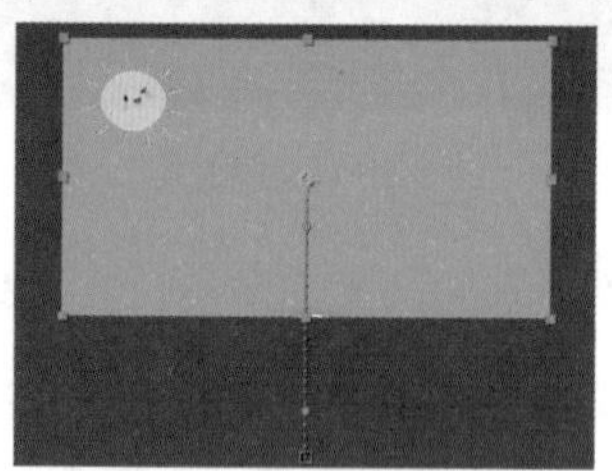

图8.201 制作位置动画

8 这样就完成了最终整体效果的制作，按小键盘上的0键即可在合成窗口中预览动画效果。

第9章 创意影视片头视频设计

内容摘要

本章主要讲解创意影视片头视频设计，重点在于如何表现视频的创意性，以及如何通过素材的结合以及特效的使用表现视频的个性化特点。本章列举了沙漠主题开场动画设计、美味料理片头视频设计和电影开映视频设计三个实例，使读者学完之后可以掌握创意影视片头视频的制作方法。

教学目标

- 学会沙漠主题开场动画设计
- 掌握美味料理片头视频设计的方法
- 学习电影开映视频设计

9.1 沙漠主题开场动画设计

实例解析

本例主要讲解沙漠主题开场动画设计，通过对沙漠视频素材进行调色，并添加 logo 图像完成整个效果制作，如图 9.1 所示。

图 9.1 动画流程画面

知识点

1. 曲线
2. 混合模式

操作步骤

9.1.1 制作主视觉

1 执行菜单栏中的“合成”|“新建合成”命令，打开“合成设置”对话框，设置“合成名称”为“主视觉”，“宽度”为 720，“高度”为 405，“帧速率”为 25，并设置“持续时间”为 0:00:12:00，“背景颜色”为黑色，完成后单击“确定”按钮，如图 9.2 所示。

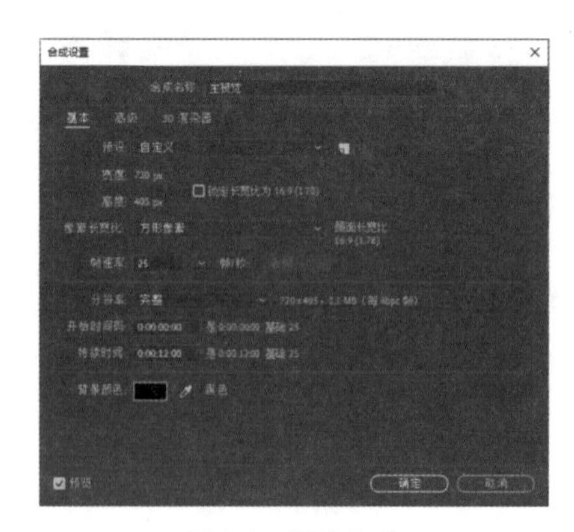

图 9.2 新建合成

2 执行菜单栏中的“文件”|“导入”|“文

件”命令，打开“导入文件”对话框，选择“工程文件\第 9 章\沙漠主题开场动画设计\沙漠 .mp4、logo.psd”素材，单击“导入”按钮，如图 9.3 所示。其中“logo.psd”以合成的方式导入。

图 9.3 导入素材

3 将“沙漠 .mp4”素材拖入时间轴面板中，在视图中将视频缩小，如图 9.4 所示。

图 9.4 添加素材

4 在“效果和预设”面板中展开“颜色校正”特效组，然后双击“曲线”特效。

5 在“效果控件”面板中，修改“曲线”特效的参数，在直方图中选择“通道”为 RGB，调整曲线，如图 9.5 所示。

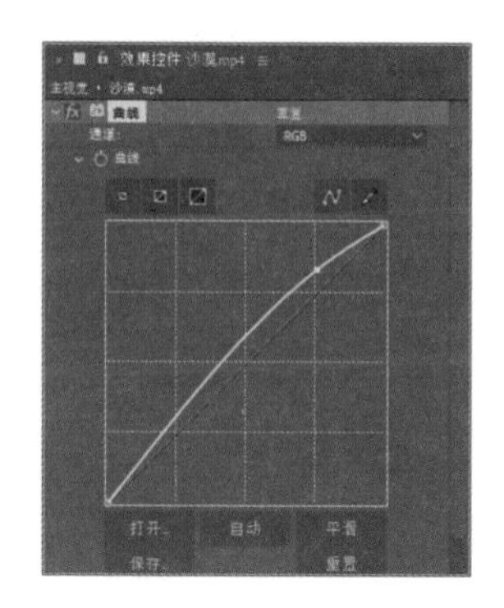

图 9.5 调整曲线

6 以同样的方法分别选择“绿”“蓝”通道，调整曲线，如图 9.6 所示。

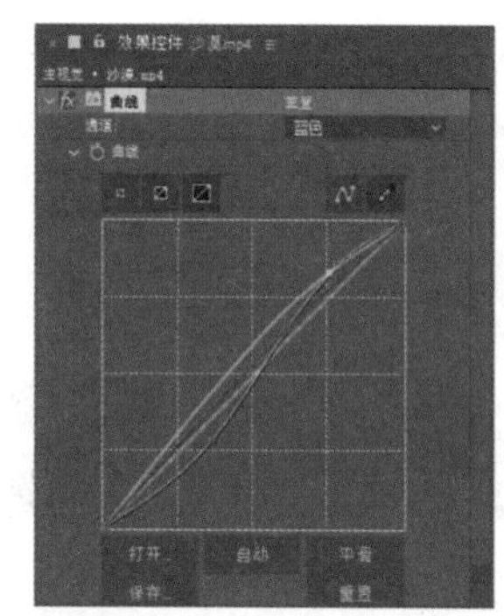

图 9.6 调整绿蓝通道曲线

9.1.2 制作标志动效

1 在“项目”面板中，双击 logo 合成，将其打开，如图 9.7 所示。

图 9.7 打开合成

2 执行菜单栏中的“图层”|“新建”|“纯色”命令，打开“纯色设置”对话框，设置“名称”为“光”，“颜色”为白色。

3 选中“光”图层，在工具箱中选择“钢笔工具”，绘制一个长方形路径，如图 9.8 所示。

图 9.8 绘制路径

4 按F键打开“蒙版羽化”属性，设置“蒙版羽化”的值为（10.0,10.0），如图9.9所示。

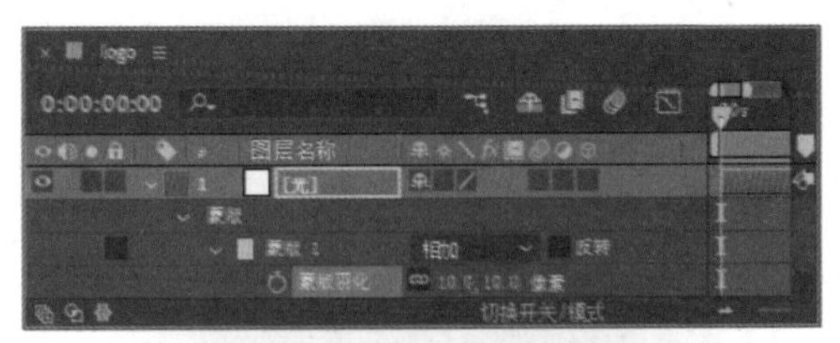

图 9.9　添加羽化

5 在时间轴面板中，选中“光”图层，将其图层模式更改为“叠加”，按T键打开“不透明度”，将“不透明度”值更改为50%，如图9.10所示。

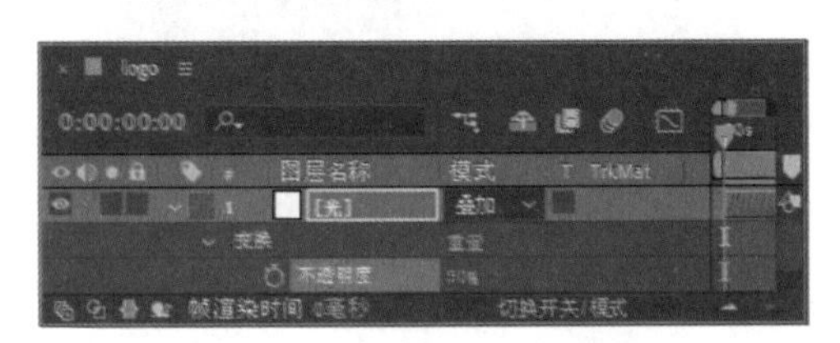

图 9.10　更改图层模式及不透明度

6 在视图中将光图像向左移动，使其不覆盖logo图像，如图9.11所示。

图 9.11　移动图像

7 将时间调整到0:00:00:00的位置，按P键打开“位置”，单击“位置”左侧码表，在当前位置添加关键帧。

8 将时间调整到0:00:11:24的位置，在视图中将高光图像向右侧拖动，系统将自动添加关键帧，如图9.12所示。

9 在时间轴面板中，将“光”图层拖动到logo图层下面，设置“光”图层的“轨道遮罩”为“Alpha遮罩‘logo’”，如图9.13所示。

图 9.12　移动图像

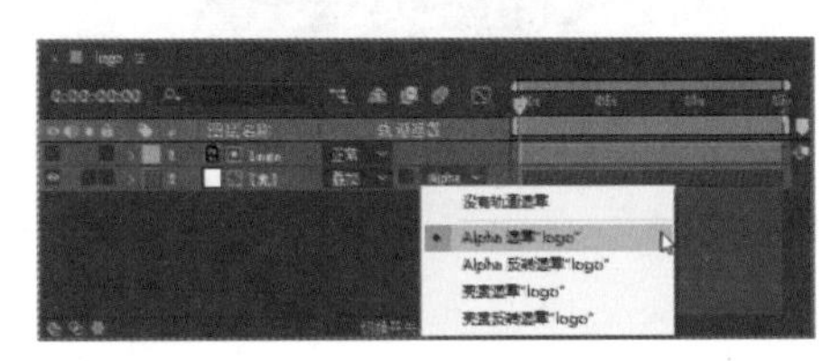

图 9.13　设置蒙版

10 选中logo层，按Ctrl+D组合键复制出另一个新的logo图层，为其重命名为logo 2，将其拖动到“光”图层下面并显示，如图9.14所示。

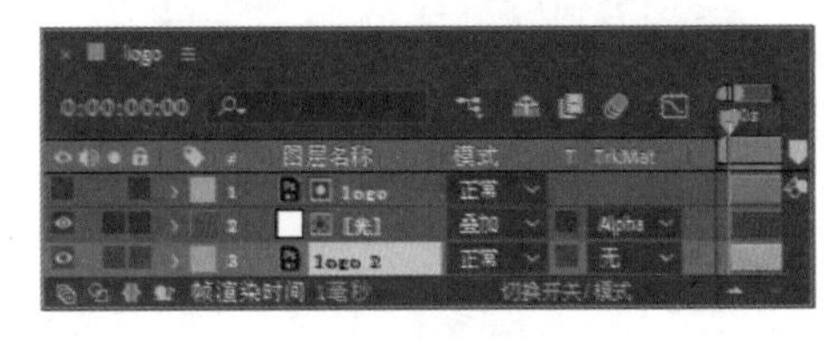

图 9.14　复制图层

9.1.3　制作动画效果

1 在“项目”面板中，选中logo合成，将其拖至“主视觉”时间轴中。

2 在时间轴面板中，选中logo图层，将时间调整到0:00:07:00的位置，按S键打开“缩放”，单击“缩放”左侧码表，在当前位置添加关键帧，将数值更改为（0.0,0.0%），如图9.15所示。

3 将时间调整到0:00:10:15的位置，将数值更改为（32.0,32.0%），系统将自动添加关键帧，制作缩放动画，如图 9.16 所示。

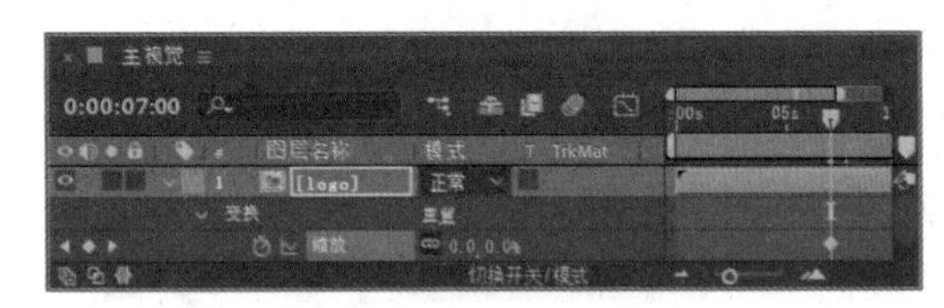

图 9.15　设置缩放效果

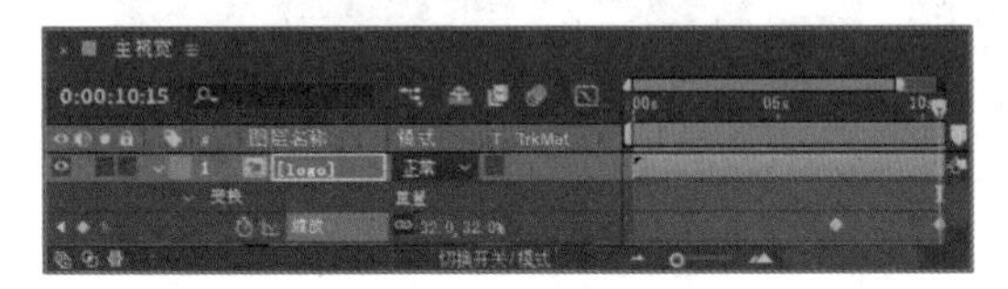

图 9.16　制作缩放动画

4 执行菜单栏中的“图层”|“新建”|“纯色”命令，在弹出的对话框中将“名称”更改为“色调”，将“颜色”更改为黑色，完成之后单击“确定”按钮。

5 在时间轴面板中，选中“色调”图层，将其混合模式更改为“柔光”，如图 9.17 所示。

图 9.17　更改混合模式

6 在时间轴面板中，选中“色调”合成，将时间调整到0:00:00:00的位置，按T键打开“不透明度”，单击“不透明度”左侧码表，在当前位置添加关键帧，如图 9.18 所示。

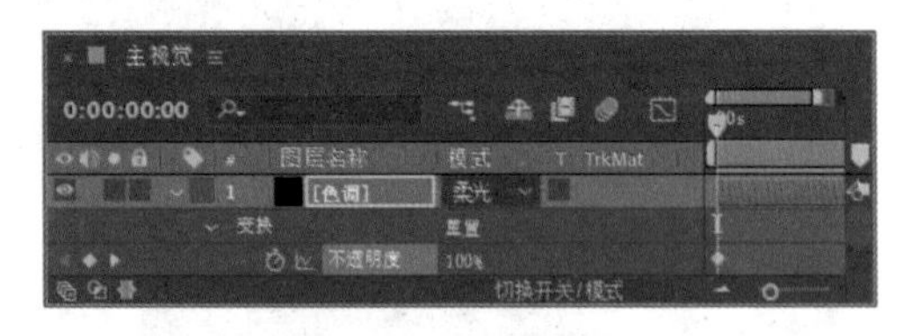

图 9.18　设置不透明度

7 将时间调整到0:00:11:24的位置，将“不透明度”更改为0%，系统将自动添加关键帧，如图 9.19 所示。

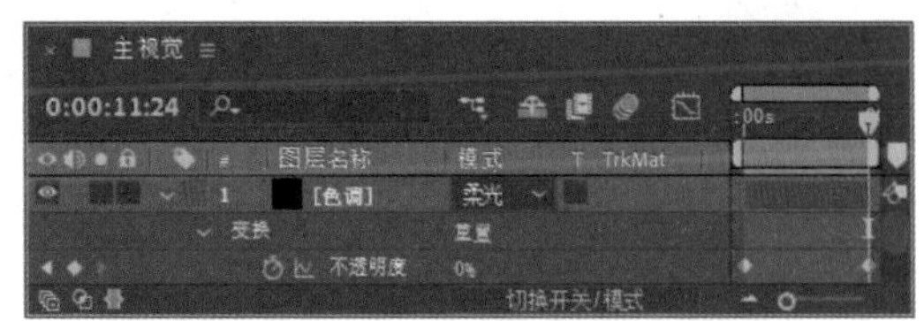

图 9.19　更改数值

8 这样就完成了最终整体效果的制作，按小键盘上的 0 键即可在合成窗口中预览动画效果。

9.2　美味料理片头视频设计

实例解析

本例主要讲解美味料理片头视频设计。本例以美食图像作为主视觉图，通过添加文字及装饰图形完成整个片头视频设计，效果如图 9.20 所示。

图 9.20 动画流程画面

知识点

1. 高斯模糊
2. 蒙版羽化

操作步骤

9.2.1 制作主体图像

1 执行菜单栏中的“合成”|“新建合成”命令，打开“合成设置”对话框，设置“合成名称”为“主体图像”，“宽度”为 720，“高度”为 405，“帧速率”为 25，并设置“持续时间”为 0:00:10:00，“背景颜色”为黑色，完成后单击“确定”按钮，如图 9.21 所示。

2 执行菜单栏中的“文件”|“导入”|“文件”命令，打开“导入文件”对话框，选择“工程文件\第 9 章\美味料理宣传视频设计\背景 .jpg、菜 1.png、菜 2.png、菜 3.png、菜 4.png、菜 5.png、菜 6.png、盘子 .png、图标 .psd”素材，单击“导入”按钮，如图 9.22 所示。

3 在“项目”面板中，选中“背景 .jpg”素材，将其拖至时间轴面板中，在视图中将其缩小，如图 9.23 所示。

4 执行菜单栏中的“合成”|“新建合成”命令，打开“合成设置”对话框，设置“合成名称”为“菜”，“宽度”为 1000，“高度”为 1000，“帧速率”为 25，并设置“持续时间”为 0:00:10:00，“背景颜色”为黑色，完成后单击“确定”按钮，如图 9.24 所示。

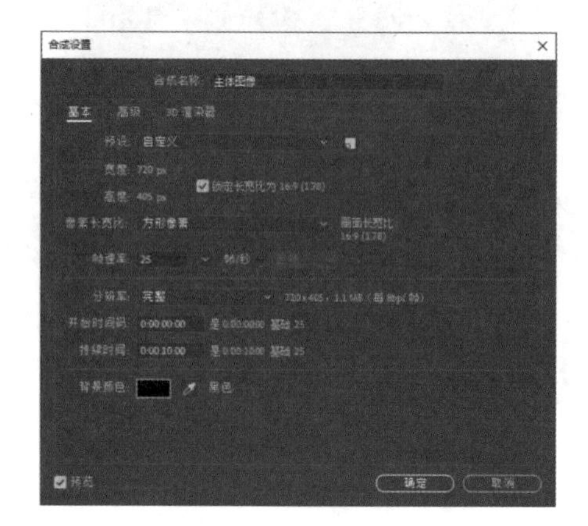

图 9.21 新建合成

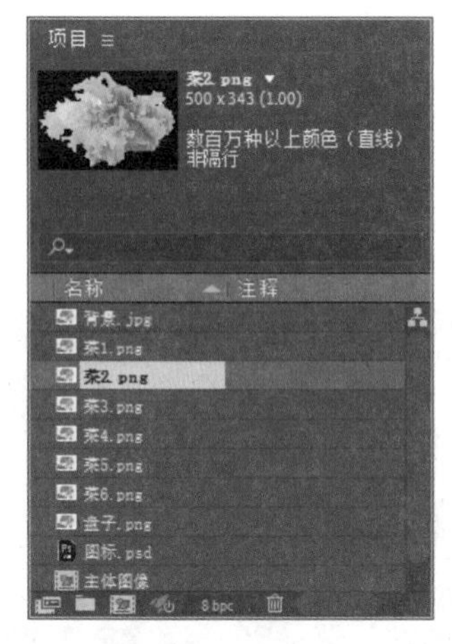

图 9.22　导入素材

图 9.23　添加素材图像

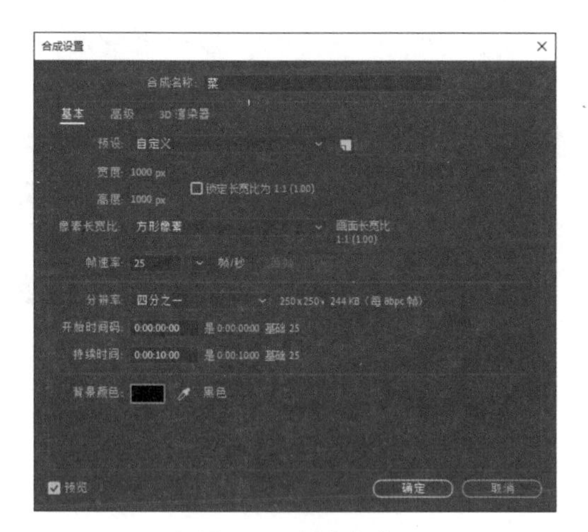

图 9.24　新建合成

5 在“项目”面板中，同时选中和菜有关的素材，将其拖至时间轴面板中，在视图中将其缩小并移动至适当位置，如图 9.25 所示。

6 在时间轴面板中，选中“菜 1.png”图层，按 D 键复制出一个“菜 1.png”图层，在视图中将其适当旋转并缩放。

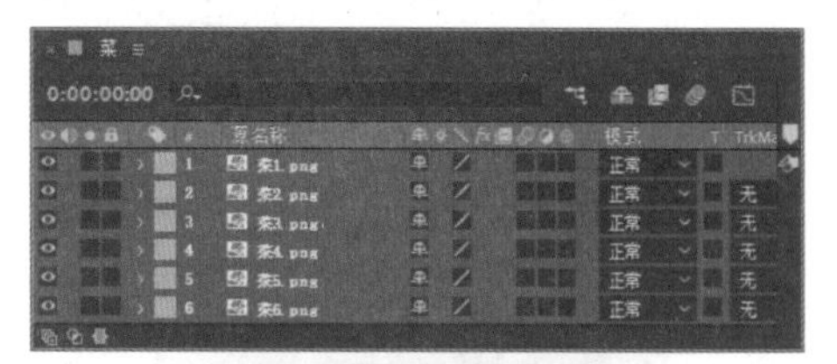

图 9.25　添加素材

7 以同样的方法在视图中将其他几个图像复制并旋转、缩放，如图 9.26 所示。

图 9.26　复制图像

8 在时间轴面板中，同时选中所有图层，将时间调整到 0:00:00:00 的位置，按 R 键打开“旋转”，单击“旋转”左侧码表，在当前位置添加关键帧，将数值更改为 0x+0.0°。

9 将时间调整到 0:00:09:24 的位置，将数值更改为 1x+0.0°，系统将自动添加关键帧，如图 9.27 所示。

10 在“项目”面板中，选中“菜”合成，将其拖至“主体图像”时间轴面板中，在视图中将其缩小并移动至适当位置，如图 9.28 所示。

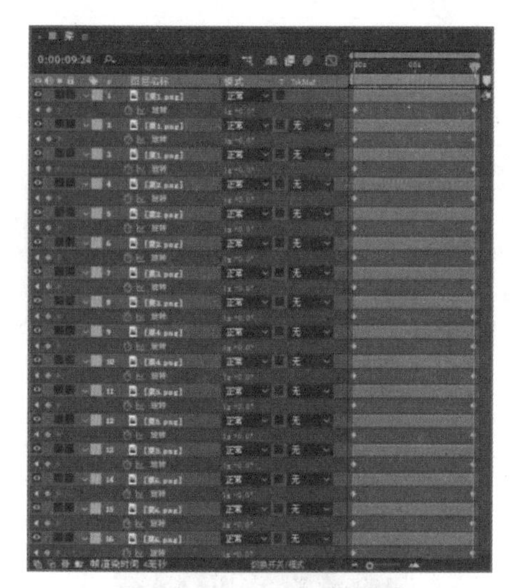

图 9.27 制作旋转动画

图 9.28 添加素材

9.2.2 添加旋转动画

1 在时间轴面板中，选中“菜”图层，将时间调整到 0:00:00:00 的位置，按 R 键打开“旋转”，单击“旋转”左侧码表。

2 将时间调整到 0:00:09:24 的位置，将数值更改为 1x+0.0°，系统将自动添加关键帧，如图 9.29 所示。

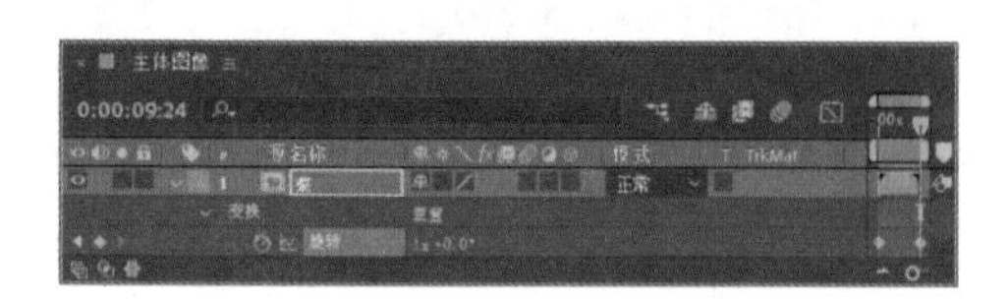

图 9.29 设置旋转效果

3 执行菜单栏中的“合成”|“新建合成”命令，打开“合成设置”对话框，设置“合成名称”为“最终主视觉”，“宽度”为 720，“高度”为 405，“帧速率”为 25，并设置“持续时间”为 0:00:10:00，“背景颜色”为黑色，然后单击“确定”按钮，如图 9.30 所示。

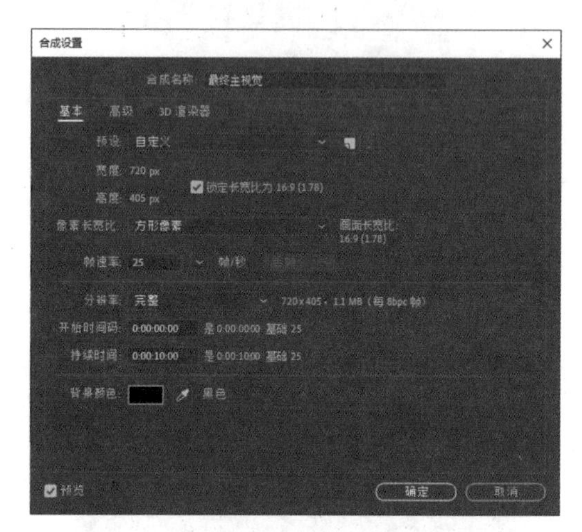

图 9.30 新建合成

4 在“项目”面板中，选中“主体图像”合成，将其拖至“最终主视觉”时间轴面板中。

5 在时间轴面板中，选中“主体图像”图层，按 Ctrl+D 键复制出一个图层，将图层名称更改为“主体图像 2”，如图 9.31 所示。

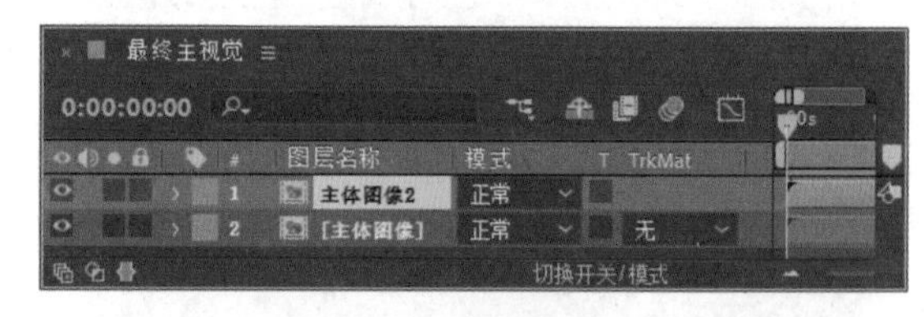

图 9.31 复制图层

6 在时间轴面板中，选中“主体图像 2”图层，单击左侧眼睛按钮，将其暂时隐藏，如图 9.32 所示。

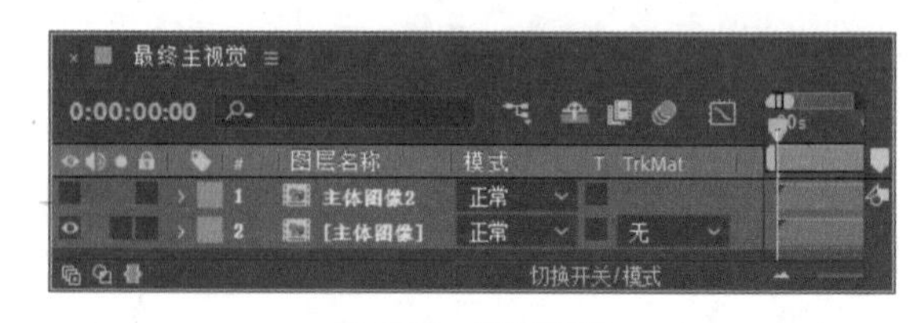

图 9.32 隐藏图像

7 在时间轴面板中，选中“主体图像”图层，在“效果和预设”面板中展开“模糊和锐化”特效组，然后双击“高斯模糊”特效。

8 在“效果控件”面板中，修改“高斯模糊”特效的参数，设置“模糊度”为15.0，如图9.33所示。

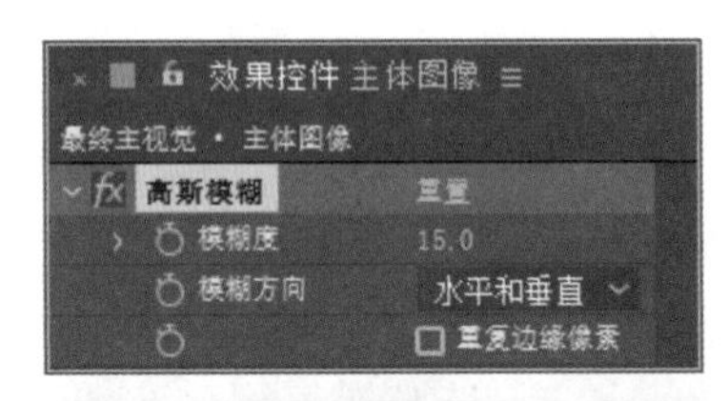

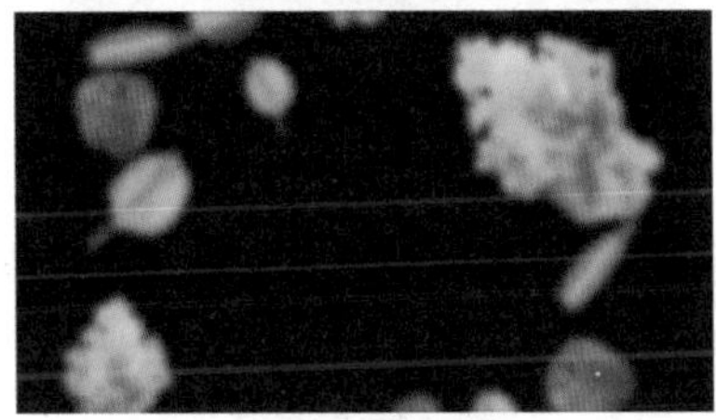

图9.33 设置高斯模糊

9.2.3 调整模糊效果

1 在时间轴面板中，选中“主体图像2”图层，选中工具箱中的“椭圆工具”，同时按住Ctrl+Shift组合键绘制一个正圆蒙版，如图9.34所示。

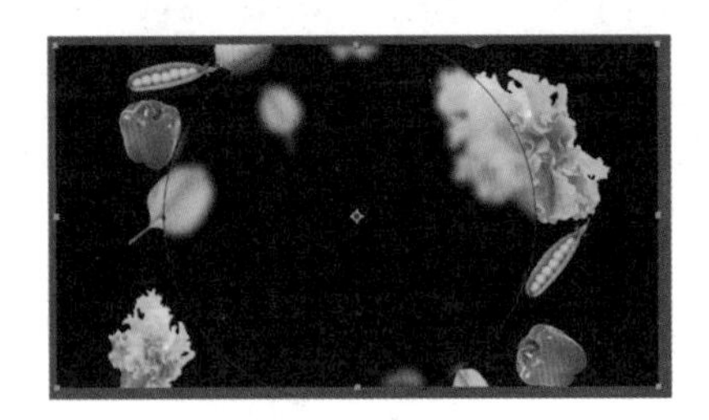

图9.34 绘制蒙版

2 按F键打开“蒙版羽化”，将其数值更改为（100.0,100.0），如图9.35所示。

3 在“项目”面板中，选中“盘子.png”素材，将其拖至时间轴面板中，效果如图9.36所示。

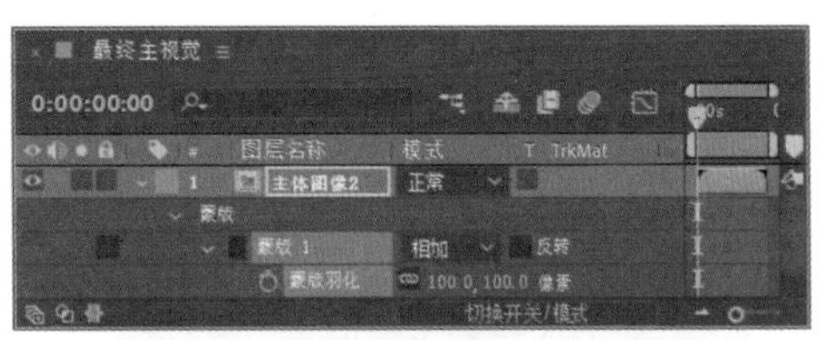

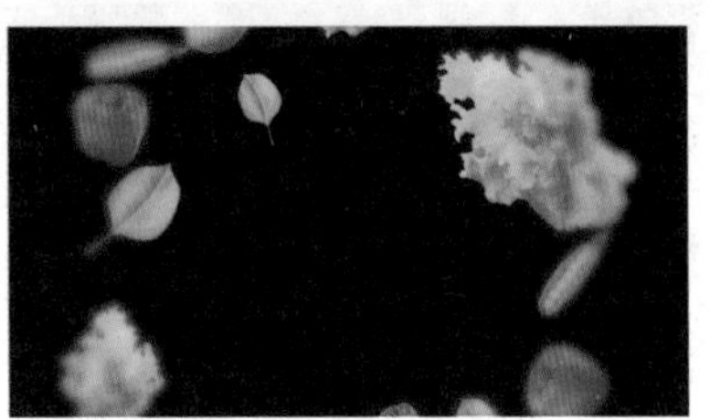

图9.35 设置蒙版羽化

图9.36 添加素材图像

4 在时间轴面板中，选中“盘子.png”图层，将时间调整到0:00:01:00的位置，按S键打开“缩放”，单击“缩放”左侧码表，在当前位置添加关键帧，将数值更改为（0.0,0.0%）；按R键打开“旋转”，单击“旋转”左侧码表，在当前位置添加关键帧，将数值更改为0x+0.0°。

5 将时间调整到0:00:02:00的位置，将“缩放”更改为（30.0,30.0%），将“旋转”更改为-1x+0.0°，系统将自动添加关键帧，如图9.37所示。

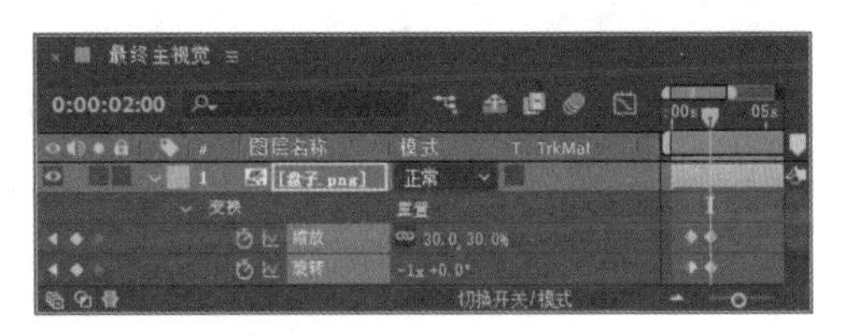

图9.37 制作旋转缩放动画

9.2.4 添加文字信息

1 选择工具箱中的“横排文字工具”，在图像适当位置添加文字，如图9.38所示。

图 9.38 添加文字

2 在时间轴面板中，选中文字图层，将时间调整到0:00:02:00的位置，按S键打开“缩放”，单击“缩放”右侧约束比例，取消约束比例，再单击左侧码表，在当前位置添加关键帧，将数值更改为（0.0,100.0%），如图9.39所示。

图 9.39 添加缩放关键帧

3 将时间调整到0:00:02:10的位置，将数值更改为(100.0,100.0%)，系统将自动添加关键帧，如图9.40所示。

图 9.40 制作缩放动画

4 选中工具箱中的“矩形工具”，在文字下方绘制一个细长矩形，设置“填充”为白色，“描边”为无，如图9.41所示，将生成一个“形状图层 1”图层。

图 9.41 绘制矩形

5 在时间轴面板中，选中“形状图层 1”图层，将时间调整到0:00:02:05的位置，按S键打开“缩放”，单击“缩放”右侧约束比例，取消约束比例，再单击左侧码表，在当前位置添加关键帧，将数值更改为（0.0,100.0%），如图9.42所示。

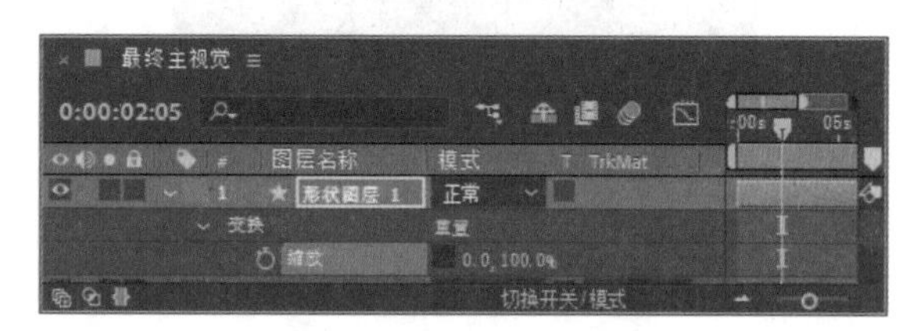

图 9.42 添加缩放关键帧

6 将时间调整到0:00:02:15的位置，将数值更改为(100.0,100.0%)，系统将自动添加关键帧，如图9.43所示。

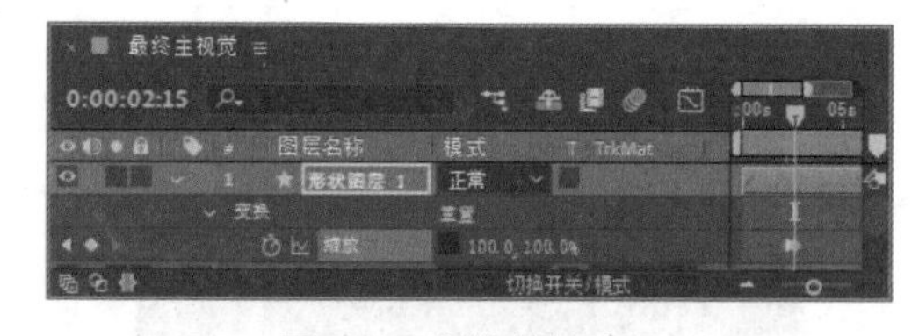

图 9.43 制作缩放动画

7 选中工具箱中的“椭圆工具”，按住Shift+Ctrl组合键在盘子位置绘制一个正圆，设置“填充”为无，“描边”为白色，“描边宽度”为1，效果如图9.44所示，将生成一个“形状图层 2”图层。

8 在时间轴面板中，选中“形状图层 2”图层，将时间调整到0:00:02:00的位置，按S键打开“缩放”，单击“缩放”左侧码表，在当前位置添加关键帧，将数值更改为（0.0,0.0%）。

图 9.44 绘制正圆

9 将时间调整到 00:00:03:00 的位置，将数值更改为（300.0,300.0%），系统将自动添加关键帧，制作放大动画，如图 9.45 所示。

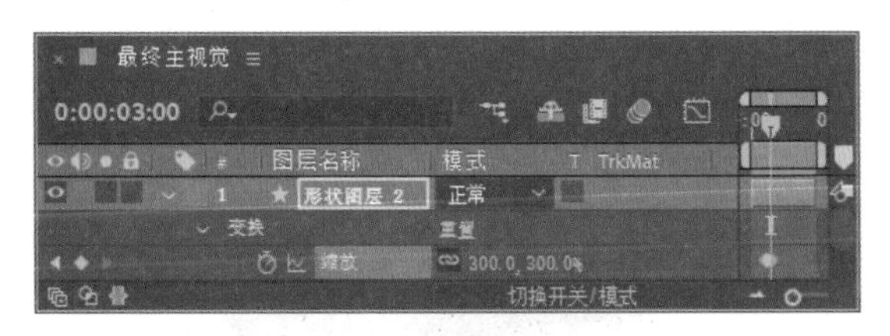

图 9.45 制作放大动画

10 在时间轴面板中，选中“形状图层 2”图层，按 Ctrl+D 键复制出一个“形状图层 3”图层，同时选中“形状图层 3”图层中缩放的两个锚点，在时间轴面板中将其向后稍微移动，以调整动画的出入时间，如图 9.46 所示。

图 9.46 复制图层并调整动画的出入时间

11 这样就完成了最终整体效果的制作，按小键盘上的 0 键即可在合成窗口中预览动画效果。

9.3 电影开映视频设计

实例解析

本例主要讲解电影开映视频设计。本例的设计具有鲜明的主题风格，整个视频以电影开映的视角进行设计，通过添加光效及相关电影元素形成一种出色的电影开映视频效果，如图 9.47 所示。

图 9.47 动画流程画面

知识点

1. 分形杂色
2. 梯度渐变
3. CC Toner（CC 碳粉）
4. Shine（光）

视频讲解

操作步骤

9.3.1 制作幕布场景

1 执行菜单栏中的“合成”|“新建合成”命令，打开“合成设置”对话框，设置“合成名称”为“幕布”，“宽度”为720，“高度”为405，“帧速率”为25，并设置“持续时间”为0:00:05:00，“背景颜色”为黑色，完成后单击“确定”按钮，如图9.48所示。

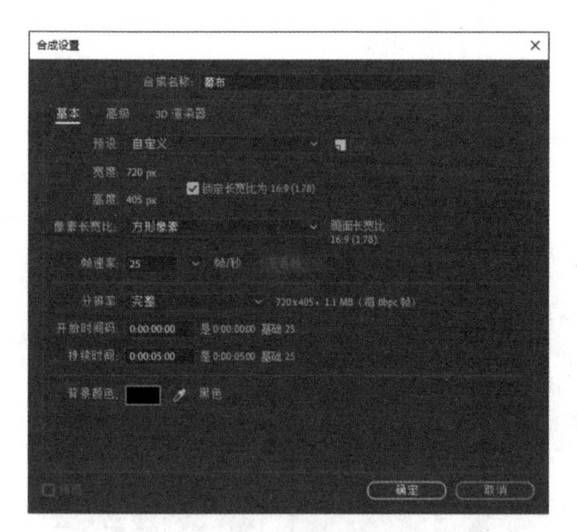

图 9.48　新建合成

2 执行菜单栏中的“文件”|“导入”|“文件”命令，打开“导入文件”对话框，选择“工程文件\第9章\电影开映视频设计\放映机.avi、光.jpg、闪光.avi、座椅.avi、电影院.avi、影片.jpg、闪光.jpg、光2.jpg”素材，单击“导入”按钮，如图9.49所示。

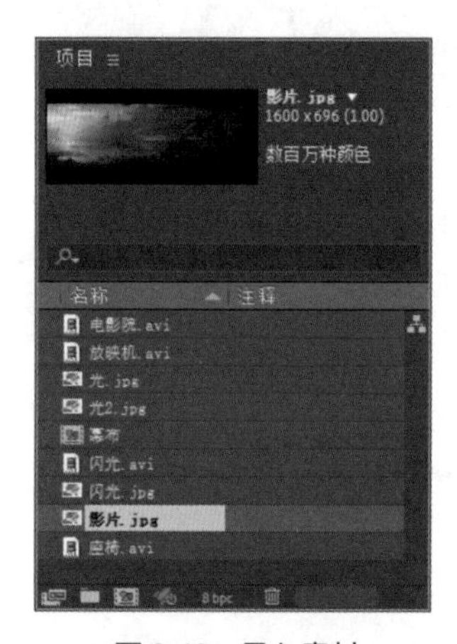

图 9.49　导入素材

3 执行菜单栏中的“图层”|“新建”|“纯色”命令，在弹出的对话框中将“名称”更改为“布”，将“颜色”更改为黑色，完成之后单击“确定”按钮，如图9.50所示。

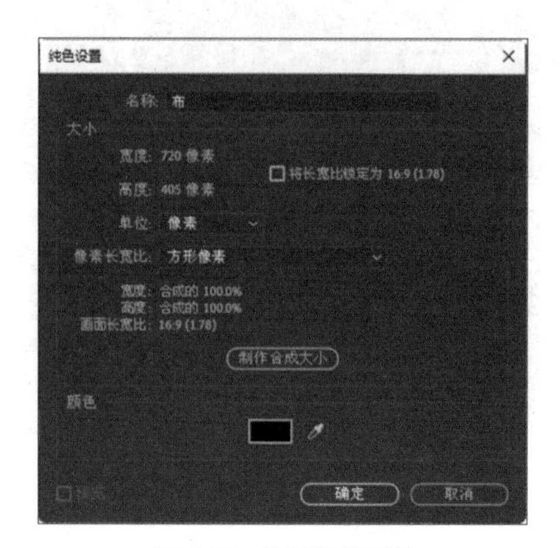

图 9.50　新建纯色图层

4 在时间轴面板中，选中“布”图层，在“效果和预设”面板中展开“杂色和颗粒”特效组，然后双击“分形杂色”特效。

5 将时间调整到 0:00:00:00 的位置，在“效果控件”面板中，修改“分形杂色”特效的参数，设置“分形类型”为“阴天”，“杂色类型”为“柔和线性”，选中“反转”复选框。展开“变换”选项，取消选中“统一缩放”复选框，将“缩放宽度”更改为 20.0，将“缩放高度”更改为 600.0，选中“透视位移”复选框，将“复杂度”更改为 3.0，单击“演化”左侧码表，在当前位置添加关键帧，如图 9.51 所示。

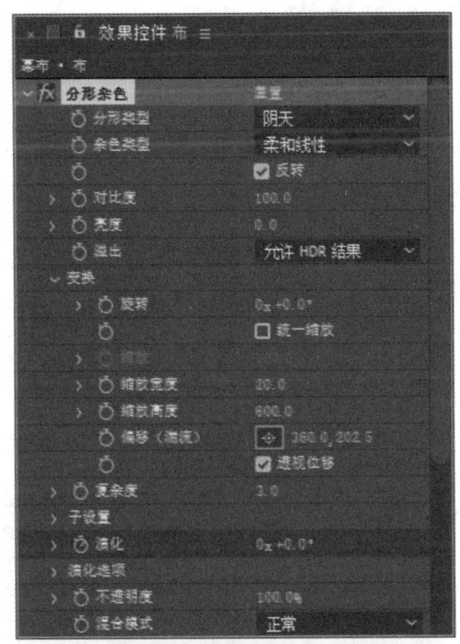

图 9.51 设置分形杂色

6 在“效果和预设”面板中展开“颜色校正”特效组，然后双击 CC Toner（CC 碳粉）特效。

7 在“效果控件”面板中，修改 CC Toner（CC 碳粉）特效的参数，设置 Midtones（中间调）为红色（R:244,G:42,B:56），如图 9.52 所示。

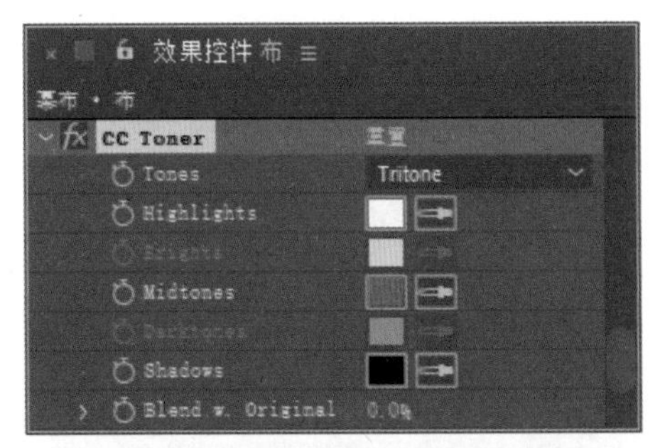

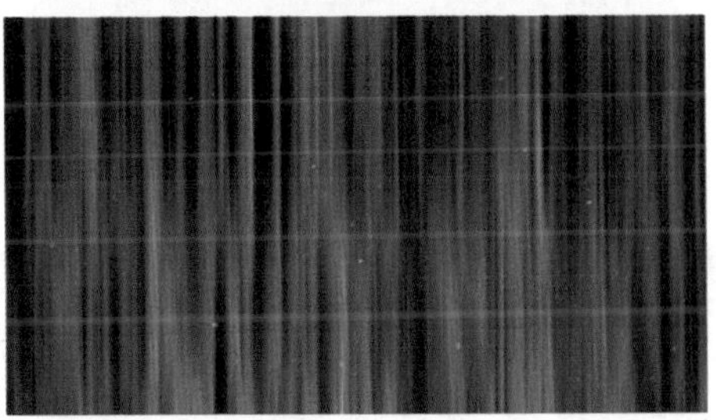

图 9.52 添加 CC Toner（CC 碳粉）效果

8 将时间调整到 0:00:04:24 的位置，将“演化”更改为 1x+0.0°，系统将自动添加关键帧，如图 9.53 所示。

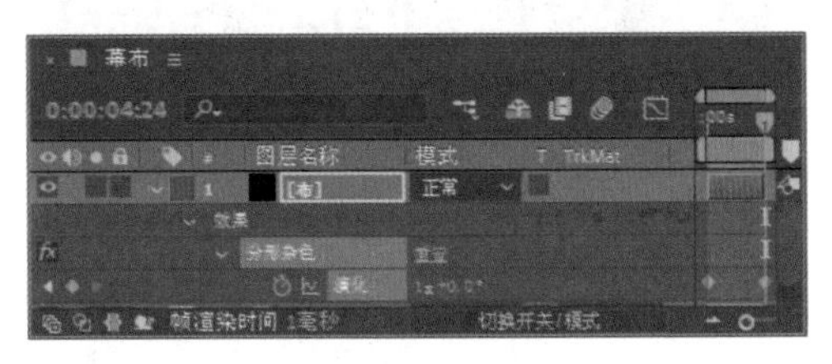

图 9.53 更改数值

9 在“项目”面板中，选中“光 2.jpg”素材，将其拖至时间轴面板中并放在“布”图层下方，如图 9.54 所示。

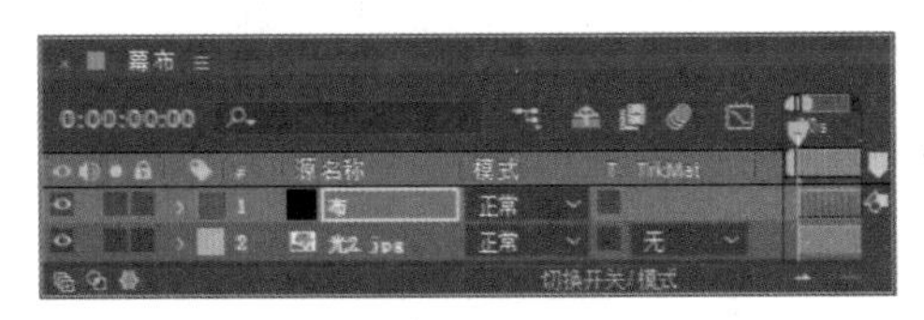

图 9.54 添加素材

10 选择“布”层，选择工具箱中的“椭圆工具”，在视图右侧位置绘制一个椭圆路径，如图 9.55 所示。

图 9.55 绘制路径

11 在时间轴面板中，按 F 键打开“蒙版羽化”，将数值更改为（200.0,200.0），如图 9.56 所示。

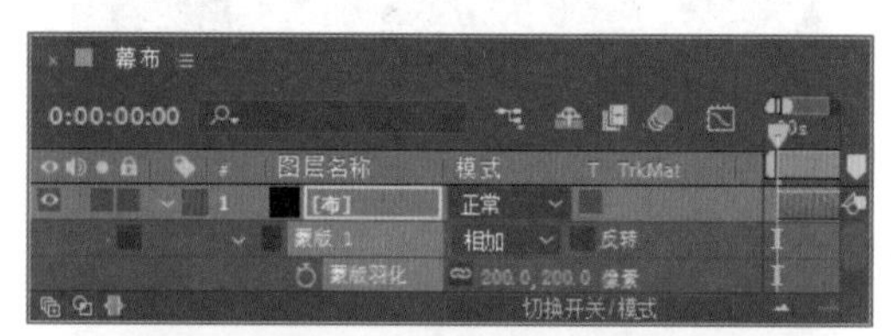

图 9.56 设置蒙版羽化

12 在“项目”面板中，选中“光 .jpg”“闪光 .jpg”“放映机 .avi”素材，将其拖至时间轴面板中，并将图层模式更改为“屏幕”，在视图中分别将图像元素缩小并旋转，如图 9.57 所示。

13 在时间轴面板中，将时间调整到 0:00:00:00 的位置，同时选中“光 .jpg”及“闪光 .jpg”图层，按 T 键打开“不透明度”，将“不透明度”更改为 0%，单击“不透明度”左侧码表，在当前位置添加关键帧。

14 将时间调整到 0:00:00:05 的位置，将数值更改为 50%，系统将自动添加关键帧，如图 9.58 所示。

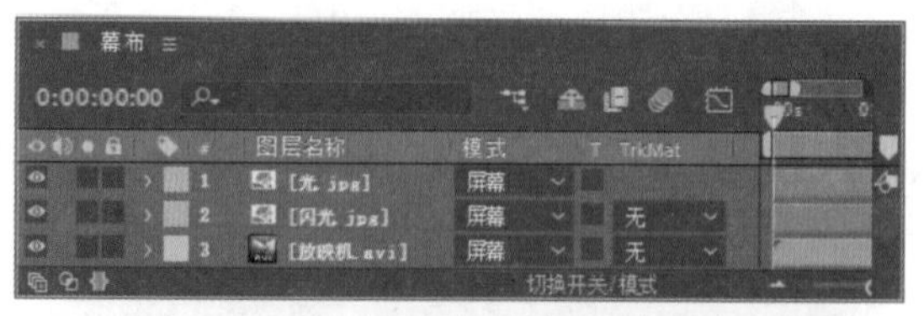

图 9.57 添加素材

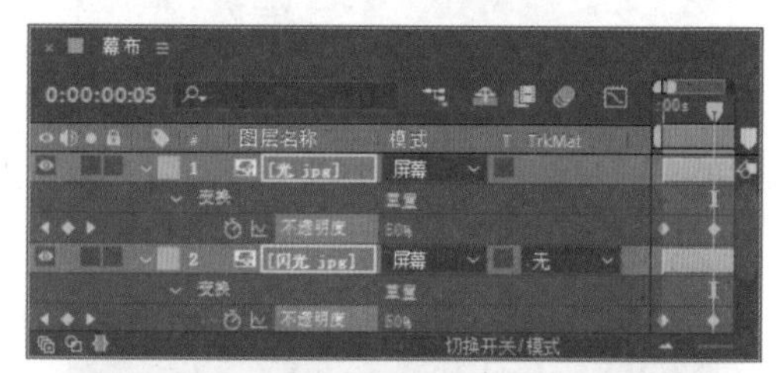

图 9.58 更改数值

15 将时间调整到 0:00:00:10 的位置，将数值更改为 100%；将时间调整到 0:00:00:15 的位置，将数值更改为 30%；以同样方法每隔 5 帧调整不透明度数值，系统将自动添加关键帧，如图 9.59 所示。

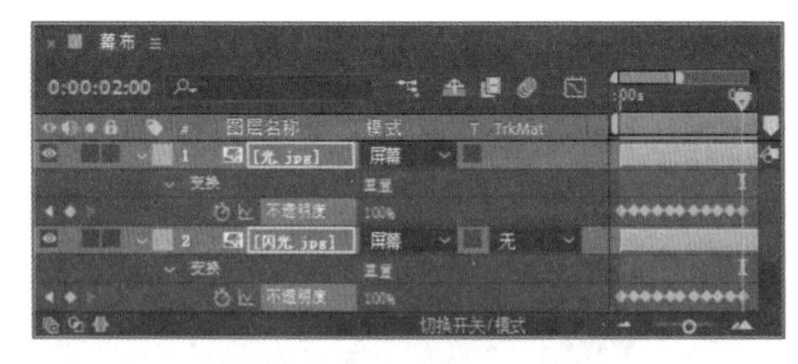
图 9.59 调整图像不透明度

9.3.2 制作影院场景

1 执行菜单栏中的“合成”|“新建合成”命令，打开“合成设置”对话框，设置“合成名称”为“影院场景”，“宽度”为 720，“高度”为 405，“帧速率”为 25，并设置“持续时间”为 0:00:05:00，“背景颜色”为黑色，完成后单击“确定”按钮，如图 9.60 所示。

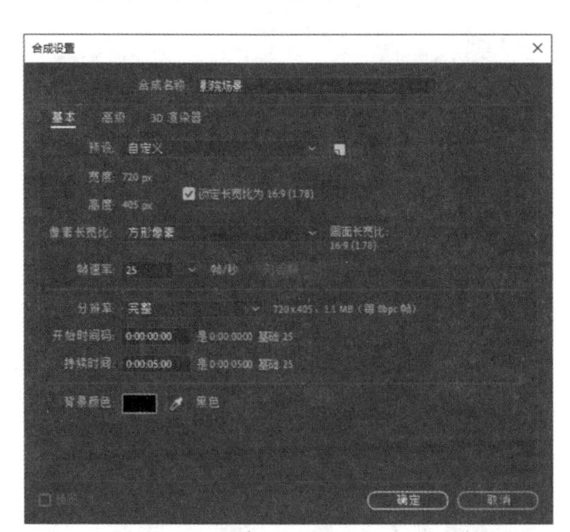
图 9.60 新建合成

2 执行菜单栏中的“图层”|“新建”|“纯色”命令，在弹出的对话框中将“名称”更改为“镜头光晕”，将“颜色”更改为黑色，完成之后单击“确定”按钮。

3 将“座椅 .avi”拖动到时间轴面板中，选中“镜头光晕”图层，将其图层模式更改为“屏幕”，如图 9.61 所示。

4 在时间轴面板中，选中“镜头光晕”图层，在“效果和预设”面板中展开“生成”特效组，然后双击“镜头光晕”特效。

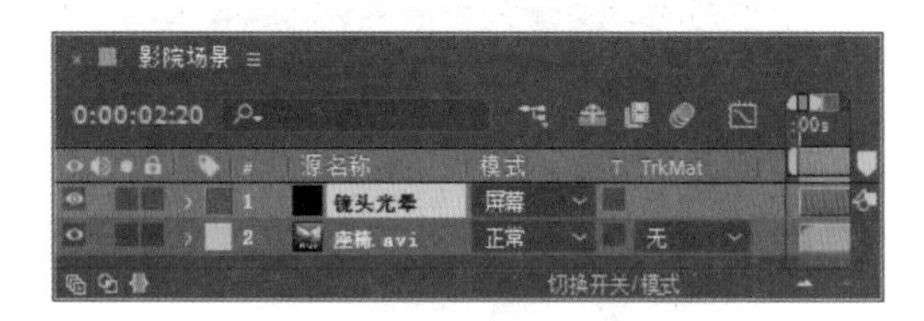
图 9.61 更改图层模式

5 将时间调整到 0:00:04:20 的位置，在“效果控件”面板中，修改“镜头光晕”特效的参数，设置“光晕中心”为（304.0,205.0），“光晕亮度”为 50%，“镜头类型”为“105 毫米定焦”，单击“光晕中心”左侧码表，在当前位置添加关键帧，如图 9.62 所示。

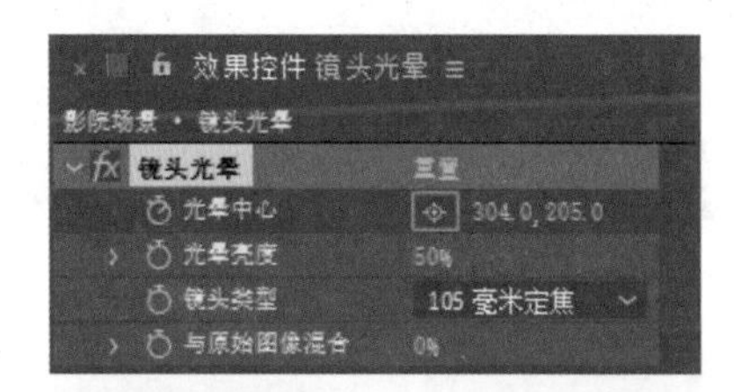

图 9.62 设置镜头光晕

6 在时间轴面板中，选中“镜头光晕”图层，将时间调整到 0:00:04:24 的位置，将“光晕中心”更改为（405.0,205.0），系统将自动添加关键帧，如图 9.63 所示。

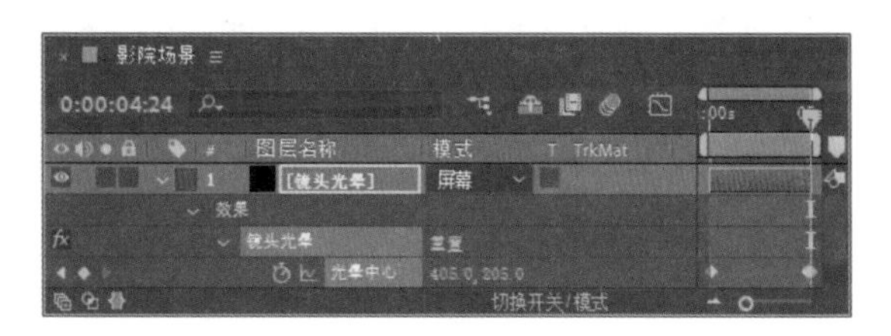
图 9.63 调整光晕中心

图 9.63 调整光晕中心（续）

7 在时间轴面板中，选中“镜头光晕”图层，将时间调整到0:00:04:22的位置，单击“光晕亮度”左侧码表，在当前位置添加关键帧；将时间调整到0:00:04:24的位置，将“光晕亮度”更改为0%，系统将自动添加关键帧，如图9.64所示。

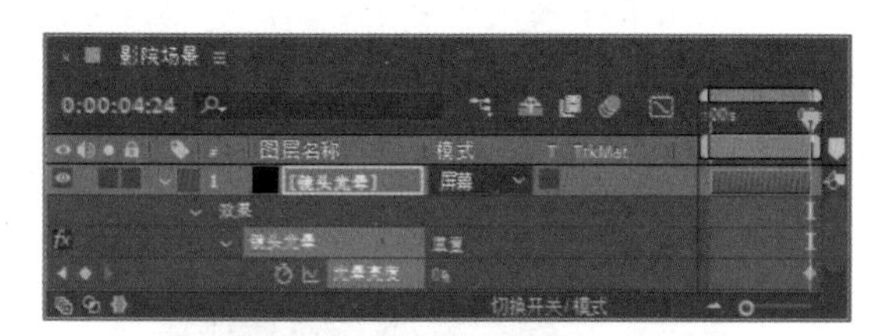

图 9.64 更改数值

9.3.3 制作开映合成

1 执行菜单栏中的“合成”|“新建合成”命令，打开“合成设置”对话框，设置“合成名称”为“开映”，“宽度”为720，“高度”为405，“帧速率”为25，并设置“持续时间”为0:00:05:00，“背景颜色”为黑色，完成后单击“确定”按钮，如图9.65所示。

2 在“项目”面板中，同时选中“电影院.avi”及“影片.jpg”素材，将其拖至时间轴面板中，如图9.66所示。

3 在时间轴面板中，选中“影片.jpg”图层，将时间调整到0:00:04:24的位置，按T键打开“不透明度”，将“不透明度”更改为70%，将图像缩小并完全覆盖映幕图像，如图9.67所示。

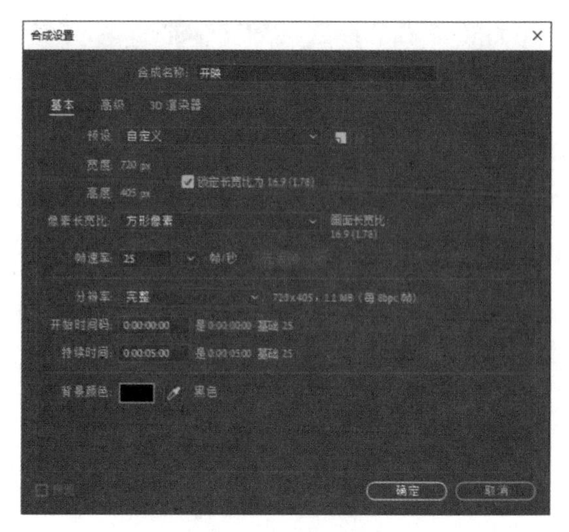

图 9.65 新建合成

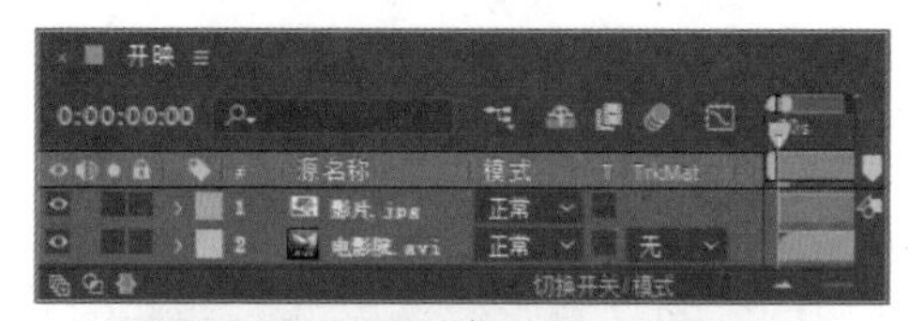

图 9.66 添加素材图像

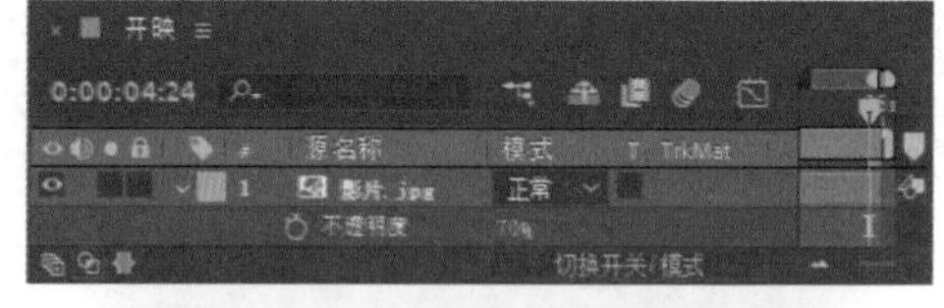

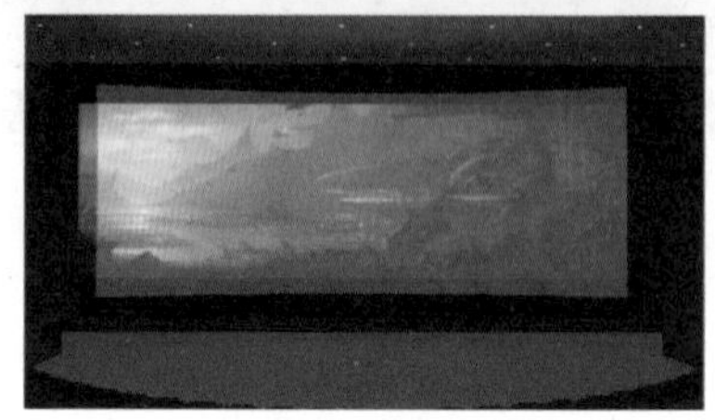

图 9.67 更改图像不透明度并调整尺寸

4 在时间轴面板中，选中“影片.jpg”图层，选中工具箱中的“钢笔工具”，沿映幕边缘绘制蒙版路径，如图 9.68 所示。

图 9.68 绘制蒙版路径

> 提示 更改图像不透明度之后可适当调整路径，使其完全覆盖映幕。

5 在时间轴面板中，选中“影片.jpg”图层，将时间调整到 0:00:00:00 的位置，按 S 键打开“缩放”，单击“缩放”左侧码表，在当前位置添加关键帧，将数值更改为（23.5,23.5%），如图 9.69 所示。

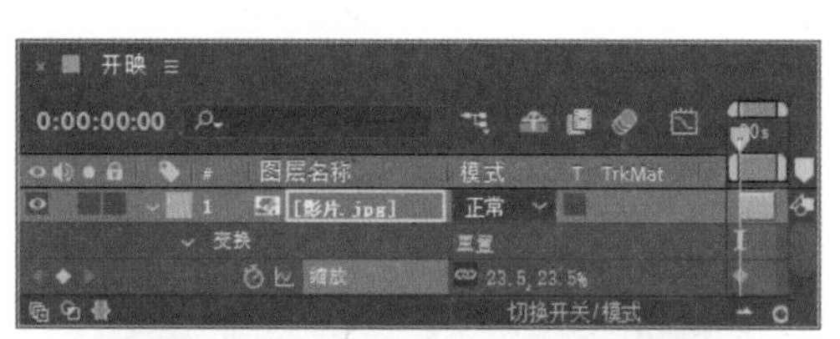

图 9.69 添加缩放动画

6 将时间调整到 0:00:04:24 的位置，将数值更改为（37.0,37.0%），系统将自动添加关键帧，如图 9.70 所示。

7 在时间轴面板中，选中“影片.jpg”图层，将时间调整到 0:00:00:00 的位置，按 P 键打开“位置”，单击“位置”左侧码表，在当前位置添加关键帧，如图 9.71 所示。

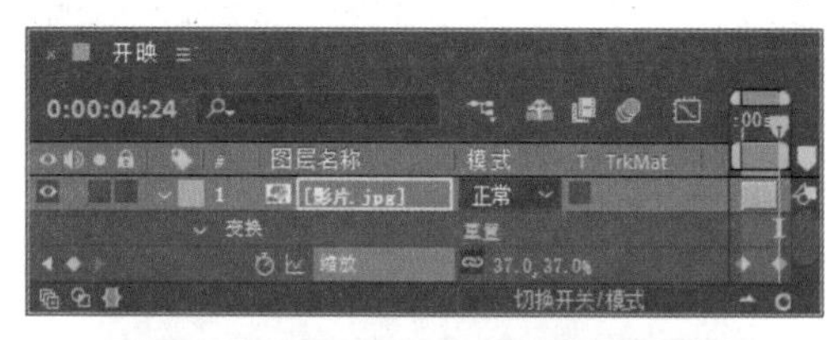

图 9.70 更改缩放数值

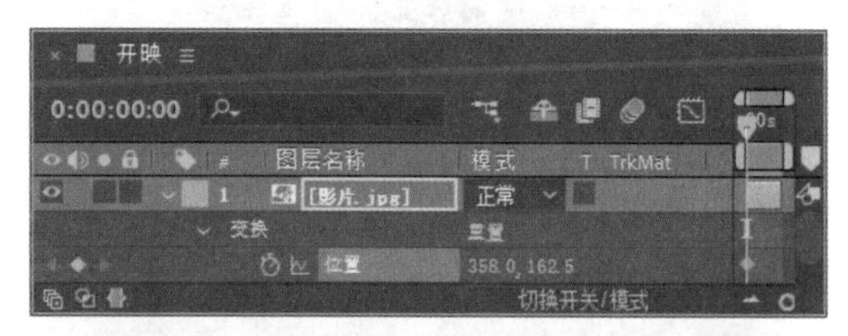

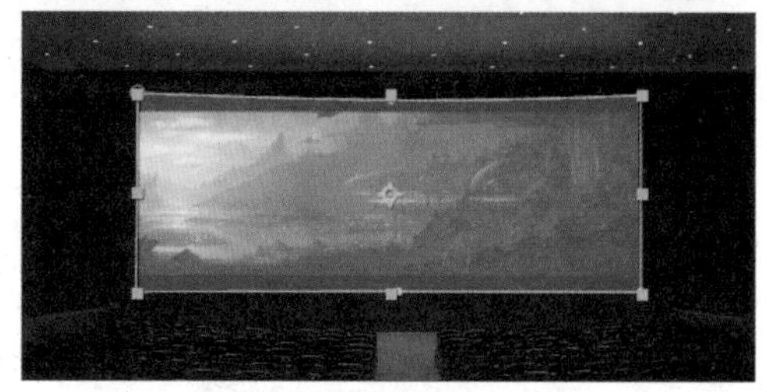

图 9.71 添加位置关键帧

8 将时间调整到 0:00:04:24 的位置，在视图中将其向下移动，系统将自动添加关键帧，使其完全覆盖映幕，如图 9.72 所示。

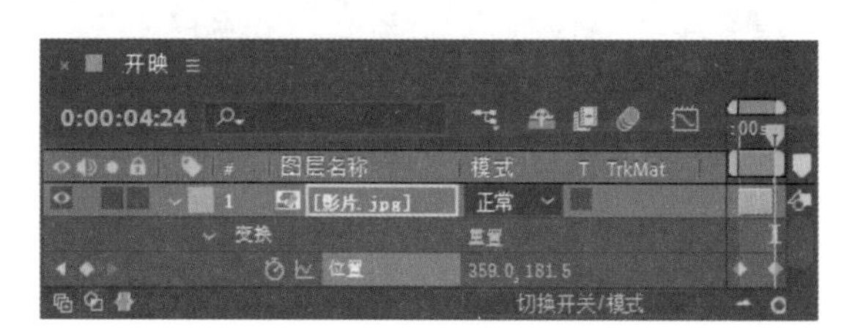

图 9.72 调整图像位置

图 9.72　调整图像位置（续）

9 在时间轴面板中，选中“影片.jpg”图层，将“不透明度”更改为 100%，如图 9.73 所示。

图 9.73　更改图像不透明度

10 在“项目”面板中，选中“闪光.avi”素材，将其拖至时间轴面板中，并将其图层模式更改为“屏幕”，如图 9.74 所示。

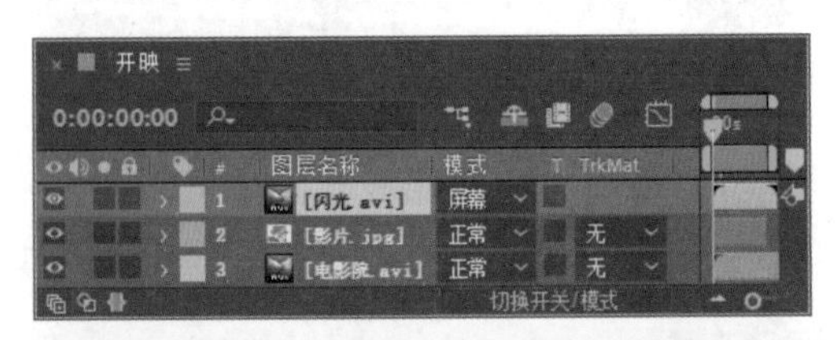

图 9.74　添加素材图像

9.3.4　制作结尾字幕

1 执行菜单栏中的“合成”|“新建合成”命令，打开“合成设置”对话框，设置“合成名称”为“结尾字幕”，“宽度”为 720，“高度”为 405，“帧速率”为 25，并设置“持续时间”为 0:00:05:00，“背景颜色”为黑色，完成后单击“确定”按钮，如图 9.75 所示。

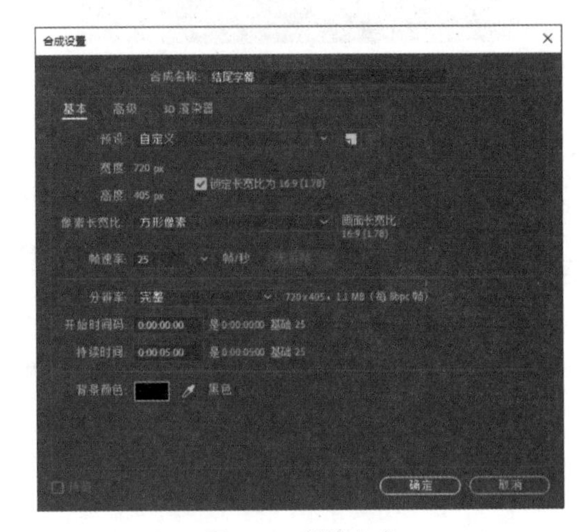

图 9.75　新建合成

2 执行菜单栏中的“图层”|“新建”|“纯色”命令，在弹出的对话框中将“名称”更改为“渐变背景”，将“颜色”更改为黑色，完成之后单击“确定”按钮。

3 在时间轴面板中，选中“渐变背景”图层，在“效果和预设”面板中展开“生成”特效组，然后双击“梯度渐变”特效。

4 在“效果控件”面板中，修改“梯度渐变”特效的参数，设置“渐变起点”为（0.0,0.0），“起始颜色”为蓝色（R:0,G:30,B:48），“渐变终点”为（720.0,405.0），“结束颜色”为黑色，“渐变形状”为“线性渐变”，如图 9.76 所示。

5 选择工具箱中的“横排文字工具”，在图像中添加文字，如图 9.77 所示。

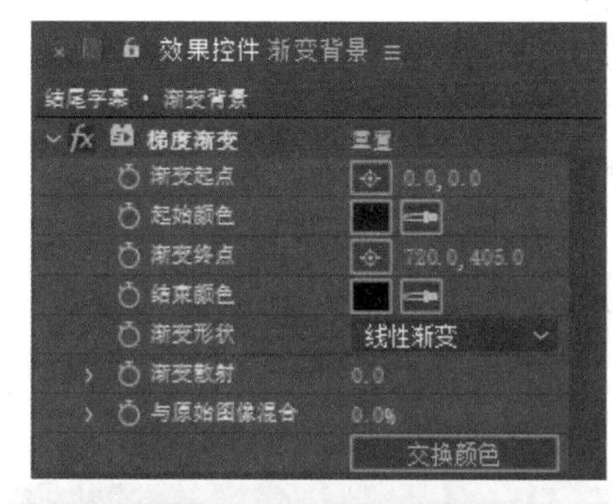

图 9.76 添加梯度渐变

图 9.77 添加文字

6 选中 3DMAX 图层，在“效果和预设”面板中展开 Trapcode 特效组，双击 Shine（光）特效。

7 在“效果控件”面板中，修改 Shine（光）特效的参数，设置 Ray Length（光线长度）的值为 3.0，Boost Light（光线亮度）的值为 0.0。

8 展开 Colorize（着色）选项，将 Colorize（着色）更改为 One Color（单色），将 Color（颜色）更改为蓝色（R:0,G:204,B:255），将时间调整到 00:00:00:00 的位置，设置 Source Point（源点）的值为（198.0,202.5），单击 Source Point（源点）左侧码表，在当前位置设置关键帧，如图 9.78 所示。

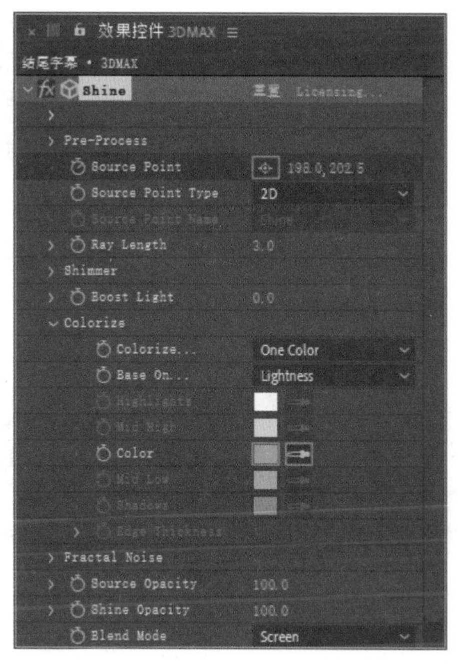

图 9.78 设置 Shine（光）参数

9 将时间调整到 0:00:01:00 的位置，设置 Source Point（源点）的值为（360.0,202.5），系统将自动添加关键帧，如图 9.79 所示。

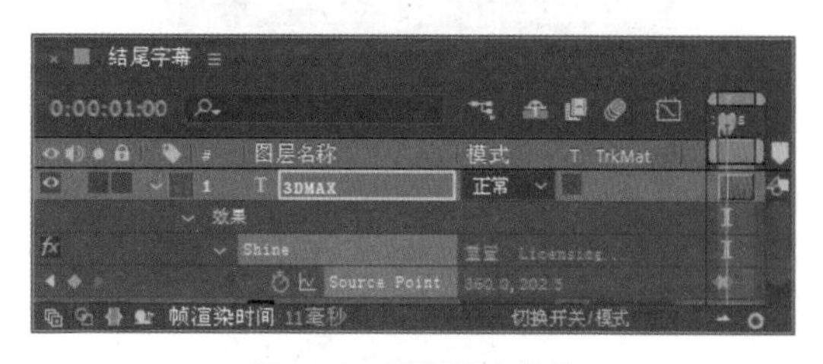

图 9.79 设置源点的值

9.3.5 添加缩放细节动画

1 在时间轴面板中，选中 3DMAX 图层，将时间调整到 0:00:00:00 的位置，按 S 键打开“缩放”，单击“缩放”左侧码表，在当前位置添加关键帧，将数值更改为（150.0,150.0%）。

2 将时间调整到 0:00:01:00 的位置，将数值更改为（100.0,100.0%），系统将自动添加关键帧，如图 9.80 所示。

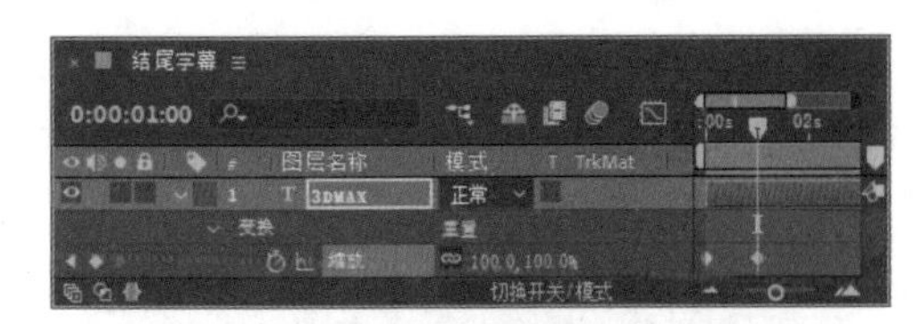

图 9.80　添加缩放效果

3 将时间调整到 0:00:03:00 的位置，将数值更改为（80.0,80.0%），系统将自动添加关键帧，如图 9.81 所示。

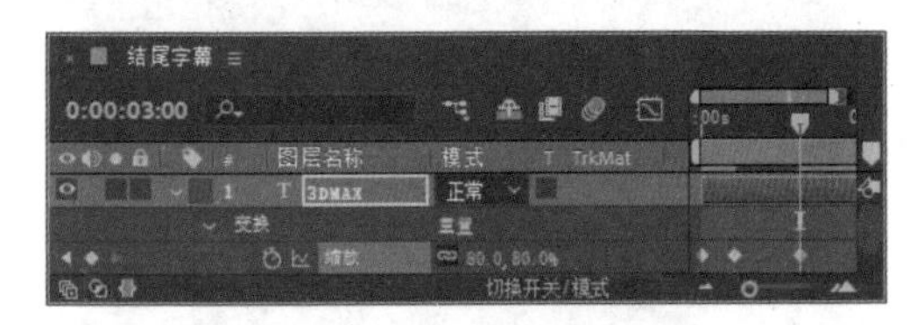

图 9.81　缩小图像

4 在时间轴面板中，选中 3DMAX 图层，将时间调整到 0:00:01:00 的位置，在“效果控件”面板中，单击 Ray Length（光线长度）左侧码表，在当前位置添加关键帧，如图 9.82 所示。

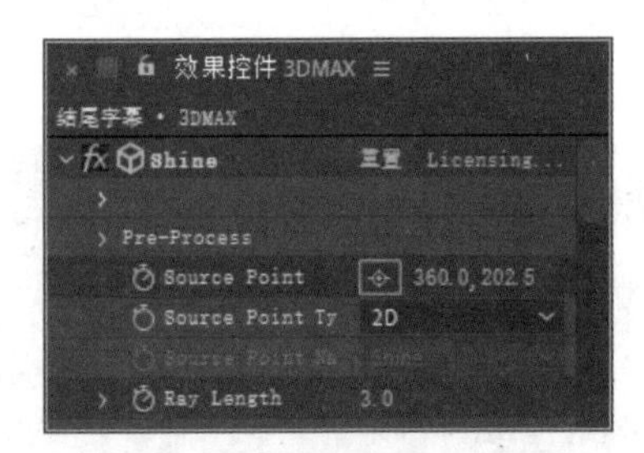

图 9.82　为光线长度添加关键帧

5 将时间调整到 0:00:03:00 的位置，将 Ray Length（光线长度）更改为 0.0，系统将自动添加关键帧，如图 9.83 所示。

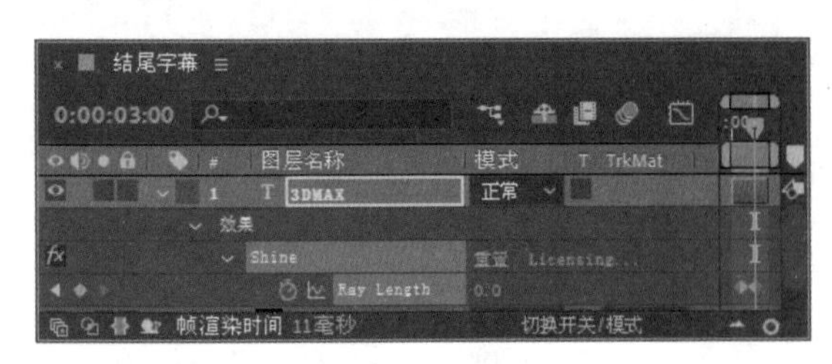

图 9.83　更改数值

6 在时间轴面板中，选中 3DMAX 图层，将时间调整到 0:00:03:00 的位置，按 T 键打开“不透明度”，单击“不透明度”左侧码表，在当前位置添加关键帧。

7 将时间调整到 0:00:04:00 的位置，将“不透明度”更改为 0%，系统将自动添加关键帧，如图 9.84 所示。

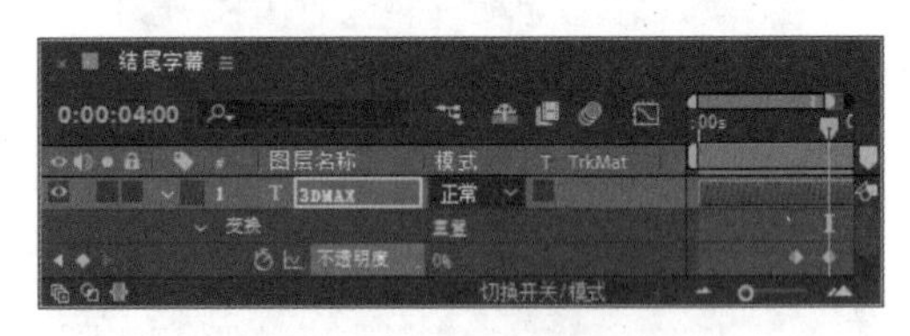

图 9.84　添加不透明度动画

9.3.6　制作总合成动画

1 执行菜单栏中的“合成”|“新建合成”命令，打开“合成设置”对话框，设置“合成名称”为“总合成”，“宽度”为 720，“高度”为 405，“帧速率”为 25，并设置“持续时间”为 0:00:20:00，“背景颜色”为黑色，完成之后单击“确定”按钮，如图 9.85 所示。

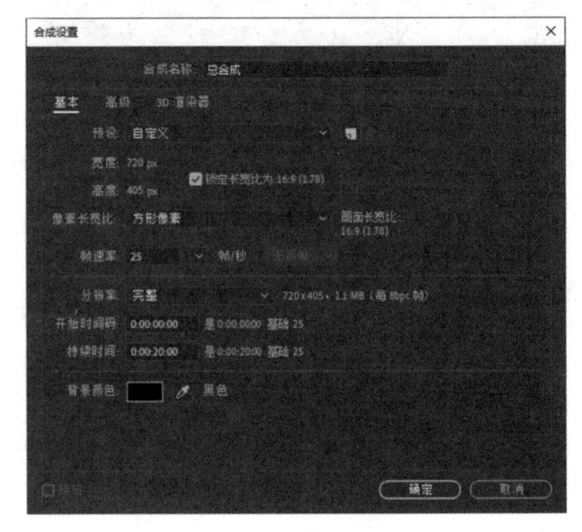

图 9.85　新建合成

2 在“项目”面板中，同时选中“影院场景”“开映”“结尾字幕”“幕布”素材，将其拖至时间轴面板中，从上至下的顺序依次为“影院场景”“开映”“结尾字幕”“幕布”，如图 9.86 所示。

图 9.86　添加素材

3 在时间轴面板中，将时间调整到 0:00:01:24 的位置，选中“影院场景”图层，按 [键设置图层入点；将时间调整到 0:00:06:24 的位置，选中“开映”图层，按 [键设置图层入点；将时间调整到 0:00:11:24 的位置，选中“结尾字幕”图层，按 [键设置图层入点，如图 9.87 所示。

图 9.87　设置图层入点

4 这样就完成了最终整体效果的制作，按小键盘上的 0 键即可在合成窗口中预览动画效果。

课后练习

制作新年主题开场动画。

（制作过程可参考资源包中的“课后练习”文件夹。）

第10章 超现实合成类动画设计

内容摘要

本章主要讲解超现实合成类动画设计，合成类动画设计的重点在于对素材元素的使用，在制作过程中需要注意色彩及素材元素的搭配。本章列举了制作芯片电流动画、浪漫时刻动画设计、足球运动动画设计、高性能竞速动画设计和怀旧影像设计共五个实例。读者通过对本章的学习可以掌握超现实合成类动画设计的方法。

教学目标

- 学会制作芯片电流动画
- 掌握浪漫时刻动画设计的技巧
- 学习足球运动动画设计
- 理解高性能竞速动画设计的方法
- 学会怀旧影像设计

10.1 制作芯片电流动画

实例解析

本例主要讲解制作芯片电流动画的方法。本例以芯片图像作为背景，通过添加高级闪电效果制作电流动画，如图 10.1 所示。

图 10.1　动画流程画面

知识点

高级闪电

操作步骤

1 执行菜单栏中的“合成”|“新建合成”命令，打开“合成设置”对话框，设置“合成名称”为“闪电”，“宽度”为 720，“高度”为 405，“帧速率”为 25，并设置“持续时间”为 0:00:05:00，“背景颜色”为黑色，完成后单击“确定”按钮，如图 10.2 所示。

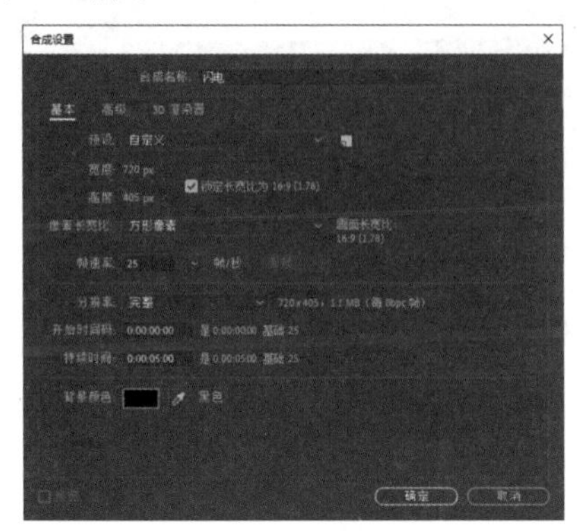

图 10.2　新建合成

2 执行菜单栏中的“文件”|“导入”|“文件”命令，打开“导入文件”对话框，选择“工程文件\第10章\制作芯片电流动画\芯片.jpg”素材，单击“导入”按钮，如图 10.3 所示，将其拖动到时间线面板中。

3 执行菜单栏中的“图层”|“新建”|“纯色”命令，在弹出的对话框中将“名称”更改为“电流”，将“颜色”更改为黑色，完成之后单击“确定”按钮。

4 在时间线面板中，选中“电流”图层，将时间调整到 0:00:00:00 的位置，在“效果和预设”面板中展开“生成”特效组，然后双击“高级闪电”特效。

5 在“效果控件”面板中，修改“高级闪电”特效的参数，设置“源点”为（342.0,165.0），“传导率状态”为 0.0，并单击其左侧码表，在当前位置添加关键帧。

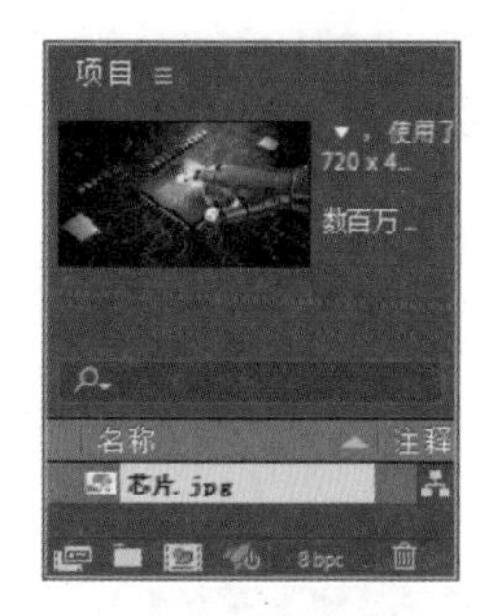

图 10.3　导入素材

6 展开“核心设置”选项组，将“核心半径”更改为 1.5，将“核心不透明度”更改为 75.0%。

7 展开“发光设置”选项组，将“发光半径”更改为 20.0，“发光不透明度”为 50.0%，“发光颜色”为橙色（R:255,G:135,B:0）。

8 将“Alpha 障碍”更改为 0.00，设置“湍流”为 1.00，“分叉”为 20.0%，“衰减”为 0.50，选中“主核心衰减”复选框。

9 展开“专家设置”选项组，将“复杂度”更改为 6，设置“最小分叉距离”为 50，如图 10.4 所示。

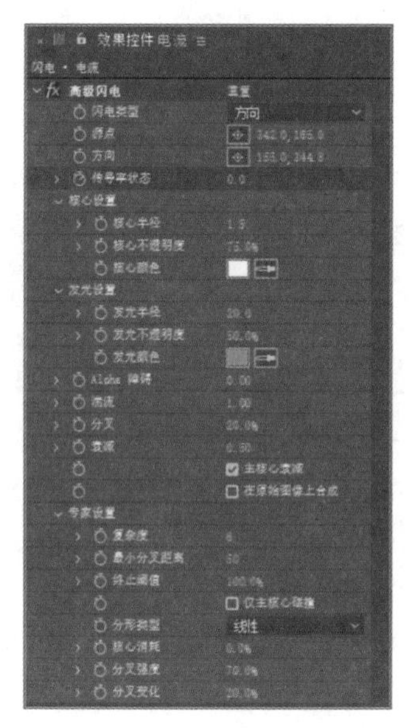

图 10.4　设置高级闪电

10 在时间线面板中，将时间调整到 0:00:04:24 的位置，将“传导率状态”更改为 10.0，系统将自动添加关键帧，如图 10.5 所示。

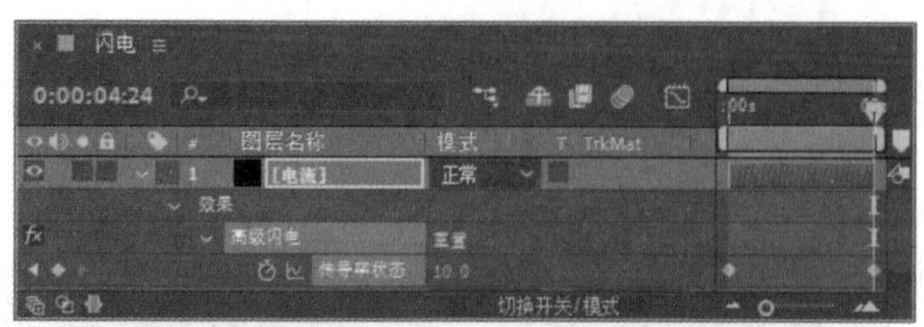

图 10.5　更改数值

11 在时间轴面板中，将时间调整到 0:00:00:00 的位置，选中“电流”图层，按 T 键打开“不透明度”，将“不透明度”更改为 0%，单击“不透明度”左侧码表，在当前位置添加关键帧。

12 将时间调整到 0:00:01:00 的位置，将数值更改为 100%，系统将自动添加关键帧，如图 10.6 所示。

图 10.6　制作不透明度动画

13 这样就完成了最终整体效果的制作，按小键盘上的 0 键即可在合成窗口中预览动画效果。

10.2 浪漫时刻动画设计

实例解析

本例主要讲解浪漫时刻动画设计。本例以漂亮的心形视频素材为主视觉图，通过添加爱情元素及其他装饰元素并调整整个动画的色调完成整体动画效果设计，如图 10.7 所示。

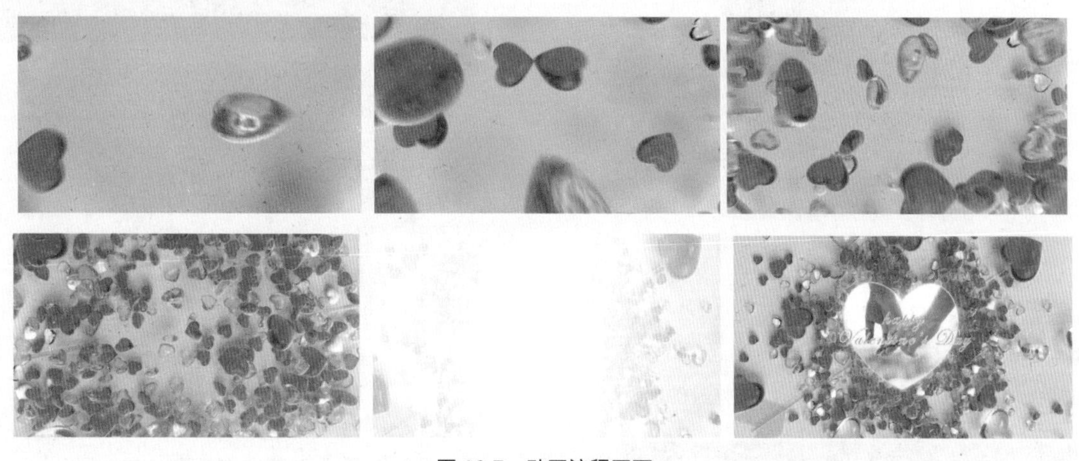

图 10.7 动画流程画面

知识点

发光

操作步骤

10.2.1 制作浪漫主题

1 执行菜单栏中的“合成”|“新建合成”命令，打开“合成设置”对话框，设置“合成名称”为“浪漫主题”，“宽度”为 720，“高度”为 405，“帧速率”为 25，并设置“持续时间”为 0:00:10:00，“背景颜色”为黑色，完成之后单击“确定”按钮，如图 10.8 所示。

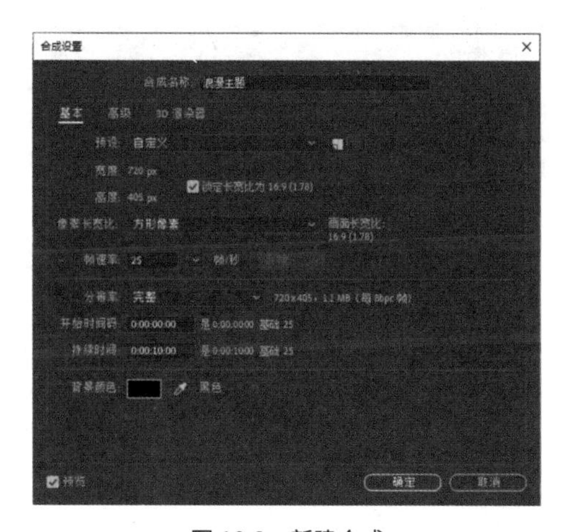

图 10.8 新建合成

2 执行菜单栏中的“文件”|“导入”|“文件”命令，打开“导入文件”对话框，选择“工程文件\第10章\浪漫时刻动画设计\心形.avi、光效.mp4、心形.jpg”素材，单击“导入”按钮，如图10.9所示。

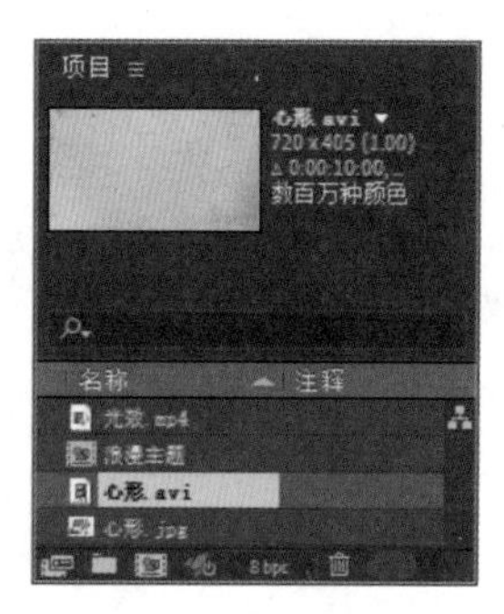

图 10.9 导入素材

3 在“项目”面板中，选中“心形.avi”及“光效.mp4”素材，将其拖至时间轴面板中，将“光效.mp4”移至“心形.avi”上方，如图10.10所示。

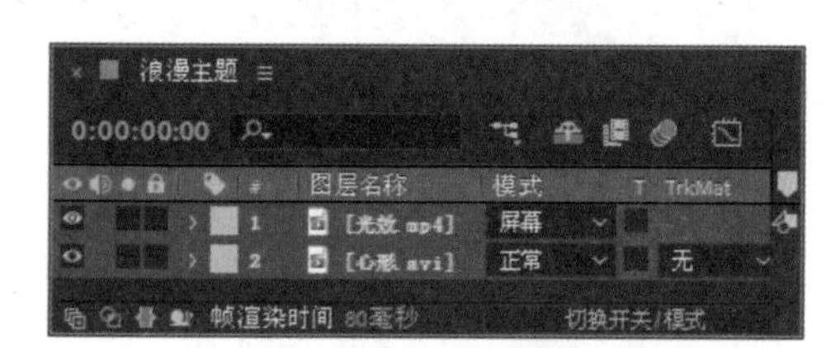

图 10.10 添加素材

4 在时间轴面板中，选中“光效.mp4”图层，将其混合模式更改为“屏幕”，如图10.11所示。

图 10.11 更改混合模式

5 将“心形.jpg”添加到时间轴面板中，选中“心形.jpg”图层，按T键打开“不透明度”，将“不透明度”的值更改为50%，如图10.12所示。

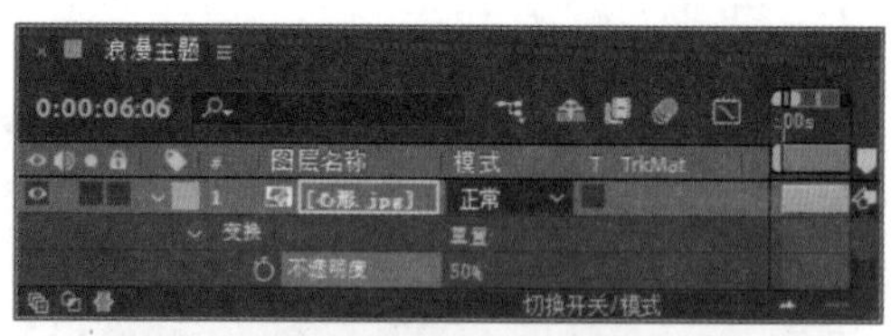

图 10.12 更改图层不透明度

6 在时间轴面板中，选中“心形.jpg”图层，选择工具箱中的“钢笔工具”，在图像中的手部区域绘制一个心形蒙版，如图10.13所示。

图 10.13 绘制心形蒙版

7 在时间轴面板中，选中“心形.jpg”图层，按T键打开“不透明度”，将“不透明度”更改为100%，如图10.14所示。

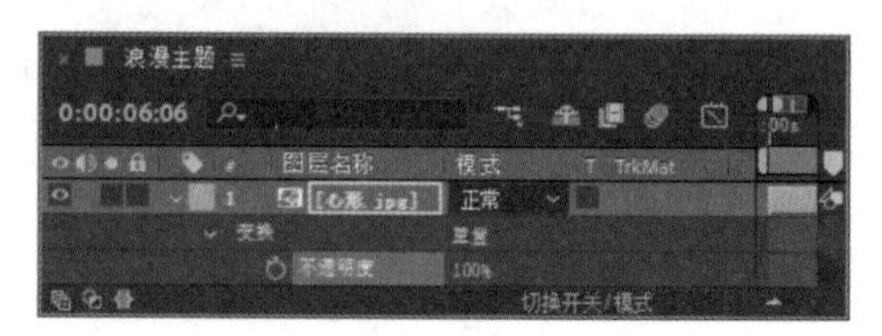

图 10.14 更改不透明度

8 在时间轴面板中，选中“心形.jpg”图层，将时间调整到0:00:04:20的位置，按S键打开“缩放”，将其数值更改为（0.0,0.0%），再单击“缩放”左侧码表，在当前位置添加关键帧，按T键打开“不透明度”，将“不透明度”值更改为0%，如图10.15所示。

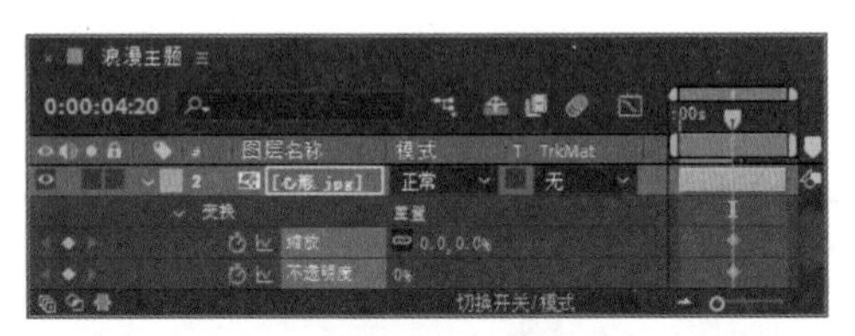

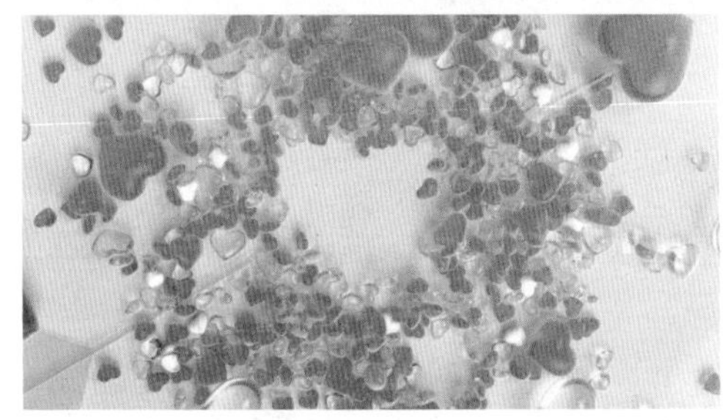

图 10.15 设置缩放和不透明度

9 将时间调整到0:00:05:20的位置，将“缩放”数值更改为（39.0,39.0%），将“不透明度”更改为100%，系统将自动添加关键帧，如图10.16所示。

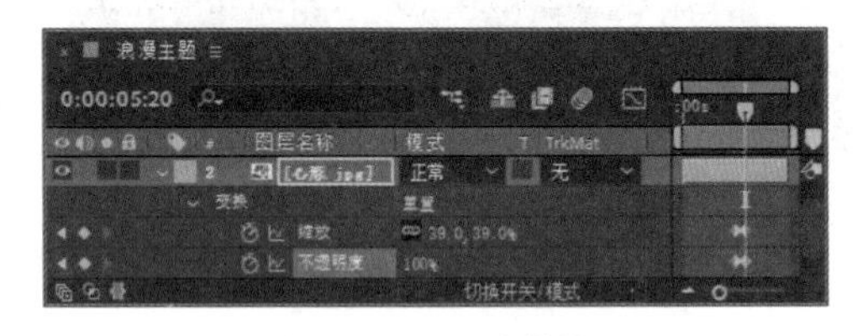

图 10.16 更改数值

10.2.2 调整动画细节

1 在时间轴面板中选中“心形.jpg”图层，在“效果和预设”面板中展开“风格化”特效组，然后双击“发光”特效。

2 在“效果控件”面板中，修改“发光”特效的参数，设置“发光半径”为100.0，“发光强度”为2.0，“颜色B”为白色，如图10.17所示。

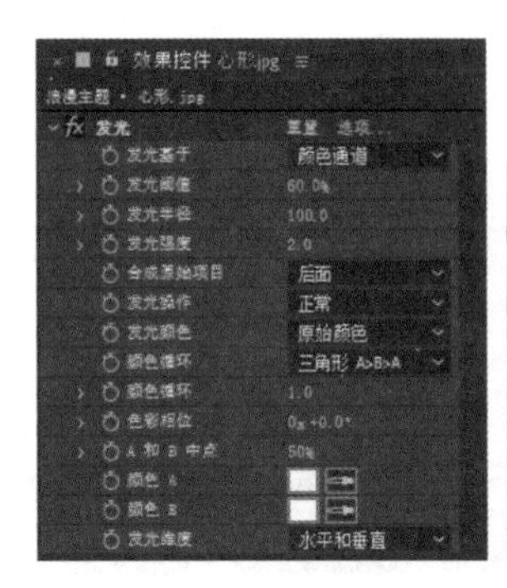

图 10.17 设置发光

3 在“效果和预设”面板中展开“生成”特效组，然后双击“描边”特效。

4 在“效果控件”面板中，修改“描边”特效的参数，设置“颜色”为浅红色（R:255,G:217,B:217），“画笔大小”为3.0，如图10.18所示。

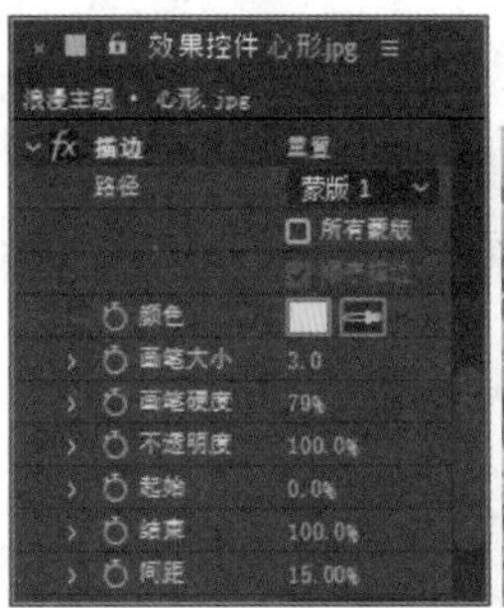

图 10.18 设置描边

5 选择工具箱中的“横排文字工具”，在图像中添加文字，如图10.19所示。

图 10.19 添加文字

6 在时间轴面板中，选中文字图层，将时间调整到0:00:06:03的位置，按S键打开“缩放”，单击“缩放”右侧约束比例，取消约束比例，再单击左侧码表，在当前位置添加关键帧，将数值更改为（0.0,100.0%），如图10.20所示。

7 将时间调整到0:00:07:00的位置，将数值更改为（100.0,100.0%），系统将自动添加关键帧。

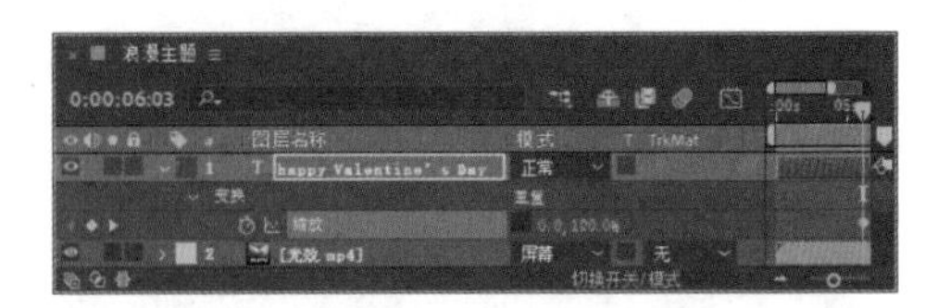

图10.20 制作缩放动画

8 这样就完成了最终整体效果的制作，按小键盘上的0键即可在合成窗口中预览动画效果。

10.3 足球运动动画设计

实例解析

本例主要讲解足球运动动画设计。本例通过对添加的素材图像进行调色等操作，表现出漂亮的球场视觉效果，再与文字、标志相结合，使整个动画的视觉效果非常出色，如图10.21所示。

图10.21 动画流程画面

知识点

高斯模糊

视频讲解

操作步骤

10.3.1 制作主题效果

1 执行菜单栏中的“合成”|“新建合成”命令，打开“合成设置”对话框，设置“合成名称”为“足球运动”，“宽度”为720，“高度”为405，“帧速率”为25，并设置“持续时间”为0:00:15:00，“背景颜色”为黑色，完成之后单击“确定”按钮，如图10.22所示。

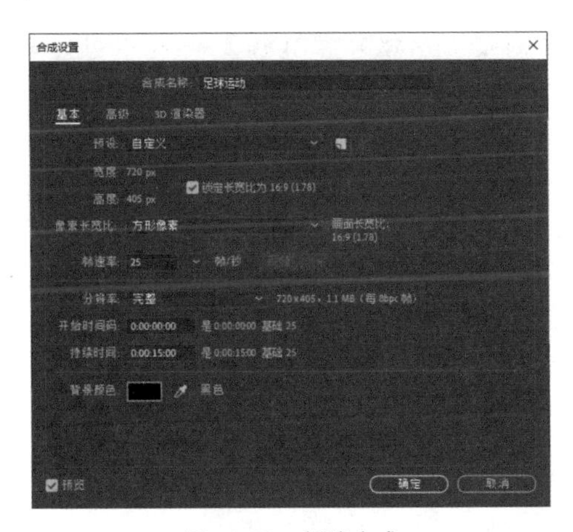

图10.22 新建合成

2 执行菜单栏中的“文件”|“导入”|“文件”命令，打开“导入文件”对话框，选择“工程文件\第10章\足球运动动画设计\灯光.mov、足球.mov、足球.png、足球标志.png”素材，单击“导入”按钮，如图10.23所示。

图10.23 导入素材

3 在“项目”面板中，选中“足球.mov”“灯光.mov”素材，将其拖至时间轴面板中，将“灯光.mov”素材移至上方位置，并将其图层模式更改为“屏幕”，如图10.24所示。

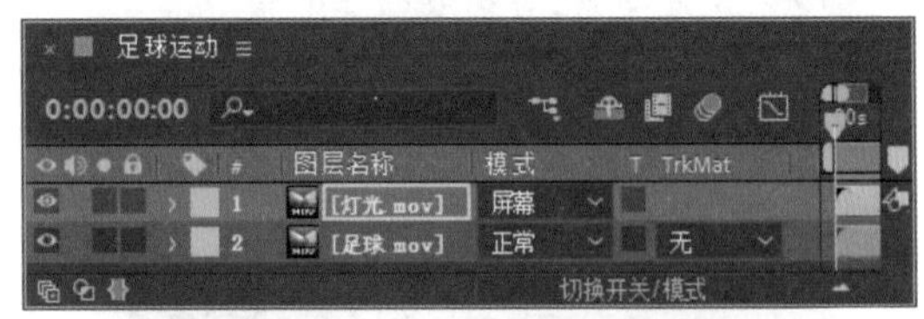

图10.24 添加素材图像

4 选择工具箱中的“横排文字工具”，在图像中添加文字，如图10.25所示。

图10.25 添加文字

5 在时间轴面板中选中FOOTBALL图层，将时间调整到0:00:03:08的位置，按P键打开“位置”，单击“位置”左侧码表，在当前位置添加关键帧。

6 将时间调整到0:00:05:13的位置，在视图中将其向左侧平移，系统将自动添加关键帧，如图10.26所示。

7 在时间轴面板中选中FOOTBALL图层，将时间调整到0:00:00:00的位置，按S键打开“缩放”，单击“缩放”左侧码表，在当前位置添加关键帧，将数值更改为（0.0,0.0%），如图 10.27 所示。

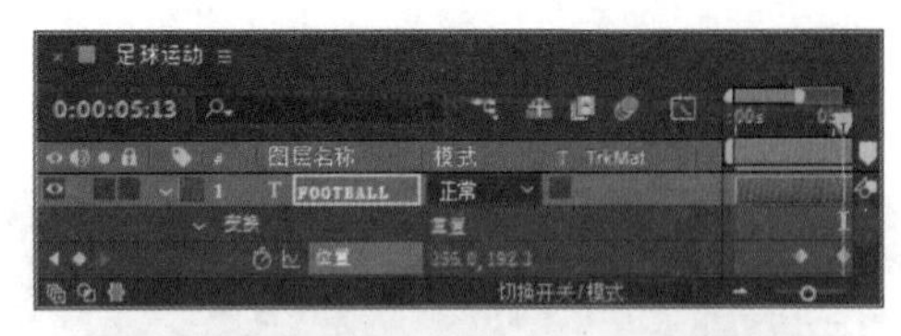

图 10.26　制作位置动画

图 10.27　添加缩放关键帧

8 将时间调整到 0:00:01:00 的位置，将数值更改为(100.0,100.0%)；将时间调整到 0:00:03:08 的位置，单击“缩放”左侧图标，在当前位置添加延时帧；将时间调整到 0:00:05:13 的位置，将数值更改为（0.0,0.0%），如图 10.28 所示。

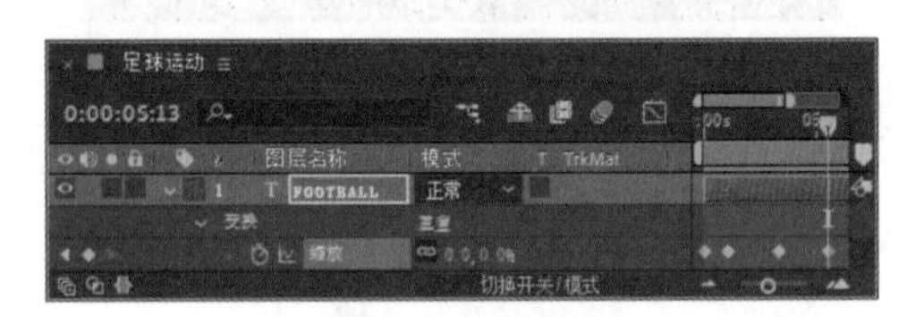

图 10.28　添加缩放效果

9 在时间轴面板中，将时间调整到 0:00:03:08 的位置，选中 FOOTBALL 图层，在“效果和预设”面板中展开“模糊和锐化”特效组，然后双击“高斯模糊”特效。

10 在“效果控件”面板中，修改“高斯模糊”特效的参数，单击“模糊度”左侧码表，在当前位置添加关键帧，如图 10.29 所示。

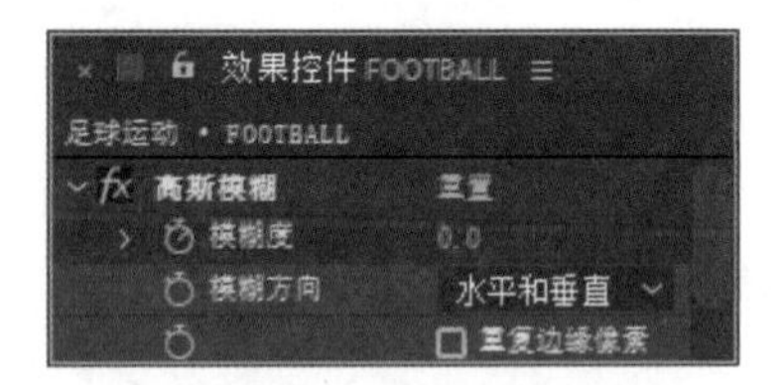

图 10.29　设置高斯模糊

11 在时间轴面板中，将时间调整到 0:00:05:13 的位置，将“模糊度”更改为 50.0，系统将自动添加关键帧，如图 10.30 所示。

图 10.30　更改数值

12 在时间轴面板中，将时间调整到 0:00:03:08 的位置，选中 FOOTBALL 图层，按 T 键打开“不透明度”，单击“不透明度”左侧码表，在当前位置添加关键帧。

13 将时间调整到 0:00:05:13 的位置，将数值更改为 0%，系统将自动添加关键帧，如图 10.31 所示。

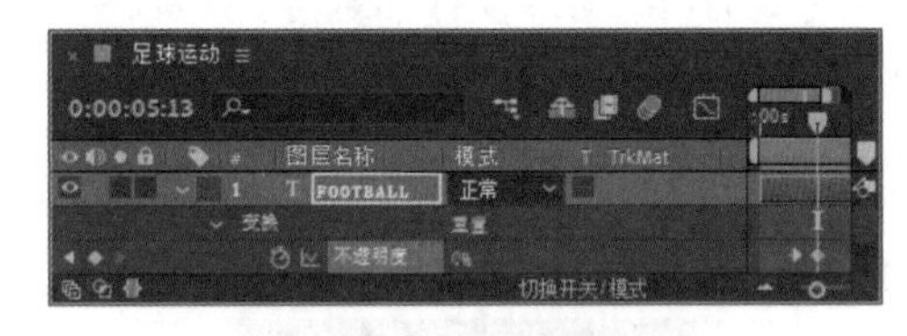

图 10.31　制作不透明度动画

10.3.2　制作过渡动画

1 在“项目”面板中，选中“足球.png”素材，将其拖至时间轴面板中。

2 在时间轴面板中，将时间调整到 0:00:09:00 的位置，将足球图像等比缩小后移至球场原来足球图像位置，如图 10.32 所示。

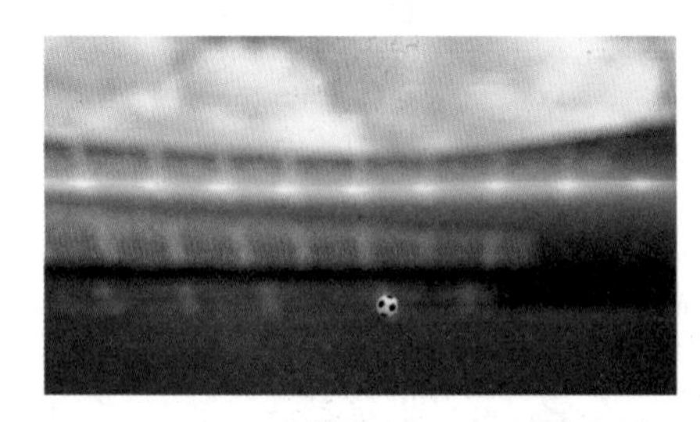

图 10.32 缩放并移动足球图像

3 在时间轴面板中，将时间调整到 0:00:09:00 的位置，选中“足球.png”图层，按 S 键打开“缩放”，单击“缩放”左侧码表，在当前位置添加关键帧。

4 将时间调整到 0:00:10:20 的位置，将数值更改为(100.0,100.0%)，系统将自动添加关键帧，如图 10.33 所示。

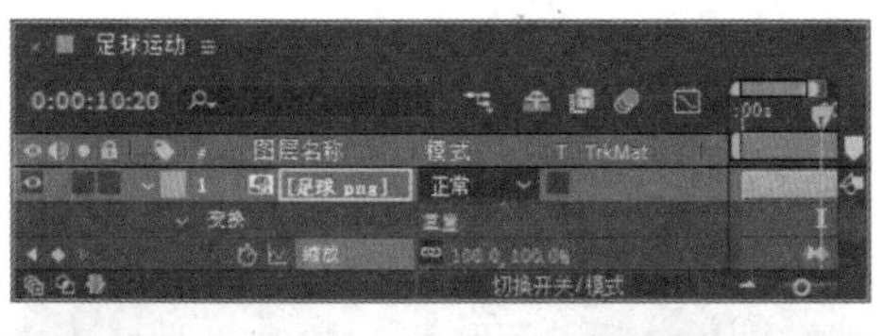

图 10.33 添加缩放效果

5 在时间轴面板中，将时间调整到 0:00:09:00 的位置，选中“足球.png”图层，在“效果和预设”面板中展开“模糊和锐化”特效组，然后双击“高斯模糊”特效。

6 在“效果控件”面板中，修改“高斯模糊”特效的参数，设置“模糊度”为 100.0，单击“模糊度”左侧码表，在当前位置添加关键帧，如图 10.34 所示。

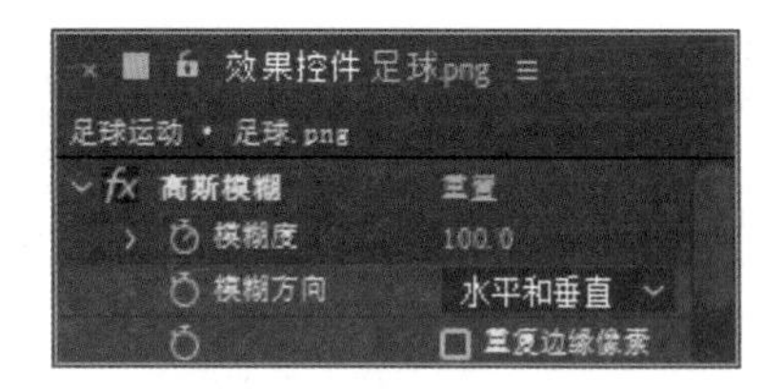

图 10.34 设置高斯模糊

7 在时间轴面板中，将时间调整到 0:00:10:20 的位置，将“模糊度”更改为 0.0，系统将自动添加关键帧，如图 10.35 所示。

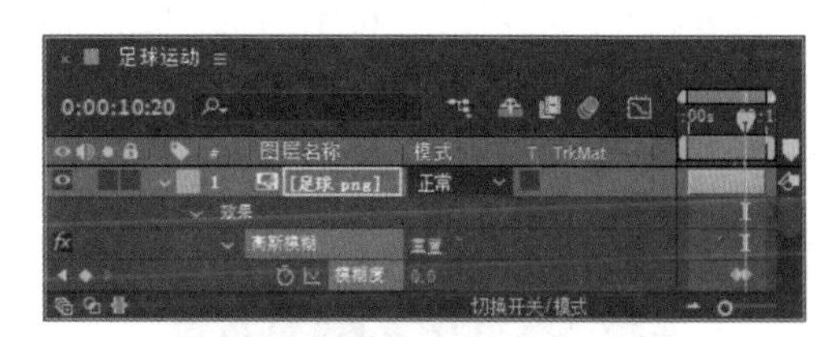

图 10.35 更改数值

8 在时间轴面板中，将时间调整到 0:00:08:00 的位置，选中“足球.png”图层，按 T 键打开“不透明度”，将“不透明度”更改为 0%，单击“不透明度”左侧码表，在当前位置添加关键帧。

9 将时间调整到 0:00:09:00 的位置，将数值更改为 100%，系统将自动添加关键帧，如图 10.36 所示。

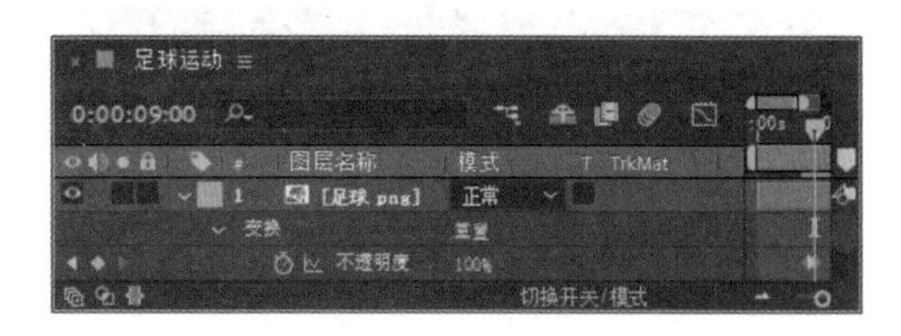

图 10.36 制作不透明度动画

10 执行菜单栏中的“图层”|“新建”|“纯色”命令，在弹出的对话框中将“名称”更改为“遮罩”，将“颜色”更改为深灰色（R:25,G:25,B:25），完成之后单击“确定”按钮，并将图层移至所有图层上方，如图 10.37 所示。

图 10.37　新建纯色层

11 在时间轴面板中，将时间调整到0:00:10:00的位置，选中“遮罩”图层，在“效果和预设”面板中展开“过渡”特效组，然后双击“线性擦除”特效。

12 在“效果控件”面板中，修改“线性擦除”特效的参数，设置“过渡完成”为100%，单击其左侧码表，在当前位置添加关键帧，如图10.38所示。

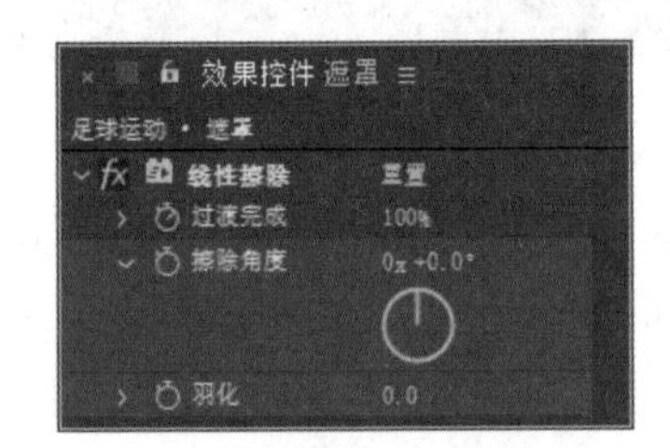
图 10.38　添加线性擦除

13 在时间轴面板中，将时间调整到0:00:10:20的位置，设置“过渡完成”为0%，系统将自动添加关键帧，如图10.39所示。

图 10.39　更改数值

14 在“项目”面板中，选中“足球标志.png”素材，将其拖至时间轴面板中。

15 在视图中将“足球标志.png”素材移至图像顶部位置，在时间轴面板中，将时间调整到0:00:10:10的位置，按P键打开“位置”，单击“位置”左侧码表，在当前位置添加关键帧，如图10.40所示。

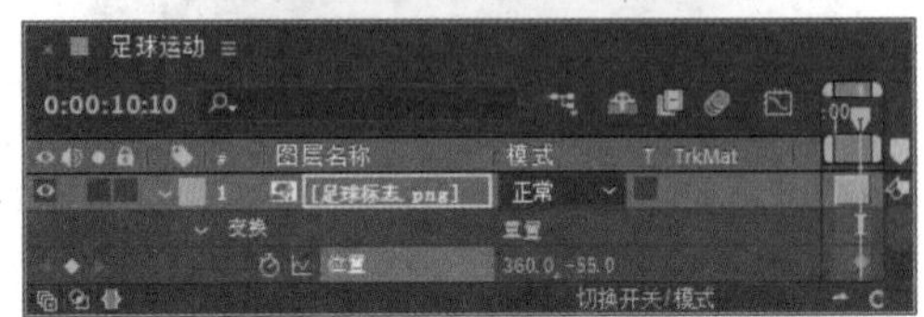
图 10.40　添加位置关键帧

10.3.3　添加细节元素

1 将时间调整到0:00:10:20的位置，在视图中将足球标志向下移动，系统将自动添加关键帧，如图10.41所示。

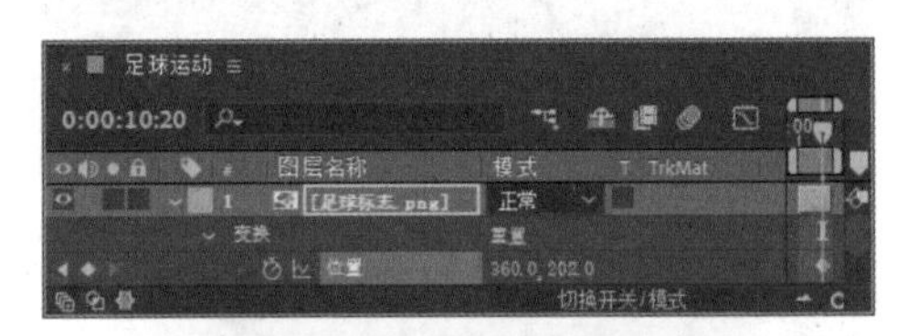

图 10.41　制作位置动画

2 选择工具箱中的“横排文字工具”，在图像中添加文字，如图10.42所示。

图 10.42　添加文字

3 将文字向下移至图像之外的区域，在时间轴面板中，将时间调整到 0:00:10:20 的位置，按 P 键打开“位置”，单击“位置”左侧码表，在当前位置添加关键帧，如图 10.43 所示。

图 10.43 添加位置关键帧

4 将时间调整到 0:00:11:10 的位置，在图像中将文字向上拖动，系统将自动添加关键帧，如图 10.44 所示。

图 10.44 拖动文字

5 这样就完成了最终整体效果的制作，按小键盘上的 0 键即可在合成窗口中预览动画效果。

10.4 高性能竞速动画设计

实例解析

本例主要讲解高性能竞速动画设计。本例以轮胎作为动画主视觉图，通过添加旋转关键帧制作转动动画，整个动画体现出明显的竞速视觉效果，如图 10.45 所示。

图 10.45 动画流程画面

知识点

缓动

视频讲解

操作步骤

10.4.1 制作主题动画

1 执行菜单栏中的“文件”|“导入”|“文件”命令，打开“导入文件”对话框，选择“工程文件\第10章\高性能竞速动画设计\赛车零件.psd、炫光.jpg、标志.png”素材，将其导入。其中，“赛车零件.psd”以合成的方式导入。

提示

可按 Ctrl+I 组合键快速导入素材。

2 双击“赛车零件”合成，将其打开。

3 在时间轴面板中，在空白区域单击鼠标右键，在弹出的菜单中选择“合成设置”，在弹出的对话框中设置“宽度”为720，“高度”为405，“帧速率”为25，并设置“持续时间”为0:00:05:00，“背景颜色”为黑色，完成之后单击“确定”按钮，如图10.46所示。

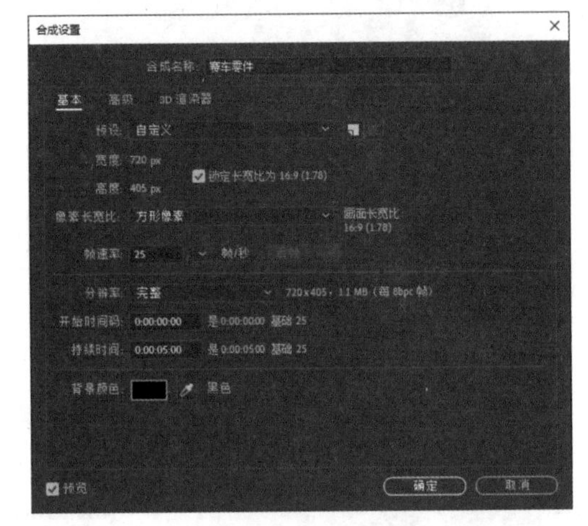

图 10.46 设置合成

4 执行菜单栏中的“图层”|“新建”|“纯色”命令，在弹出的对话框中将“名称”更改为“背景”，将“颜色”更改为黑色，完成之后单击“确定”按钮，将背景层移至所有图层下方，如图10.47所示。

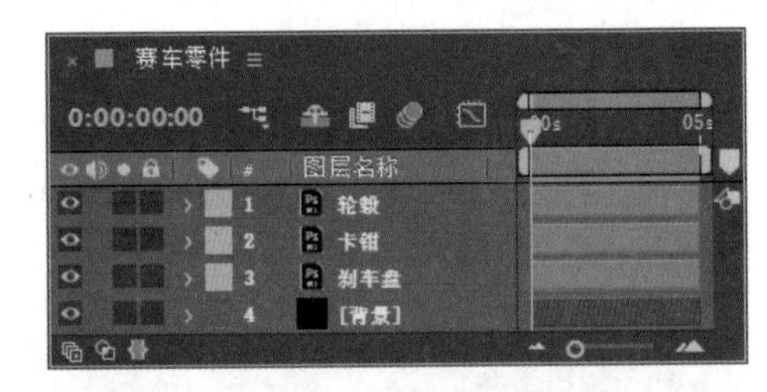

图 10.47 新建纯色层

5 在时间轴面板中，选中“背景”图层，在“效果和预设”面板中展开“生成”特效组，然后双击“梯度渐变”特效。

6 在“效果控件”面板中，修改“梯度渐变”特效的参数，设置“渐变起点”为（719.0,204.0），“起始颜色”为深蓝色（R:0,G:20,B:32），“渐变终点”为（0.0,202.0），“结束颜色”为黑色，“渐变形状”为“径向渐变”，如图10.48所示。

7 在时间轴面板中，选中“背景”图层，按Ctrl+D组合键复制一个“背景”图层，将其移至所有图层上方，并将其图层模式更改为“柔光”，如图10.49所示。

图 10.48 添加梯度渐变

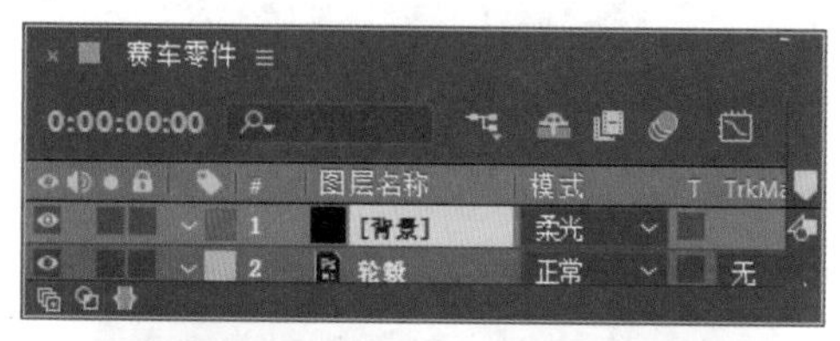

图 10.49 复制图层

8 选中工具箱中的“矩形工具”，选中顶部“背景”图层，在视图中的左侧位置绘制一个矩形蒙版，如图 10.50 所示。

图 10.50 绘制矩形蒙版

9 在时间轴面板中，展开“蒙版”|“蒙版1”，选中“反转”复选框，将“蒙版羽化”值更改为（100.0,100.0），如图 10.51 所示。

10 在时间轴面板中，同时选中“轮毂”“卡钳”“刹车盘”图层，将时间调整到 0:00:00:00 的位置，按 S 键打开“缩放”，单击“缩放”左侧码表，在当前位置添加关键帧，如图 10.52 所示。

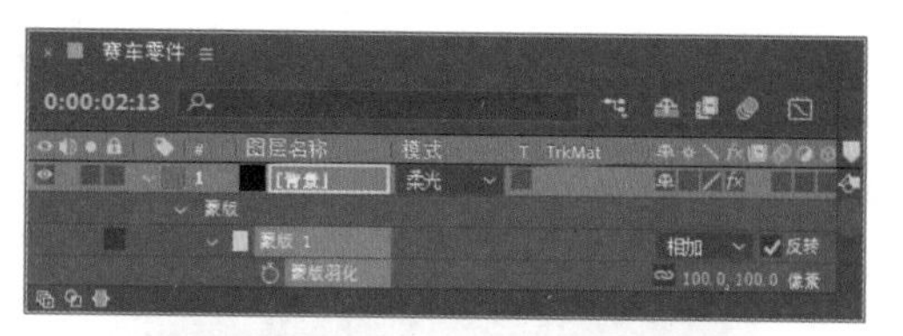

图 10.51 添加蒙版羽化

图 10.52 添加缩放关键帧

11 将时间调整到 0:00:02:00 的位置，将数值更改为（150.0,150.0%），系统将自动添加关键帧，如图 10.53 所示。

图 10.53 更改数值

12 在时间轴面板中，同时选中“轮毂”及“刹车盘”图层，将时间调整到 0:00:00:00 的位置，按 R 键打开“旋转”，单击“旋转”左侧码表，在当前位置添加关键帧，将数值更改为 0x+0.0°，如图 10.54 所示。

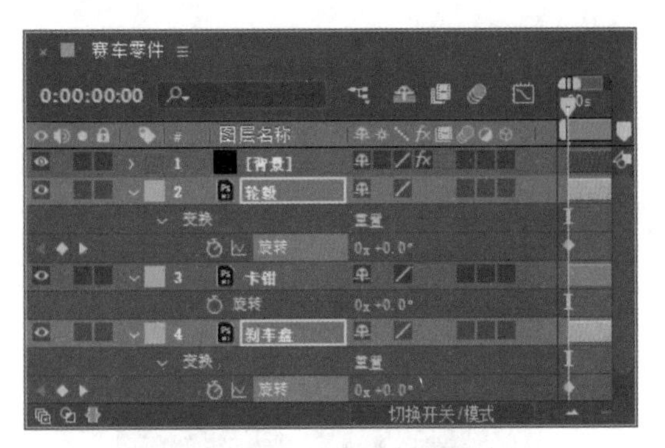

图 10.54　添加旋转关键帧

13 将时间调整到 0:00:01:00 的位置，将旋转数值更改为 -3x+0.0°；将时间调整到 0:00:02:00 的位置，将旋转数值更改为 -20x+0.0°，系统将自动添加关键帧，如图 10.55 所示。

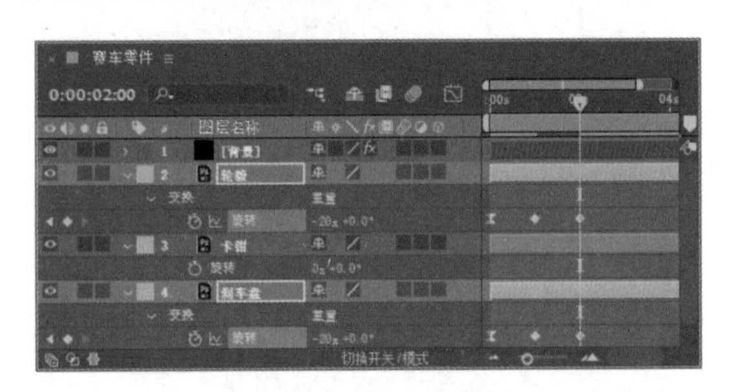

图 10.55　添加旋转效果

10.4.2　制作标志动画

1 在“项目”面板中选中“标志 .png”素材，将其拖至时间轴面板中，在图像中将其移至车轮中间位置并缩小，如图 10.56 所示。

2 在时间轴面板中，选中“标志 .png”图层，将时间调整到 0:00:00:00 的位置，按 S 键打开“缩放”，单击“缩放”左侧码表，在当前位置添加关键帧，如图 10.57 所示。

图 10.56　添加素材

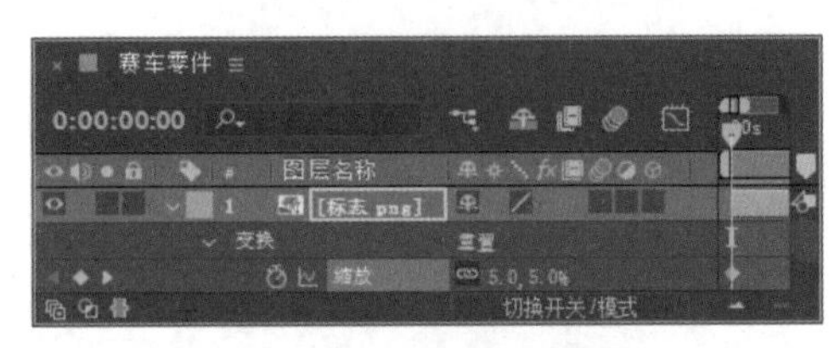

图 10.57　添加缩放关键帧

3 将时间调整到 0:00:02:00 的位置，将标志图像放大，系统将自动添加关键帧，如图 10.58 所示。

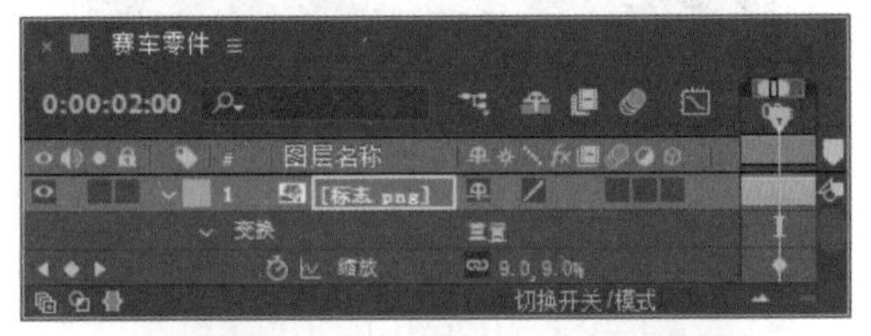

图 10.58　放大图像

4 将时间调整到 0:00:03:00 的位置，再次将标志图像放大，系统将自动添加关键帧，如图 10.59 所示。

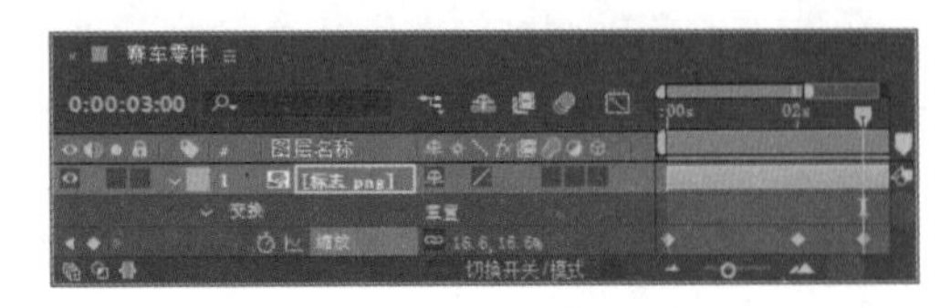

图 10.59　再次放大图像

图 10.59 再次放大图像（续）

10.4.3 调整画面细节

1 执行菜单栏中的“图层”|“新建”|“纯色”命令，在弹出的对话框中将“名称”更改为“遮罩”，将“颜色”更改为黑色，完成之后单击“确定”按钮，将其移至“标志 .png”图层下方，如图 10.60 所示。

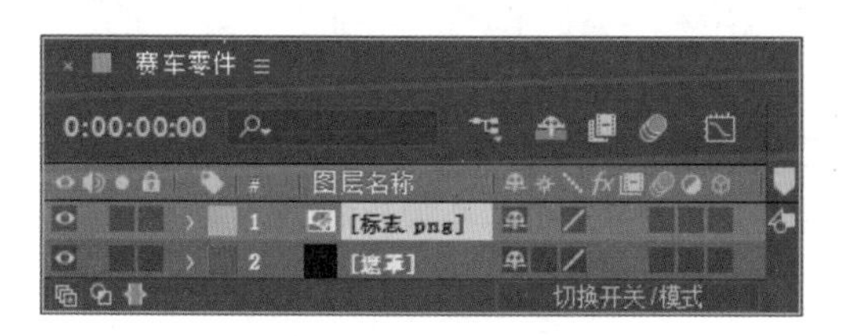

图 10.60 新建纯色图层

2 在时间轴面板中，将时间调整到 0:00:00:00 的位置，选中“遮罩”图层，按 T 键打开“不透明度”，单击“不透明度”左侧码表，在当前位置添加关键帧，将其数值更改为 0%。

3 将时间调整到 0:00:01:20 的位置，单击图标，在当前位置添加关键帧；将时间调整到 0:00:02:00 的位置，将“不透明度”更改为 100%，系统将自动添加关键帧，如图 10.61 所示。

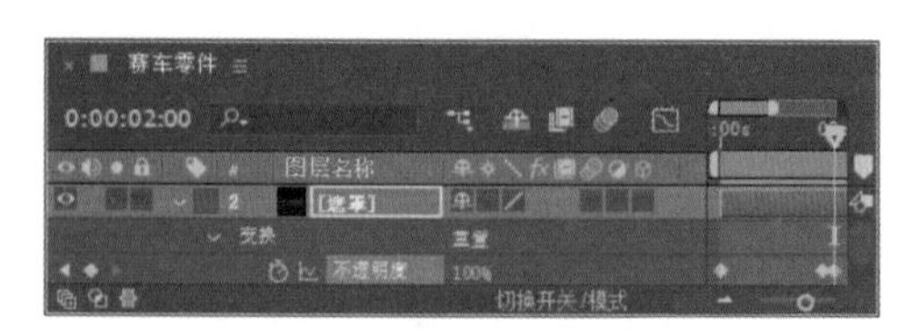

图 10.61 制作不透明度动画

4 在“项目”面板中选中“炫光 .jpg”素材，将其拖至时间轴面板中，并将其移至“背景”图层上方，同时将其图层模式更改为“屏幕”，如图 10.62 所示。

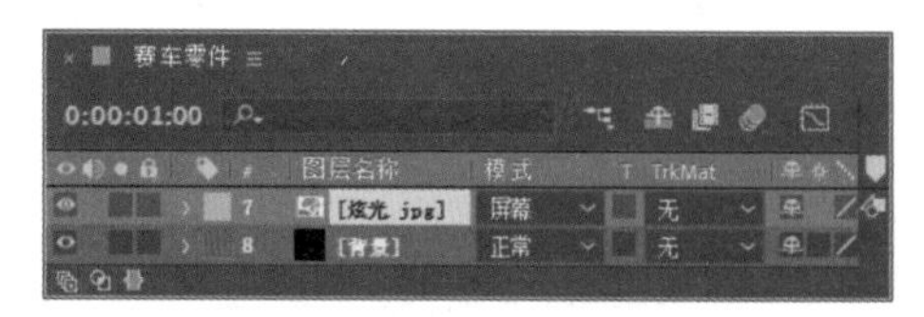

图 10.62 添加素材图像

5 在时间轴面板中，选中“炫光 .jpg”图层，将时间调整到 0:00:00:00 的位置，按 P 键打开“位置”，单击“位置”左侧码表，在当前位置添加关键帧，将炫光向右侧移至图像之外的区域，如图 10.63 所示。

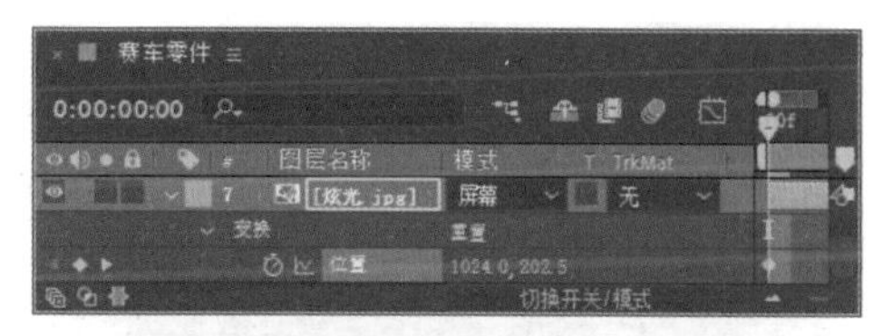

图 10.63 添加位置关键帧并移动图像

6 将时间调整到 0:00:01:00 的位置，在视图中将其向左侧平移，系统将自动添加关键帧，如图 10.64 所示。

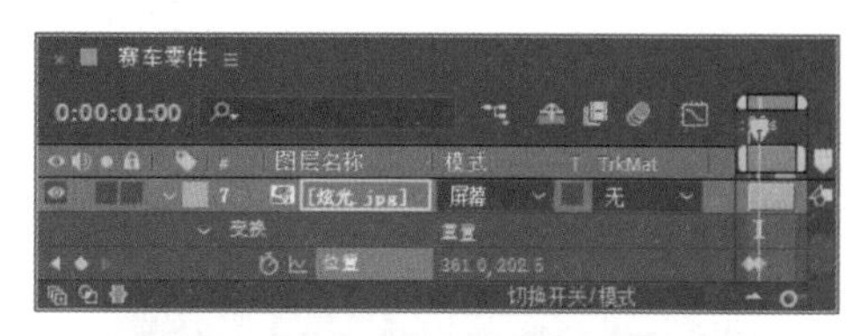

图 10.64 制作位置动画

7 这样就完成了最终整体效果的制作，按小键盘上的 0 键即可在合成窗口中预览动画效果。

10.5 怀旧影像设计

实例解析

本例主要讲解怀旧影像设计。本例在设计中采用了老胶片过渡的动画效果，通过添加光效及装饰元素给人一种怀旧的视觉效果，如图 10.65 所示。

图 10.65　动画流程画面

知识点

1. 中继器
2. 色相 / 饱和度
3. 添加颗粒
4. 高斯模糊
5. 预合成

视频讲解

操作步骤

10.5.1　制作胶片效果

1 执行菜单栏中的“合成”|“新建合成”命令，打开“合成设置”对话框，设置“合成名称”为“胶片”，“宽度”为 720，“高度”为 405，“帧速率”为 25，并设置“持续时间”为 0:00:05:00，“背景颜色”为红色（R:255,G:140,B:140），完成之后单击“确定”按钮，如图 10.66 所示。

2 执行菜单栏中的“文件”|“导入”|“文件”命令，打开“导入文件”对话框，选择“工程文件 \ 第 10 章 \ 怀旧影像设计 \ 光 .avi、咖啡 .jpg、书 .jpg、树 .jpg、纹理 .jpg、照片 1.jpg”素材，单击“导入”按钮，如图 10.67 所示。

3 执行菜单栏中的“图层”|“新建”|“纯色”命令，在弹出的对话框中将“名称”更改为“胶

片底版”，将“颜色”更改为黑色，完成之后单击“确定”按钮，如图 10.68 所示。

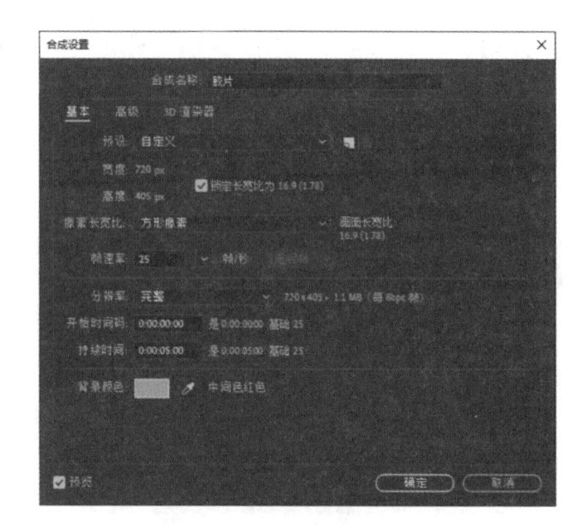

图 10.66 新建合成

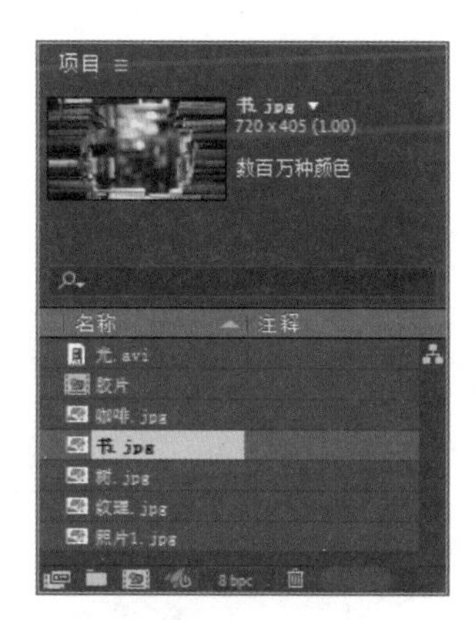

图 10.67 导入素材

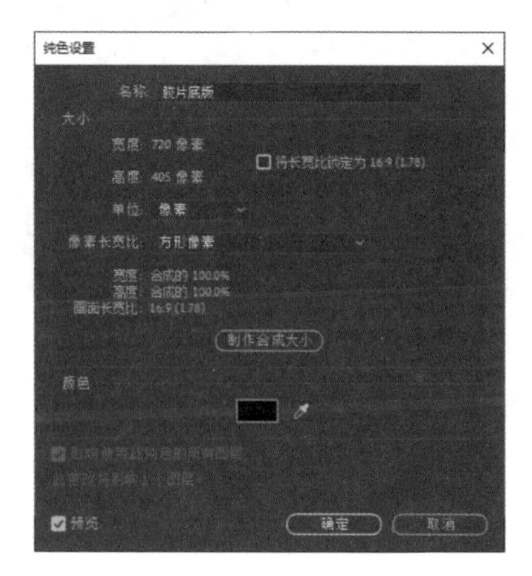

图 10.68 新建纯色图层

4 选中工具箱中的“矩形工具”，选中“胶片底版”图层，在视图中绘制一个矩形蒙版，如图 10.69 所示。

图 10.69 绘制矩形蒙版

5 选中工具箱中的“圆角矩形工具”，在左下角位置绘制一个圆角矩形，如图 10.70 所示。

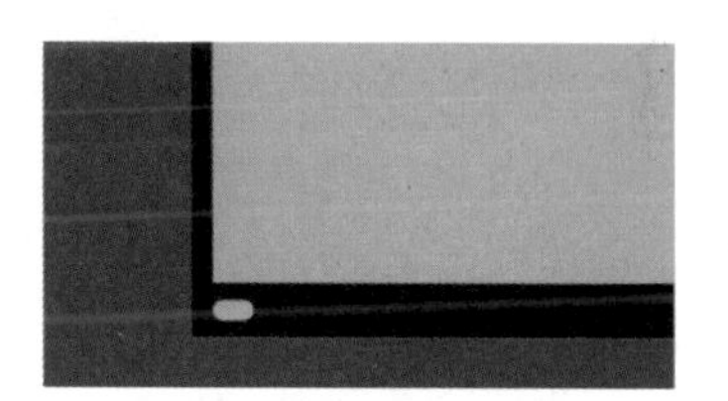

图 10.70 绘制圆角矩形

6 在时间轴面板中，选中“形状图层 1”图层，展开“内容”，单击右侧按钮 添加:，在弹出的快捷菜单中选择“中继器”选项，在出现的选项中展开“中继器 1”，将“副本”更改为 13.0，展开“变换：中继器 1”，将“位置”更改为（60.0,0.0），如图 10.71 所示。

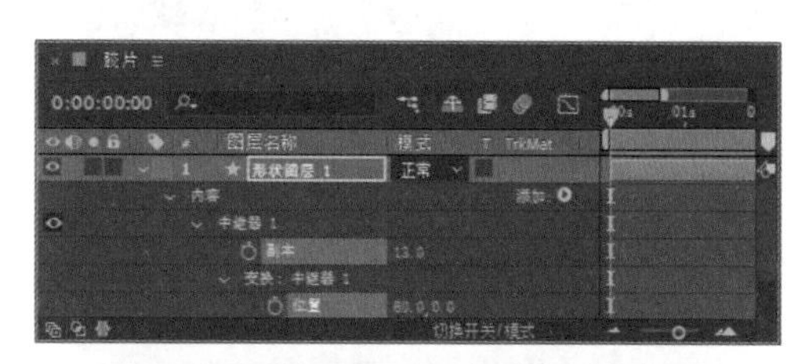

图 10.71 添加中继器

7 在时间轴面板中选中“形状图层 1”图层，按 Ctrl+D 组合键复制出一个“形状图层 2”图层。

8 在视图中将“形状图层 2”图层中的图形向上移动，如图 10.72 所示。

图 10.72　移动图形

10.5.2　添加胶片图像

1 在“项目”面板中选中“照片 1.jpg”素材，将其拖至时间轴面板中，在视图中将其等比缩小，如图 10.73 所示。

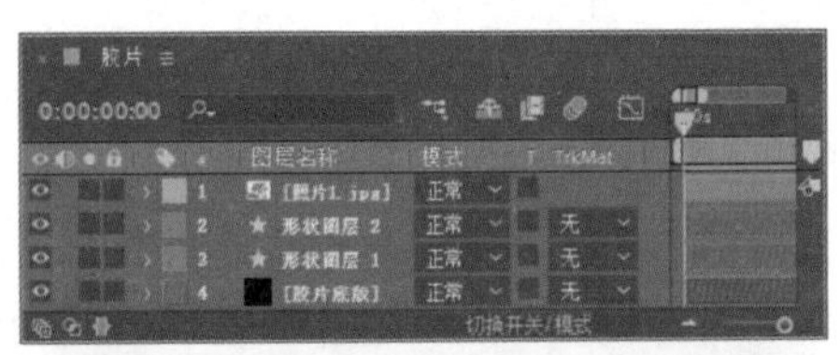

图 10.73　添加素材图像并调整大小

2 在“效果和预设”面板中展开“颜色校正”特效组，然后双击“色相 / 饱和度”特效。

3 在“效果控件”面板中，修改“色相 / 饱和度”特效的参数，设置“主饱和度”的值为 -50，如图 10.74 所示。

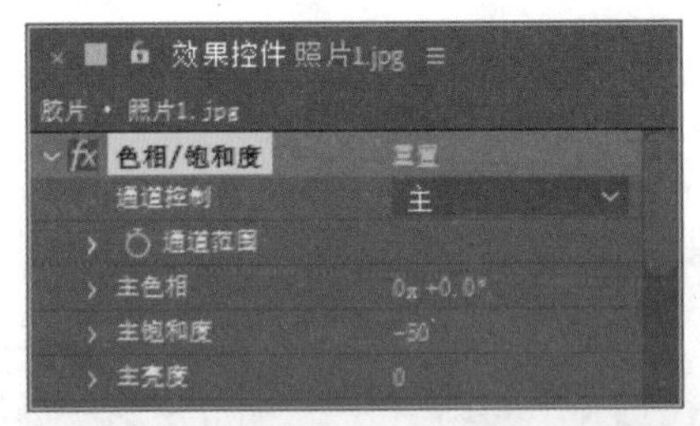

图 10.74　设置主饱和度

4 在“效果和预设”面板中展开“杂色和颗粒”特效组，然后双击“添加颗粒”特效。

5 在“效果控件”面板中，保持参数默认，如图 10.75 所示。

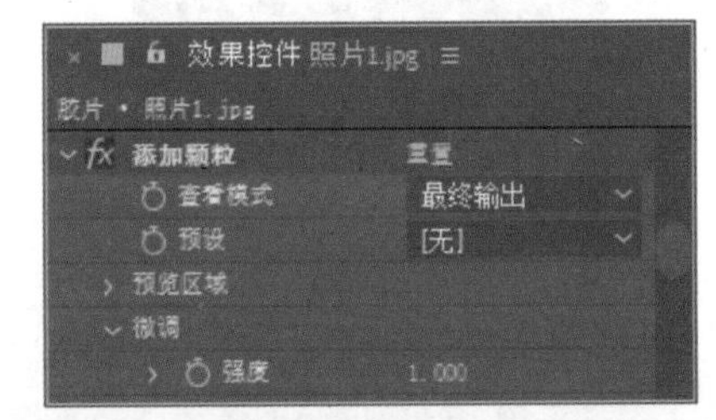

图 10.75　设置“添加颗粒”特效

6 在“项目”面板中，选中“胶片”合成，按 Ctrl+D 组合键复制出一个“胶片 2”合成。

7 在“项目”面板中，双击“胶片 2”合成，选中“照片 1.jpg”图层，将其删除，再选中“项目”

面板中的“咖啡.jpg”，将其添加至时间轴面板中，在视图中将其等比缩小，如图 10.76 所示。

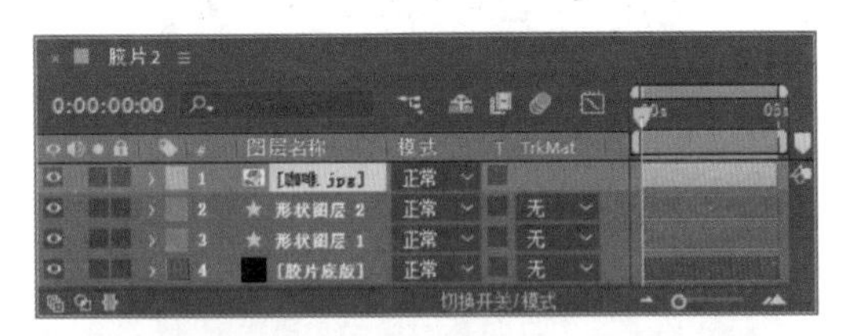

图 10.76　添加素材图像并调整大小

8 用同样的方法再复制出一个“胶片 3”合成，并在时间轴面板中将“咖啡.jpg”更换为“项目”面板中的“书.jpg”素材图像，如图 10.77 所示。

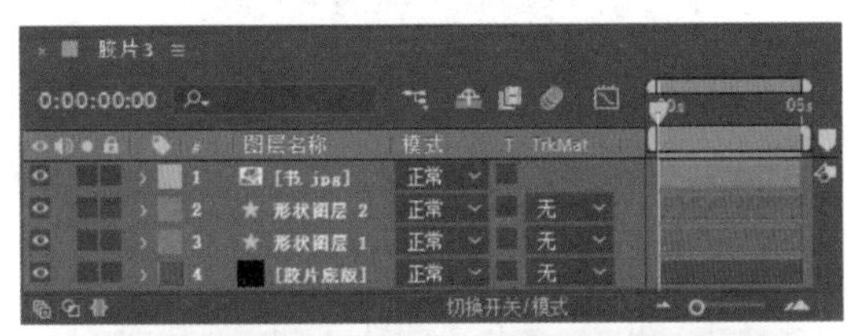

图 10.77　复制合成并更换图像

9 用同样的方法再复制出一个“胶片 4”合成，并更换为“树.jpg”素材图像，如图 10.78 所示。

10 在“项目”面板中，双击“胶片 1”合成，在时间轴面板中，选中“照片 1.jpg”图层，在“效果控件”面板中，同时选中“色相 / 饱和度”及“添加颗粒”效果，按 Ctrl+C 组合键将其复制；在“胶片 2”合成中选中“咖啡.jpg”图层，在“效果控件”面板中，按Ctrl+V 组合键将其粘贴，如图 10.79 所示。

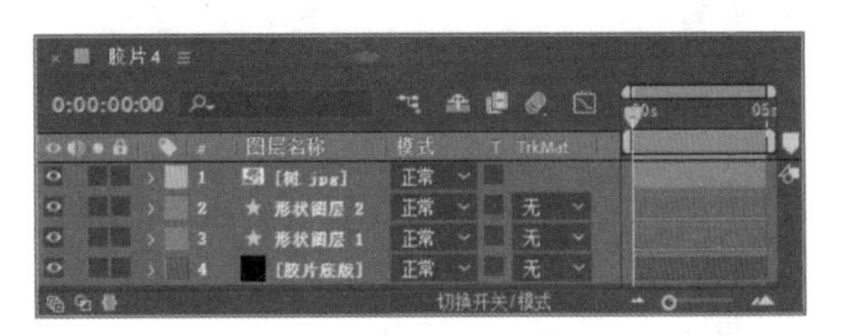

图 10.78　复制合成并更换图像

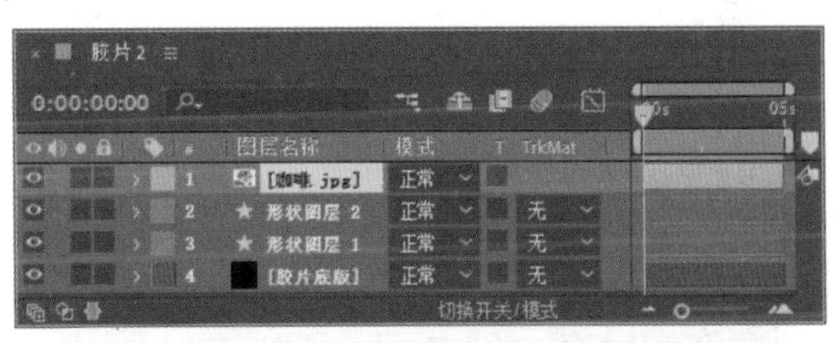

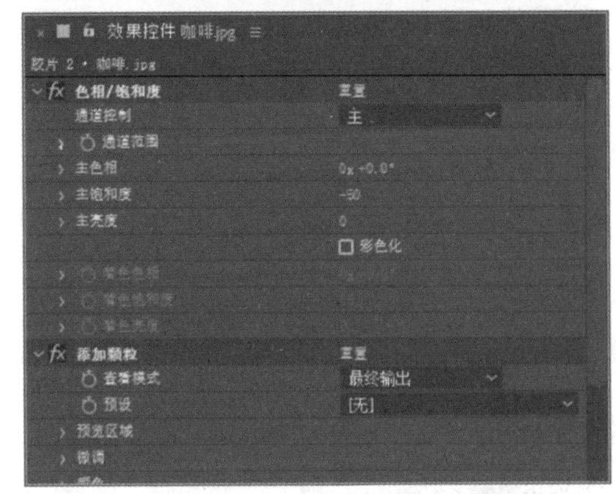

图 10.79　复制并粘贴效果

11 以同样的方法分别为其他两个胶片中的图像添加效果，如图 10.80 所示。

图 10.80　添加效果

图 10.80　添加效果（续）

10.5.3　设置总合成参数

1 执行菜单栏中的“合成”|“新建合成”命令，打开“合成设置”对话框，设置“合成名称”为“总合成”，“宽度”为720，“高度”为405，“帧速率”为25，并设置“持续时间”为0:00:08:00，“背景颜色”为灰色（R:36,G:34,B:34），完成之后单击“确定”按钮，如图 10.81 所示。

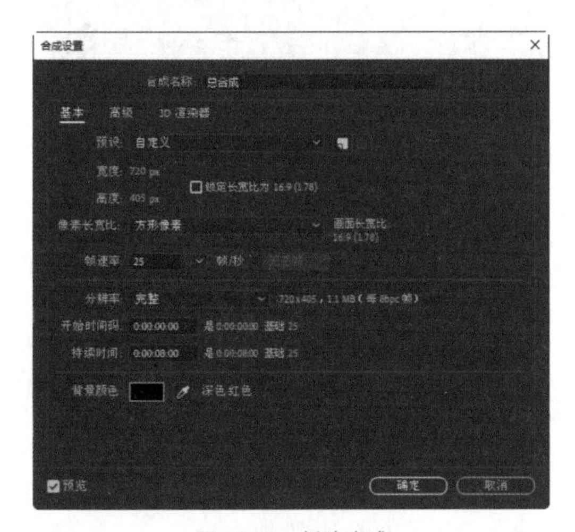

图 10.81　新建合成

2 执行菜单栏中的“图层”|“新建”|“纯色”命令，在弹出的对话框中将“名称”更改为“背景”，将“颜色”更改为黑色，完成之后单击“确定”按钮。

3 在时间轴面板中，选中“背景”图层，选中工具箱中的“圆角矩形工具”，绘制一个圆角矩形蒙版，如图 10.82 所示。

图 10.82　绘制圆角矩形蒙版

4 在时间轴面板中，展开“背景”图层中的“蒙版”，在“蒙版 1”右侧选中“反转”复选框，如图 10.83 所示。

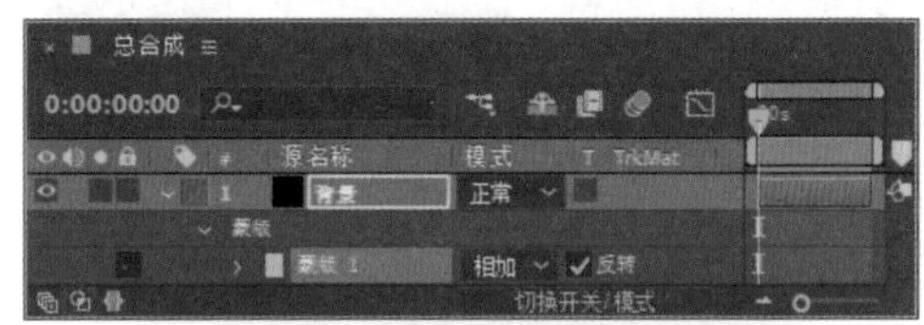

图 10.83　将蒙版反转

5 按 F 键打开“蒙版羽化”，将其数值更改为（100.0,100.0），如图 10.84 所示。

图 10.84　添加蒙版羽化

6 在“项目”面板中选中“胶片”合成，将其拖至时间轴面板中，按 S 键打开“缩放”，将数值更改为（80.0,80.0%），如图 10.85 所示。

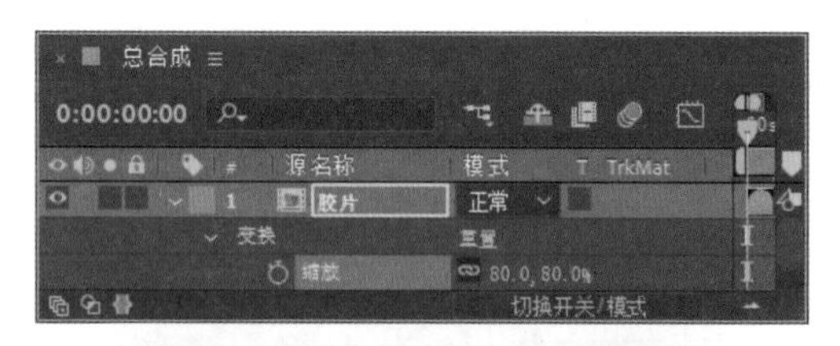

图 10.85 缩小图像

7 在时间轴面板中，选中“胶片”合成，将时间调整到 0:00:00:10 的位置，按 P 键打开“位置”，单击“位置”左侧码表，在当前位置添加关键帧。

8 将时间调整到 0:00:04:00 的位置，在视图中将其向左侧平移，系统将自动添加关键帧，如图 10.86 所示。

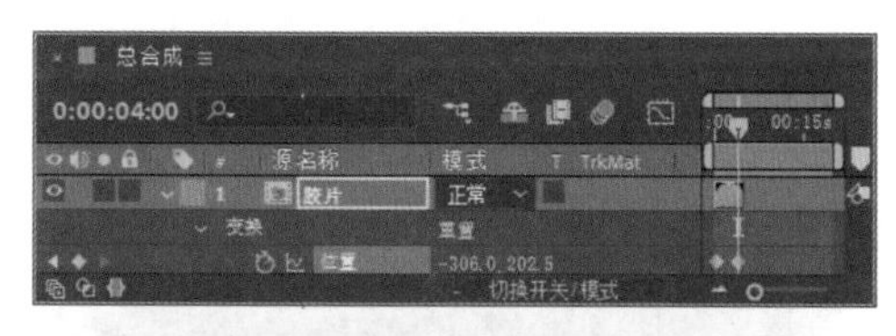

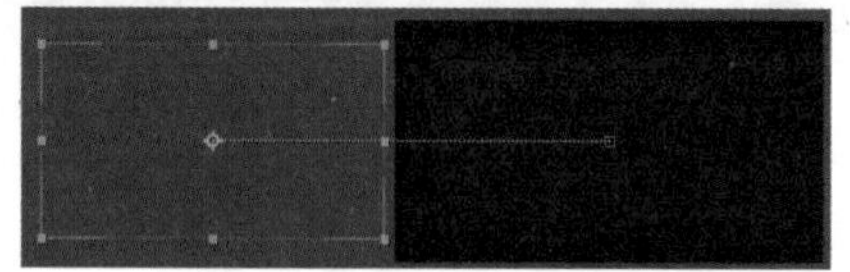

图 10.86 制作位置动画

9 在“项目”面板中，选中“胶片 2”合成，将其拖至时间轴面板中，按 S 键打开“缩放”，将数值更改为（80.0,80.0%），如图 10.87 所示。

10 在时间轴面板中，选中“胶片 2”合成，将时间调整到 0:00:00:10 的位置，在视图中将其向右侧平移至左侧与胶片图像对齐的位置，如图 10.88 所示，然后为“位置”添加关键帧。

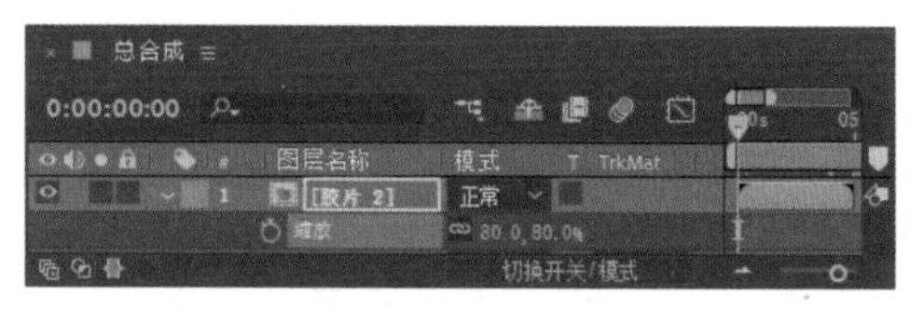

图 10.87 添加素材

图 10.88 移动图像

11 将时间调整到 0:00:04:00 的位置，在图像中将“胶片 2”图像向左侧平移，系统将自动添加关键帧，如图 10.89 所示。

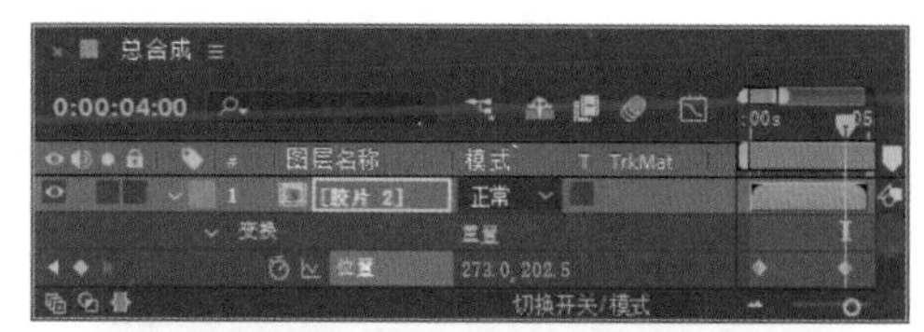

图 10.89 移动图像

10.5.4 添加素材元素

1 在“项目”面板中，选中“胶片 3”合成，将其拖至时间轴面板中，按 S 键打开“缩放”，将数值更改为（80.0,80.0%），如图 10.90 所示。

2 在时间轴面板中，选中“胶片 3”合成，将时间调整到 0:00:00:10 的位置，在视图中将其向右侧平移至左侧与胶片图像对齐的位置处，如图 10.91 所示，然后为“位置”添加关键帧。

3 将时间调整到 0:00:04:00 的位置，在视图中将“胶片 3”图像向左侧平移，系统将自动添加关键帧，如图 10.92 所示。

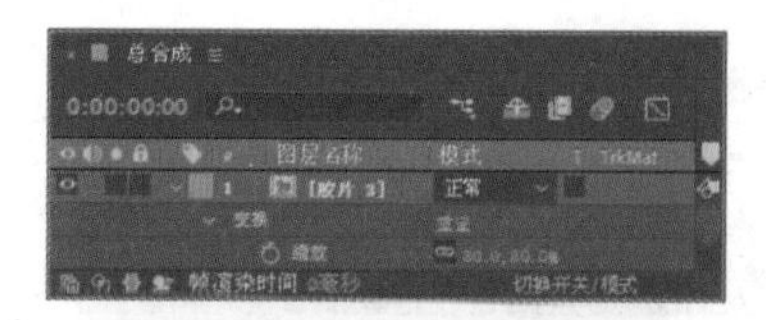

图 10.90　添加素材

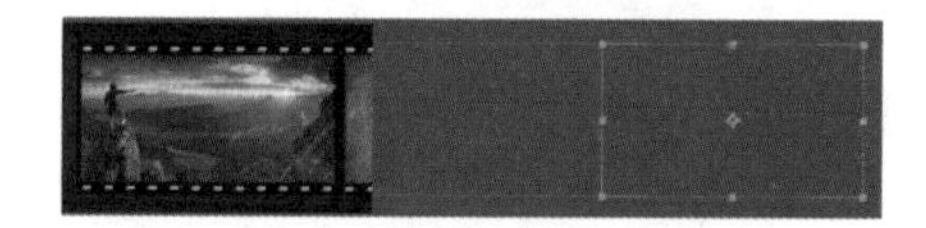

图 10.91　移动图像位置

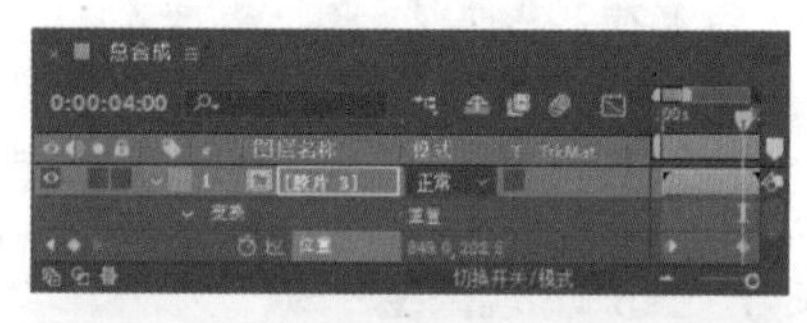

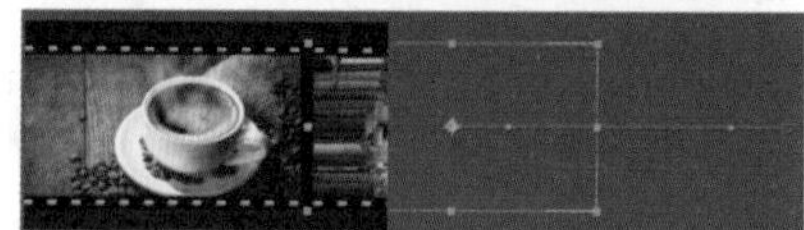

图 10.92　移动图像

4 在时间轴面板中，同时选中“胶片”“胶片 2”“胶片 3”图层，单击鼠标右键，在弹出的菜单中选择“预合成”选项，在弹出的对话框中将“新合成名称”命名为“前 3 幅胶片”，如图 10.93 所示。

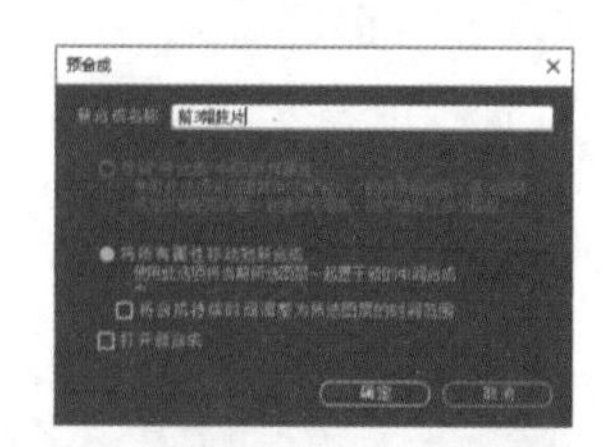

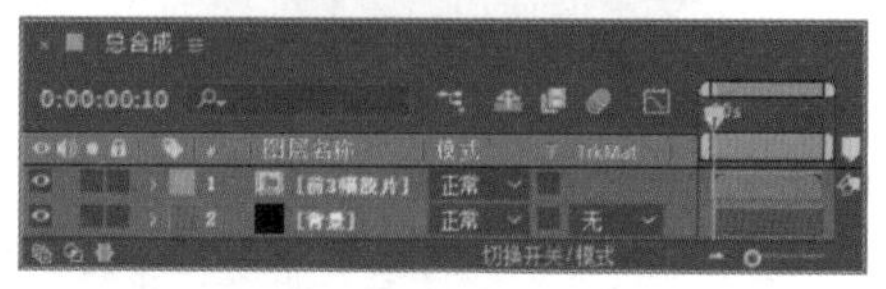

图 10.93　设置预合成

5 在“项目”面板中，选中“胶片 3”合成，将其拖至时间轴面板中，按 S 键打开“缩放”，将数值更改为（80.0,80.0%）；将时间调整到 0:00:04:00 的位置，按 [键设置图层入点，按 P 键打开“位置”，单击“位置”左侧码表，在当前位置添加关键帧，如图 10.94 所示。

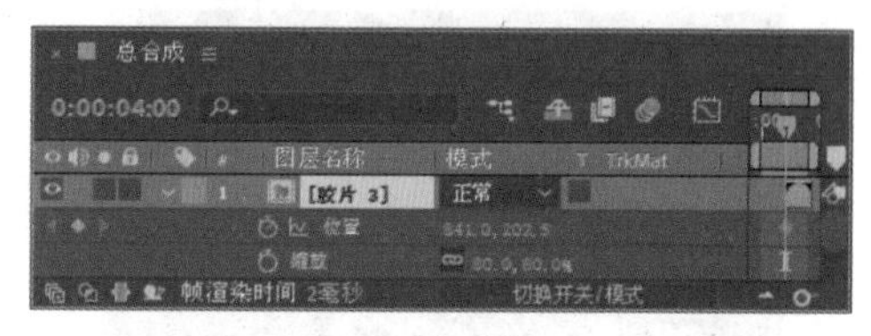

图 10.94　设置“缩放”和“位置”关键帧

6 将时间调整到 0:00:04:20 的位置，在视图中将“胶片 3”图像向左侧平移，系统将自动添加关键帧，如图 10.95 所示。

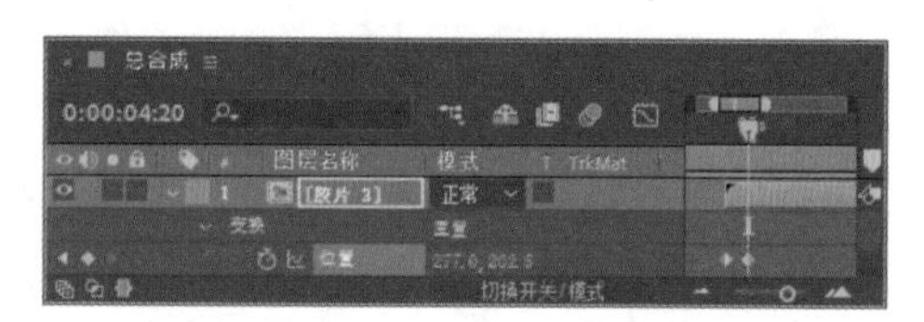

图 10.95　移动图像

7 在“项目”面板中，选中“胶片 4”合成，将其拖至时间轴面板中，按 S 键打开“缩放”，将数值更改为（80.0，80.0%），如图 10.96 所示。

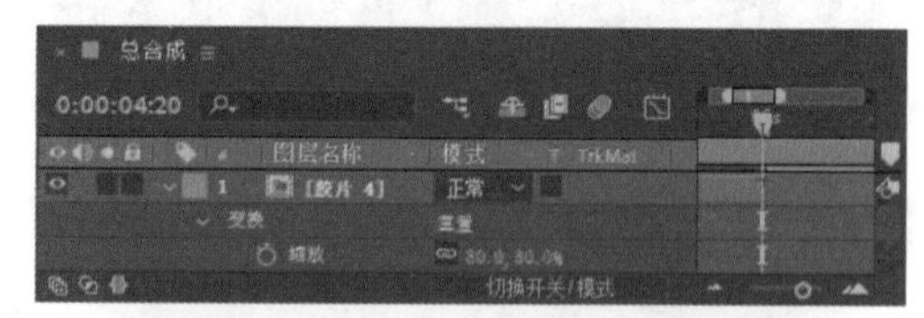

图 10.96　缩小图像

8 在视图中将其向右侧平移至与左侧图像

相对的位置，如图 10.97 所示。

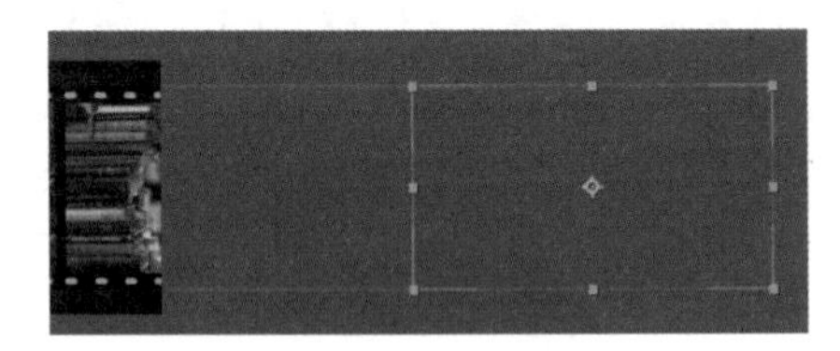

图 10.97　移动图像

9 在时间轴面板中，选中“胶片 4”图层，将时间调整到 0:00:04:00 的位置，按 [键设置图层入点，再按 P 键打开“位置”，单击“位置”左侧码表，在当前位置添加关键帧，如图 10.98 所示。

图 10.98　添加位置关键帧

10 将时间调整到 0:00:04:20 的位置，在视图中将其向左侧平移，系统将自动添加关键帧，如图 10.99 所示。

图 10.99　拖动图像并添加关键帧

11 在“项目”面板中，同时选中“光 .avi”及“纹理 .jpg”素材，将其拖至时间轴面板中，设置“光 .avi”图层模式为“屏幕”，“纹理 .jpg”图层模式为“模板亮度”，如图 10.100 所示。

12 在时间轴面板中，选中“光 .avi”，按 Ctrl+D 组合键复制出一个“光 .avi”图层，将时间调整到 0:00:04:24 的位置，按 [键设置图层入点，如图 10.101 所示。

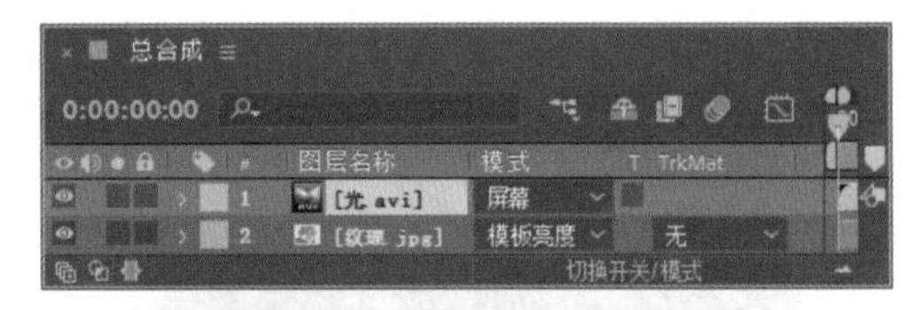

图 10.100　添加素材

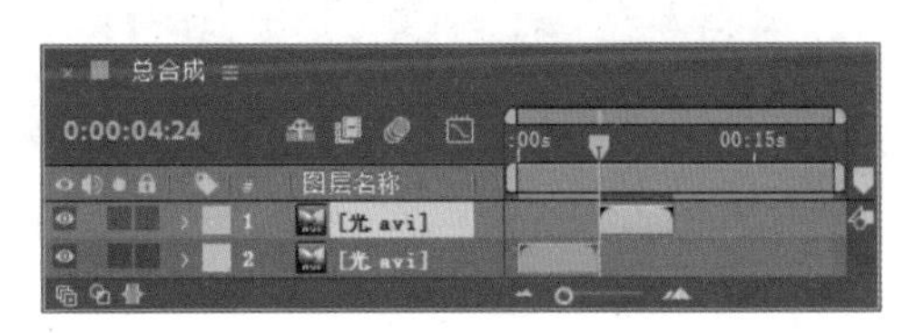

图 10.101　复制图层并设置图层入点

10.5.5　添加文字信息

1 选择工具箱中的“横排文字工具”，在图像中添加文字，如图 10.102 所示。

图 10.102　添加文字

2 在时间轴面板中，选中“文字”图层，在“效果和预设”面板中展开“模糊和锐化”特效组，然后双击“高斯模糊”特效。

3 在“效果控件”面板中，修改“高斯模糊”特效的参数，设置“模糊度”为 100.0，将时间调整到 0:00:05:00 的位置，单击“模糊度”左侧码表，在当前位置添加关键帧，如图 10.103 所示。

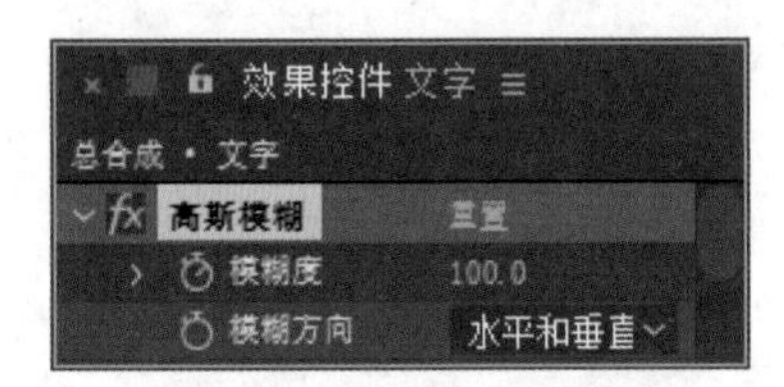

图 10.103 设置“模糊度”

4 在时间轴面板中，将时间调整到 0:00:06:00 的位置，设置“模糊度”为 0.0，如图 10.104 所示。

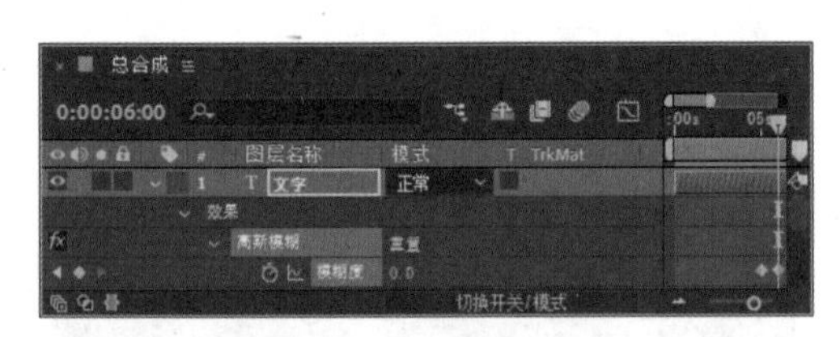

图 10.104 更改数值

5 在时间轴面板中，选中“文字”图层，将时间调整到 0:00:05:00 的位置，按 S 键打开“缩放”，单击“缩放”左侧码表，在当前位置添加关键帧，将数值更改为（1000.0,1000.0%），按 T 键打开“不透明度”，将“不透明度”的值更改为 0%，如图 10.105 所示。

6 将时间调整到 0:00:06:00 的位置，将“缩放”更改为（100.0,100.0%），将“不透明度”值更改为 100%，系统将自动添加关键帧，如图 10.106 所示。

图 10.105 添加缩放及不透明度关键帧

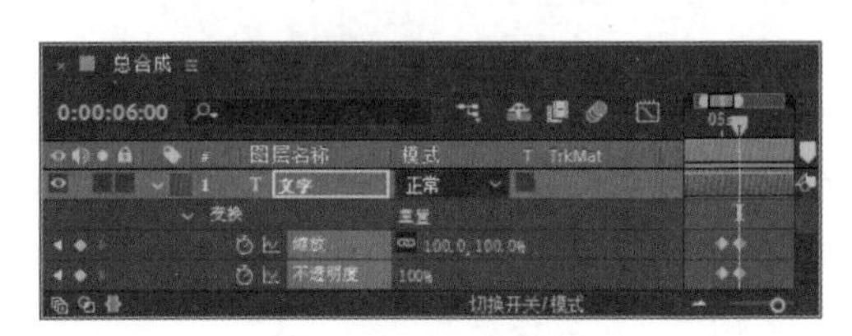

图 10.106 更改数值

7 在时间轴面板中，单击“运动模糊”图标，同时选中所有图层，为动画添加运动模糊效果，如图 10.107 所示。

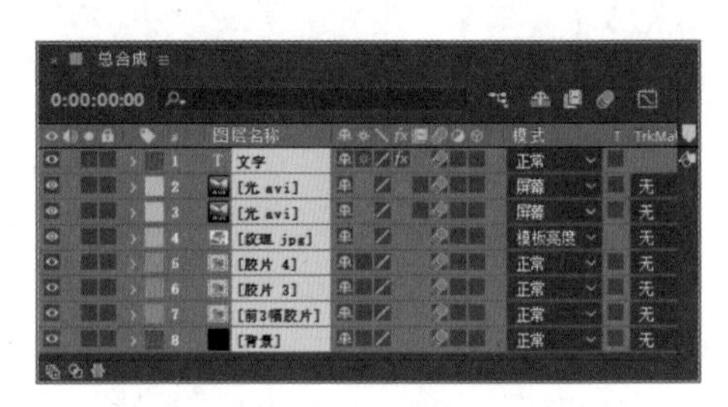

图 10.107 添加运动模糊效果

8 这样就完成了最终整体效果的制作，按小键盘上的 0 键即可在合成窗口中预览动画效果。

课后练习

制作环球旅行宣传动画。

（制作过程可参考资源包中的“课后练习”文件夹。）

第11章 商业包装主题视频设计

内容摘要

本章主要讲解商业包装主题视频设计，商业包装主题视频的制作重点在于如何表现商业性，在制作过程中需要注意对字体及素材图像的使用。本章列举了商品促销动画设计、人工智能视频设计、汽车展示视频设计共三个实例，读者通过对本章的学习可以掌握商业包装主题视频设计的方法。

教学目标

- 学习商品促销动画设计
- 掌握人工智能视频设计的方法
- 理解汽车展示视频设计技巧

11.1 商品促销动画设计

实例解析

本例主要讲解商品促销动画设计。将柔和的背景色彩与商品图像相结合，同时辅以文字信息，使整个动画表现出很强的促销主题风格，如图 11.1 所示。

图 11.1 动画流程画面

知识点

1. 四色渐变
2. 中继器
3. 表达式

视频讲解

操作步骤

11.1.1 制作装饰圆点

1 执行菜单栏中的“合成”|“新建合成”命令，打开“合成设置”对话框，设置“合成名称”为“圆”，“宽度”为 200，“高度”为 50，“帧速率”为 25，并设置“持续时间”为 0:00:10:00，“背景颜色”为黑色，完成之后单击“确定”按钮，如图 11.2 所示。

2 执行菜单栏中的“文件”|“导入”|“文件”命令，打开“导入文件”对话框，选择“工程文件\第 11 章\商品促销动画设计\耳机.png、游戏手柄.png”素材，单击“导入”按钮，如图 11.3 所示。

3 选中工具箱中的“椭圆工具”，按住 Shift+Ctrl 组合键在视图左下角位置绘制一个正圆，设置“填充”为白色，“描边”为无，如图 11.4 所示，将生成一个“形状图层 1”图层。

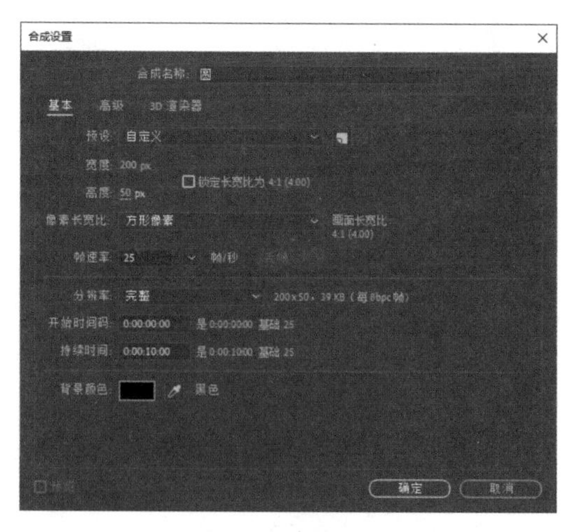
图 11.2 新建合成

图 11.3 导入素材

图 11.4 绘制图形

4 在时间轴面板中，选中“形状图层 1”图层，将其展开，单击“内容”右侧的添加:按钮，在弹出的菜单中选择“中继器”选项。

5 展开“中继器 1”，将“副本”值更改为5.0，展开“变换：中继器 1”，将“位置”更改为（40.0，0.0），如图 11.5 所示。

6 在时间轴面板中，选中“形状图层 1”图层，按 T 键打开“不透明度”，将“不透明度”值更改为30%，如图 11.6 所示。

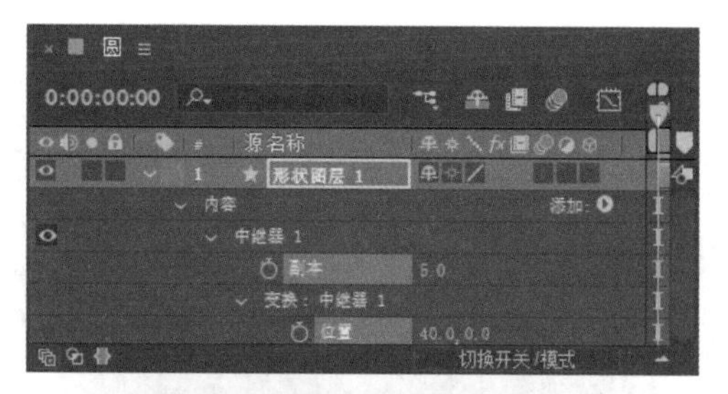

图 11.5 更改数值

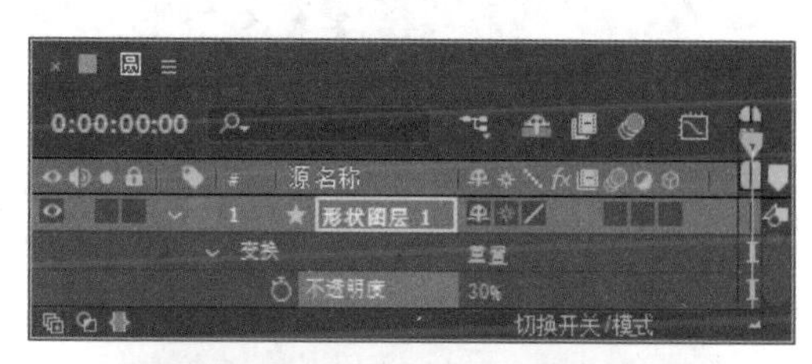

图 11.6 更改不透明度

11.1.2 制作背景动画（1）

1 执行菜单栏中的“合成”|“新建合成”命令，打开“合成设置”对话框，设置“合成名称”为“耳机”，“宽度”为720，“高度”为405，“帧速率”为25，并设置“持续时间”为0:00:10:00，“背景颜色”为黑色，完成之后单击“确定”按钮，如图 11.7 所示。

2 执行菜单栏中的“图层”|“新建”|“纯色”命令，在弹出的对话框中将“名称”更改为“背景”，将“颜色”更改为黑色，完成之后单击“确定”按钮。

3 在时间轴面板中，选中“背景”图层，在“效果和预设”面板中展开“生成”特效组，然后双击“四色渐变”特效。

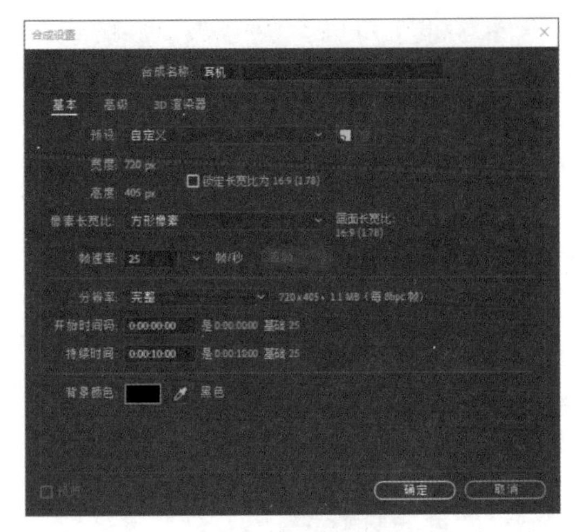

图 11.7　新建合成

4 在“效果控件”面板中，修改“四色渐变”特效的参数，设置“位置和颜色”中的“点1”为（−35.0,14.0），“颜色 1”为粉色（R:249,G:195,B:210）；“点 2”为（692.0,24.0），“颜色 2”为青色（R:125,G:217,B:216）；“点 3”为（−30.0,395.0），“颜色 3”为黄色（R:215,G:188,B:162）；“点 4”为（390.0,215.0），“颜色 4”为紫色（R:237,G:118,B:150），如图 11.8 所示。

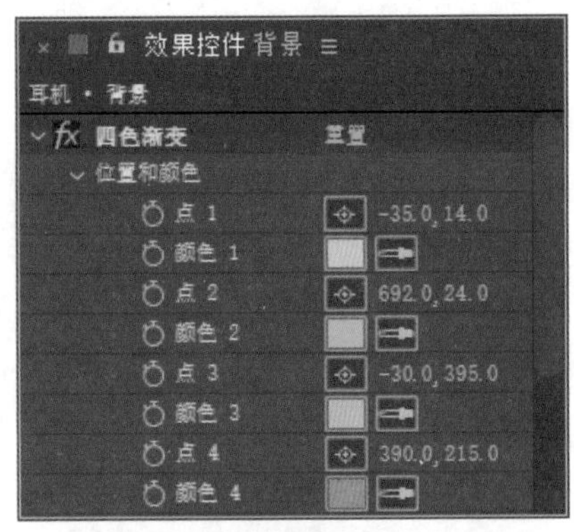

图 11.8　添加四色渐变

5 选中工具箱中的“椭圆工具”，按住 Shift+Ctrl 组合键在视图左下角位置绘制一个正圆，设置“填充”为白色，“描边”为无，如图 11.9 所示，将生成一个“形状图层 1”图层。

图 11.9　绘制正圆

6 在时间轴面板中，选中“形状图层 1”图层，按 T 键打开“不透明度”，将“不透明度”更改为 30%，在图像中将正圆移至左下角位置，如图 11.10 所示。

图 11.10　更改不透明度

7 在时间轴面板中，选中“形状图层 1”图层，将时间调整到 0:00:00:00 的位置，按 P 键打开“位置”，单击“位置”左侧码表，在当前位置添加关键帧。

8 将时间调整到 0:00:02:00 的位置，在视图中将其向上方移动，系统将自动添加关键帧，如图 11.11 所示。

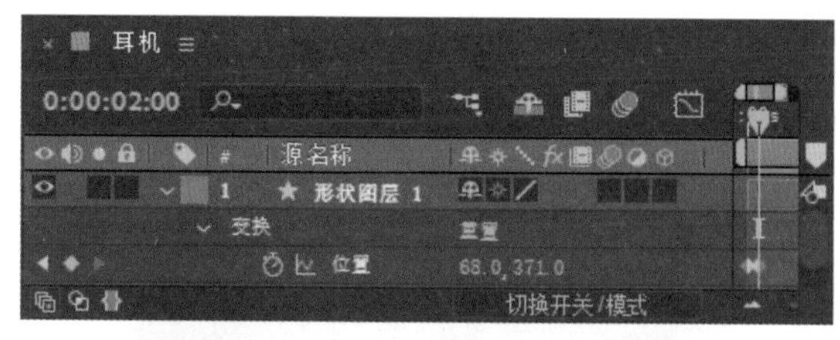

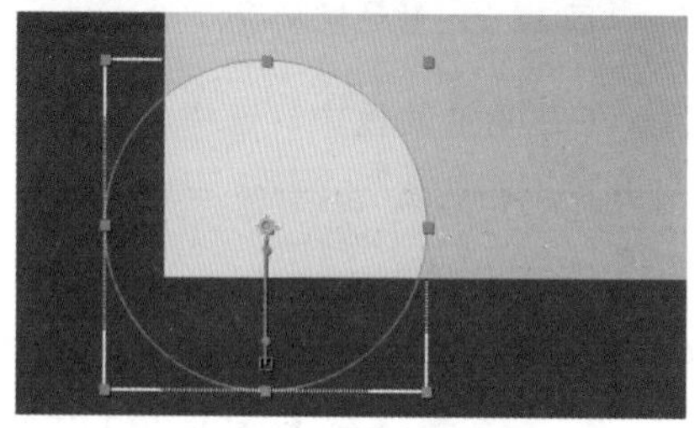

图 11.11　制作位置动画

9 选中位置关键帧，执行菜单栏中的“动画”|“关键帧辅助”|“缓动”命令。

10 按住 Alt 键单击“位置”左侧码表，输入 wiggle(1,10)，为当前图层添加表达式，如图 11.12 所示。

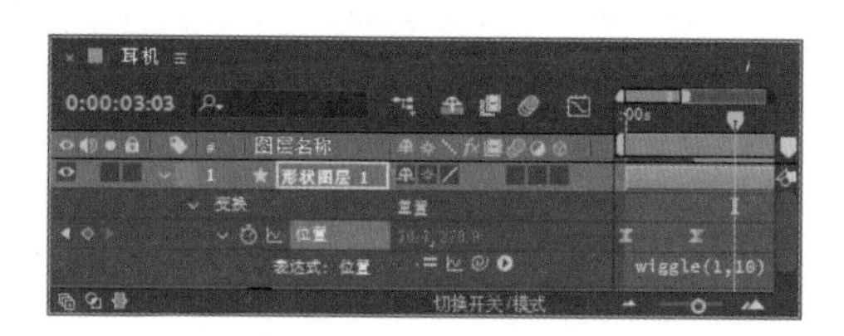

图 11.12　添加表达式

11 选中工具箱中的“椭圆工具”，在视图右上角位置绘制一个稍大的正圆，如图 11.13 所示，将生成一个“形状图层 2”图层。

图 11.13　绘制图形

12 用与之前同样的方法降低正圆不透明度，并为其添加位置动画，如图 11.14 所示。

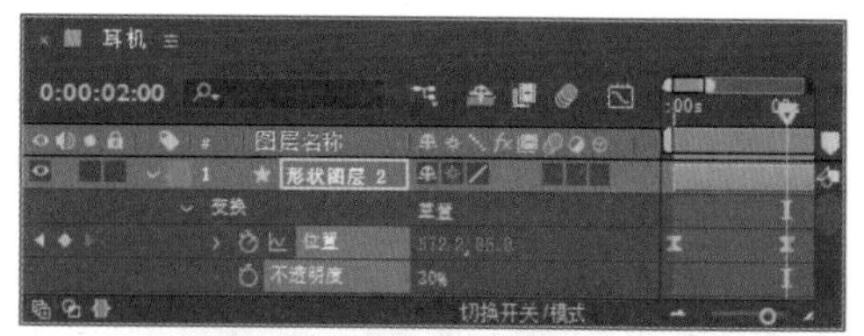

图 11.14　设置不透明度并添加位置动画

11.1.3　调整动画细节

1 在“项目”面板中，选中“圆”素材，将其拖至时间轴面板中，在视图中将其移至左上角位置，再按 Ctrl+D 组合键复制一个图层，将图层名称更改为“圆 2”，并将“圆 2”暂时隐藏，如图 11.15 所示。

2 选中工具箱中的“矩形工具”，选中“圆”图层，在视图中绘制一个细长的矩形蒙版，如图 11.16 所示。

图 11.15　添加图像　　图 11.16　绘制蒙版

3 按 F 键打开蒙版羽化，将其数值更改为（20.0,20.0），如图 11.17 所示。

4 在时间轴面板中，选中“圆”图层，在视图中将蒙版路径移至左侧位置，将时间调整到 0:00:00:00 的位置，依次展开“蒙版”|“蒙版 1”|“蒙版路径”，单击“蒙版路径”左侧码表，在当

前位置添加关键帧，如图 11.18 所示。

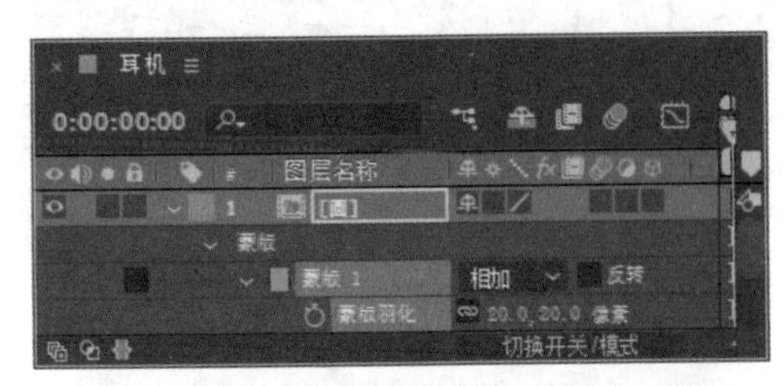

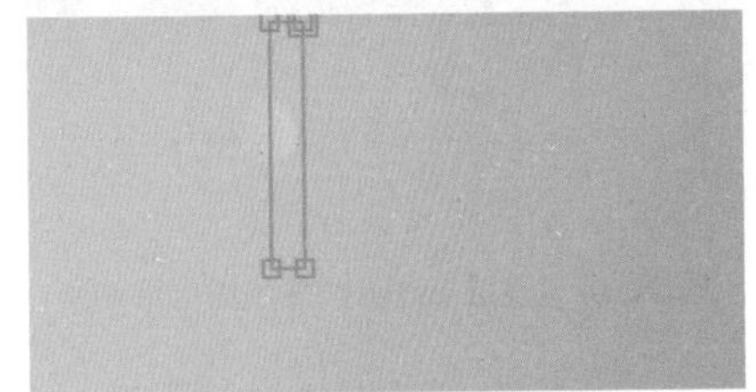

图 11.17　添加羽化效果

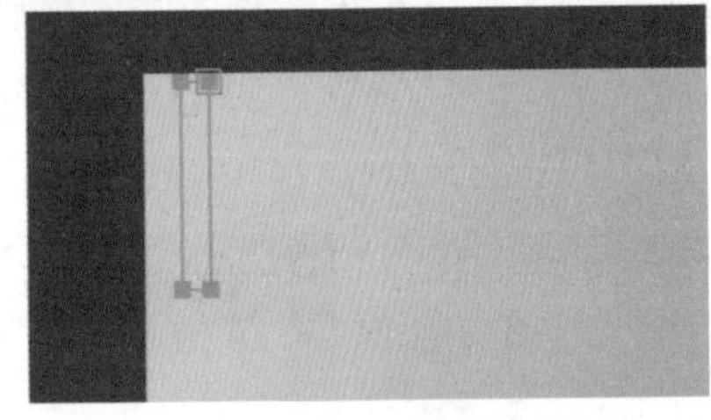

图 11.18　为蒙版路径添加关键帧

5 将时间调整到 0:00:02:00 的位置，将蒙版路径平移至圆视图右侧位置，系统将自动添加关键帧，如图 11.19 所示。

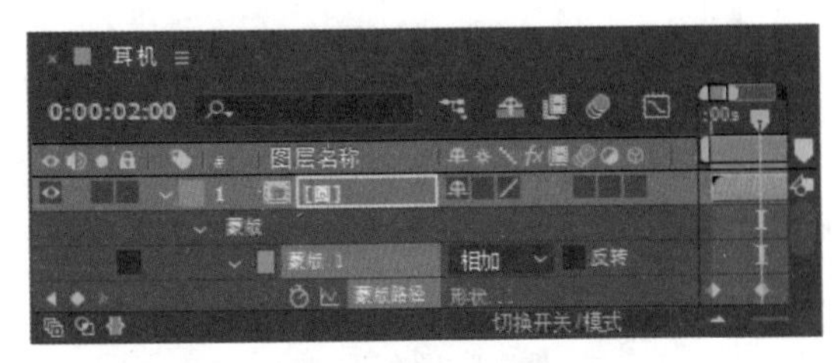

图 11.19　移动蒙版路径

图 11.19　移动蒙版路径（续）

6 在时间轴面板中，选中“圆 2”图层，按 T 键打开“不透明度”，将“不透明度”更改为 50%，如图 11.20 所示。

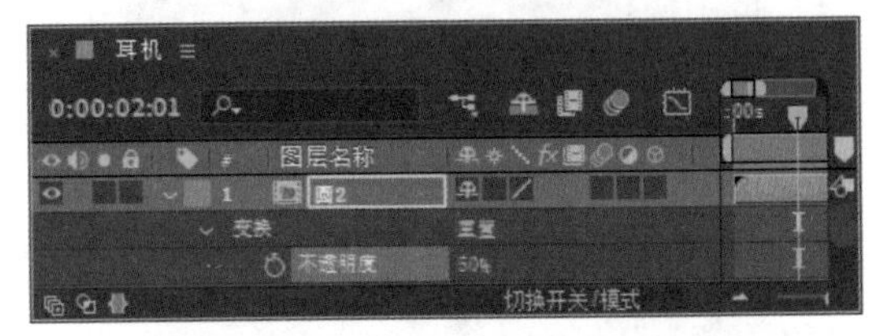

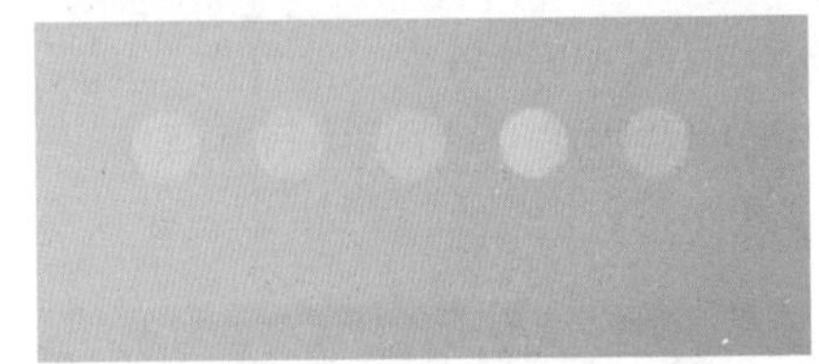

图 11.20　更改不透明度

7 在时间轴面板中，同时选中“圆”及“圆 2”图层，按 Ctrl+D 组合键复制出两个图层，并将其移至视图右下角位置，如图 11.21 所示。

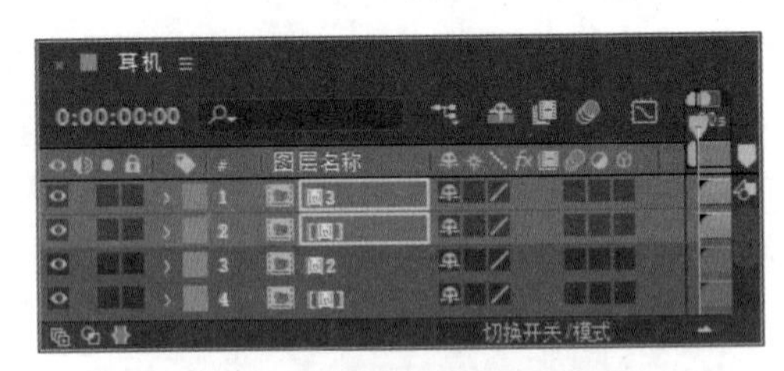

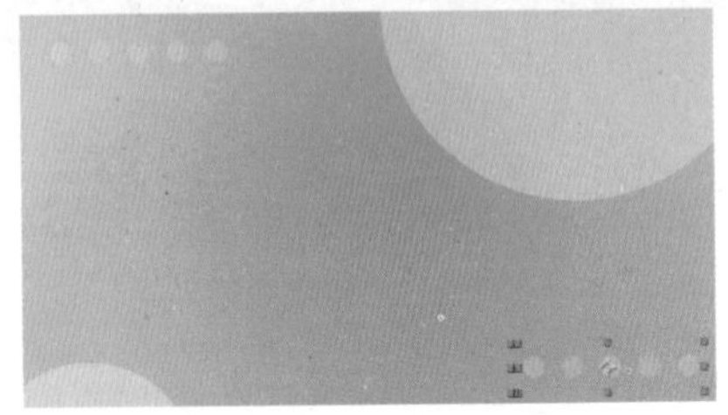

图 11.21　复制图层

11.1.4 制作主视觉动画

1 在“项目”面板中，选中“耳机.png”素材，将其拖至时间轴面板中，图像效果如图11.22所示。

图11.22 添加素材图像

2 在时间轴面板中，选中“耳机.png”图层，将时间调整到0:00:00:00的位置，按S键打开“缩放”，单击“缩放”左侧码表，在当前位置添加关键帧，将数值更改为（0.0,0.0%）。

3 将时间调整到0:00:00:15的位置，单击“缩放”左侧码表，添加延时帧，如图11.23所示。

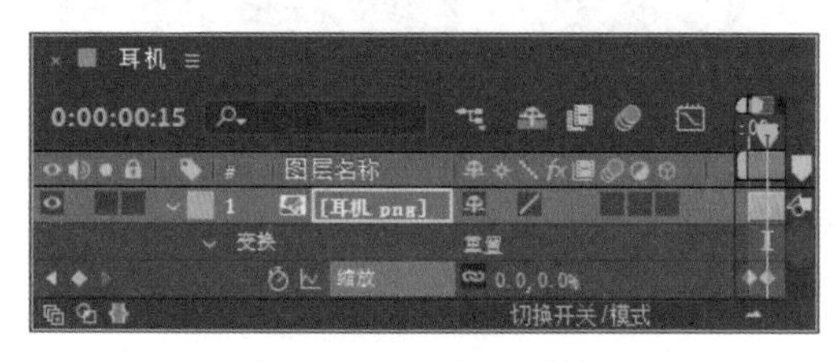

图11.23 添加延时帧

4 将时间调整到0:00:01:00的位置，将“缩放”更改为（100.0,100.0%）；将时间调整到0:00:02:00的位置，将“缩放”更改为（90.0,90.0%），系统将自动添加关键帧，如图11.24所示。

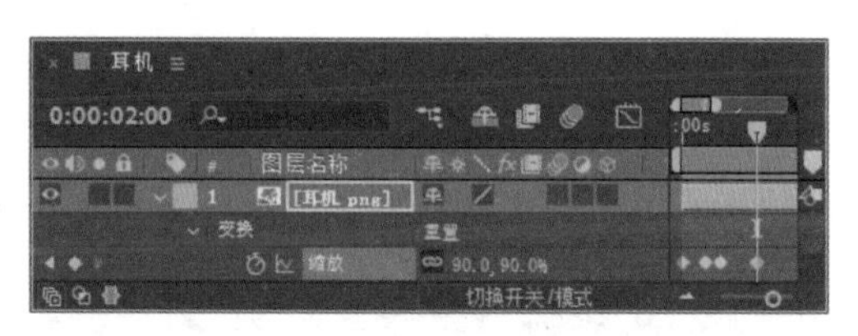

图11.24 更改数值

5 选中“耳机.png”图层位置关键帧，执行菜单栏中的“动画”|“关键帧辅助”|“缓动”命令，如图11.25所示。

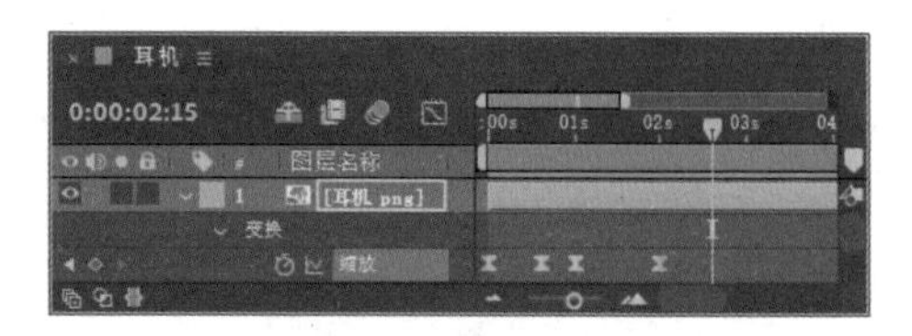

图11.25 添加缓动效果

6 选择工具箱中的“横排文字工具”，在视图中添加文字，如图11.26所示。

图11.26 添加文字

7 选中工具箱中的“矩形工具”，选中“文字”图层，在视图中文字左侧绘制一个蒙版路径，如图11.27所示。

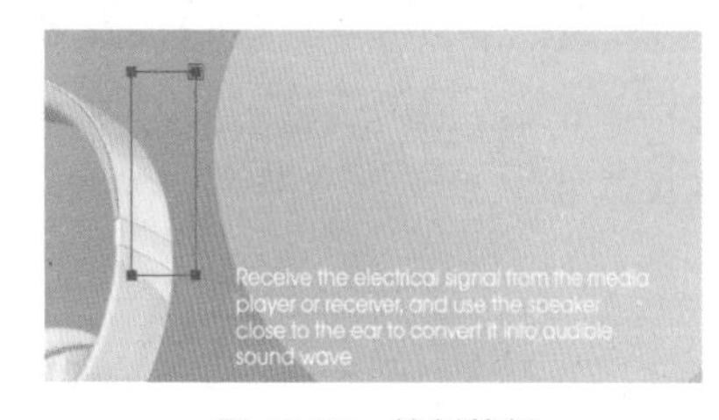

图11.27 绘制蒙版

8 将时间调整到0:00:00:15的位置，展开“蒙版”|“蒙版1”，单击“蒙版路径”左侧码表，在当前位置添加关键帧，如图11.28所示。

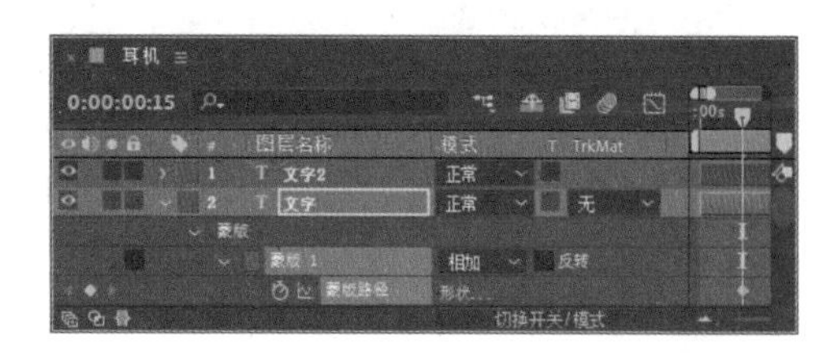

图11.28 添加关键帧

9 将时间调整到0:00:02:00的位置，调整蒙版路径，系统将自动添加关键帧，如图11.29所示。

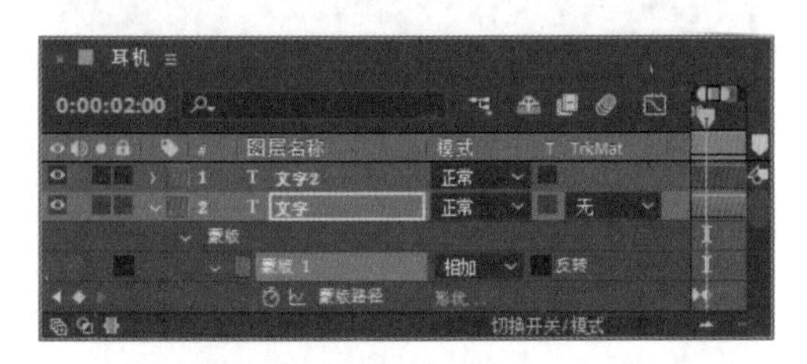

图11.29 调整蒙版路径

10 按F键打开“蒙版羽化”，将其数值更改为（50.0,50.0），如图11.30所示。

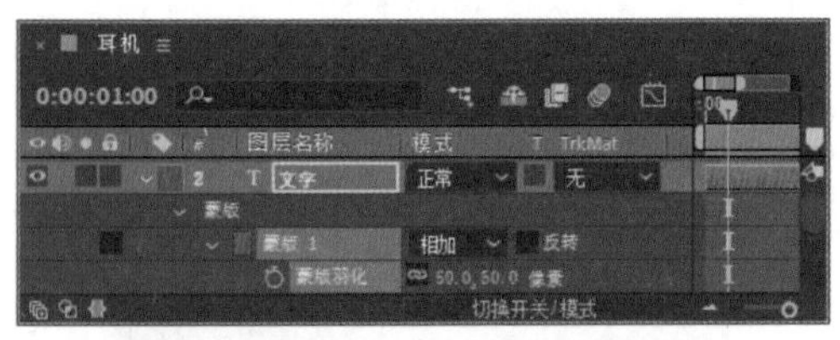

图11.30 添加蒙版羽化

提示 将时间调整到0：00：00：15的位置再添加蒙版羽化可以更加直观地观察文字羽化的效果。

11 在时间轴面板中，将时间调整到0:00:00:15的位置，选中“文字”图层，按T键打开“不透明度”，将“不透明度”更改为0%，单击“不透明度”左侧码表，在当前位置添加关键帧。

12 将时间调整到0:00:02:00的位置，将数值更改为100%，系统将自动添加关键帧，如图11.31所示。

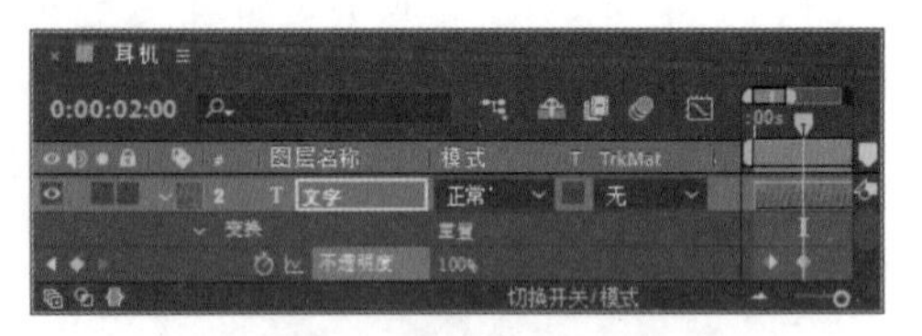

图11.31 制作不透明度动画

13 在时间轴面板中，将时间调整到0:00:00:15的位置，选中“文字2”图层，将其展开，单击“文本”右侧的动画按钮，在弹出的菜单中选择“行距”选项，将出现的“动画制作工具1”展开，将“行距”更改为（0.0,50.0），单击其左侧码表，在当前位置添加关键帧，如图11.32所示。

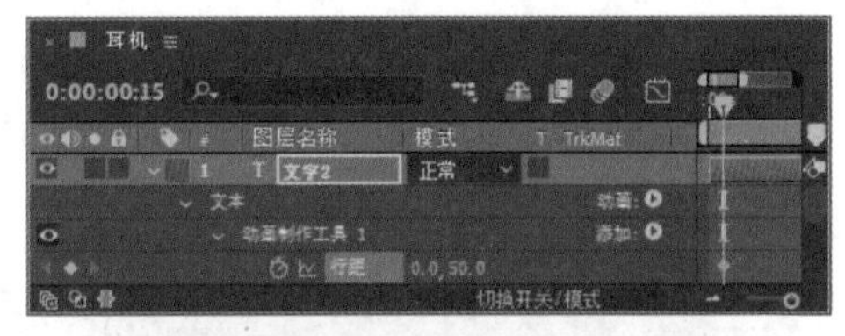

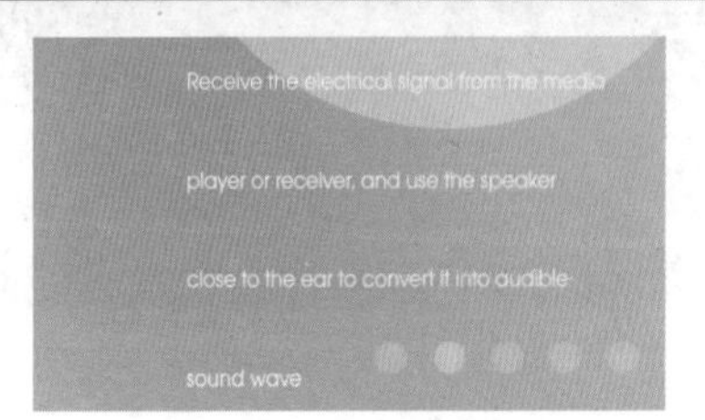

图11.32 更改数值

14 将时间调整到0:00:02:00的位置，将“行距”更改为（0.0,0.0），系统将自动添加关键帧，如图11.33所示。

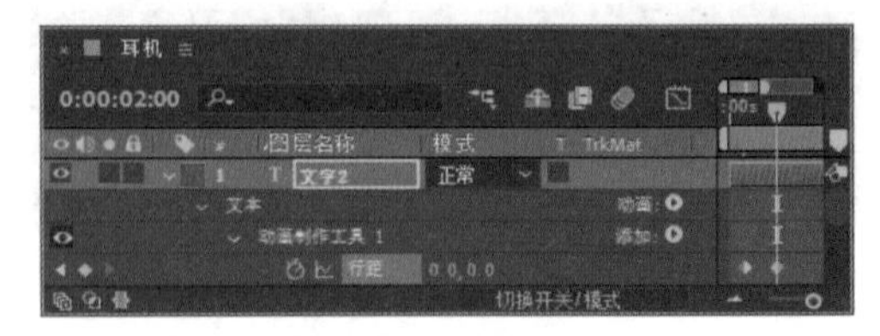

图11.33 更改数值

15 在时间轴面板中，将时间调整到0:00:00:15的位置，选中“文字2”图层，按T键打开“不透明度”，将“不透明度”更改为0%，单击“不透明度”左侧码表，在当前位置添加关键帧。

16 将时间调整到0:00:02:00的位置，将数值更改为100%，系统将自动添加关键帧，如图11.34所示。

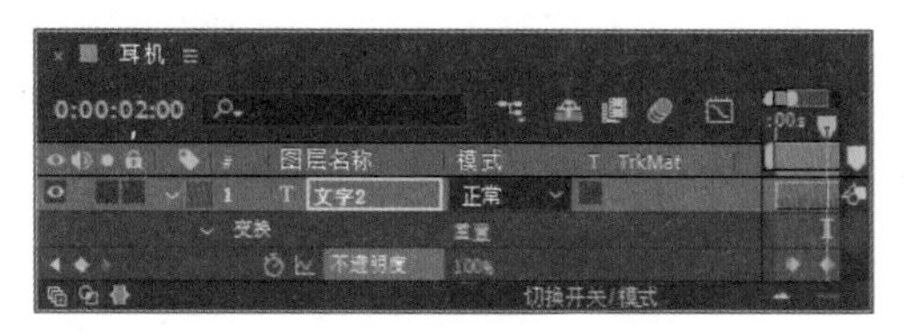

图 11.34 制作不透明度动画

11.1.5 制作细节动画（1）

1 选择工具箱中的“圆角矩形工具”，绘制一个圆角矩形，如图11.35所示，将生成一个“形状图层3”图层。

图 11.35 绘制图形

2 在时间轴面板中，选中“形状图层3”图层，在“效果和预设”面板中展开“生成”特效组，然后双击“梯度渐变”特效。

3 在“效果控件”面板中，修改“梯度渐变”特效的参数，设置“渐变起点”为（553.0,272.0），“起始颜色”为红色（R:191,G:62,B:62），“渐变终点”为（384.0,272.0），“结束颜色”为红色（R:146,G:15,B:19），“渐变形状”为“线性渐变”，如图11.36所示。

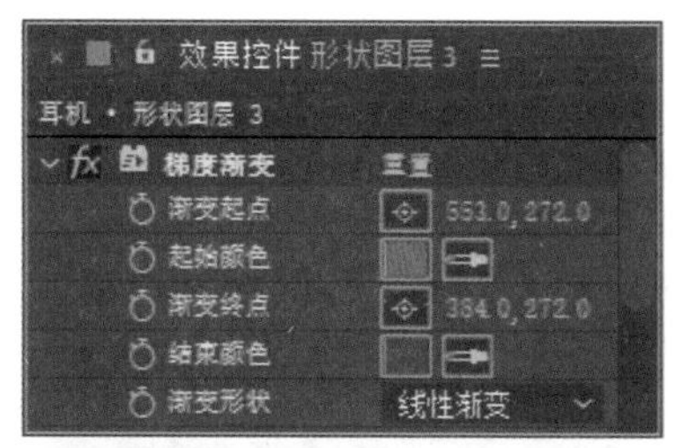

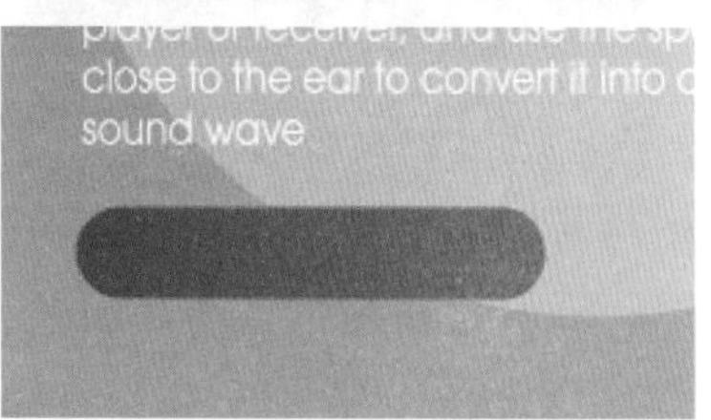

图 11.36 添加梯度渐变

4 在时间轴面板中，选中“形状图层3”图层，将时间调整到0:00:00:15的位置，按P键打开“位置”，单击“位置”左侧码表，在当前位置添加关键帧，将圆角矩形向右侧平移至图像之外的区域。

5 将时间调整到0:00:02:00的位置，在视图中将其向左侧平移，系统将自动添加关键帧，如图11.37所示。

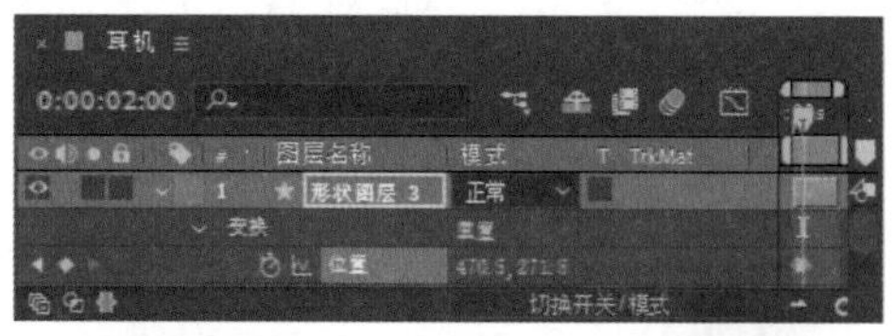

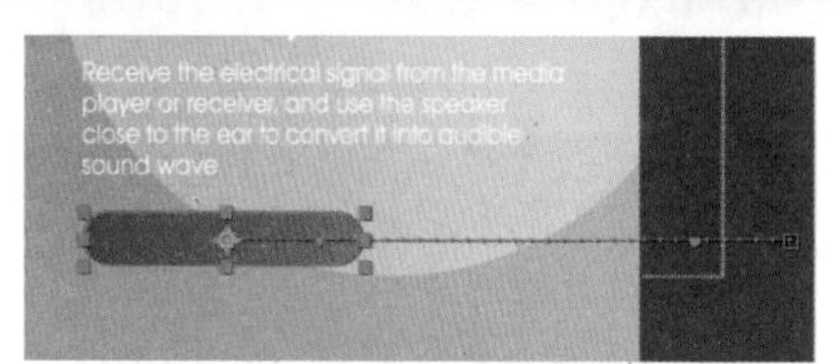

图 11.37 拖动图像

6 选择工具箱中的“横排文字工具”，在图像中添加文字，如图11.38所示。

7 在时间轴面板中，将时间调整到0:00:02:00的位置，选中“BUY!!!”图层，按T键打开“不透明度”，将“不透明度”更改为0%，单击“不透明度”左侧码表，在当前位置添加关键帧。

图 11.38　添加文字

8 将时间调整到 0:00:02:15 的位置，将数值更改为 100%，系统将自动添加关键帧，如图 11.39 所示。

图 11.39　制作不透明度动画

11.1.6　制作背景动画（2）

1 执行菜单栏中的“合成”|“新建合成”命令，打开“合成设置”对话框，设置“合成名称”为“游戏机”，“宽度”为 720，“高度”为 405，“帧速率”为 25，并设置“持续时间”为 0:00:10:00，“背景颜色”为黑色，完成之后单击“确定”按钮，如图 11.40 所示。

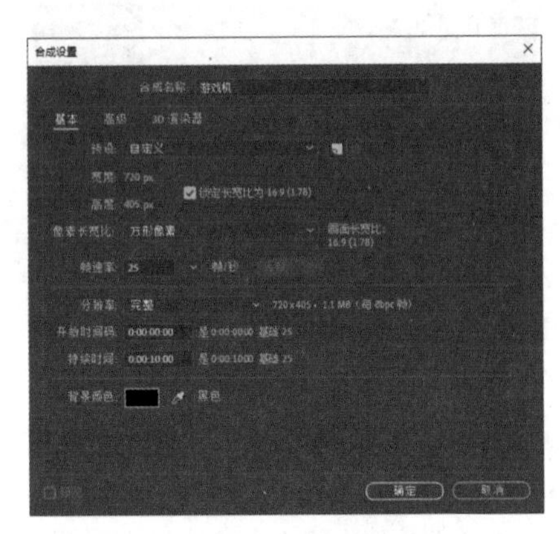

图 11.40　新建合成

2 执行菜单栏中的“图层”|“新建”|“纯色”命令，在弹出的对话框中将“名称”更改为“背景”，将“颜色”更改为黑色，完成之后单击“确定”按钮。

3 在时间轴面板中，选中“背景”图层，在“效果和预设”面板中展开“生成”特效组，然后双击“四色渐变”特效。

4 在“效果控件”面板中，修改“四色渐变”特效的参数，设置“位置和颜色”中的“点 1”为（56.0,46.0），“颜色 1”为深蓝色（R:3,G:14,B:40）；“点 2”为（644.0,53.0），“颜色 2”为深青色（R:1,G:66,B:72）；“点 3”为（-72.0,412.0），“颜色 3”为深蓝色（R:19,G:39,B:64）；“点 4”为（562.0,322.0），“颜色 4”为蓝色（R:61,G:124,B:160），如图 11.41 所示。

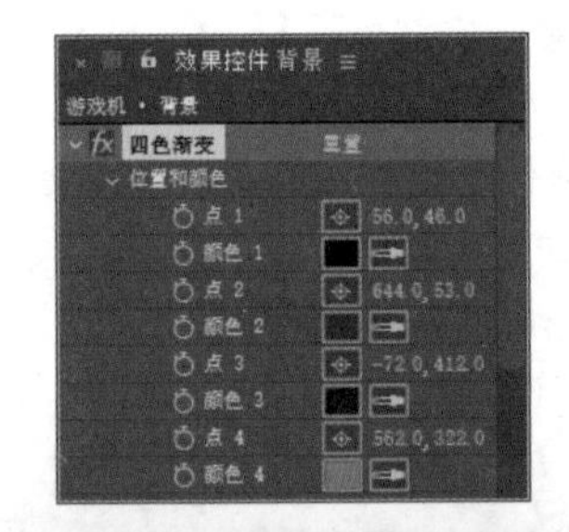

图 11.41　添加四色渐变

5 选择工具箱中的“横排文字工具”，在图像中添加文字，如图 11.42 所示。

图 11.42　添加文字

6 在“字符”面板中，将文字“填充”更改为无，设置“描边”为白色，“描边宽度”为1，如图11.43所示。

图11.43 设置字符参数

7 在时间轴面板中，将时间调整到0:00:00:00的位置，展开文字图层，单击“文本”右侧的动画:按钮，在弹出的菜单中选择“不透明度”。

8 展开“动画制作工具1”选项，将“偏移”更改为-100%，单击左侧码表，在当前位置添加关键帧；展开“高级”选项，将“形状”更改为“上斜坡”，将“不透明度”更改为0%，如图11.44所示。

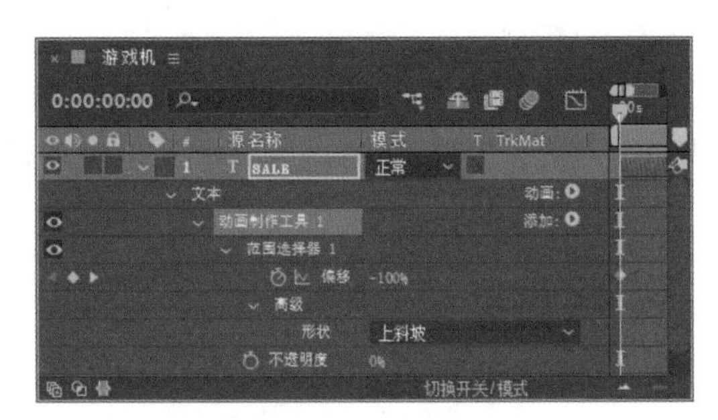

图11.44 更改数值1

9 将时间调整到0:00:02:00的位置，将“偏移”更改为100%，系统将自动添加关键帧，如图11.45所示。

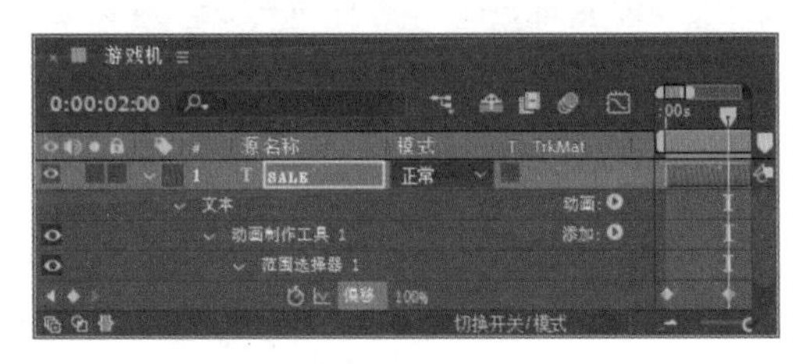

图11.45 更改数值2

10 在时间轴面板中，将时间调整到0:00:00:00的位置，选中SALE图层，按T键打开“不透明度”，将“不透明度”更改为0%，单击“不透明度”左侧码表，在当前位置添加关键帧。

11 将时间调整到0:00:02:00的位置，将数值更改为100%，系统将自动添加关键帧，如图11.46所示。

图11.46 制作不透明度动画

11.1.7 制作细节动画（2）

1 选择工具箱中的“横排文字工具”，在图像左上角添加文字，在时间轴面板中，将其图层名称重新命名为“左上角文字”，图像效果如图11.47所示。

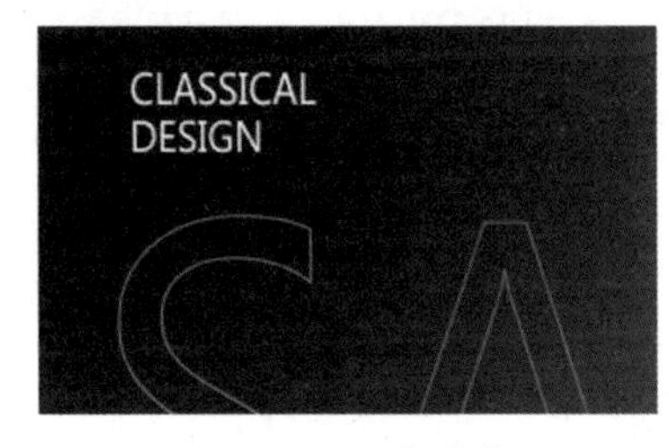

图11.47 添加文字

2 在时间轴面板中，将时间调整到0:00:00:00的位置，选中“左上角文字”图层，按T键打开“不透明度”，将“不透明度”更改为0%，单击“不透明度”左侧码表，在当前位置添加关键帧。

3 将时间调整到0:00:00:15的位置，将数值更改为100%，系统将自动添加关键帧，如图11.48所示。

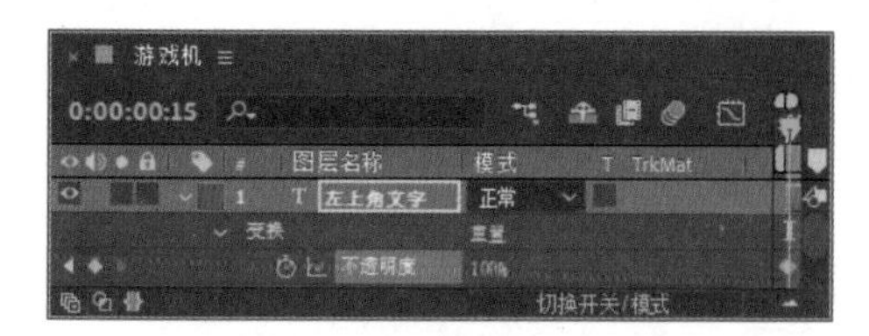

图 11.48 制作不透明度动画

4 选中工具箱中的“圆角矩形工具”，在图像右下角绘制一个圆角矩形，设置“填充”为深蓝色（R:25,G:58,B:96），“描边”为无，如图 11.49 所示，将生成一个“形状图层 1”图层。

5 选中工具箱中的“椭圆工具”，按住 Shift+Ctrl 组合键在适当位置绘制一个正圆，设置“填充”为白色，“描边”为无，如图 11.50 所示，将生成一个“形状图层 2”图层。

图 11.49 绘制圆角矩形

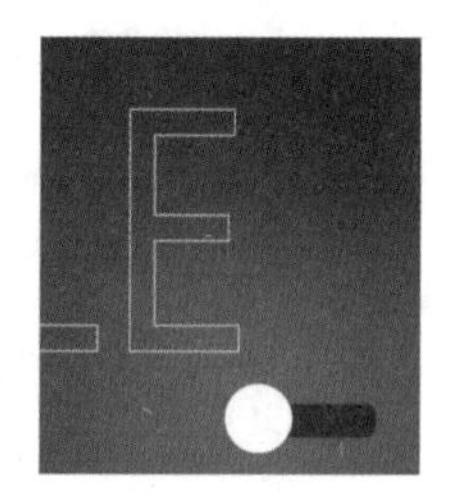

图 11.50 绘制正圆

6 在时间轴面板中，将时间调整到 0:00:00:15 的位置，选中“形状图层 2”图层，在“效果和预设”面板中展开“过渡”特效组，然后双击“径向擦除”特效。

7 在“效果控件”面板中，修改“径向擦除”特效的参数，设置“过渡完成”为 100%，单击其左侧码表，在当前位置添加关键帧，如图 11.51 所示。

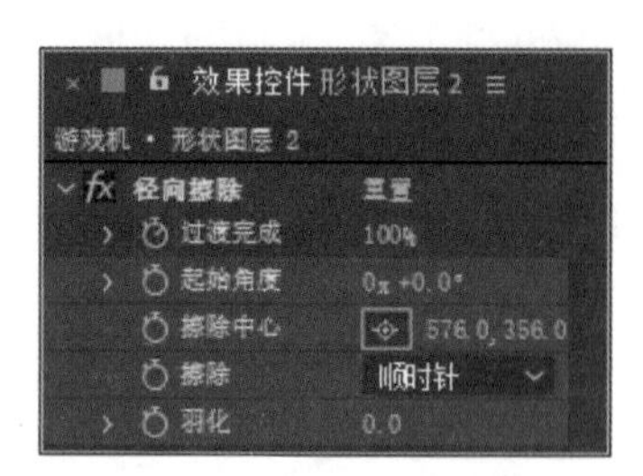

图 11.51 设置径向擦除

8 将时间调整到 0:00:01:00 的位置，将“过渡完成”更改为 0%，系统将自动添加关键帧，如图 11.52 所示。

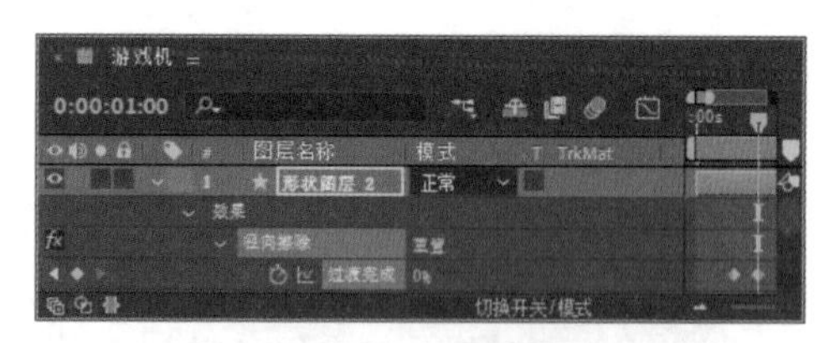

图 11.52 更改数值

9 选择工具箱中的“横排文字工具”，在图像中添加文字，如图 11.53 所示。

图 11.53 添加文字

10 在时间轴面板中，将时间调整到 0:00:01:00 的位置，选中“$60 $80”图层，按 T 键打开“不透明度”，将“不透明度”更改为 0%，单击“不透明度”左侧码表，在当前位置添加关键帧。

11 将时间调整到 0:00:01:15 的位置，将数值更改为 100%，系统将自动添加关键帧，如图 11.54 所示。

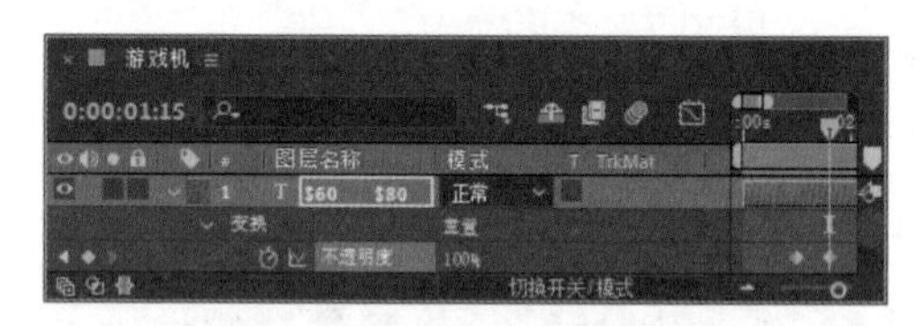

图 11.54 制作不透明度动画

12 在“项目”面板中，选中“游戏手柄 .png”素材，将其拖至时间轴面板中，如图 11.55 所示。

13 在时间轴面板中，选中“游戏手柄 .png”图层，在视图中将其向上移出图像之外。将时间调整到0:00:01:00的位置，按P键打开“位置”，单击“位置”左侧码表，在当前位置添加关键帧，如图11.56所示。

图 11.55　添加素材图像

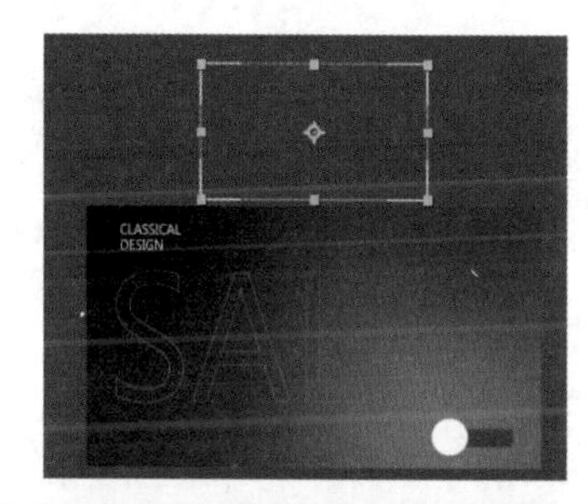
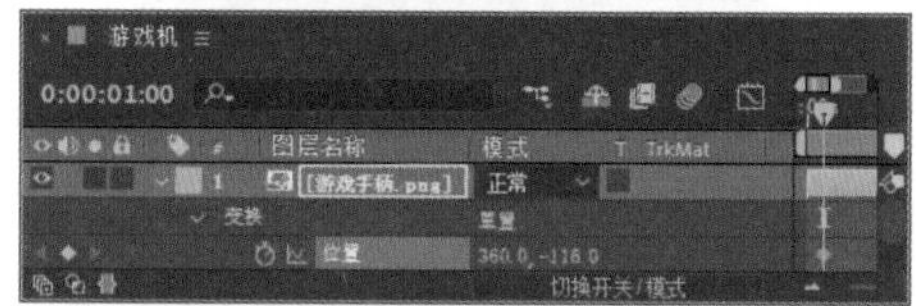

图 11.56　移动图像并设置位置关键帧

14 将时间调整到0:00:02:00的位置，在视图中将其向下方移动，系统将自动添加关键帧，如图11.57所示。

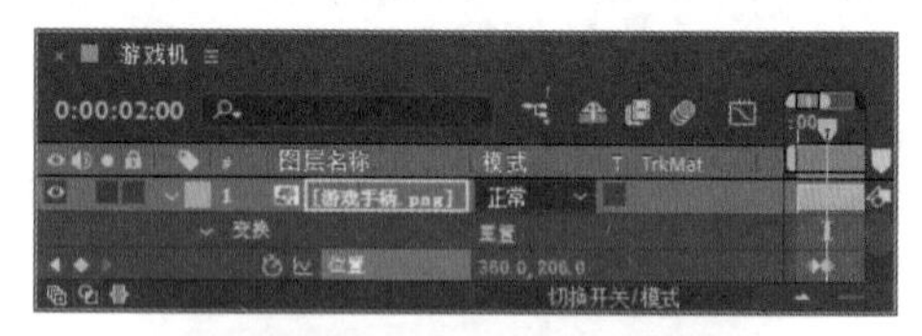

图 11.57　移动图像

15 选中“游戏手柄.png”图层中的位置关键帧，执行菜单栏中的“动画”|“关键帧辅助”|“缓动”命令，如图11.58所示。

图 11.58　添加缓动效果

16 按住Alt键单击“位置”左侧码表，输入wiggle(1,6)，为当前图层添加表达式，如图11.59所示。

图 11.59　添加表达式

17 在时间轴面板中，选中“钢笔工具”，在右下角灰色数字位置绘制一条线段，设置“填充”为无，“描边”为灰色（R:133,G:133,B:133），“描边宽度”为2，如图11.60所示，将生成一个“形状图层3”图层。

图 11.60　绘制图形

18 在时间轴面板中，将时间调整到0:00:01:15的位置，选中“形状图层3”图层，在“效果和预设”面板中展开“过渡”特效组，然后双击“线性擦除”特效。

19 在“效果控件”面板中，修改“线性擦除”特效的参数，设置“过渡完成”为100%，单击其左侧码表，设置“擦除角度”为0x-90.0°，如图11.61所示。

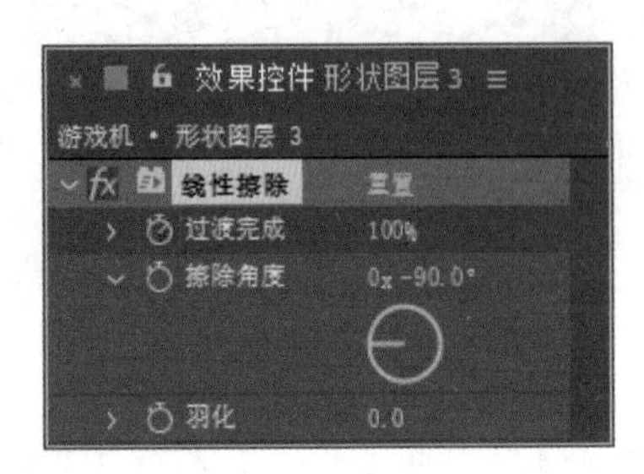

图 11.61 设置线性擦除

20 在时间轴面板中，将时间调整到0:00:02:00的位置，将“过渡完成”更改为0%，系统将自动添加关键帧，如图11.62所示。

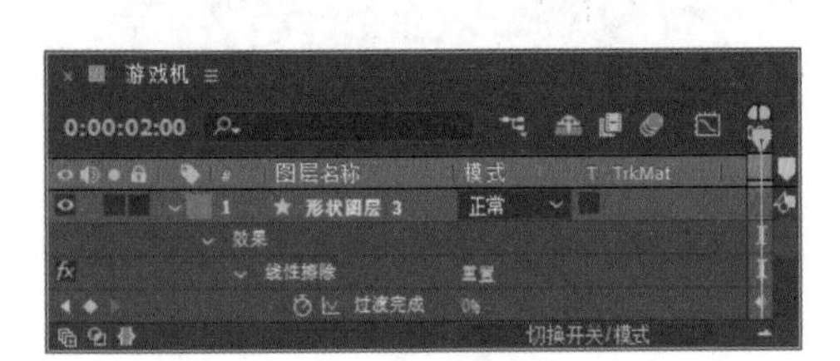

图 11.62 更改数值

11.1.8 添加装饰元素

1 选中工具箱中的“椭圆工具”，按住Shift+Ctrl组合键在游戏手柄顶部位置绘制一个小正圆，设置“填充”为无，“描边”为白色，“描边宽度”为3，如图11.63所示，将生成一个“形状图层4”图层。

图 11.63 绘制正圆

2 在时间轴面板中，选中“形状图层4”图层，按T键打开“不透明度”，将“不透明度”更改为60%，再将其图层模式更改为“叠加”，如图11.64所示。

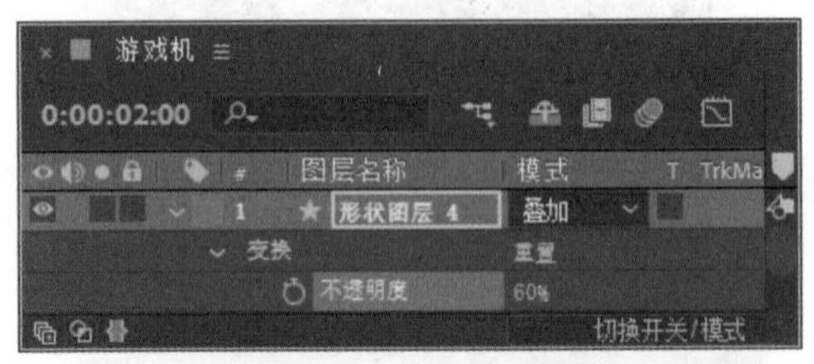

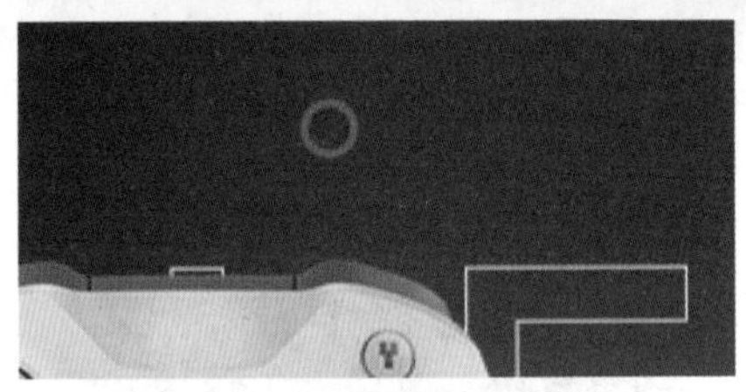

图 11.64 更改不透明度

3 在时间轴面板中，选中“形状图层4”图层，将时间调整到0:00:02:15的位置，按S键打开“缩放”，单击“缩放”左侧码表，在当前位置添加关键帧，将数值更改为（0.0,0.0%）。

4 将时间调整到0:00:02:00的位置，将数值更改为(100.0,100.0%)，系统将自动添加关键帧，如图11.65所示。

图 11.65 添加缩放效果

5 在时间轴面板中，选中“形状图层4”图层，按P键打开“位置”，按住Alt键单击“位置”左侧码表，输入wiggle(1,6)，为当前图层添加表达式，如图11.66所示。

6 选中“形状图层4”图层，按Ctrl+D组合键两次，复制出“形状图层5”及“形状图层6”

两个新图层，如图 11.67 所示。

图 11.66　添加表达式

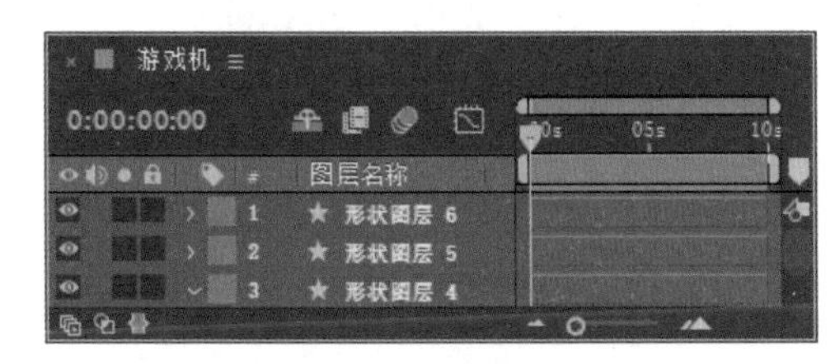

图 11.67　复制图层

7 分别展开“形状图层 5”及“形状图层 6”两个新图层中的位置关键帧，依次将其向后拖动，更改动画出场顺序，如图 11.68 所示。

8 创建一个“总合成”，在“项目”面板中，同时选中“游戏机”及“耳机”合成，将其拖至时间轴面板中。

图 11.68　更改动画出场顺序

9 将时间调整到 0:00:03:00 的位置，选中“游戏机”合成，按 [键设置动画入场，如图 11.69 所示。

图 11.69　设置动画入场

10 这样就完成了最终整体效果的制作，按小键盘上的 0 键即可在合成窗口中预览动画效果。

11.2 人工智能视频设计

实例解析

本例主要讲解人工智能视频设计。本例在设计过程中，通过制作漂亮的科技环图像，再结合科技元素即可完成整个人工智能视频的制作，效果如图 11.70 所示。

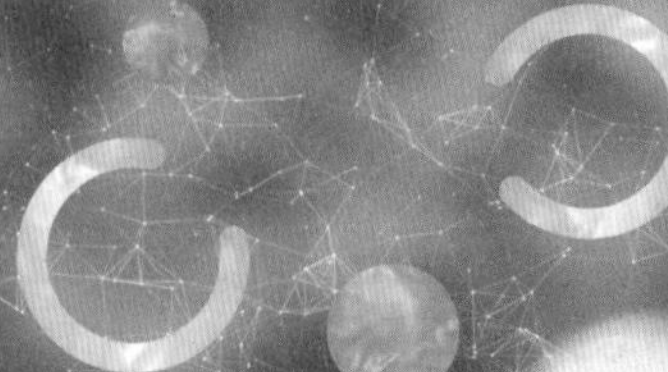
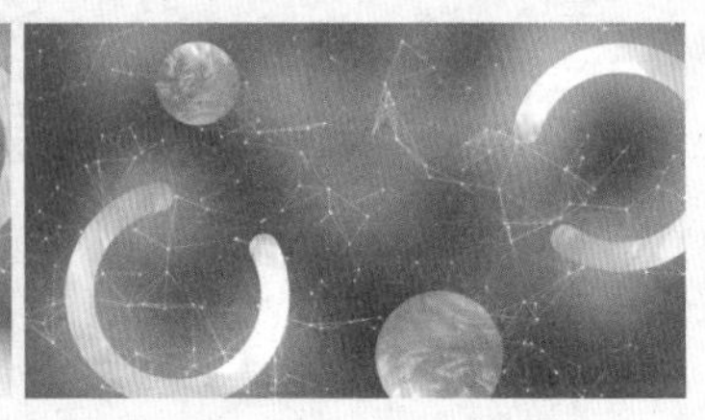

图 11.70　动画流程画面

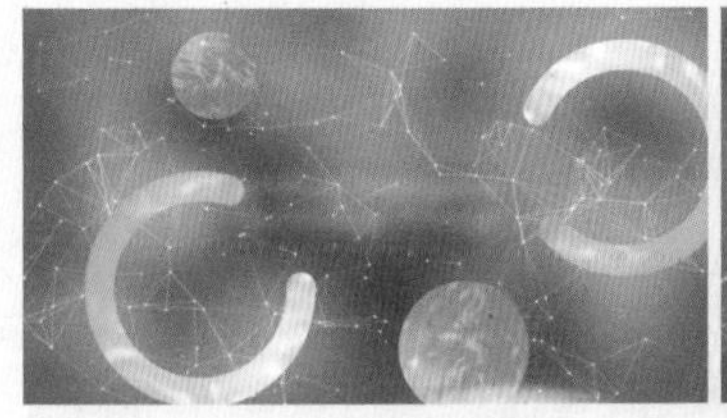

图 11.70　动画流程画面（续）

知识点

1. 分形杂色
2. 梯形渐变
3. 高斯模糊
4. 表达式

视频讲解

11.2.1　打造光圈纹理

1 执行菜单栏中的“合成”|“新建合成”命令，打开“合成设置”对话框，设置“合成名称”为“光圈”，“宽度”为720，“高度”为405，“帧速率”为25，并设置“持续时间”为0:00:10:00，“背景颜色”为黑色，完成之后单击“确定”按钮，如图 11.71 所示。

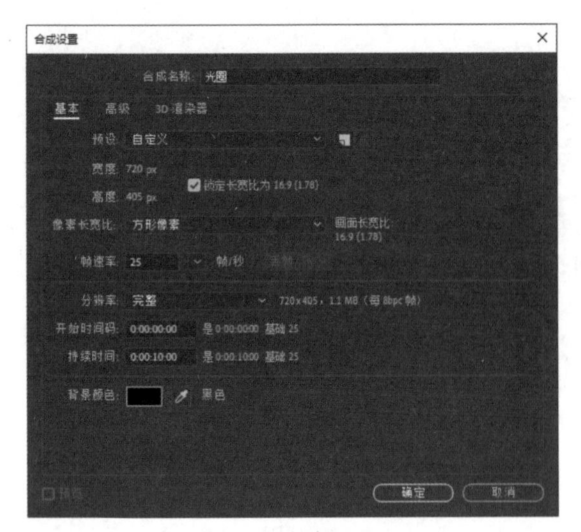

图 11.71　新建合成

2 执行菜单栏中的“文件”|“导入”|“文件”命令，打开“导入文件”对话框，选择“工程文件\第 11 章\人工智能视频设计\线条动画.mp4、光晕.mov”素材，单击“导入”按钮，如图 11.72 所示。

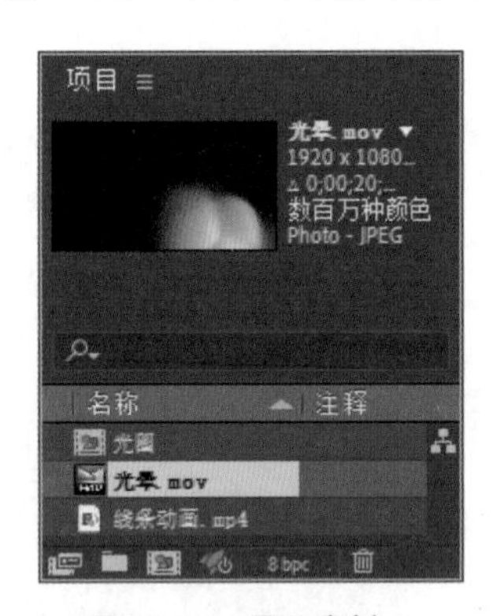

图 11.72　导入素材

3 执行菜单栏中的“图层”|“新建”|“纯色”命令，在弹出的对话框中将“名称”更改为“流动”，将“颜色”更改为黑色，完成之后单击“确定”按钮。

4 在时间轴面板中，选中“流动”图层，在“效果和预设”面板中展开“杂色和颗粒”特效组，然后双击“分形杂色”特效。

5 在“效果控件”面板中，修改“分形杂色”特效的参数，设置“分形类型”为“动态扭转”，“杂色类型”为“样条”，“对比度”为300.0，“亮度”为-14.0，“缩放”为300.0，“复杂度”为6.0，如图11.73所示。

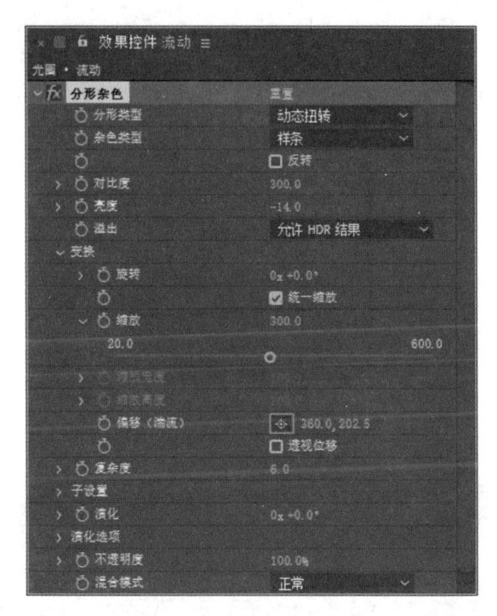

图 11.73 设置分形杂色

6 按住Alt键单击“演化”左侧码表，输入time*100，为当前图层添加表达式，如图11.74所示。

图 11.74 添加表达式

7 在时间轴面板中，选中“流动”图层，在“效果和预设”面板中展开“模糊和锐化”特效组，然后双击“高斯模糊”特效。

8 在“效果控件”面板中，修改“高斯模糊”特效的参数，设置“模糊度”为10.0，如图11.75所示。

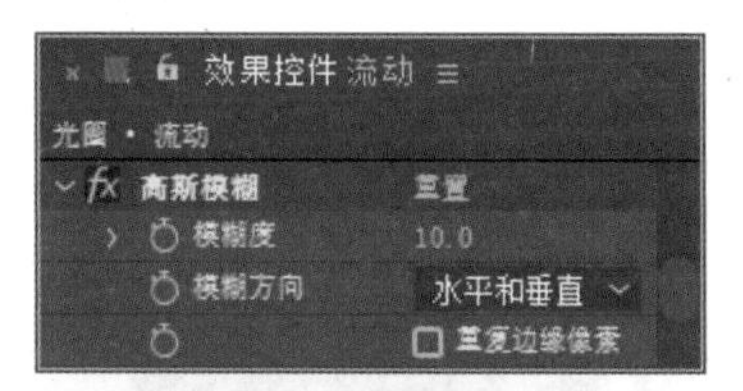

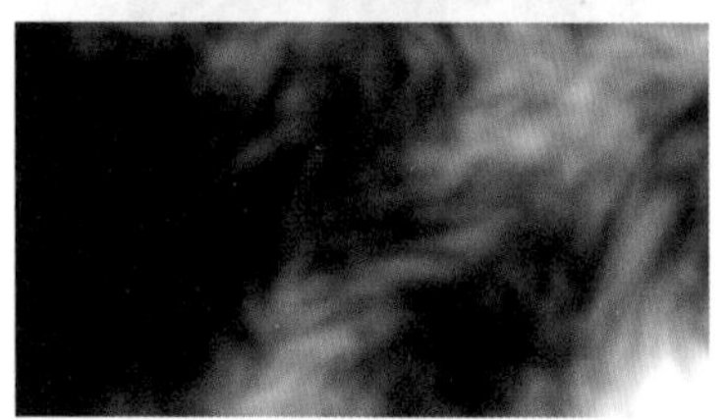

图 11.75 添加高斯模糊

11.2.2 制作光圈效果

1 执行菜单栏中的“合成”|“新建合成”命令，打开“合成设置”对话框，设置“合成名称”为“光圈效果”，“宽度”为300，“高度”为300，“帧速率”为25，并设置“持续时间”为0:00:10:00，“背景颜色”为黑色，完成之后单击“确定”按钮，如图11.76所示。

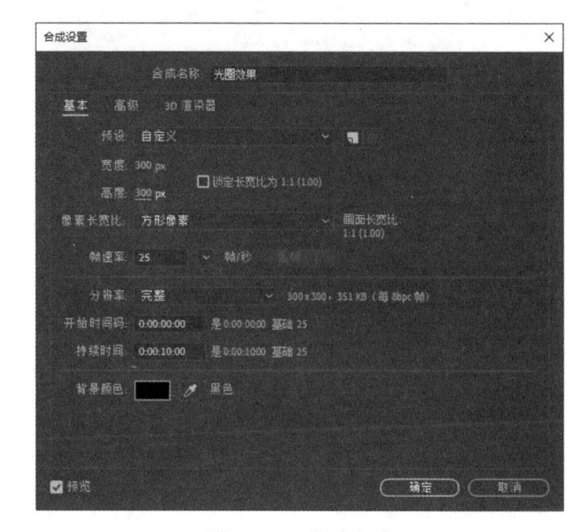

图 11.76 新建合成

2 选中工具箱中的“椭圆工具”，按住Shift+Ctrl组合键绘制一个正圆，设置“填充”为无，

“描边”为蓝色（R:0,G:18,B:255），“描边宽度”为 30，如图 11.77 所示，将生成一个“形状图层 1”图层。

图 11.77　绘制圆环

3 在时间轴面板中，选中“形状图层 1”图层，将其展开，单击右侧 添加: 按钮，在弹出的快捷菜单中选择“修剪路径”选项，在出现的“修剪路径 1”中将“开始”更改为 20.0%，如图 11.78 所示。

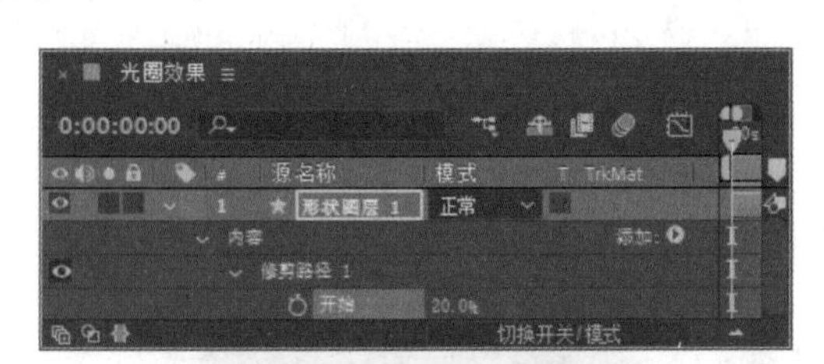

图 11.78　设置修剪路径

4 在时间轴面板中，选中“形状图层 1”图层，将其展开，选择“内容”|“椭圆 1”|“描边 1”，将“线段端点”更改为“圆头端点”，如图 11.79 所示。

5 在“项目”面板中，选中“光圈”素材，将其拖至时间轴面板中，在时间轴面板中，选中“光圈”合成，将其移至“形状图层 1”下方，如图 11.80 所示。

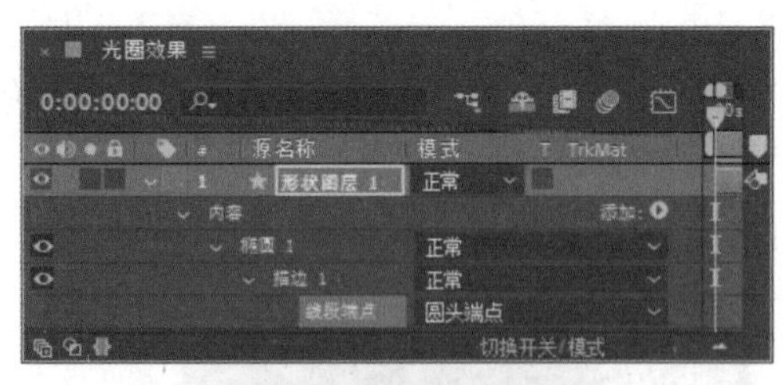

图 11.79　更改线段端点

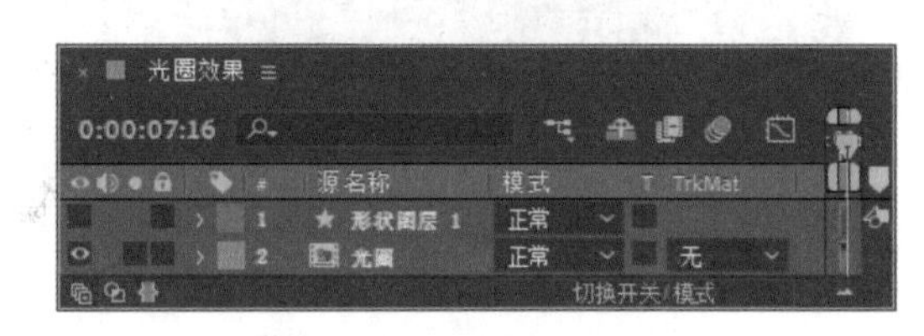

图 11.80　添加素材图像

6 在时间轴面板中，选中“光圈”合成，在“效果和预设”面板中展开“颜色校正”特效组，然后双击“三色调”特效。

7 在“效果控件”面板中，修改“三色调”特效的参数，设置“高光”为白色，“中间调”为紫色（R:255,G:112,B:199），“阴影”为蓝色（R:16,G:143,B:251），如图 11.81 所示。

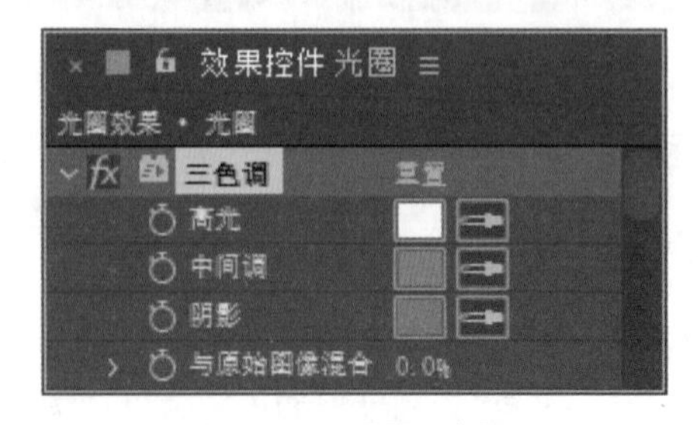

图 11.81　设置三色调

图 11.81　设置三色调（续）

8 在“效果和预设”面板中展开“风格化”特效组，然后双击 CC Glass（CC 玻璃）特效。

9 在“效果控件”面板中，修改 CC Glass（CC 玻璃）特效的参数，设置 Softness（柔化）为 5.0，Height（高度）为 30.0，如图 11.82 所示。

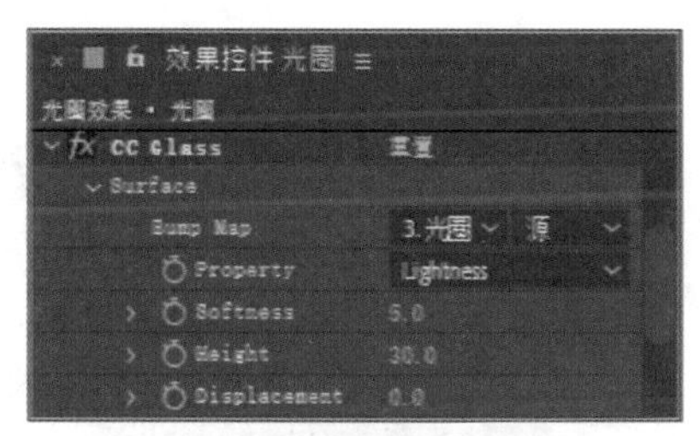

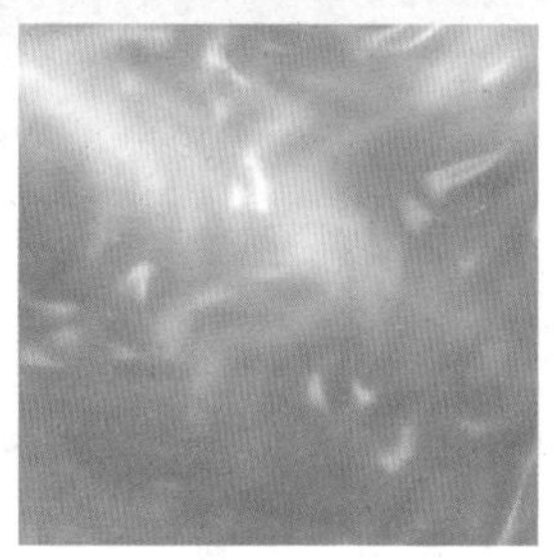

图 11.82　设置 CC Glass（CC 玻璃）

10 在时间轴面板中，选中“光圈”图层，设置其“轨道遮罩”为“Alpha 遮罩‘形状图层 1’”，如图 11.83 所示。

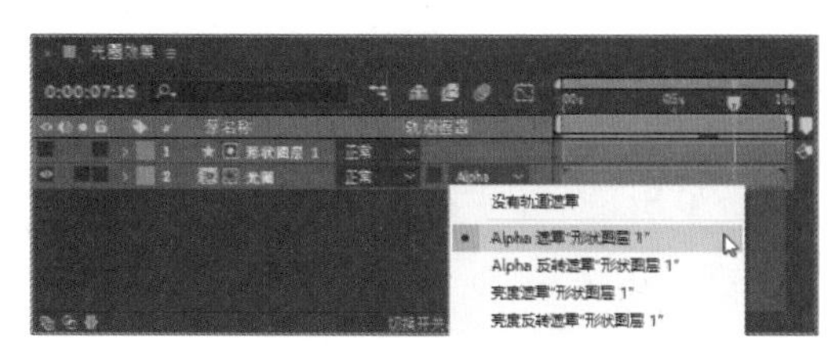

图 11.83　设置轨道遮罩

11.2.3　设计光球元素

1 执行菜单栏中的“合成”|“新建合成”命令，打开“合成设置”对话框，设置“合成名称”为“光球”，“宽度”为 300，“高度”为 300，“帧速率”为 25，并设置“持续时间”为 0:00:10:00，“背景颜色”为黑色，完成之后单击“确定”按钮，如图 11.84 所示。

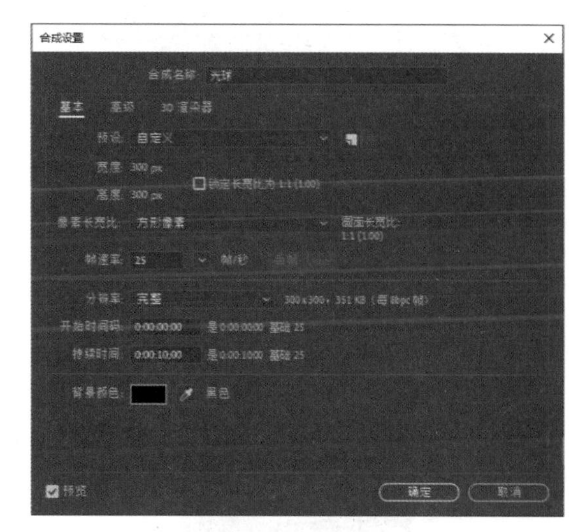

图 11.84　新建合成

2 选中工具箱中的“椭圆工具”，按住 Shift+Ctrl 组合键绘制一个正圆，设置“填充”为白色，“描边”为无，如图 11.85 所示，将生成一个“形状图层 1”图层。

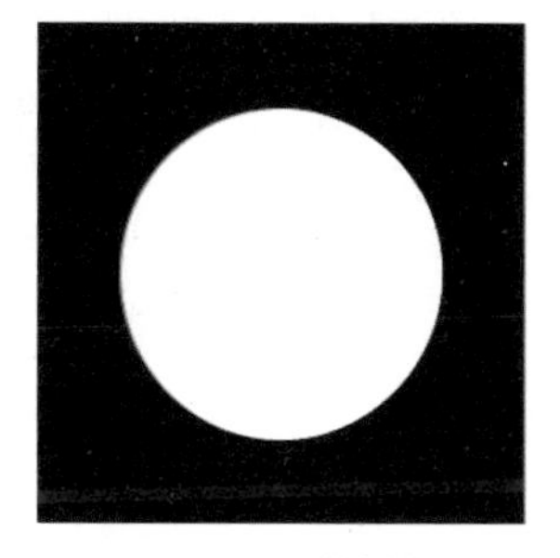

图 11.85　绘制圆

3 将“光圈”合成拖动到“光球”时间线面板中，在“光圈效果”时间轴面板中，选中“光圈”图层，在“效果控件”面板中，选中所有特效，按 Ctrl+C 组合键将其复制；在“光球”时间轴面板中，选中“光圈”图层，在“效果控件”面板中，按 Ctrl+V 组合键将其粘贴，如图 11.86 所示。

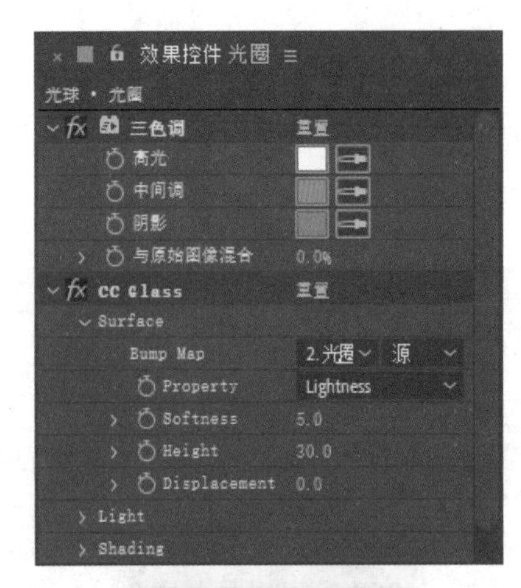

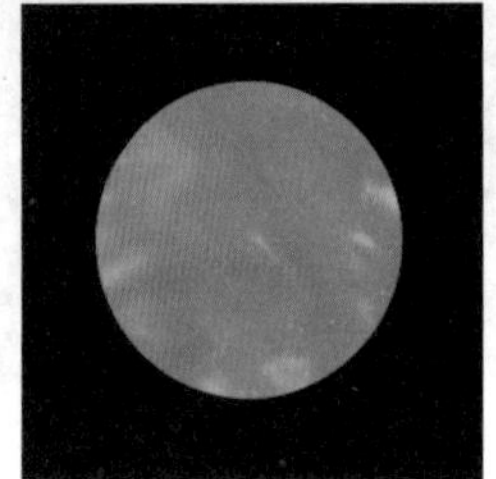

图 11.86　复制并粘贴效果

11.2.4　设置总合成参数

1 执行菜单栏中的“合成”|“新建合成”命令，打开“合成设置”对话框，设置“合成名称”为“总合成”，“宽度”为 720，“高度”为 405，“帧速率”为 25，并设置“持续时间”为 0:00:10:00，“背景颜色”为黑色，完成之后单击“确定”按钮，如图 11.87 所示。

2 执行菜单栏中的“图层”|“新建”|“纯色”命令，在弹出的对话框中将“名称”更改为“渐变背景”，将“颜色”更改为黑色，然后单击“确定”按钮，如图 11.88 所示。

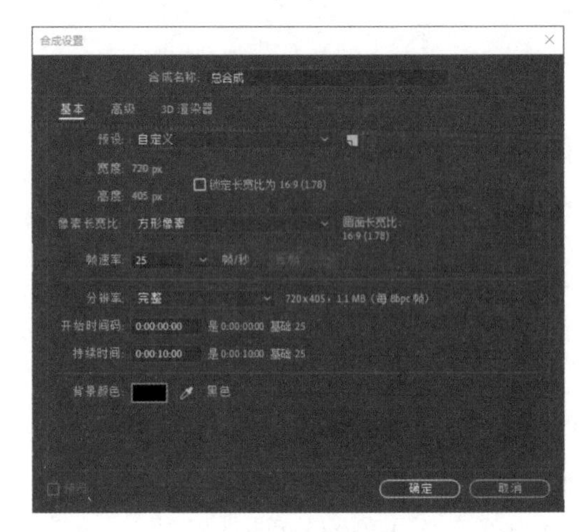

图 11.87　新建合成

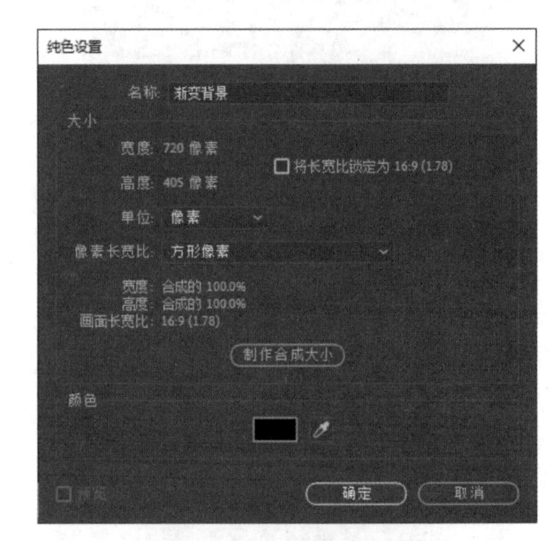

图 11.88　新建纯色图层

3 在时间轴面板中，选中“渐变背景”图层，在“效果和预设”面板中展开“生成”特效组，然后双击“梯度渐变”特效。

4 在“效果控件”面板中，修改“梯度渐变”特效的参数，设置“起始颜色”为蓝色（R:70,G:114,B:243），“结束颜色”为蓝色（R:56,G:70,B:205），“渐变形状”为“线性渐变”，如图 11.89 所示。

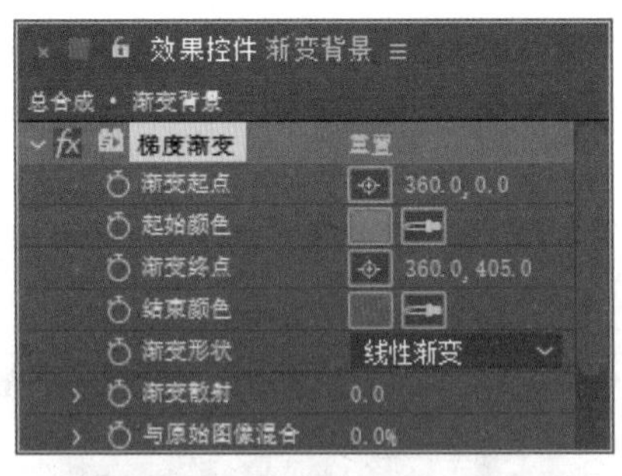

图 11.89　添加梯度渐变

5 在“项目”面板中，选中“线条动画 .mp4”素材，将其拖至时间轴面板中，并将其图层混合模式更改为“相加”，在图像中将其等比缩小，如图 11.90 所示。

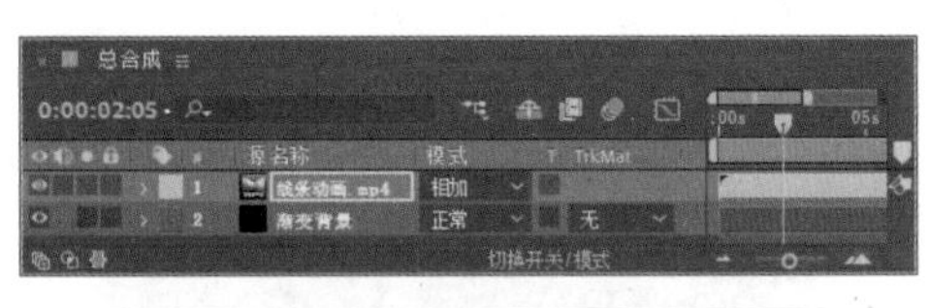

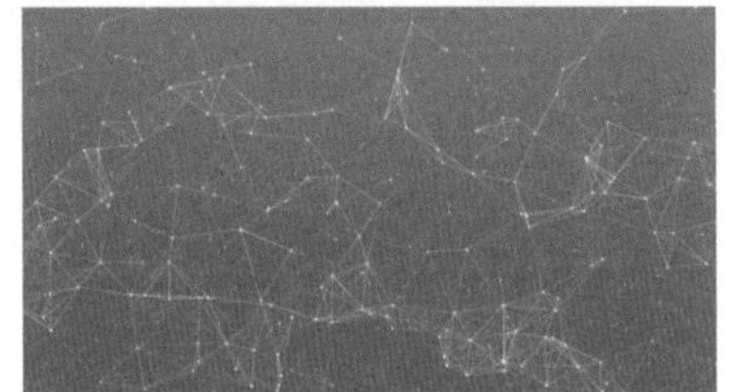

图 11.90　添加素材图像并调整尺寸

11.2.5　添加叠加颜色

1 执行菜单栏中的“合成”|“新建合成”命令，打开“合成设置”对话框，设置“合成名称”为“叠加颜色”，“宽度”为 720，“高度”为 405，“帧速率”为 25，并设置“持续时间”为 0:00:10:00，“背景颜色”为黑色，完成之后单击“确定”按钮，如图 11.91 所示。

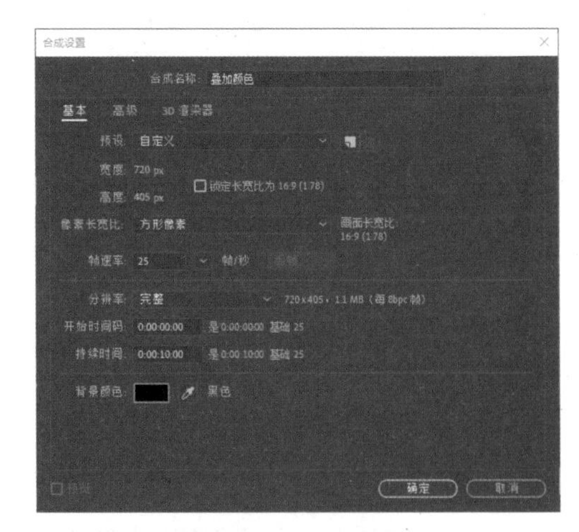

图 11.91　新建合成

2 执行菜单栏中的“图层”|“新建”|“纯色”命令，在弹出的对话框中将“名称”更改为“背景”，将“颜色”更改为黑色，完成之后单击“确定”按钮，如图 11.92 所示。

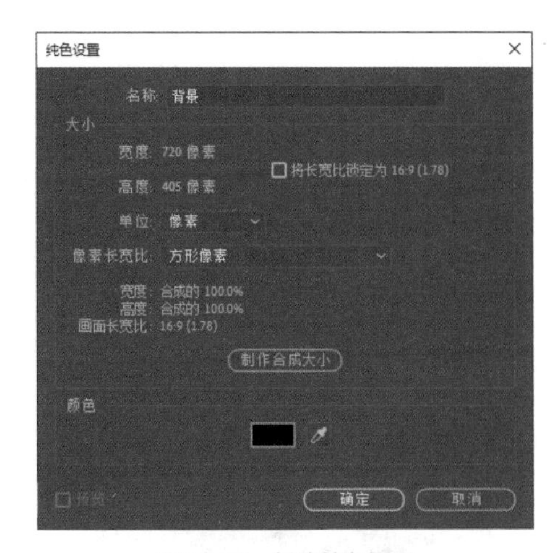

图 11.92　新建纯色图层

3 在“效果和预设”面板中展开“杂色和颗粒”特效组，然后双击“分形杂色”特效。

4 在“效果控件”面板中，修改“分形杂色”特效的参数，设置“分形类型”为“字符串”，“杂色类型”为“样条”，“对比度”为 300.0，“亮度”为 -5.0，“复杂度”为 1.0，如图 11.93 所示。

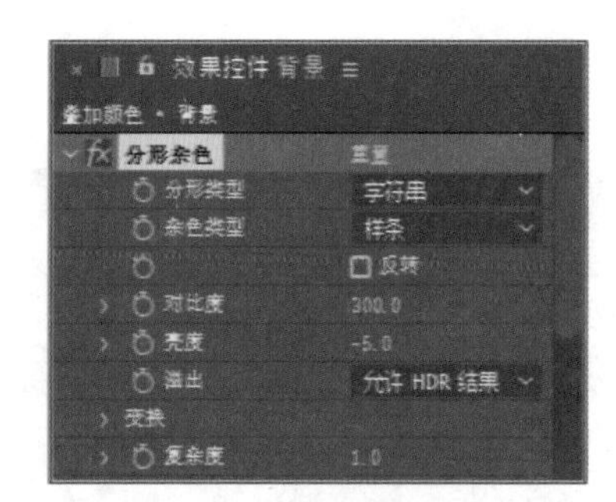

图 11.93　设置数值

5 在时间轴面板中，按住 Alt 键单击“演化”左侧码表，输入 time*50，为当前图层添加表达式，如图 11.94 所示。

图 11.94　添加表达式

6 在“效果和预设”面板中展开“模糊和锐化”特效组，然后双击“高斯模糊”特效。

7 在“效果控件”面板中，修改“高斯模糊”特效的参数，设置“模糊度”为 30.0，如图 11.95 所示。

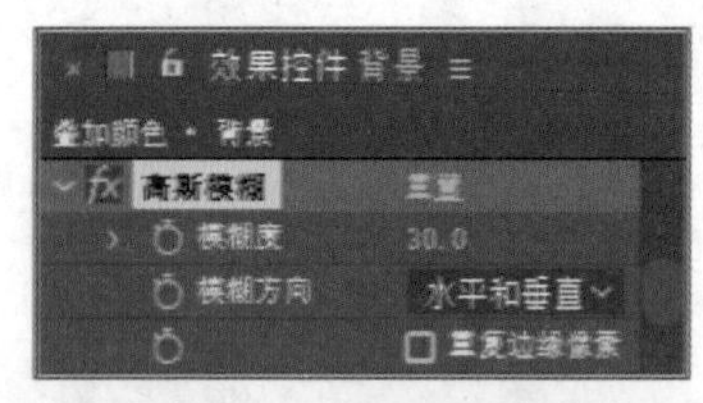

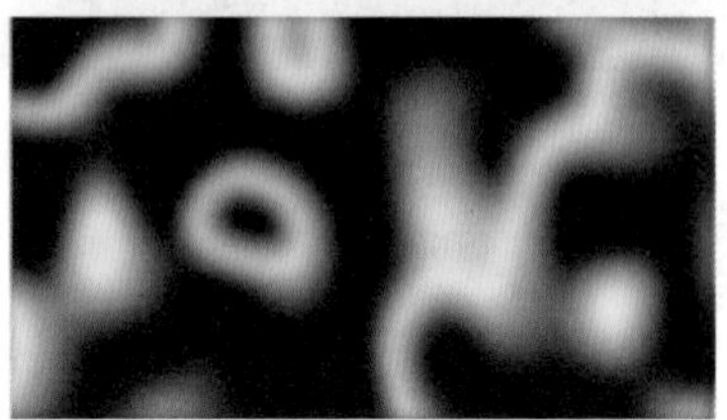

图 11.95　添加高斯模糊

8 执行菜单栏中的“图层”|“新建”|“纯色”命令，在弹出的对话框中将“名称”更改为“渐变叠加”，将“颜色”更改为黑色，然后单击“确定”按钮，如图 11.96 所示。

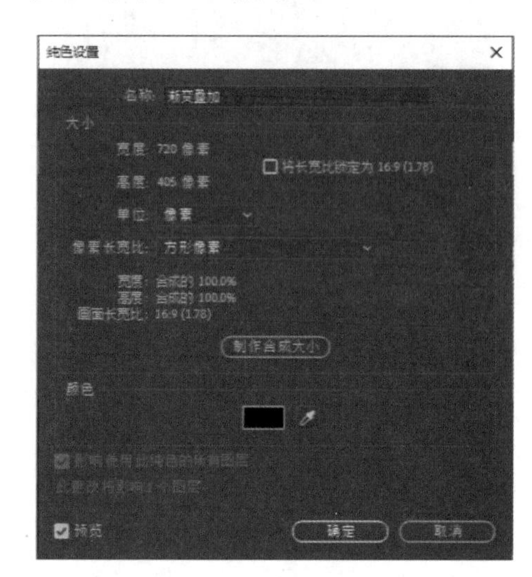

图 11.96　新建纯色图层

9 在时间轴面板中，选中“渐变叠加”图层，在“效果和预设”面板中展开“生成”特效组，然后双击“梯度渐变”特效。

10 在“效果控件”面板中，修改“梯度渐变”特效的参数，设置“起始颜色”为蓝色（R:24,G:171,B:255），“结束颜色”为紫色（R:240,G:114,B:255），“渐变形状”为“线性渐变”，“渐变散射”为 20.0，如图 11.97 所示。

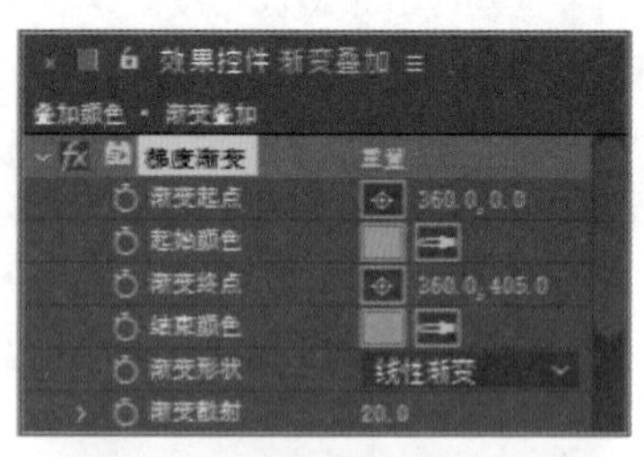

图 11.97　添加梯度渐变

11.2.6 调整色调

1 在时间轴面板中，选中“渐变叠加”图层，将其图层混合模式更改为“叠加”，如图 11.98 所示。

图 11.98 更改图层混合模式

2 在“项目”面板中，选中“叠加颜色”合成，将其拖至“总合成”时间轴面板中，将其图层混合模式更改为“叠加”，如图 11.99 所示。

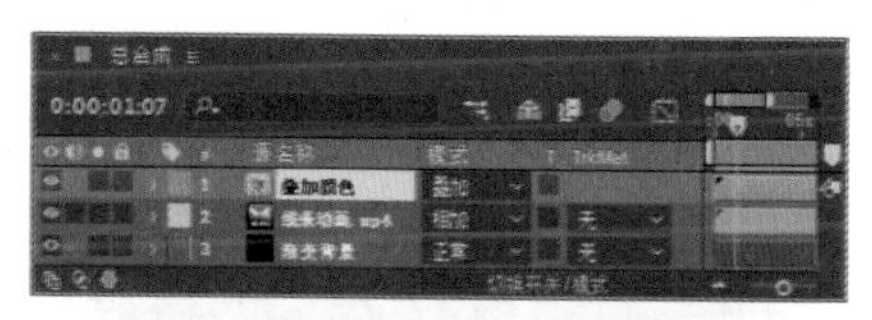

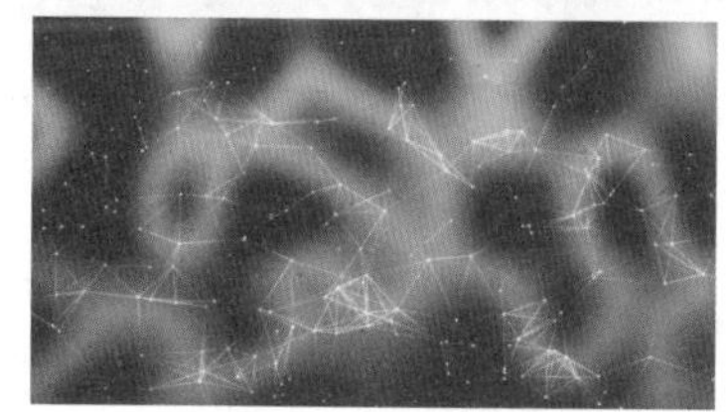

图 11.99 添加素材

3 在“效果和预设”面板中展开“模糊和锐化”特效组，然后双击“高斯模糊”特效。

4 在“效果控件”面板中，修改“高斯模糊”特效的参数，设置“模糊度”为 100.0，如图 11.100 所示。

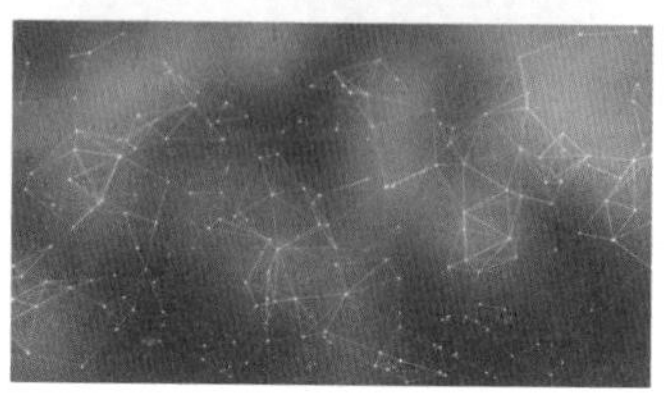

图 11.100 添加高斯模糊

11.2.7 调整动画元素

1 在“项目”面板中，选中“光圈效果”素材，将其拖至时间轴面板中，在图像中将其移至左下角位置，如图 11.101 所示。

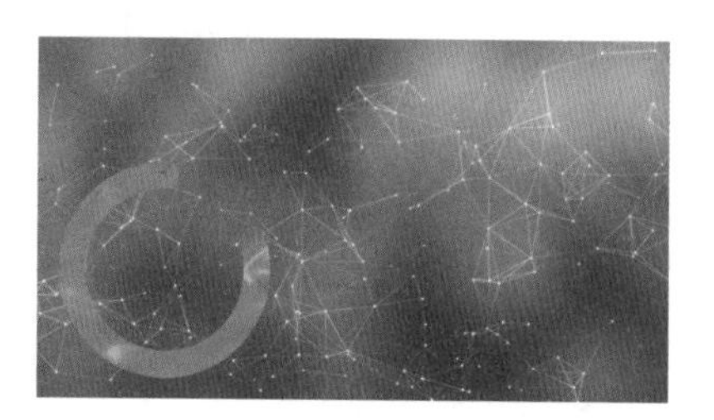

图 11.101 添加素材图像

2 在“效果和预设”面板中展开“风格化”特效组，然后双击“发光”特效。

3 在“效果控件”面板中，修改“发光”特效的参数，设置“发光基于”为“Alpha 通道”，“发光半径”为 100.0，“颜色 B”为白色，如图 11.102 所示。

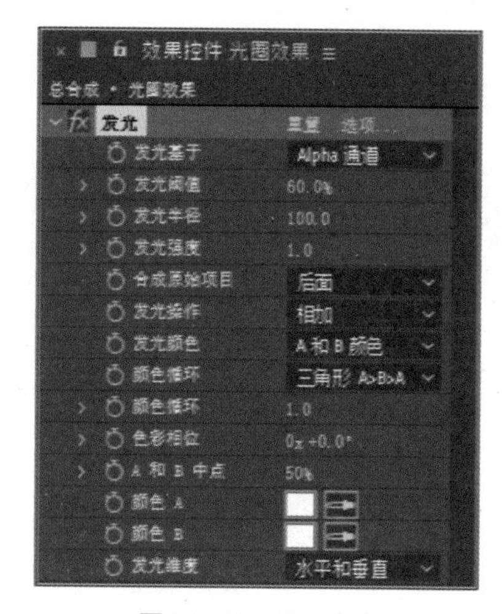

图 11.102 设置发光

4 在时间轴面板中，选中“光圈效果”图层，将时间调整到 0:00:00:00 的位置，按 R 键打开“旋转”，单击“旋转”左侧码表，在当前位置添加关键帧，将数值更改为 0x+0.0°。

5 将时间调整到 0:00:01:00 的位置，将数值更改为 0x+10.0°；将时间调整到 0:00:02:00 的位置，将数值更改为 0x+0.0°；将时间调整到 0:00:03:00 的位置，将数值更改为 0x-10.0°；将时间调整到 0:00:04:00 的位置，将数值更改为 0x+20.0°；将时间调整到 0:00:05:00 的位置，将数值更改为 0x+0.0°；将时间调整到 0:00:06:00 的位置，将数值更改为 0x+10.0°；将时间调整到 0:00:07:00 的位置，将数值更改为 0x+20.0°；将时间调整到 0:00:08:00 的位置，将数值更改为 0x+0.0°；将时间调整到 0:00:09:00 的位置，将数值更改为 0x+10.0°；将时间调整到 0:00:09:24 的位置，将数值更改为 0x+0.0°。系统将自动添加关键帧，如图 11.103 所示。

图 11.103　添加旋转效果

6 选中所有“光圈效果”图层关键帧，执行菜单栏中的“动画”|“关键帧辅助”|“缓动”命令，如图 11.104 所示。

图 11.104　添加缓动效果

7 在时间轴面板中，选中“光圈效果”图层，将时间调整到 0:00:00:00 的位置，按 P 键打开“位置”，单击“位置”左侧码表，在当前位置添加关键帧。

8 将时间调整到 0:00:03:00 的位置，在视图中将图像向右下角方向移动，系统将自动添加关键帧，如图 11.105 所示。

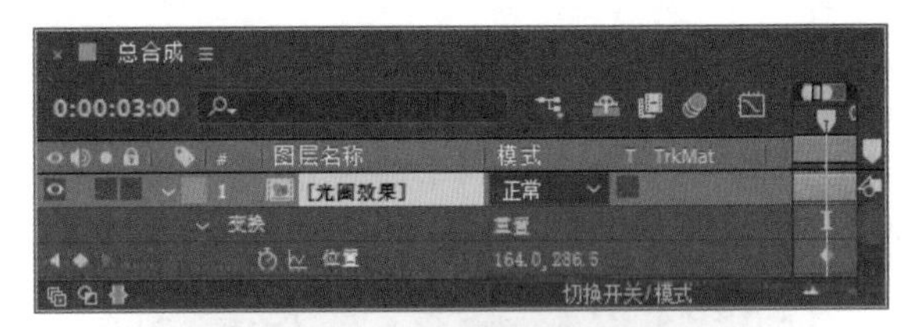

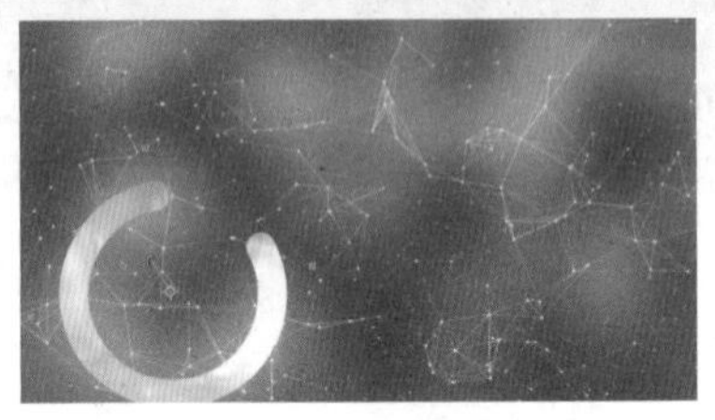

图 11.105　制作位置动画

9 将时间调整到 0:00:05:00 的位置，将图像向右上角方向移动，系统将自动添加关键帧，如图 11.106 所示。

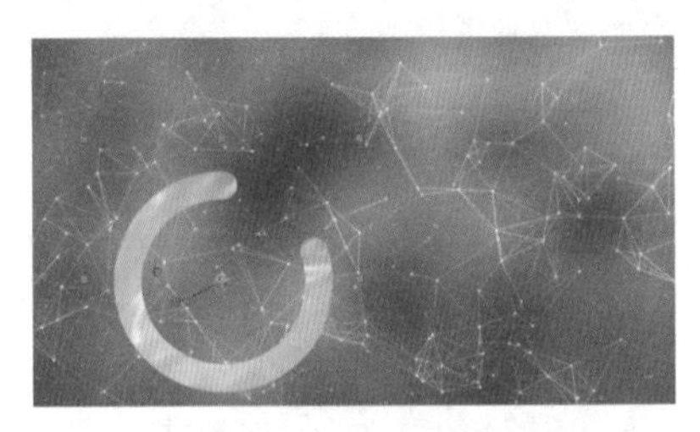

图 11.106　拖动图像

10 将时间调整到 0:00:07:00 的位置，将图像向右上角方向移动，系统将自动添加关键帧，如图 11.107 所示。

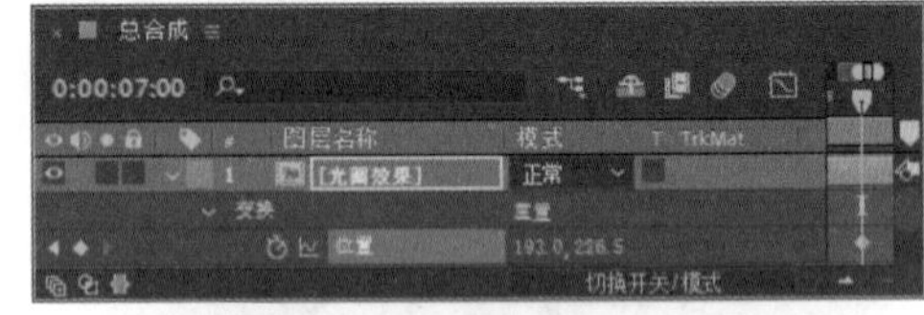

图 11.107　制作位置动画

11 将时间调整到0:00:09:24的位置，将图像向左侧移动，系统将自动添加关键帧，如图11.108所示。

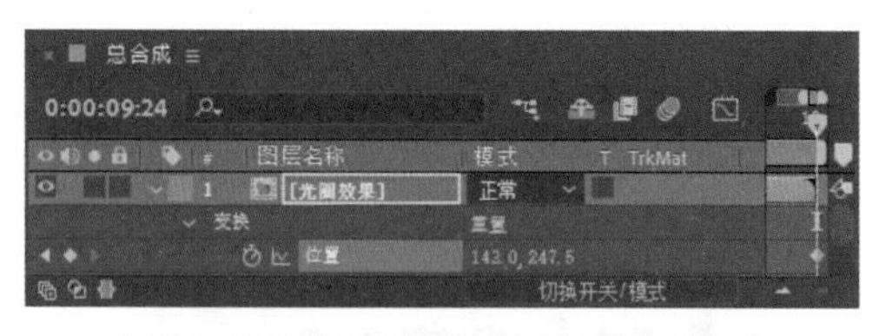

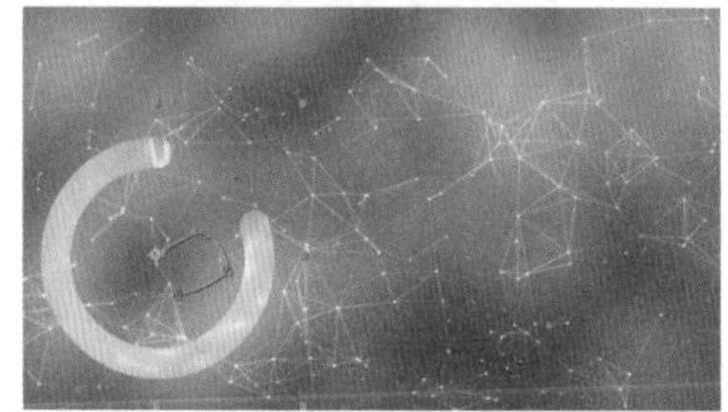

图 11.108　再次拖动图像

12 在"项目"面板中，选中"光圈效果"素材，将其拖至时间轴面板中，在视图中将其移至图像右上角位置并适当旋转，如图11.109所示。

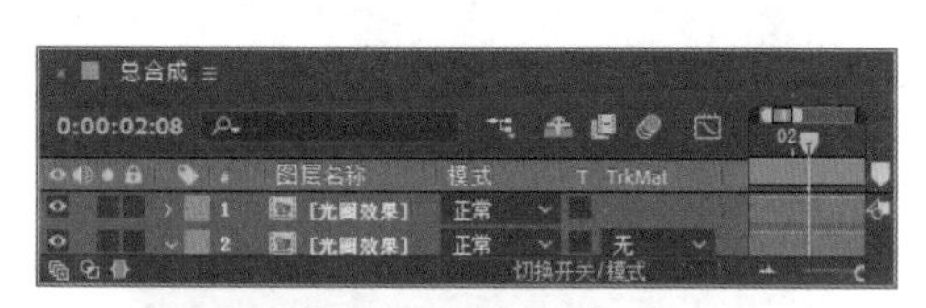

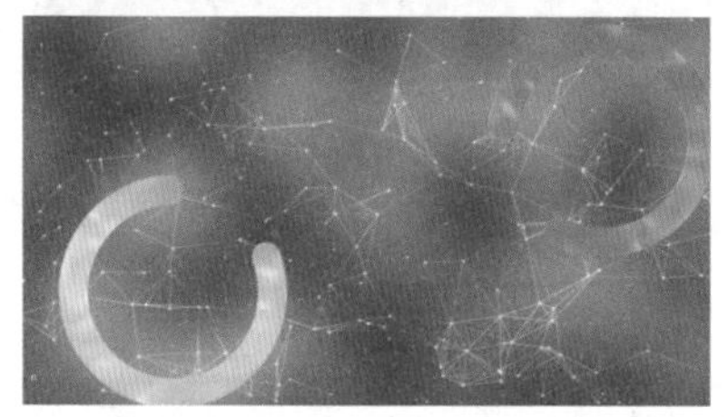

图 11.109　添加素材图像并移动位置

11.2.8　统一动画效果

1 在时间轴面板中，选中下方"光圈效果"图层，在"效果控件"面板中，选中"发光"效果，按Ctrl+C组合键将其复制；在时间轴面板中选中上方"光圈效果"图层，在"效果控件"面板中，按Ctrl+V组合键将其粘贴，如图11.110所示。

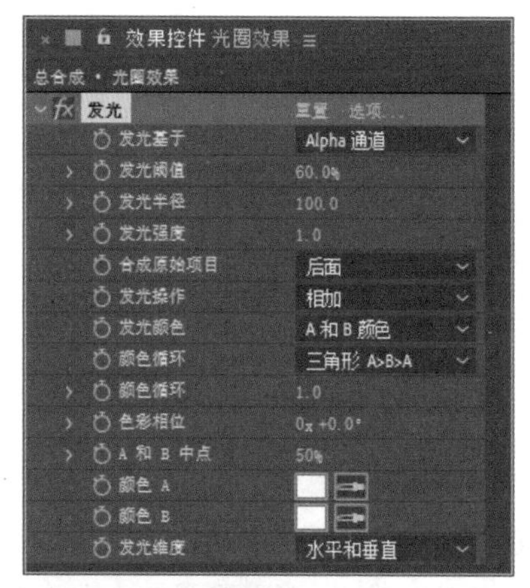

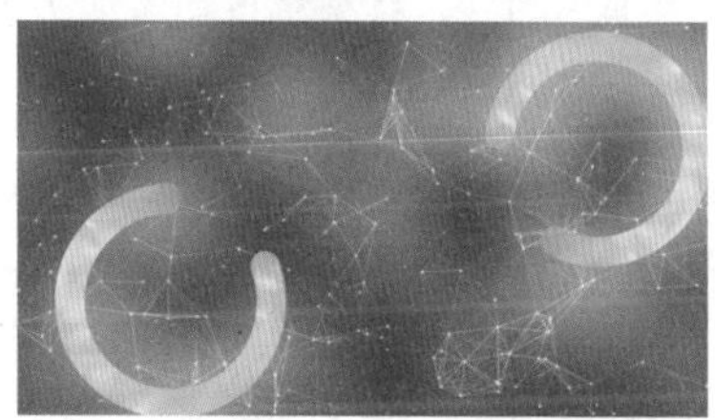

图 11.110　复制并粘贴效果

2 在时间轴面板中，选中上方"光圈效果"图层，用与刚才同样的方法为其制作旋转及位置动画，如图11.111所示。

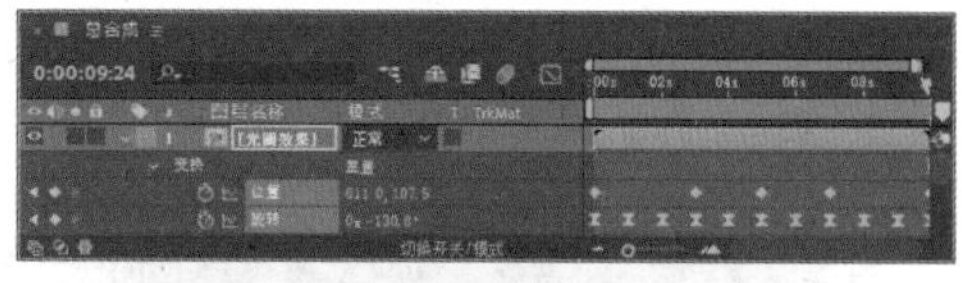

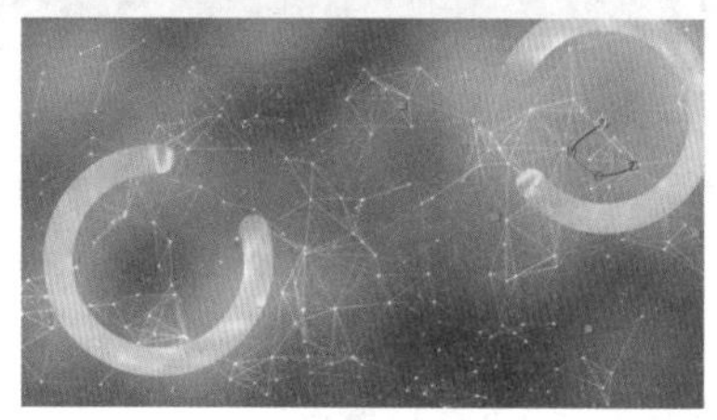

图 11.111　制作旋转及位置动画

3 在"项目"面板中，选中"光球"素材，将其拖至时间轴面板中，在视图中将其缩小，如图11.112所示。

4 在时间轴面板中，选中"光球"图层，将时间调整到0:00:00:00的位置，按R键打开"旋转”，单击“旋转”左侧码表，在当前位置添加关键帧，将数值更改为 0x+0.0°。

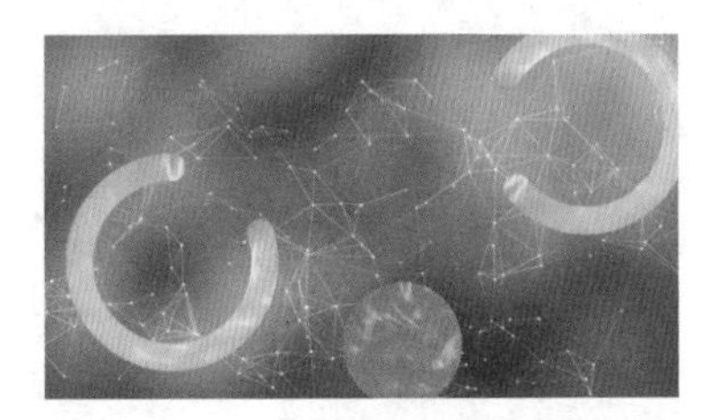

图 11.112　添加素材并调整尺寸

5 将时间调整到 0:00:09:24 的位置，将数值更改为 1x+0.0°，系统将自动添加关键帧，如图 11.113 所示。

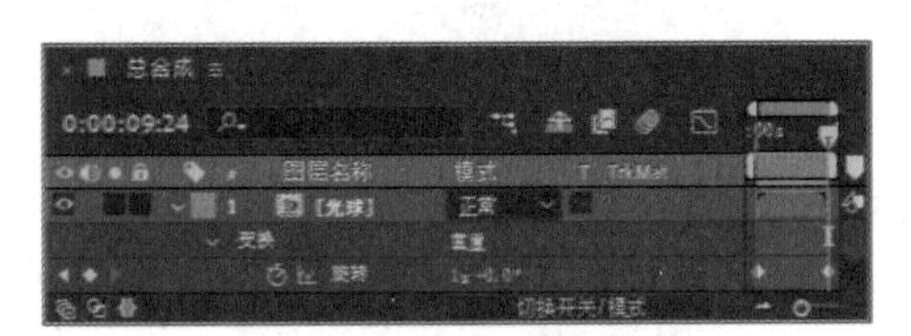

图 11.113　修改旋转数值

6 将时间调整到 0:00:00:00 的位置，按 P 键打开“位置”，单击“位置”左侧码表，在当前位置添加关键帧。

7 将时间调整到 0:00:03:00 的位置，拖动图像，系统将自动添加关键帧，如图 11.114 所示。

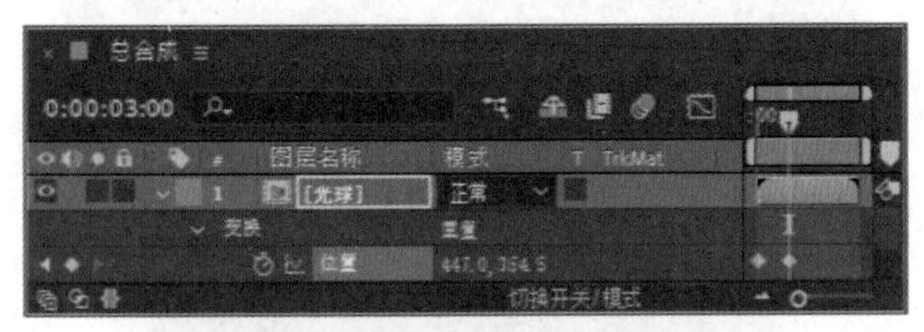

图 11.114　制作位置动画

8 用与之前同样的方法，分别在 0:00:05:00 的位置、0:00:07:00 的位置、0:00:09:24 的位置制作位置动画，系统将自动添加关键帧，如图 11.115 所示。

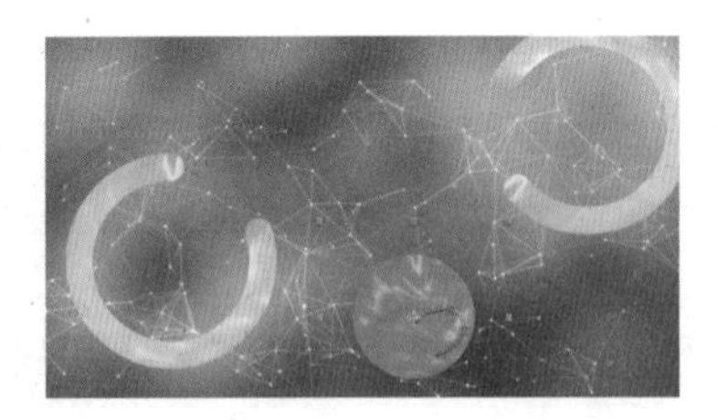

图 11.115　制作动画

9 在“项目”面板中，选中“光球”素材，将其拖至时间轴面板中，将其名称更改为“光球 2”，在视图中将其移至左上角位置并缩小，如图 11.116 所示。

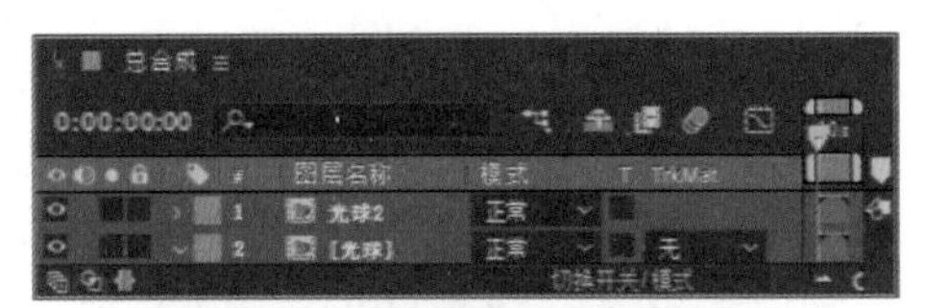

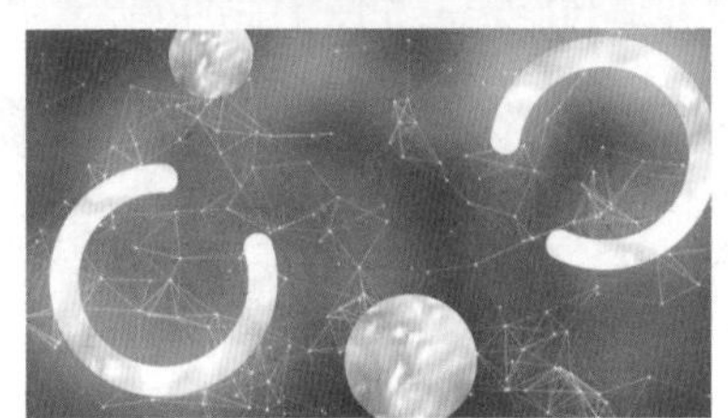

图 11.116　添加素材图像

10 用同样的方法为“光球 2”图层制作旋转及位置动画，如图 11.117 所示。

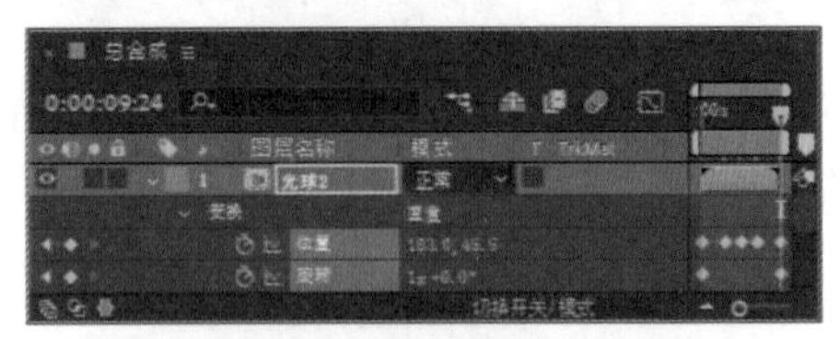

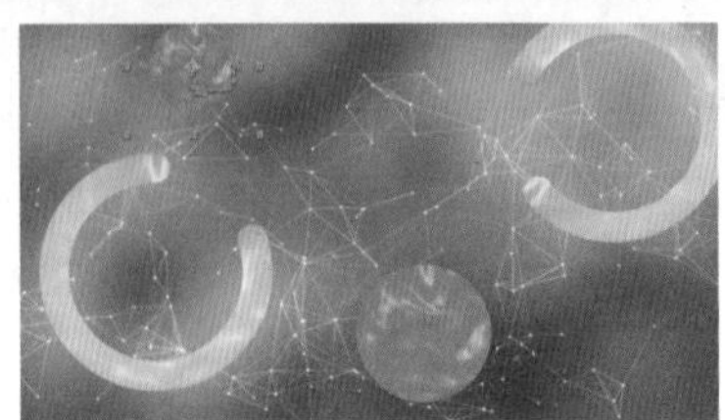

图 11.117　制作旋转及位置动画

11 在时间轴面板中，同时选中“光球2”的“旋转”及“位置”两个关键帧，单击鼠标右键，在弹出的快捷菜单中执行“关键帧辅助”|“时间反向关键帧”命令，如图11.118所示。

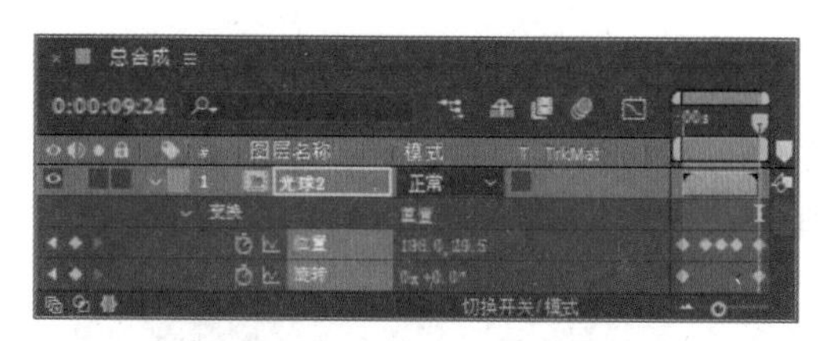

图11.118 添加时间反向关键帧

11.2.9 为总合成添加元素

1 在“项目”面板中，选中“光晕.mov”素材，将其拖至时间轴面板中，将其图层模式更改为“屏幕”，并在图像中将其缩小，如图11.119所示。

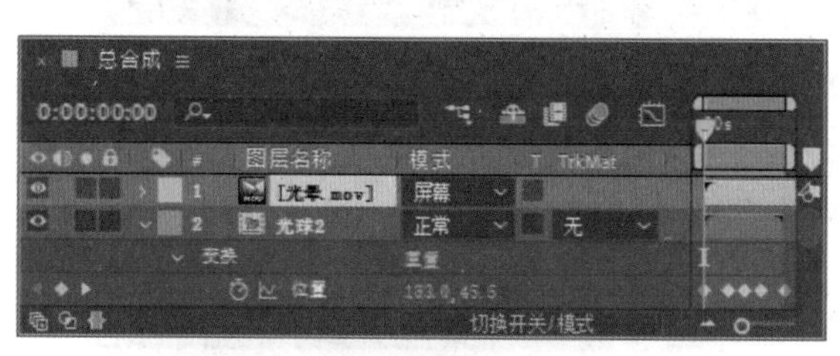

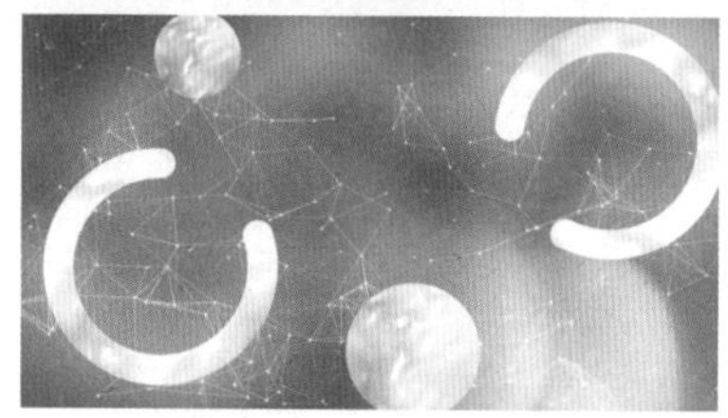

图11.119 添加素材图像并更改图层模式

2 选择工具箱中的“横排文字工具”，在图像中添加文字，如图11.120所示。

3 在时间轴面板中，选中文字图层，将时间调整到0:00:02:00的位置，在“效果和预设”面板中展开“模糊和锐化”特效组，然后双击“高斯模糊”特效。

图11.120 添加文字

4 在“效果控件”面板中，修改“高斯模糊”特效的参数，设置“模糊度”为300.0，单击左侧码表，在当前位置添加关键帧，如图11.121所示。

图11.121 设置高斯模糊

5 在时间轴面板中，选中文字图层，将时间调整到0:00:04:00的位置，将“模糊度”更改为0.0，系统将自动添加关键帧，如图11.122所示。

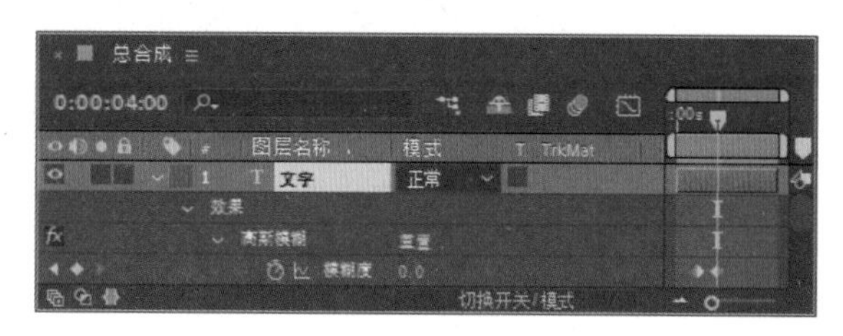

图11.122 更改数值

6 这样就完成了最终整体效果的制作，按小键盘上的0键即可在合成窗口中预览动画效果。

11.3 汽车展示视频设计

实例解析

本例主要讲解汽车展示视频设计。本例的视频设计手法比较常规，通过制作科技化、现代化的背景并与简单的几何图形相结合，来突出汽车的性能，整个视频效果非常出色，如图 11.123 所示。

图 11.123 动画流程画面

知识点

1. 梯度渐变
2. 线性擦除
3. 图层模式
4. 中继器
5. 缓动
6. 运动模糊

视频讲解

操作步骤

11.3.1 制作圆点纹理

1 执行菜单栏中的“合成”|“新建合成”命令，打开“合成设置”对话框，设置“合成名称”为“圆点”，“宽度”为720，“高度”为405，“帧速率”为25，并设置“持续时间”为0:00:05:00，“背景颜色”为黑色，完成之后单击“确定”按钮，如图11.124所示。

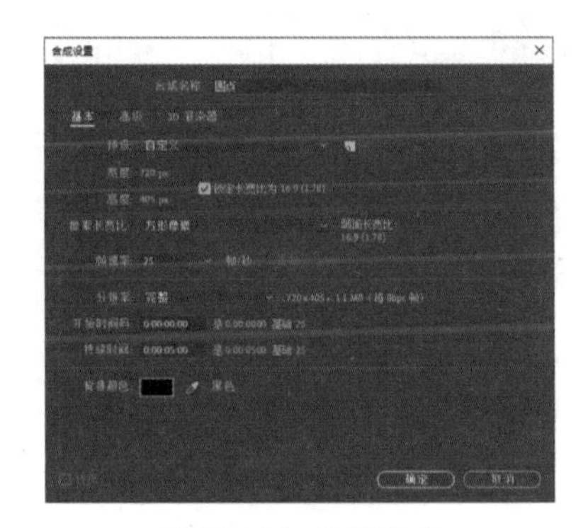

图 11.124　新建合成

2 选中工具箱中的“椭圆工具”，按住Shift+Ctrl组合键在图像左上角位置绘制一个正圆，设置“填充”为白色，“描边”为无，如图11.125所示，将生成一个“形状图层 1”图层。

图 11.125　绘制图形

3 在时间轴面板中，选中“形状图层 1”图层，将其展开，单击“内容”右侧的添加：按钮，在弹出的菜单中选择“中继器”。

4 展开“中继器 1”，将“副本”更改为30.0，展开“变换：中继器 1”，将“位置”更改为（25.0，0.0），如图11.126所示。

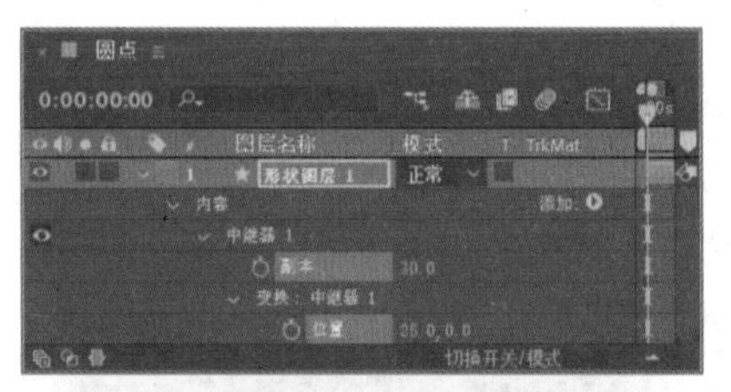

图 11.126　设置参数

5 用同样的方法再次添加中继器，并将“副本”更改为30.0，展开“变换：中继器 2”，将“位置”更改为（0.0,40.0），如图11.127所示。

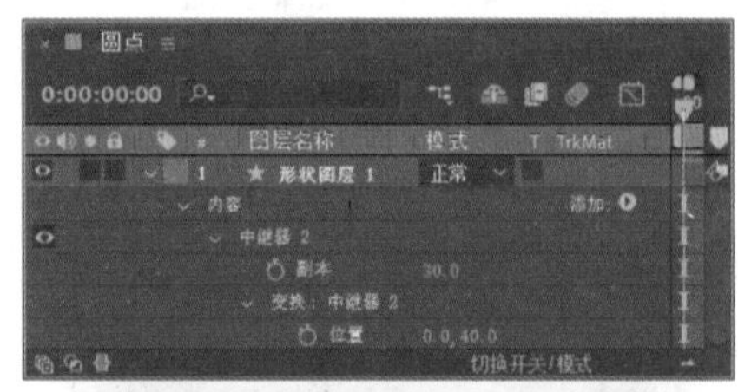

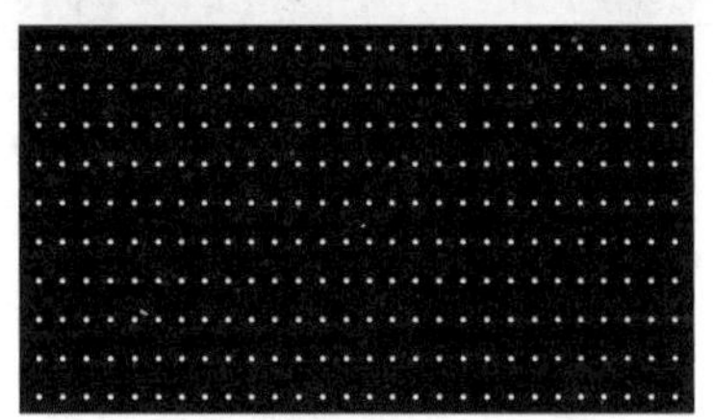

图 11.127　添加中继器

11.3.2 制作汽车动画

1 执行菜单栏中的“合成”|“新建合成”命令，打开“合成设置”对话框，设置“合成名称”为“汽车”，“宽度”为720，“高度”为405，“帧速率”为25，并设置“持续时间”为0:00:05:00，“背景颜色”为黑色，完成之后单击“确定”按钮，如图11.128所示。

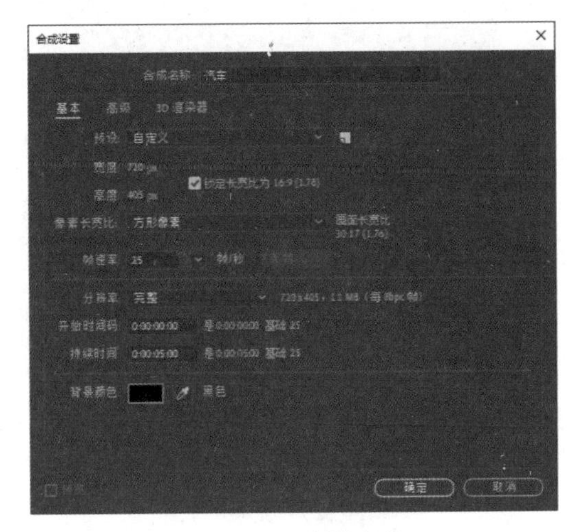
图 11.128　新建合成

2 执行菜单栏中的“文件”|“导入”|“文件”命令，打开“导入文件”对话框，选择“工程文件\第 11 章\汽车展示视频设计\汽车 .png、发动机 .png、背景 2.jpg、背景 .jpg”素材，单击“导入”按钮，如图 11.129 所示。

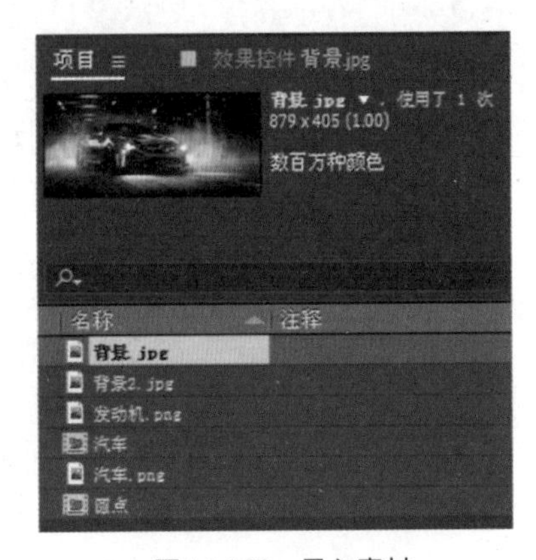
图 11.129　导入素材

3 在“项目”面板中，选中“背景 .jpg”素材，将其拖至时间轴面板中，如图 11.130 所示。

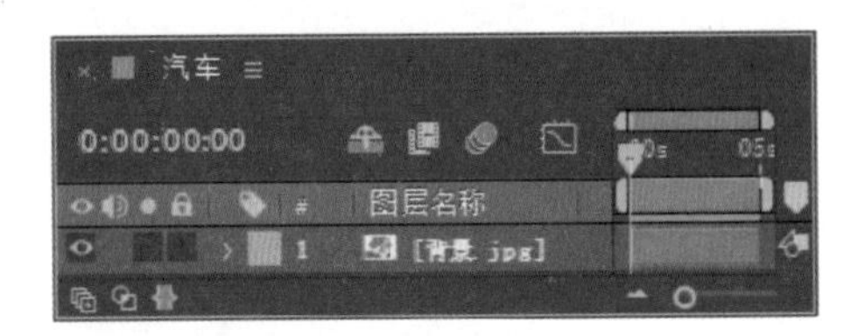
图 11.130　添加素材图像

4 在时间轴面板中，选中“背景 .jpg”图层，将时间调整到 0:00:00:00 的位置，按 P 键打开“位置”，单击“位置”左侧码表，在当前位置添加关键帧。

5 将时间调整到 0:00:04:24 的位置，在视图中将其向右侧平移，系统将自动添加关键帧，如图 11.131 所示。

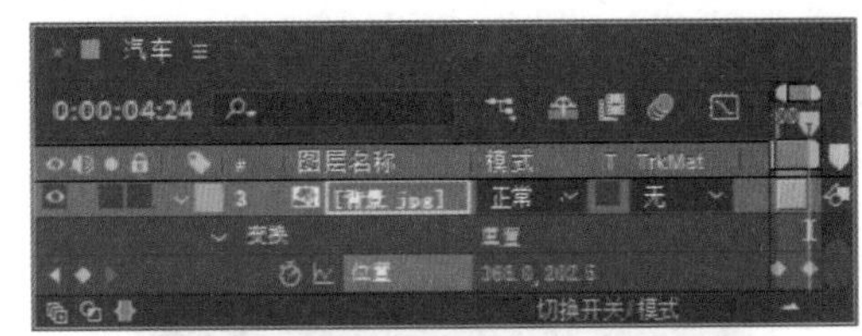

图 11.131　制作位置动画

6 执行菜单栏中的“图层”|“新建”|“纯色”命令，在弹出的对话框中将“名称”更改为“背景色”，将“颜色”更改为深黄色（R:26,G:22,B:15），完成之后单击“确定”按钮。

7 在时间轴面板中，选中“背景色”层，按 T 键打开“不透明度”，将“不透明度”更改为 80%，如图 11.132 所示。

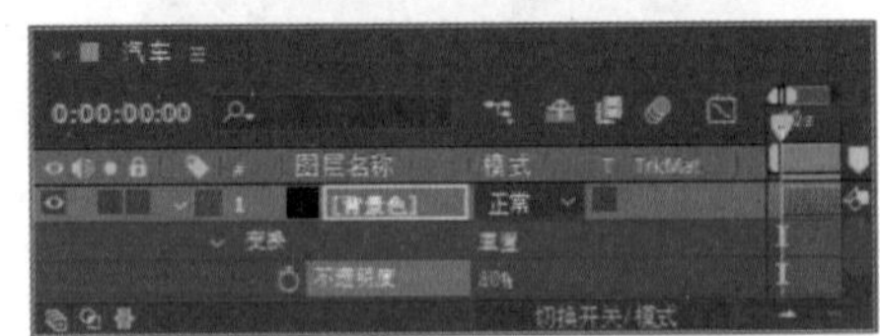

图 11.132　更改不透明度

8 在“项目”面板中，选中“圆点”素材，将其拖至时间轴面板中，将其图层模式更改为“叠加”，如图 11.133 所示。

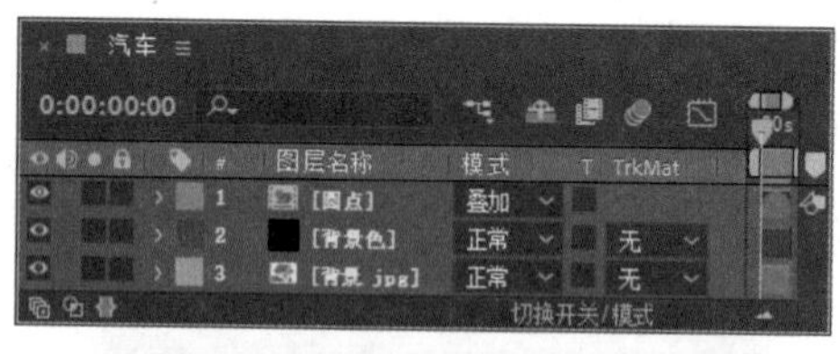

图 11.133 设置图层模式

11.3.3 制作图形动画

1 选中工具箱中的“钢笔工具”，绘制一个平行四边形，设置“填充”为白色，“描边”为无，如图 11.134 所示，将生成一个“形状图层 1”图层。

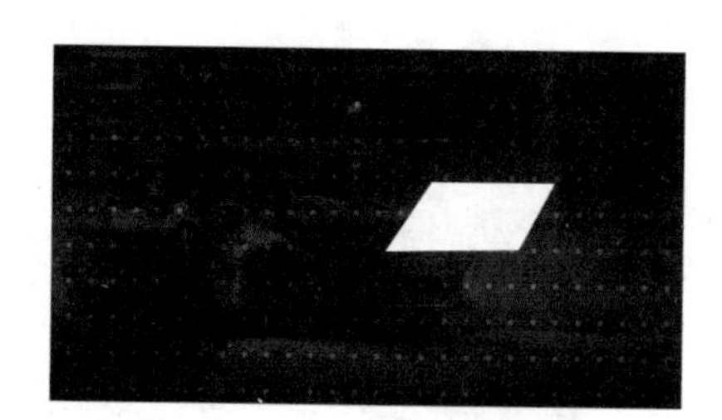

图 11.134 绘制平行四边形

2 在时间轴面板中，选中“形状图层 1”图层，将时间调整到 0:00:00:00 的位置，展开“内容”|“形状 1”|“路径 1”，单击“路径”左侧码表，在当前位置添加关键帧，如图 11.135 所示。

3 将时间调整到 0:00:00:15 的位置，选择工具箱中的“选取工具”，同时选中顶部两个锚点并向上拖动，再同时选中底部两个锚点向下拖动，系统将自动添加关键帧，如图 11.136 所示。

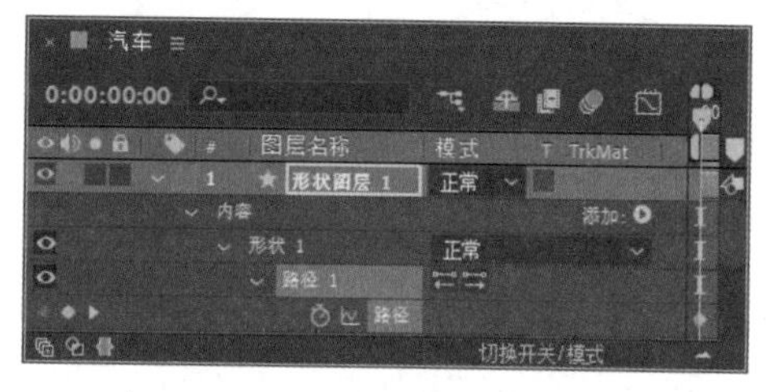

图 11.135 添加关键帧

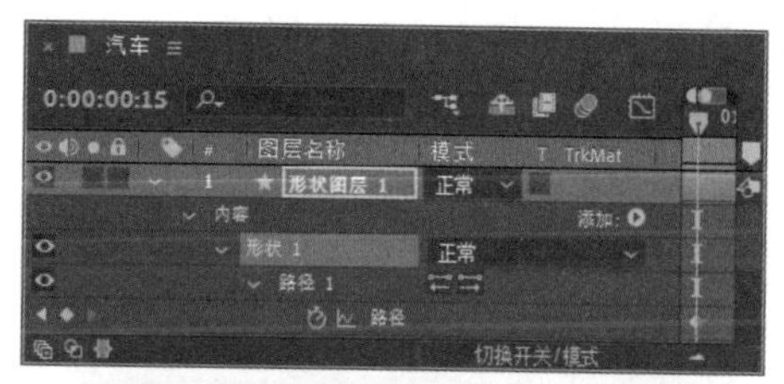

图 11.136 拖动锚点

4 选中所有“形状图层 1”图层关键帧，执行菜单栏中的“动画”|“关键帧辅助”|“缓动”命令，如图 11.137 所示。

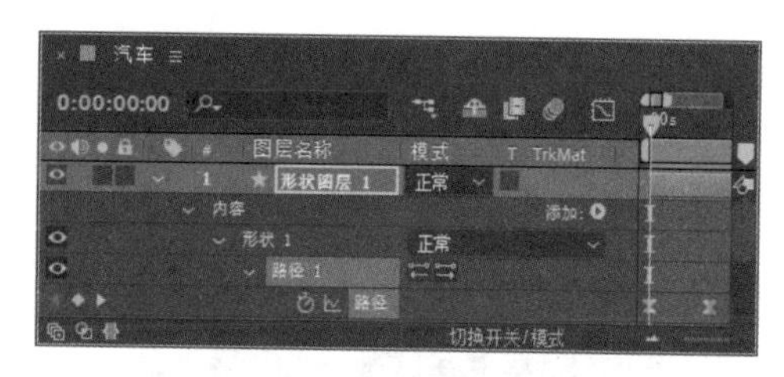

图 11.137 添加缓动效果

5 选中工具箱中的“钢笔工具”，绘制一个细长平行四边形，设置“填充”为黄色（R:255,G:192,B:0），“描边”为无，如图 11.138 所示，将生成一个“形状图层 2”图层。

图 11.138　绘制图形

6 在时间轴面板中，选中“形状图层 2”图层，按 Ctrl+D 组合键复制出“形状图层 3”。

7 选中“形状图层 3”图层，在视图中将图形向右侧平移，如图 11.139 所示。

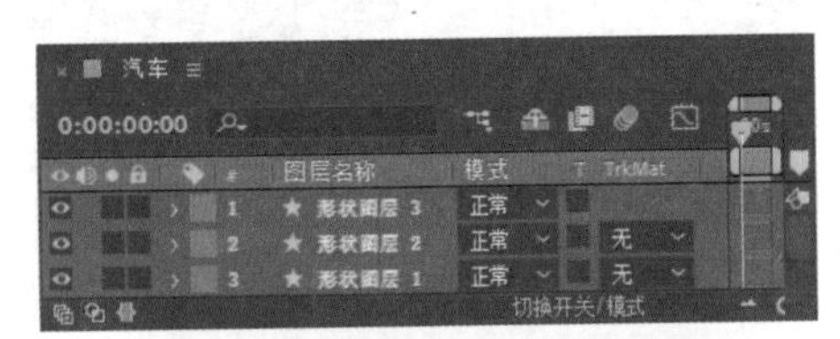

图 11.139　复制并平移图形

8 在时间轴面板中，选中“形状图层 2”图层，将时间调整到 0:00:00:05 的位置，按 P 键打开“位置”，单击“位置”左侧码表，在当前位置添加关键帧，并将图形移至图像顶部位置，如图 11.140 所示。

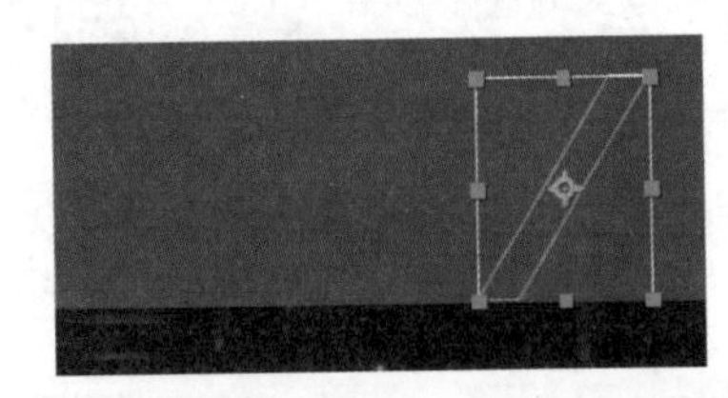

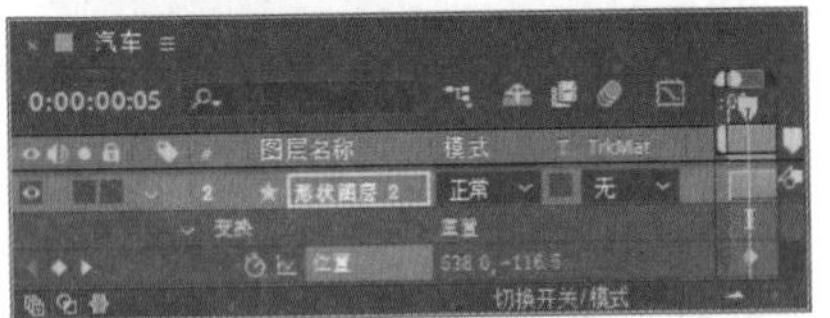

图 11.140　添加关键帧并移动图形

9 将时间调整到 0:00:01:00 的位置，将图形向左下角方向拖动，系统将自动添加关键帧，如图 11.141 所示。

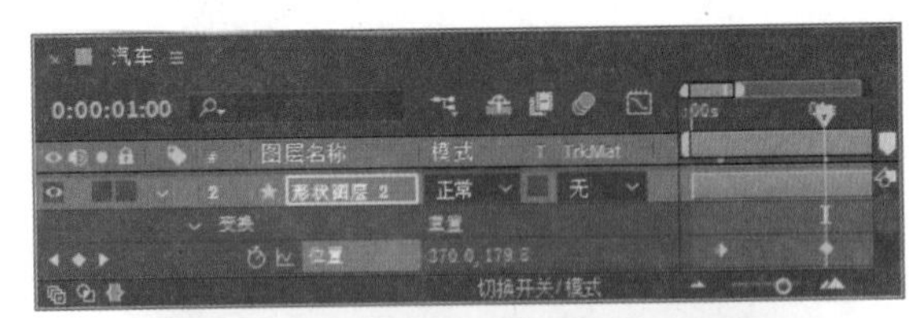

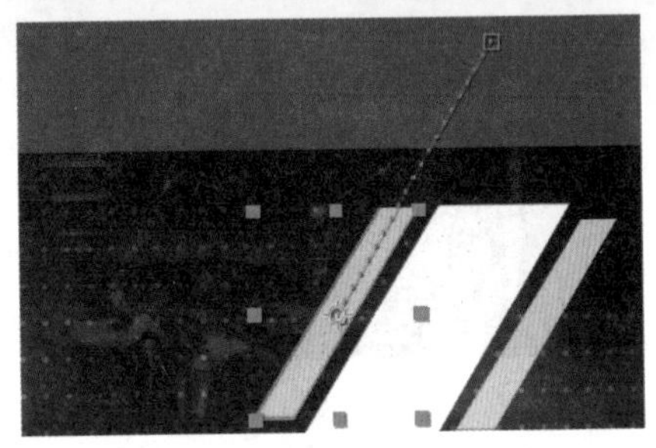

图 11.141　拖动图形

10 将时间调整到 0:00:02:00 的位置，再次将图形向左下角方向拖动，系统将自动添加关键帧，如图 11.142 所示。

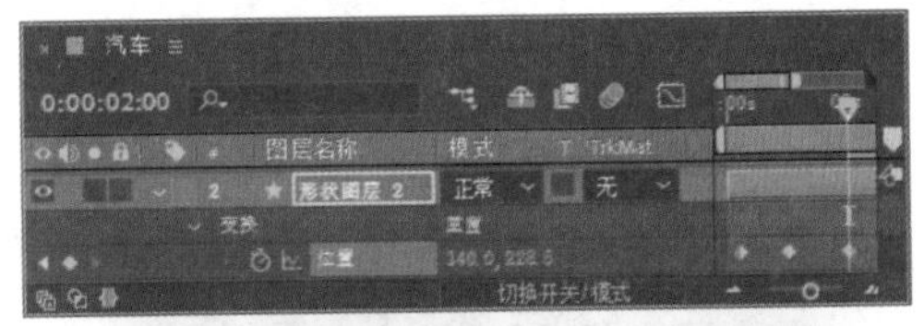

图 11.142　再次拖动图形

11 选中“形状图层 2”图层中 0:00:00:05 处的关键帧及 0:00:02:00 处的关键帧，执行菜单栏中的“动画”|“关键帧辅助”|“缓动”命令，如图 11.143 所示。

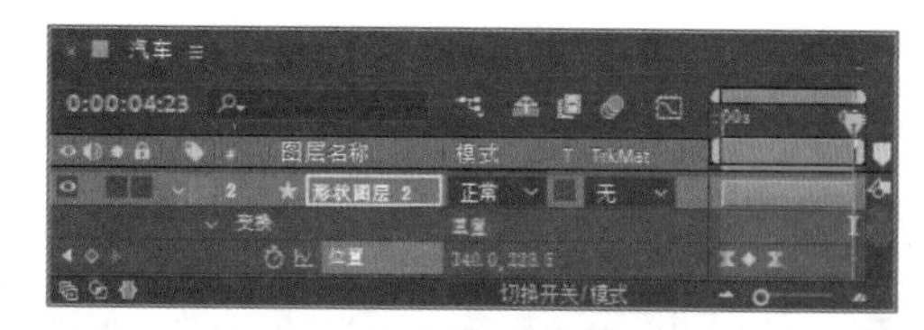

图 11.143 添加缓动效果

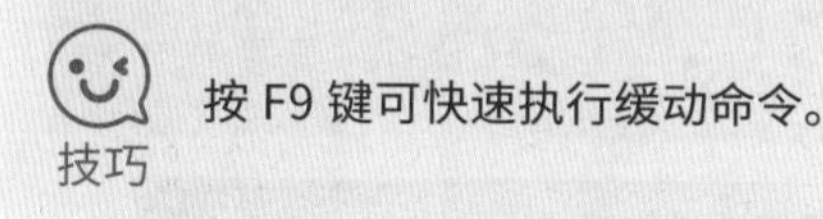
技巧

按 F9 键可快速执行缓动命令。

12 选中“形状图层 3”图层，用与刚才同样的方法为其制作位置动画，并为两头的关键帧添加缓动效果，如图 11.144 所示。

图 11.144 制作位置动画并添加缓动效果

11.3.4 添加汽车元素

1 在“项目”面板中，选中“汽车 .png”素材，将其拖至时间轴面板中，在图像中将其等比缩小，如图 11.145 所示。

2 在时间轴面板中，选中“汽车 .png”图层，将时间调整到 0:00:00:00 的位置，按 P 键打开“位置”，单击“位置”左侧码表，在当前位置添加关键帧，将其向右侧移至图像之外的区域，如图 11.146 所示。

图 11.145 添加素材图像

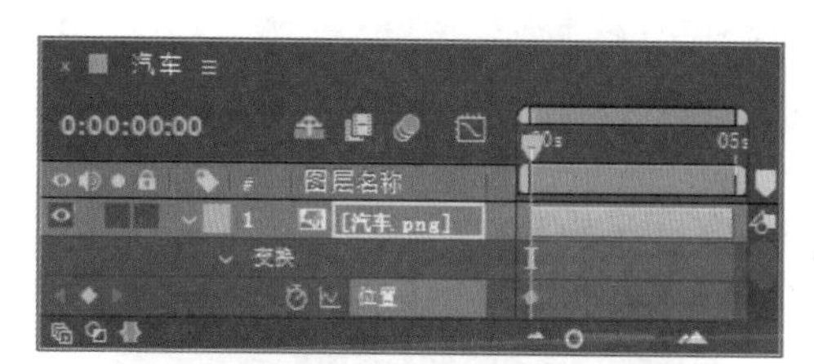

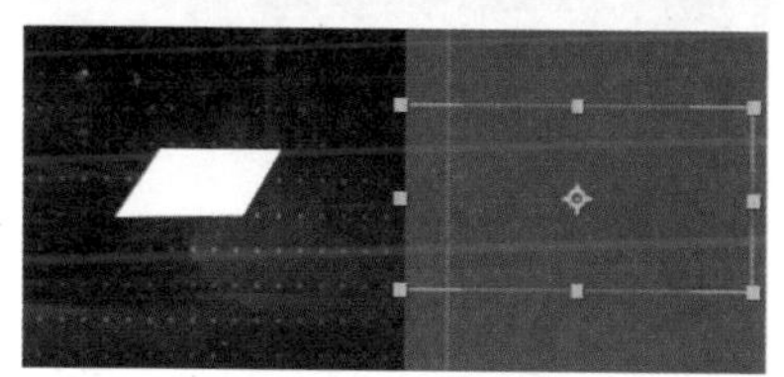

图 11.146 移动图像

3 将时间调整到 0:00:01:00 的位置，在图像中将其向左侧平移，系统将自动添加关键帧，同时选中两个关键帧，执行菜单栏中的“动画”|“关键帧辅助”|“缓动”命令，如图 11.147 所示。

图 11.147 制作汽车动画

4 选择工具箱中的“横排文字工具”，在图像中添加文字，分别将图层名称更改为“下方文字”和“上方文字”，如图 11.148 所示。

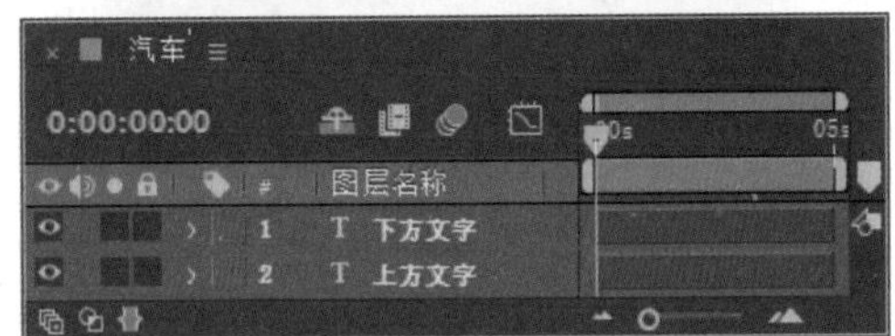

图 11.148　添加文字

11.3.5　制作文字动画

1 选中工具箱中的“矩形工具”，选中“上方文字”图层，在文字左侧绘制一个蒙版路径，如图 11.149 所示。

图 11.149　绘制蒙版路径

2 将时间调整到 0:00:00:10 的位置，展开“蒙版”|“蒙版 1”，单击“蒙版路径”左侧码表，在当前位置添加关键帧，如图 11.150 所示。

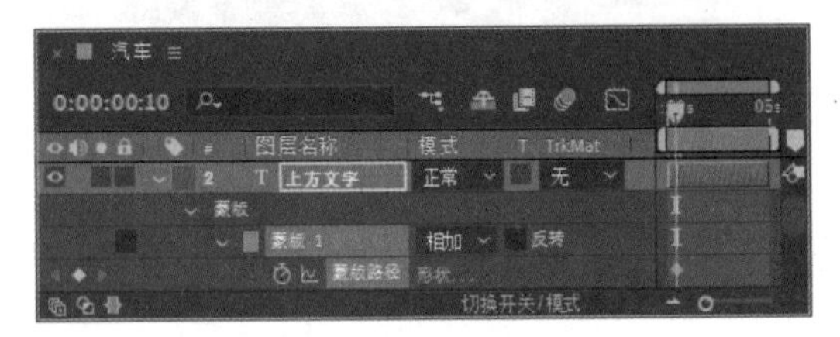

图 11.150　为蒙版路径添加关键帧

3 将时间调整到 0:00:01:00 的位置，调整蒙版路径，系统将自动添加关键帧，如图 11.151 所示。

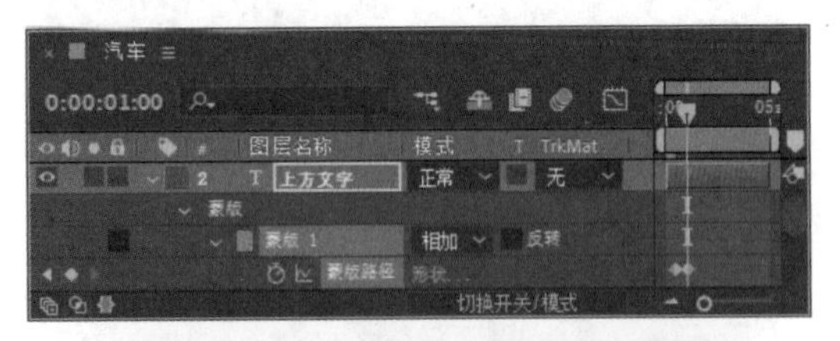

图 11.151　调整蒙版路径

4 按 F 键打开“蒙版羽化”，将其数值更改为（50.0,50.0），如图 11.152 所示。

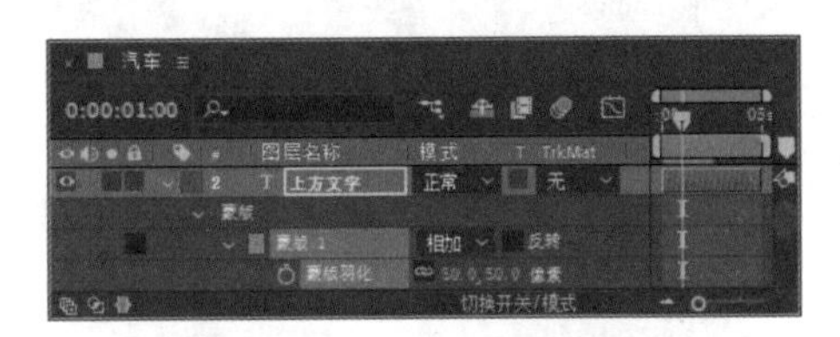

图 11.152　添加蒙版羽化

5 在时间轴面板中，将时间调整到 0:00:00:10 的位置，选中“上方文字”图层，按 T 键打开“不透明度”，将“不透明度”更改为 0%，单击“不透明度”左侧码表，在当前位置添加关键帧。

6 将时间调整到 0:00:01:00 的位置，将数值更改为 100%，系统将自动添加关键帧，如图 11.153 所示。

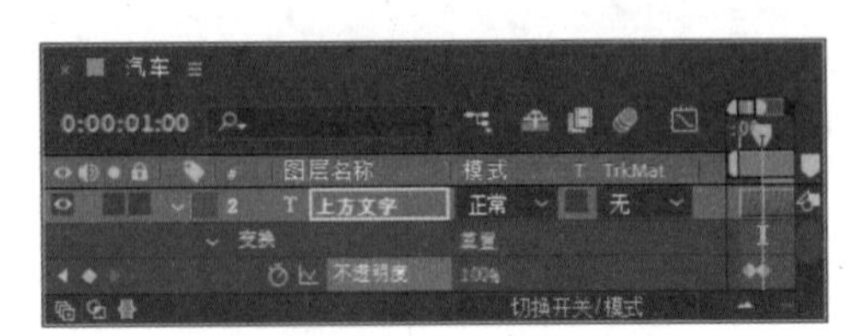

图 11.153　制作不透明度动画

7 在时间轴面板中，将时间调整到 0:00:00:10 的位置，选中“下方文字”图层，将其展开，单击“文本”右侧动画:按钮，在弹出的菜单中选择“行距”，将出现的“动画制作工具 1”展开，将“行距”更改为（0.0,30.0），单击其左侧码表，在当前位置添加关键帧，如图 11.154 所示。

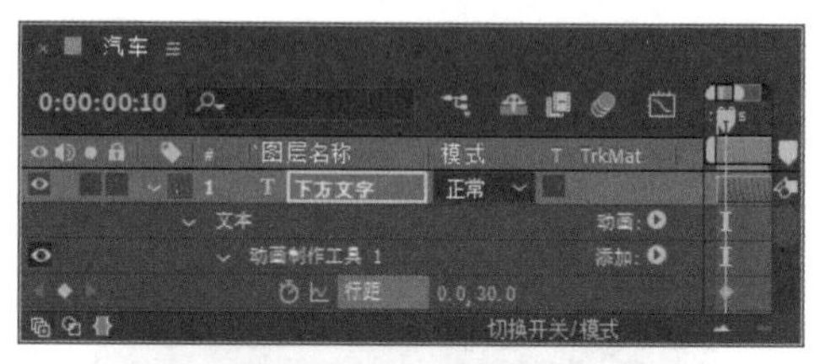

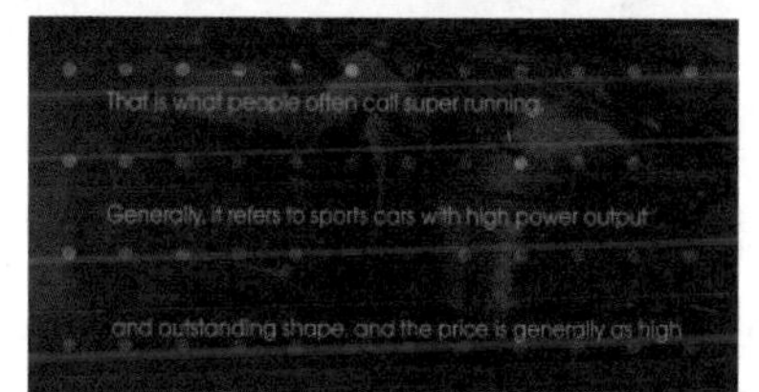

图 11.154　更改数值并添加关键帧

8 将时间调整到 0:00:01:00 的位置，将“行距”更改为（0.0,0.0），系统将自动添加关键帧，如图 11.155 所示。

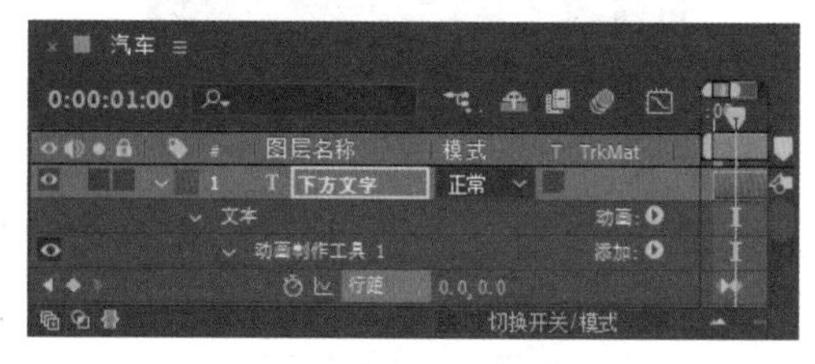

图 11.155　更改数值

9 在时间轴面板中，将时间调整到 0:00:00:15 的位置，选中“下方文字”图层，按 T 键打开“不透明度”，将“不透明度”更改为 0%，单击“不透明度”左侧码表，在当前位置添加关键帧。

10 将时间调整到 0:00:01:00 的位置，将数值更改为 100%，系统将自动添加关键帧，如图 11.156 所示。

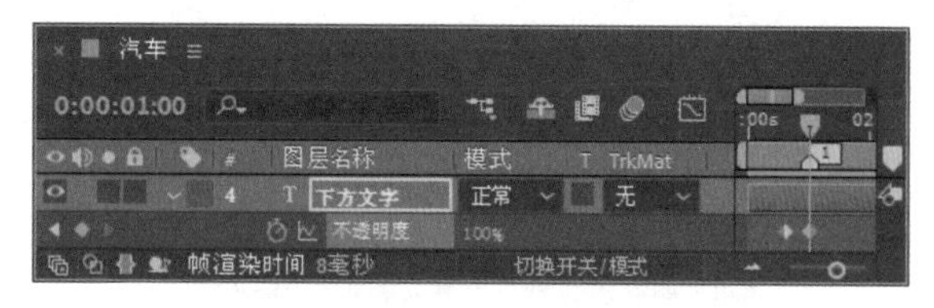

图 11.156　制作不透明度动画

11.3.6　添加动画细节

1 选中工具箱中的“钢笔工具”，在图像左下角绘制一个平行四边形，设置“填充”为无，“描边”为黄色（R:255,G:192,B:0），“描边宽度”为 1，将生成一个“形状图层 4”图层，如图 11.157 所示。

2 选择工具箱中的“横排文字工具”，在图像中添加文字，如图 11.158 所示。

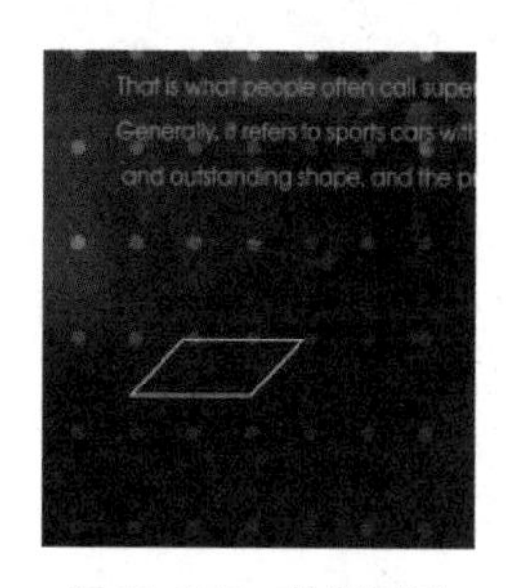

图 11.157　绘制图形

图 11.158　添加文字

3 在时间轴面板中，同时选中“GET IT”及“形状图层 4”图层，将时间调整到 0:00:01:00 的位置，按 P 键打开“位置”，单击“位置”左侧码表，在当前位置添加关键帧。

4 将时间调整到 0:00:02:00 的位置，在视图中将其向右侧平移，系统将自动添加关键帧，如图 11.159 所示。

5 选中“GET IT”及“形状图层 4”图层关键帧，执行菜单栏中的“动画”|“关键帧辅助”|“缓动”命令，如图 11.160 所示。

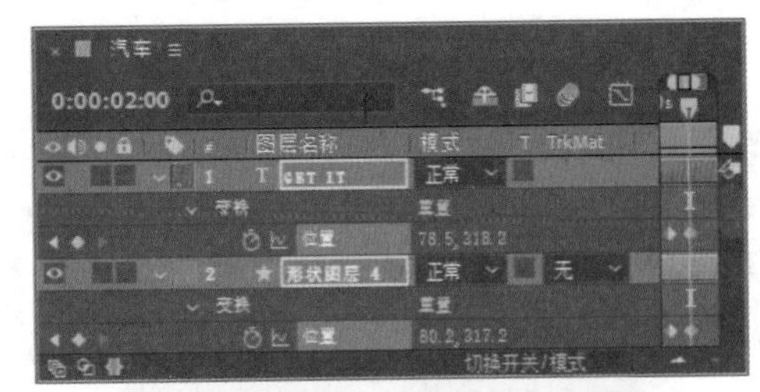

图 11.159　制作位置动画

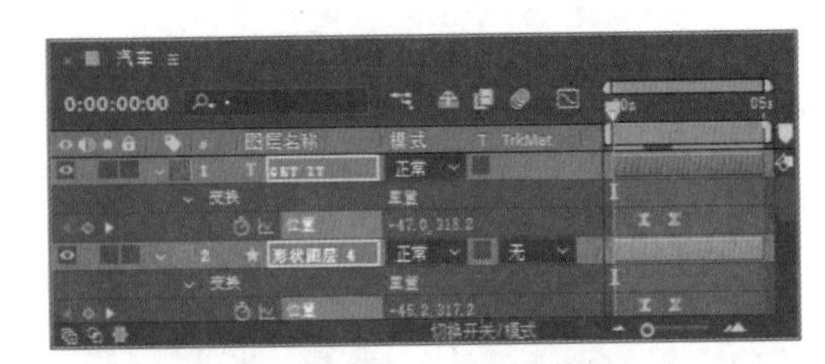

图 11.160　添加缓动效果

6 执行菜单栏中的“图层”|“新建”|“纯色”命令，在弹出的对话框中将“名称”更改为“调色”，将“颜色”更改为黑色，完成之后单击“确定”按钮，如图 11.161 所示。

图 11.161　新建图层

7 在时间轴面板中，选中“调色”图层，在“效果和预设”面板中展开“生成”特效组，然后双击“梯度渐变”特效。

8 在“效果控件”面板中，修改“梯度渐变”特效的参数，设置“渐变起点”为（360.0,0.0），“起始颜色”为白色，“渐变终点”为（720.0,405.0），“结束颜色”为深蓝色（R:0,G:25,B:40），“渐变形状”为“径向渐变”，如图 11.162 所示。

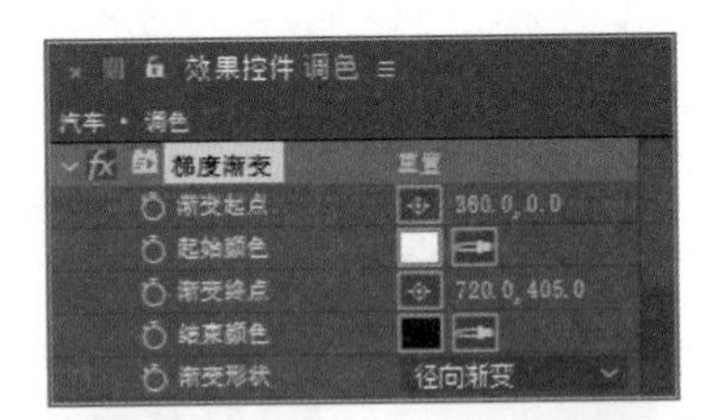

图 11.162　添加梯度渐变

9 在时间轴面板中，选中“调色”图层，将其图层模式更改为“柔光”，如图 11.163 所示。

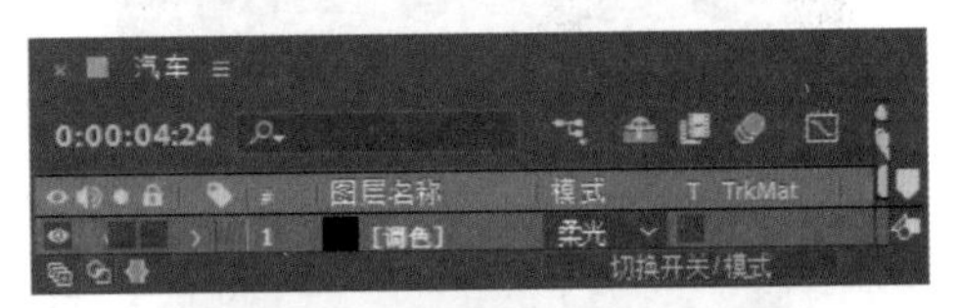

图 11.163　更改图层模式

11.3.7　制作汽车 2 动画

1 在“项目”面板中，选中“汽车”合成，按 Ctrl+D 组合键复制一个“汽车 2”合成，如图 11.164 所示。

2 执行菜单栏中的“文件”|“导入”|“文件”命令，打开“导入文件”对话框，选择“工程文件 \ 第 11 章 \ 汽车展示视频设计 \ 分层汽车 .psd”素材，将其以合成的形式导入，如图 11.165 所示。

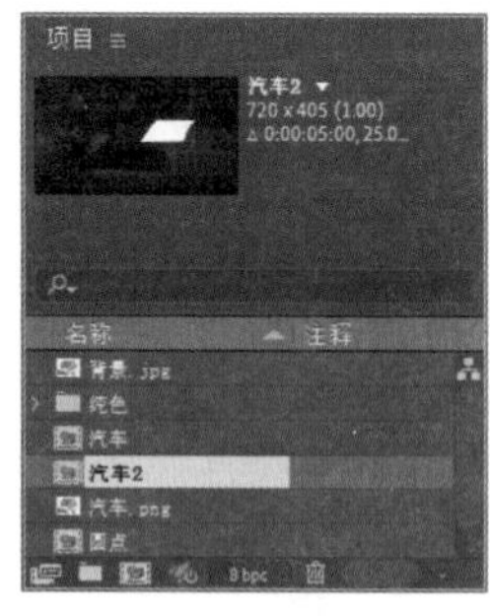

图 11.164　复制合成

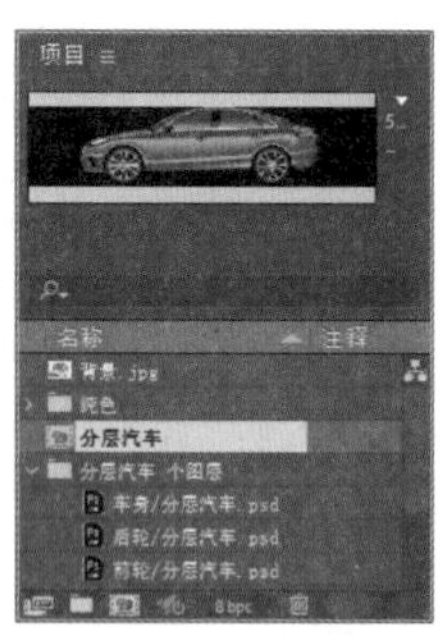

图 11.165　导入素材

3 双击“分层汽车”合成，将其打开，选中工具箱中的“向后平移锚点工具”，选中“前轮”图层，在视图中将中心控制点移至前轮中心位置，如图 11.166 所示。

图 11.166　移动控制点

4 在时间轴面板中，选中“前轮”图层，将时间调整到0:00:00:00的位置，按R键打开“旋转”，单击“旋转”左侧码表，在当前位置添加关键帧，将数值更改为0x+0.0°。

5 将时间调整到 0:00:01:00 的位置，将数值更改为 -2x+0.0°，系统将自动添加关键帧，选中此处关键帧，执行菜单栏中的“动画”|“关键帧辅助”|“缓动”命令，如图 11.167 所示。

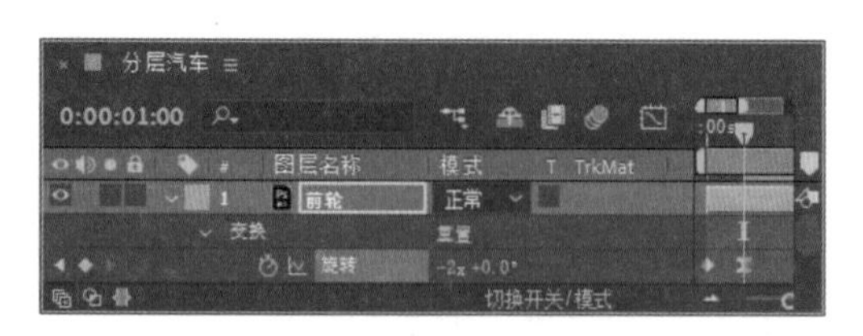

图 11.167　制作缓动动画

6 在时间轴面板中，选中工具箱中的“向后平移锚点工具”，用与之前同样的方法将车轮图像控制中心点移至车轮中心位置，如图 11.168 所示。

图 11.168　更改控制点

提示　调整控制点位置是为了让车轮绕其中心轴旋转。

7 选中“前轮”图层中的旋转关键帧，按Ctrl+C 组合键将其复制，选中“后轮”图层，按Ctrl+V 组合键将其粘贴，如图 11.169 所示。

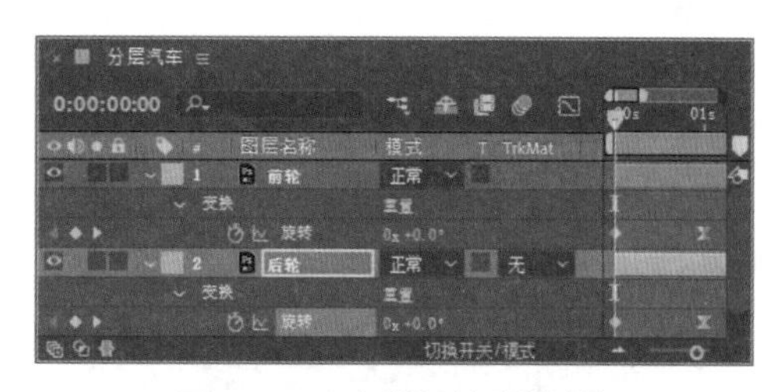

图 11.169　复制并粘贴关键帧

8 在时间轴面板中，单击图标，同时选中“前轮”及“后轮”两个图层，启用运动模糊效果，如图 11.170 所示。

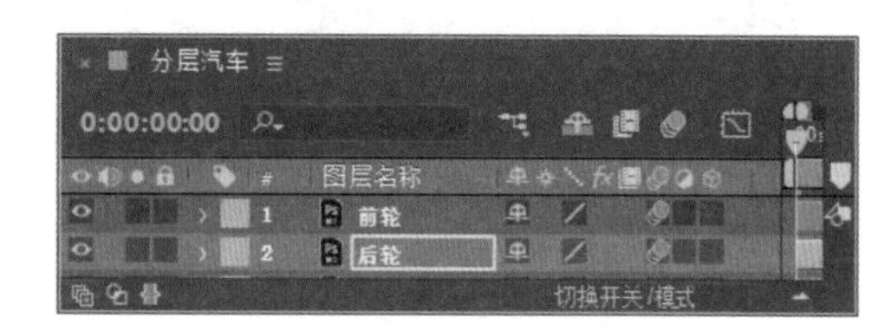

图 11.170　启用运动模糊

9 双击打开“汽车 2”合成，将“汽车 .png”素材删除，在“项目”面板中，选中“分层汽车”合成，将其拖至“汽车 2”时间轴面板中。

10 在时间轴面板中，选中“分层汽车”合成，在视图中将其向右侧平移至图像之外的区域，再将时间调整到0:00:00:00的位置，按P键打开“位置”，单击“位置”左侧码表，在当前位置添加关键帧，如图 11.171 所示。

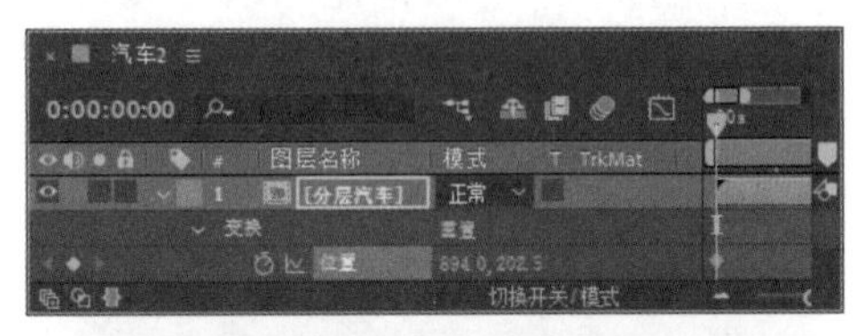

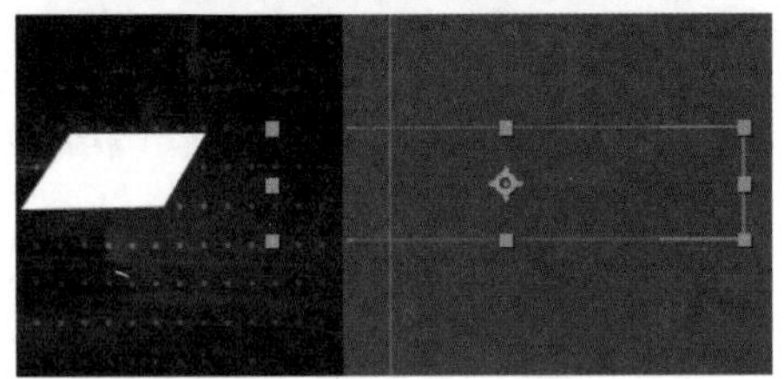

图 11.171　移动图像并添加关键帧

11 将时间调整到 0:00:01:00 的位置，在视图中将其向左侧平移，系统将自动添加关键帧。

12 选中 0:00:01:00 处右侧的关键帧，执行菜单栏中的“动画”|“关键帧辅助”|“缓动”命令，如图 11.172 所示。

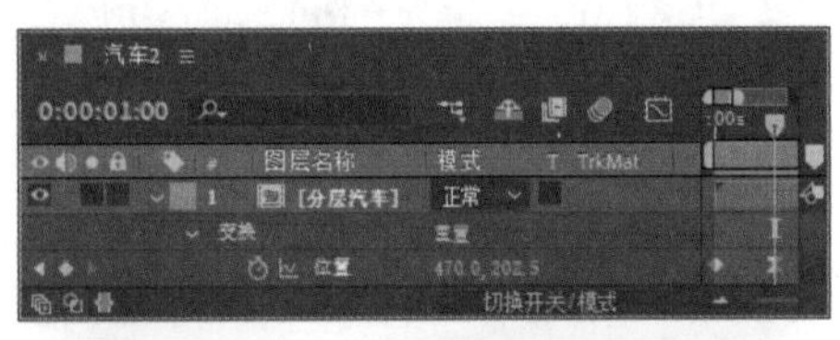

图 11.172　制作缓动动画

11.3.8　制作动感特效

1 在时间轴面板中，选中“分层汽车”图层，单击图标，启用运动模糊效果，如图 11.173 所示。

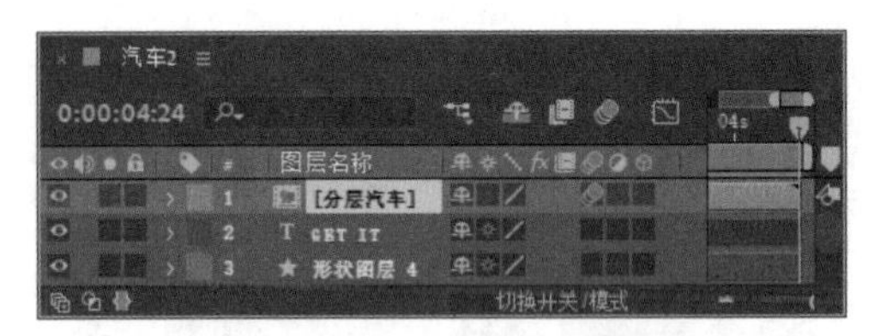

图 11.173　启用运动模糊

2 选择工具箱中的“横排文字工具”，更改视图中的文字信息，如图 11.174 所示。

图 11.174　更改文字信息

3 在“项目”面板中，选中“背景 2.jpg”素材，将其拖至时间轴面板中，并将其移至所有图层下方。

4 选中“背景”图层中的位置关键帧，按 Ctrl+C 组合键将其复制，再选中“背景 2.jpg”图层，按 Ctrl+V 组合键将其粘贴，再将“背景”图层删除，如图 11.175 所示。

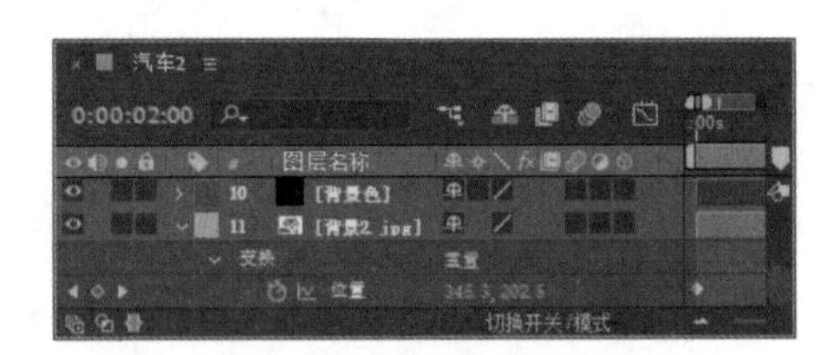

图 11.175　替换背景图像

11.3.9　制作引擎动画

1 在“项目”面板中，选中“汽车 2”合成，按 Ctrl+D 组合键进行复制，并将复制出来的合成改名为“引擎”，如图 11.176 所示。

2 双击“引擎”合成，将其打开，同时选中除“形状图层 3”“形状图层 2”“形状图层 1”“圆点”“背景色”之外的所有图层，将其删除，如图 11.177 所示。

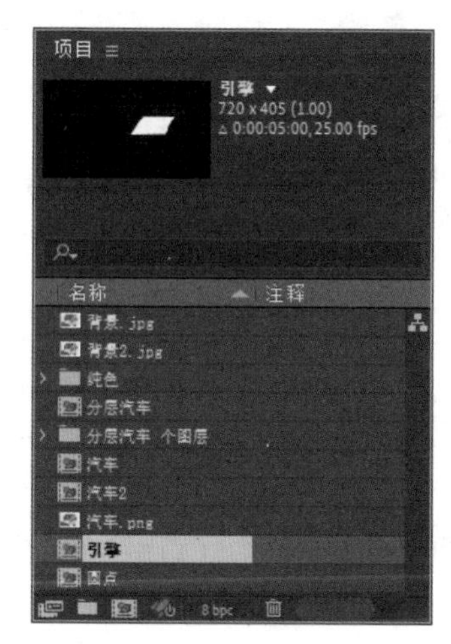

图 11.176　复制合成

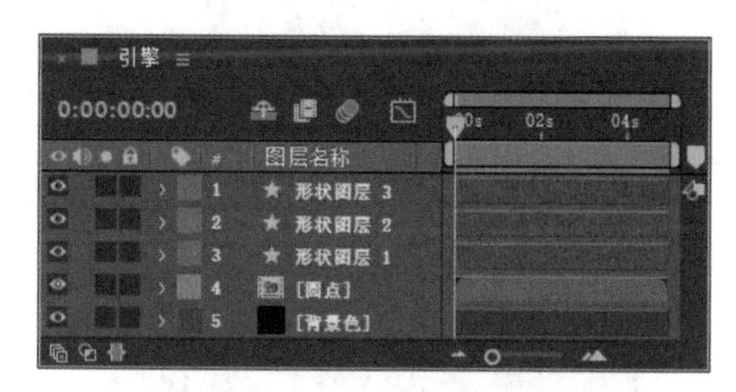

图 11.177　删除图层

3 在“项目”面板中，选中“发动机 .png”素材，将其拖至时间轴面板中，如图 11.178 所示。

图 11.178　添加素材图像

4 在时间轴面板中，选中“发动机 .png”图层，在“效果和预设”面板中展开“颜色校正”特效组，然后双击“曲线”特效。

5 在“效果控件”面板中，调整曲线，如图 11.179 所示。

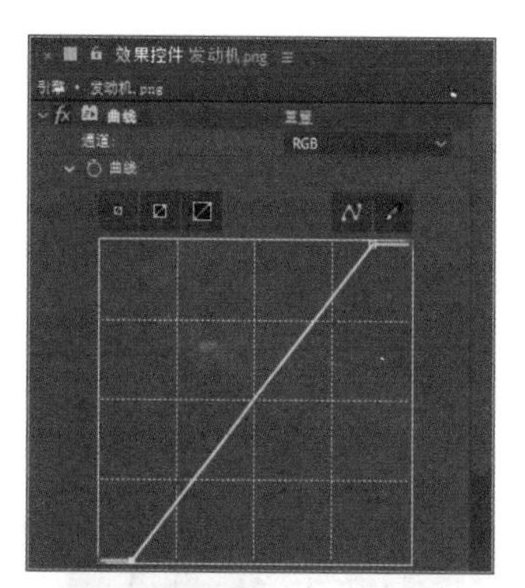

图 11.179　调整曲线

6 在“效果和预设”面板中展开“透视”特效组，然后双击“投影”特效。

7 在“效果控件”面板中，修改“投影”特效的参数，设置“不透明度”为 60%，“方向”为 0x+180.0°，“距离”为 10.0，“柔和度”为 30.0，如图 11.180 所示。

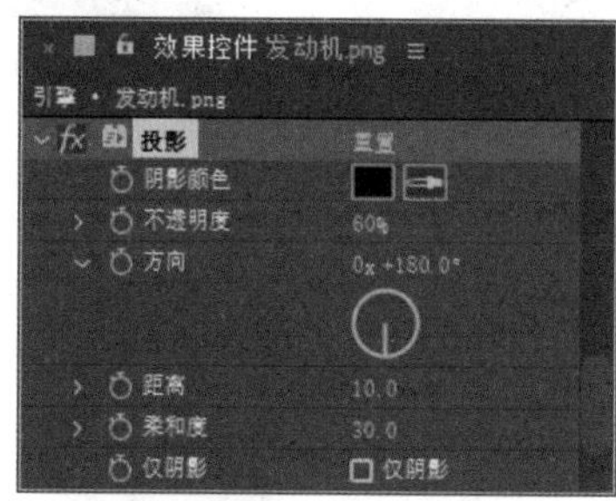

图 11.180　设置投影

8 在时间轴面板中，选中“发动机 .png”图层，将时间调整到0:00:00:00的位置，按S键打开“缩放”，单击“缩放”左侧码表，在当前位置添加关键帧，将数值更改为（0.0,0.0%）。

9 将时间调整到0:00:01:00的位置，将数值更改为(100.0,100.0%)，系统将自动添加关键帧，如图11.181所示。

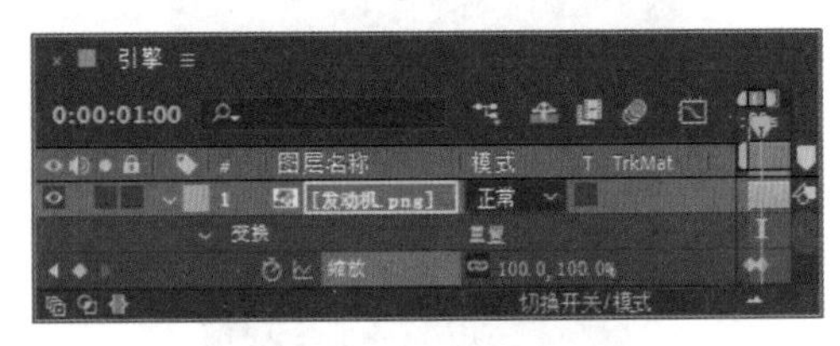

图 11.181　添加缩放效果

10 选择工具箱中的“横排文字工具”，在图像中添加文字，并用“汽车”合成中为文字制作动画的方法为所添加的文字制作动画，如图11.182所示。

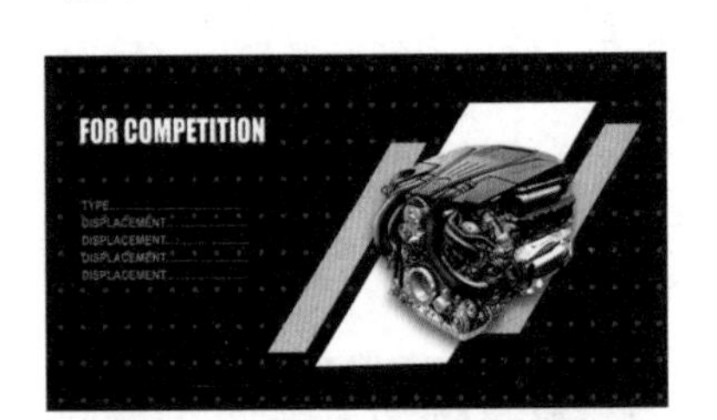

图 11.182　添加文字并制作动画

11.3.10　制作装饰光线动画

1 执行菜单栏中的“合成”|“新建合成”命令，打开“合成设置”对话框，设置“合成名称”为“光线”，“宽度”为720，“高度”为405，“帧速率”为25，并设置“持续时间”为0:00:05:00，“背景颜色”为黑色，完成之后单击“确定”按钮，如图11.183所示。

2 选中工具箱中的“钢笔工具”，在图像中绘制一条直线段，将生成一个“形状图层 1”图层，设置“填充”为无，“描边”为白色，“描边宽度”为2，如图11.184所示。

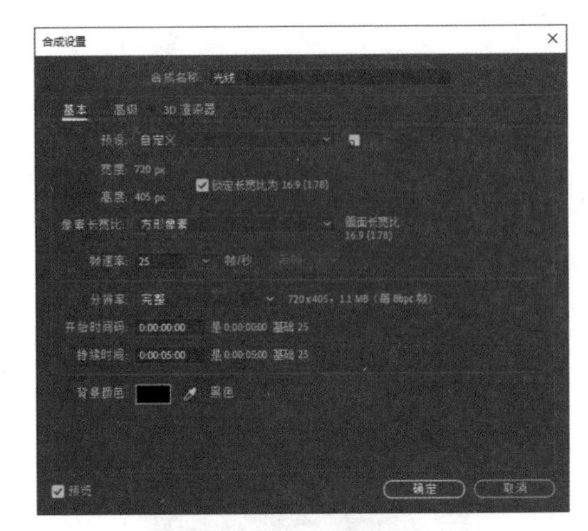

图 11.183　新建合成

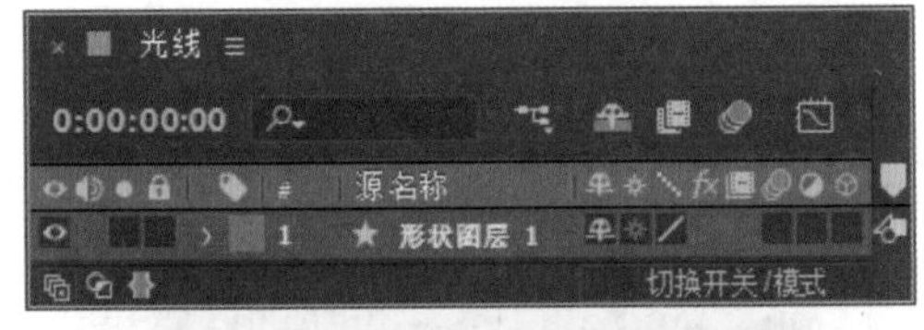

图 11.184　绘制线段

3 执行菜单栏中的“图层”|“新建”|“纯色”命令，在弹出的对话框中将“名称”更改为“过渡光”，将“颜色”更改为蓝色(R:0,G:146,B:182)，完成之后单击“确定”按钮，如图11.185所示。

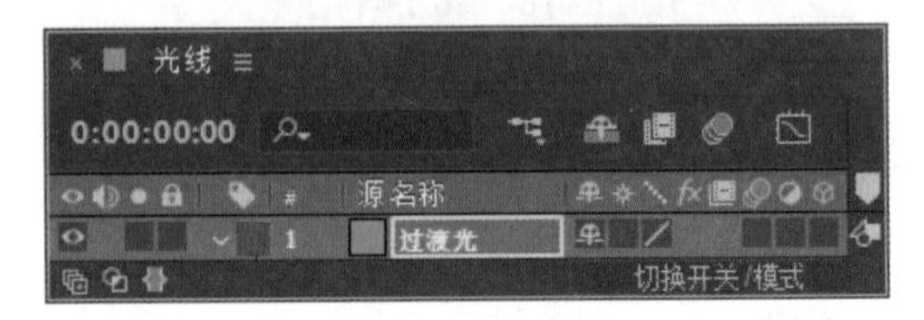

图 11.185　新建纯色层

4 选中工具箱中的“钢笔工具”，选中“过渡光”图层，在图像中的线段位置绘制一个平行四边形蒙版路径，如图 11.186 所示。

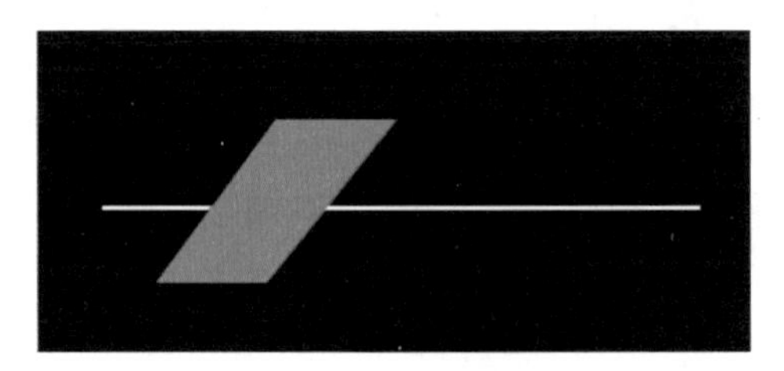

图 11.186　绘制蒙版路径

提示

为了方便观察绘制蒙版的路径区域，可适当降低“过渡光”图层不透明度，绘制完成之后再更改为 100%。

5 按 F 键打开“蒙版羽化”，将其数值更改为（30.0,30.0），如图 11.187 所示。

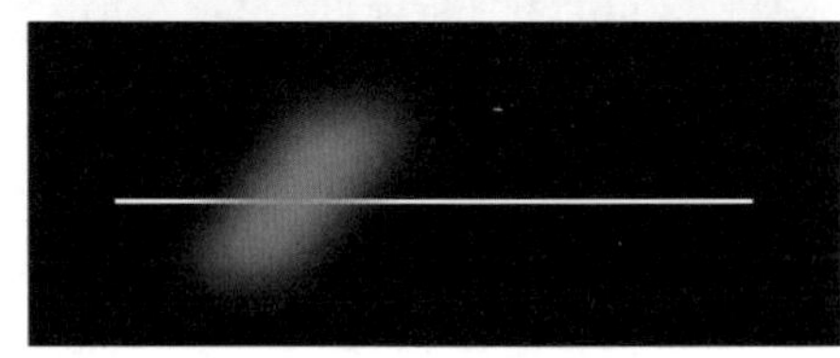

图 11.187　添加蒙版羽化

6 选中“过渡光”图层，在视图中将其向左侧平移至线段左侧位置。

7 将时间调整到 0:00:00:00 的位置，按 P 键打开“位置”，单击“位置”左侧码表⏱，在当前位置添加关键帧，如图 11.188 所示。

8 将时间调整到 0:00:02:00 的位置，在视图中将其向右侧平移，系统将自动添加关键帧，如图 11.189 所示。

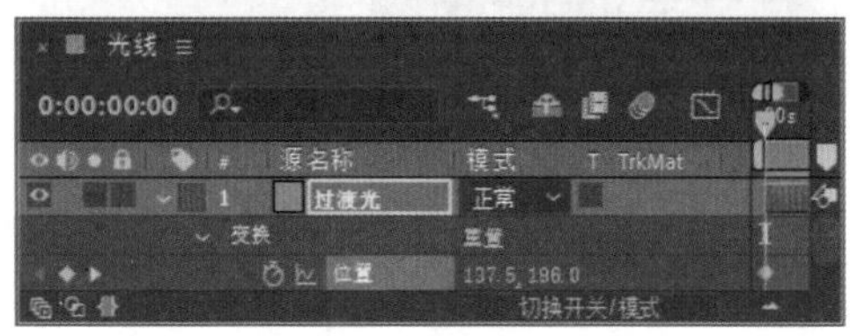

图 11.188　添加关键帧

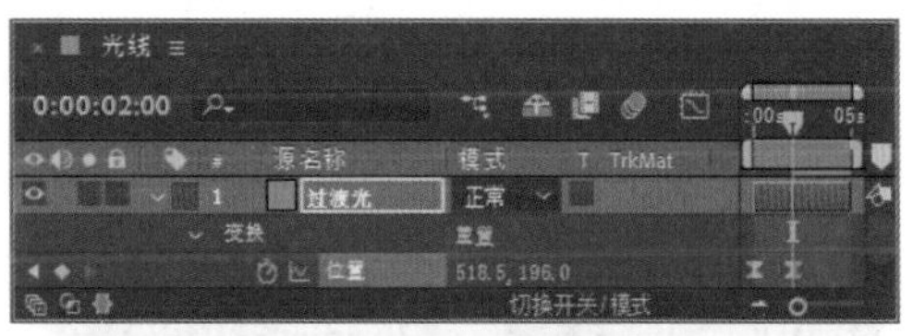

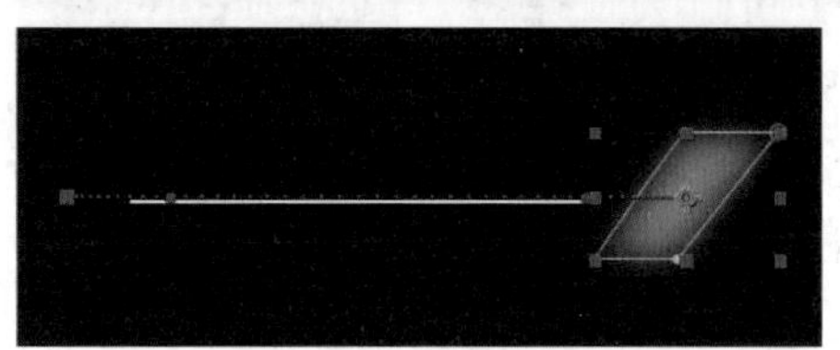

图 11.189　拖动图像

9 选中“过渡光”图层中的位置关键帧，执行菜单栏中的“动画”|“关键帧辅助”|“缓动”命令，如图 11.190 所示。

图 11.190　添加缓动效果

10 在时间轴面板中，选中“形状图层 1”图层，按 Ctrl+D 组合键复制出一个“形状图层 2”图层。

11 在时间轴面板中，选中“过渡光”图层，设置其图层“轨道遮罩”为“Alpha 遮罩‘形状图层2’”，如图11.191所示。

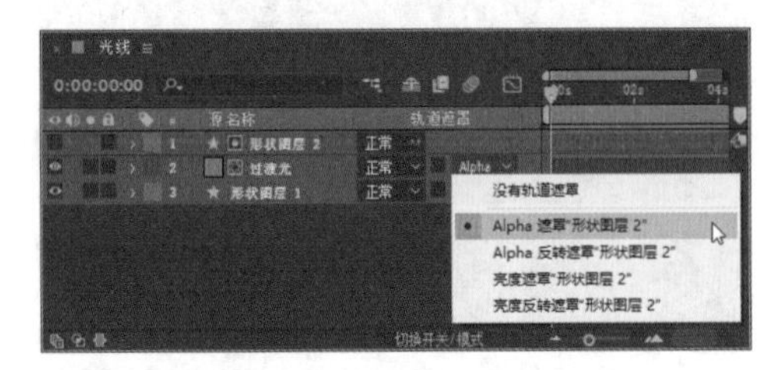

图11.191　设置轨道遮罩

12 在“项目”面板中，选中“光线”素材，将其拖至“引擎”时间轴面板中，并放在视图中的适当位置，如图11.192所示。

13 选择工具箱中的“横排文字工具”，在图像中添加文字，如图11.193所示。

图11.192　添加素材

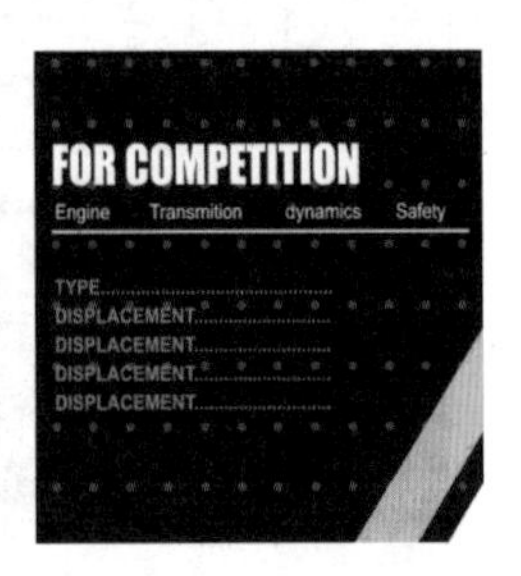

图11.193　添加文字

14 在时间轴面板中，将时间调整到0:00:00:00的位置，同时选中“中间文字”及“光线”图层，按T键打开“不透明度”，将“不透明度”更改为0%，单击“不透明度”左侧码表，在当前位置添加关键帧。

15 将时间调整到0:00:02:00的位置，将数值更改为100.0%，系统将自动添加关键帧，如图11.194所示。

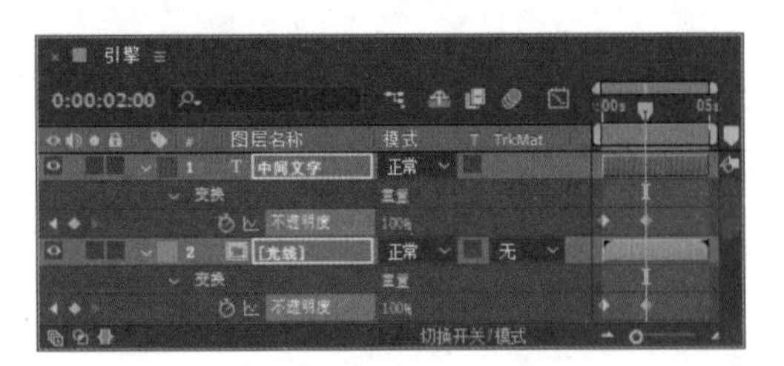

图11.194　制作不透明度动画

11.3.11　制作总合成动画

1 执行菜单栏中的“合成”|“新建合成”命令，打开“合成设置”对话框，设置“合成名称”为“总合成动画”，“宽度”为720，“高度”为405，“帧速率”为25，并设置“持续时间”为0:00:10:00，“背景颜色”为黑色，然后单击“确定”按钮，如图11.195所示。

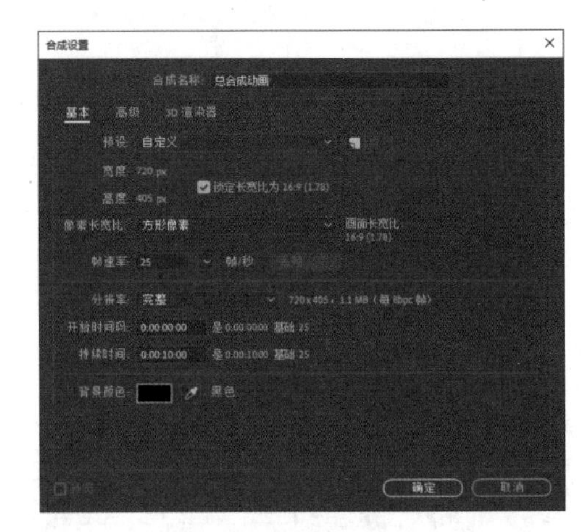

图11.195　新建合成

2 执行菜单栏中的“图层”|“新建”|“纯色”命令，在弹出的对话框中将“名称”更改为“开场”，将“颜色”更改为黑色，完成之后单击“确定”按钮。

3 在时间轴面板中，选中“开场”图层，在“效果和预设”面板中展开“生成”特效组，然后双击“梯度渐变”特效。

4 在“效果控件”面板中，修改“梯度渐变”特效的参数，设置“渐变起点”为（360.0,200.0），“起始颜色”为灰色（R:105,G:105,B:105），“渐变终点”为（720.0,405.0），“结束颜色”为黑色，“渐变形状”为“径向渐变”，如图11.196所示。

5 在时间轴面板中，将时间调整到0:00:00:00的位置，选中“开场”图层，按T键打开“不透明度”，单击“不透明度”左侧码表，在当前位置添加关键帧。

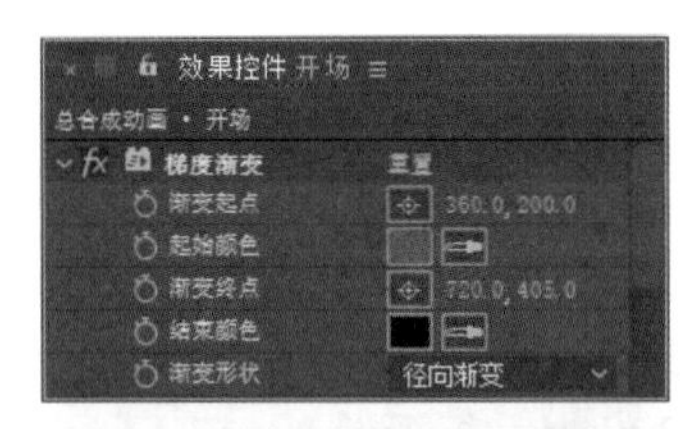

图 11.196　添加梯度渐变

6 将时间调整到 0:00:00:10 的位置，将数值更改为 0%，系统将自动添加关键帧，如图 11.197 所示。

图 11.197　制作不透明度动画

7 将“汽车”合成全部拖动到时间线面板中，将时间调整到 0:00:00:10 的位置，选中“汽车”图层，按 [键设置图层入点，如图 11.198 所示。

图 11.198　设置图层入点

8 在时间轴面板中，将时间调整到 0:00:03:00 的位置，选中“汽车”图层，在“效果和预设”面板中展开“过渡”特效组，然后双击“线性擦除”特效。

9 在“效果控件”面板中，修改“线性擦除”特效的参数，设置“过渡完成”为 0%，单击“过渡完成”左侧码表，在当前位置添加关键帧，设置“擦除角度”为 0x-60.0°，如图 11.199 所示。

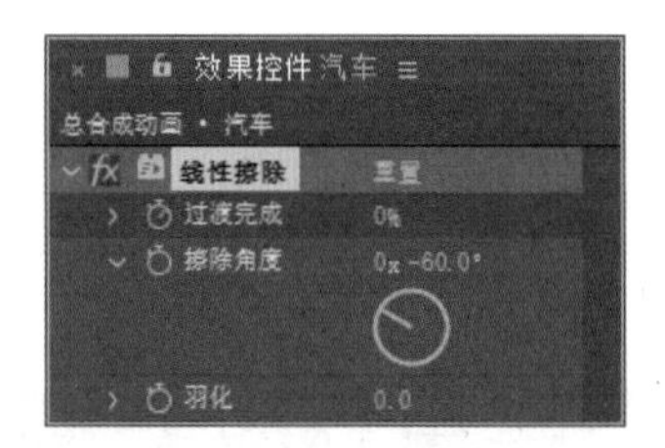

图 11.199　设置线性擦除

10 将时间调整到 0:00:03:20 的位置，将“过渡完成”更改为 100%，系统将自动添加关键帧，如图 11.200 所示。

图 11.200　更改“过渡完成”

11 在“项目”面板中，选中“汽车 2”合成，将其拖至时间轴面板中并移至所有图层下方。

12 将时间调整到 0:00:03:00 的位置，按 [键设置图层入点，如图 11.201 所示。

图 11.201　设置图层入点

13 选中“汽车”图层中的线性擦除关键帧，按 Ctrl+C 组合键将其复制，选中“汽车 2”图层，按 Ctrl+V 组合键将其粘贴，添加线性擦除效果。

14 同时选中两个关键帧，将其移至 0:00:05:00 的起始位置，如图 11.202 所示。

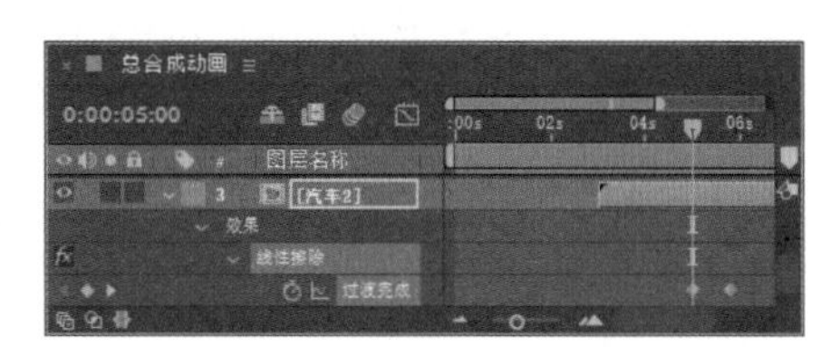

图 11.202　移动关键帧

15 在“项目”面板中，选中“引擎”合成，将其拖至时间轴面板中并移至所有图层下方。

16 将时间调整到0:00:05:00的位置，按[键设置图层入点，如图11.203所示。

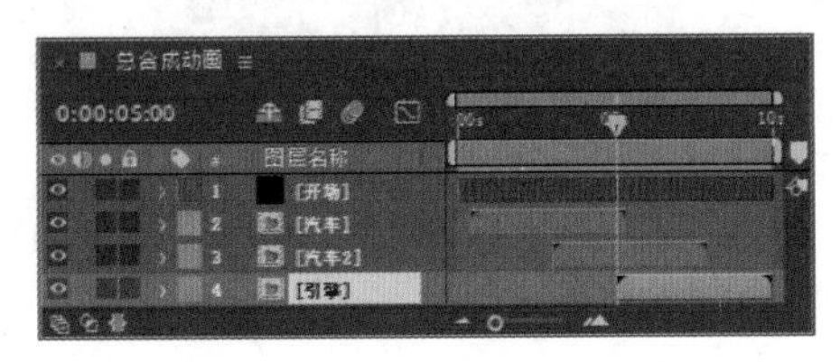

图11.203　设置图层入点

17 这样就完成了最终整体效果的制作，按小键盘上的0键即可在合成窗口中预览动画效果。

课后练习

制作新专辑宣传视频。

（制作过程可参考资源包中的“课后练习”文件夹。）